装备科技译著出版基金

燃气轮机设计、部件和系统设计集成

Gas Turbine Design, Components and System Design Integration

〔美〕梅恩哈德·T. 斯科贝里(Meinhard T. Schoheiri) 著

岳国强 姜玉廷 孙兰昕 译

国防工业出版社

·北京·

著作权合同登记　图字:军-2019-020号

图书在版编目(CIP)数据

燃气轮机设计、部件和系统设计集成／(美)梅恩哈
德·T.斯科贝里(Meinhard T. Schoheiri)著;岳国强,
姜玉廷,孙兰昕译. —北京:国防工业出版社,
2021.3

书名原文:Gas Turbine Design, Components and
System Design Integration

ISBN 978-7-118-12052-3

Ⅰ.①燃… Ⅱ.①梅… ②岳… ③姜… ④孙… Ⅲ.
①燃气轮机-设计 Ⅳ.①TK472

中国版本图书馆CIP数据核字(2020)第228308号

※

国防工业出版社出版发行

(北京市海淀区紫竹院南路23号　邮政编码100048)

三河市腾飞印务有限公司印刷

新华书店经售

*

开本710×1000　1/16　插页3　印张27¾　字数495千字

2021年3月第1版第1次印刷　印数1—2000册　定价158.00元

(本书如有印装错误,我社负责调换)

国防书店:(010)88540777　　　书店传真:(010)88540776

发行业务:(010)88540717　　　发行传真:(010)88540762

译 者 序

燃气轮机作为能源动力机械领域最高端装备之一，是国防武器装备的心脏，其发展水平是一个国家综合国力、工业基础和科技水平的集中体现。在过去几十年中，英国、美国、日本、德国、俄罗斯等主要发达国家均将先进燃气轮机作为国家攻关项目，部署实施了一系列国家研究发展规划。通过这些规划的实施，建成了支撑可持续发展的燃气轮机科研能力条件，凭借相应的基础研究、技术研发和先进试验设施及试验电站，相继研发出系列化燃气轮机产品，从而垄断了全球的燃气轮机市场。先进的燃气轮机在西方国家仍然限制对华出口。在这样的形势下，我国的燃气轮机研究告别了单纯的追赶和模仿，已经由引进吸收改进向原始创新转型。但由于我国燃气轮机基础研究相对滞后，重要的材料、部件、设计体系等方面与能源强国存在差距，一方面是技术上的差距，另一方面是我国燃气轮机领域的基础研究实力的薄弱。夯实燃气轮机的基础性研究，厘清其中涉及的根本性问题，将在很大程度上提升燃气轮机行业的原始创新水平和能力，为突破燃气轮机装备制造中的技术瓶颈环节奠定基础。"十三五"期间，国家层面组织实施了航空发动机/燃气轮机两机重大专项，投入大量资金，旨在快速提升国产发动机的自主设计研发能力。但是，由于国内燃气轮机研究起步较晚，设计经验不足，理论体系不完整，迫切需要借鉴国外的相关设计经验和理论。

本书由美国得州农工大学的梅恩哈德·T. 斯科贝里教授撰写。原著者在叶轮机械领域具有较高的知名度，且有40余年的燃气轮机设计和研究经验。本书几乎涵盖了燃气轮机设计的全部内容，理论水平高。本书的主要特点是不仅包含燃气轮机的部件设计，而且还对系统设计集成有一个详尽的阐述。与国内同类图书相比，内容更加丰富，理论体系更加完整，对燃气轮机设计具有重要的参考价值。原著出版后业界反响较好，得到了相关专家的一致认可。

本书是航空发动机/燃气轮机设计领域最新专著，内容涵盖了压气机、燃烧室、涡轮、进排气和管道系统的设计及整机和部件的数值仿真。本书共包含18章内容，分为三大部分。第一部分（第1章～第6章）主要论述航空发动机/燃气轮机的气动热力学设计理论，理论讲解深入透彻。第二部分（第7章～第10章）包括了叶栅和级效率相关理论以及损失的测定方法、攻角和落后角的计算、压气机和涡轮叶片的设计过程以及径向平衡方程理论等。第三部分(第 11 章 ~ 第 16 章)完全致力于描述叶轮机械部件和系统的设计状态、非设计状态和动态性能。第 17 章阐述了燃气轮机设计需要的几个基本步骤。第 18 章进行了动态模拟。

本书作者在书中收集并综合了散布在大量文献与专著中的燃气轮机最新研究成果,并在此基础上对燃气轮机整机及部件设计技术的进一步发展提出了展望。因此,本书既是一部很好的高等学校教学参考书,又是国防工业科研院所或高校从事燃气轮机整机及部件设计研究工作的好帮手。尤其在对国内研发人员突破燃气轮机设计技术方面,可以提供有益的指导和帮助。现在正值国家施行航空发动机/燃气轮机两机重大专项,相信这样一本理论深入的图书将对国产发动机的自主化设计具有重要的参考和应用价值。

在本书的翻译过程中,哈尔滨工程大学动力与能源工程学院的博士及硕士研究生原泽、董静涛、牛佳宝、张建、曹福堃、季杰等人围绕本书的翻译做了大量工作。感谢装备科技译著出版基金对本书的资助,以及国防工业出版社对本书出版的支持帮助。

由于译者水平有限,译书的缺点和错误难免,欢迎各位读者批评指正。

译者

2020 年 6 月于哈尔滨工程大学

前　　言

现代的燃气轮机是发电、运输、石油化工和各种工业加工系统的重要组成部分。虽然上述领域中燃气轮机的应用、设计及运行要求是不同的,但是它们的基本原理是相同的。在我的第一版和第二版教材《涡轮机械流动机理和动力学性能》(*Turbomachinery Flow Physics and Dynamic Performance*)里详细讨论了叶轮机械部件和系统的基本原理。这本书在工业界和学术界的叶轮机械研究领域获得了世界性的积极响应,这促使我写下这本关于燃气轮机设计的教科书。我在燃气轮机设计部门从事研发工作 40 余年,包括在工业部门、美国航空航天局 G. R. C 格伦研究中心、美国能源部和学术界等领域。在《涡轮机械流动机理和动力学性能》这本书中非常详细地讨论了几乎所有热力叶轮机械中空气热力学、传热和性能方面的内容,现在这本书涉及燃气轮机组件气动热力学设计,集成为完整的燃气轮机系统。

设计燃气轮机需要许多团队的合作,这些团队需要专门从事气动热力学、传热学、计算流体力学、燃烧学、固体力学、振动、转子动力学和系统控制等。任何教科书都无法详尽讨论上述所有领域。可用的燃气轮机手册并没有对上述领域清楚阐述,以致不能为燃气轮机设计者搭建一个有效的工作平台。然而,它们可能能够向读者提供一个学科的基本概述。鉴于此,本书详尽讲述了气动热力学、各个部件的设计和非设计工况的各方面性能、系统集成和它的动态运行。

燃气轮机的设计最开始是基于物理学而不是经验。1900 年左右制造的第一台燃气轮机甚至不能旋转,因为涡轮做功远小于压气机所需要的功。原因是涡轮和压气机的效率都很低。失败的试验表明,一台成功的燃气轮机设计的先决条件是对其基础的黏性流动物理学和数学描述有充分的了解。1821 年纳维和 1841 年的斯托克斯详细推导了三维黏性流体流动的数学结构。然而当时求解纳维 - 斯托克斯偏微分方程的方法却遥不可及。由普朗特在 1904 年开创性的边界层理论,提供了一个纳维 - 斯托克斯方程的近似解。通过边界层理论简化的纳维 - 斯托克斯方程可以计算压气机和涡轮叶片的总压损失系数,可以定义压气机的旋转失速和喘振边界,也可以定义低压涡轮和许多其他空气动力方面的层流分离范围。同时,高速计算机和先进计算方法的引入极大促进了叶轮机械设计几乎所有方面的发展。这就导致了技术专业化的增长趋势。在专业化背景下的一个因素是在一般工程中使用"黑匣子",特别是叶轮机械。我在40余年的叶轮机械的研发经历中,曾经遇到过会使用商业代码进行叶轮机械复杂流场设计的工程师,但这些工程师不了解所使用代码的基本原理。这种情况也是促使我编写先前提到的《涡轮机械流动机理和动力学性能》一书的原因之一,旨在给学生和叶轮机械设计工程师在叶轮机械流动机理和性能方面提供一个坚实的专业背景。在建立一些相关的物理学经验基础上,我已经从事叶轮机械教学30余年,培养出几代高水平的叶轮机械工程师,他们均任职于美国燃气轮机各个制造公司。本书为感兴趣的学生和工业界中年轻的工程师提供了可以作为燃气轮机设计的初级素材,它也是为了帮助世界各地的叶轮机械指导者能够分配燃气轮机部件作为工程模块,并使得它们能够成为一个完整的系统。

本书包含了18章内容,分为三大部分。第一部分包括第1章~第6章,主要讲解燃气轮机的气动热力学设计。

本书第二部分中第7章~第10章以一种物理上合理的观点阐述了叶栅和级效率以及损失的确定方法,书中避免提出没有物理基础的经验公式。第8章讨论攻角和落后角的计算。第9章详细介绍压气机和涡轮叶片的设计过程。第10章讨论径向平衡方程,这是所有第二部分的内容。

本书的第三部分致力于描述叶轮机械部件和系统的设计状态、非设计状态和动态性能,特别是燃气轮机部件、个体建模和整合为完整的燃气轮机系统。它包括了第11章~第16章。第11章主要介绍叶轮机械系统的非线性动态模拟和理论背景。从一组一般的时空域中四维偏微分方程推导出构成基本组件建模的二维方程组。接下来的第12章、第13章和第14章主要讲述了叶轮机械部件和系统的通用建模,用于模拟进口喷嘴到压气机、燃烧室、涡轮和排气扩压器等各个部件。模拟压气机和涡轮部件时,提出了非线性绝热及透热膨胀和压缩计算方法。

燃气轮机设计需要的几个基本步骤在第17章里讨论。第18章主要讲述受限于不利动态运行的不同类型的燃气轮机动态模拟以及7个代表性的例子的研究总结。在讲述第三部分时,通过提供现有燃气轮机和它们的各个组件来详尽说明模拟过程。

在输入数千个方程时,可能会发生错误。我尽力消除输入、拼写和其他方面的错误,但是毫无疑问仍有一些被读者发现的错误。在这种情况下,我真诚地感谢发现错误并通知我的读者;我的电子邮箱地址已经在下面给出。我也欢迎对关于本书未来版本的改进提出的任何意见或建议。

我真诚地感谢许多优秀的机构和个人。首先也是最重要的是,我要感谢德国达姆施塔特工业大学,在那里我得到了完整的工程教育。德国休假期间我完成了这本书的主要章节,在那里我得到了亚历山大·冯·洪堡奖。我要感谢亚历山大·冯·洪堡基金会给我这个奖项,以及在德国休假期间对我的研究材料上的支持。我要感谢贝恩德·斯托费尔教授、迪特马·亨内克教授、佩尔茨教授和贝恩德·马蒂朔克硕士工程师给我提供了一个非常融洽的工作环境。我真的很喜欢和这些优秀的人交往。美国航空航天局格伦研究中心赞助的非线性动态代码 GETRAN 被用来在第三部分模拟例子。我还要感谢控制司卡尔·洛伦佐科长、帕克森博士以及美国航空航天局格伦研究中心的行政管理部门。我也想感谢理查德·赫西博士为我提供了一个三维压气机叶片设计,感谢亚瑟·温纳斯托姆博士为我提供了关于流线曲率法的最新的理论。

感谢得州农工大学在我休假期间支持我完成了本书的撰写。

最后,我要对我的家人苏珊和威尔弗里德表示特殊的感谢,他们在我完成这本书的过程中给予了我极大的支持。

得州农工大学
梅恩哈德·T. 斯科贝里
tschobeiri@ mengr. tamu. edu
2016 年 9 月

目　　录

第1章　燃气轮机的应用及类型介绍

燃气轮机是将燃料的化学能转化为机械能并通过轴功率输出或者转化为动能的一种发动机。发电燃气轮机是产生轴功率的燃气轮机。将燃料能量转化为动能的燃气轮机可以用于产生推力来推进飞行器。燃料能量转化为轴功率或推进力需要发动机多个部件之间相互作用,在每一个部件内部发生一系列能量转换。

1.1　发电燃气轮机

图 1.1 所示为一个发电燃气轮机。环境中的空气从进口喷嘴进入,其总压部分转化成动能。经过进口之后,空气进入一个多级压气机,它的总压不断增加并在到达压气机出口时达到设计压比。通过涡轮提供机械能来实现总压的增加。在这种情况下,它是将机械能部分转化为势能。基于压缩过程的压比可知空气工质从压气机出口离开时具有相对较高的总温和总压。压缩空气进入燃烧室,在燃烧室内喷入燃料并在燃烧室内发生强烈的燃烧过程,燃料的化学能转化成热能。燃烧室产生的燃气进入多级涡轮,总能量很大程度上转化为机械能。能量转化过程在出口扩压器内继续进行(图 1.1 中不可见),其排出气体的动能部分转化为势能。在单个部件中发生的能量转换过程总是会产生一定的总压损失,引起熵增从而导致效率下降。无论其功率大小、类型和结构如何,上述能量转换过程是所有发电燃气轮机固有的过程。类似的部件见图 1.2 和所有的发电燃气轮机。

图 1.1 和图 1.2 所示的发电燃气轮机结构的特点在于都具有一个多级压气机、一个多级涡轮和一个安装压气机和涡轮叶片的轴。压气机内压力的增加是通过多级实现的,每级由一个静叶排和动叶排组成。总压增加仅由压气机动叶排决定,而静叶排增加静压,因此速度降低。静叶也为动叶提供必要的流动偏转,并且动叶获得涡轮输入的机械能。图 1.3 所示为具有多级压气机和涡轮的西门子 SGT5 - 4000F 发电燃气轮机。其环型燃烧室具有沿圆周方向等距分布的多个燃料喷射器。燃烧室的环形结构能够为后面涡轮部件提供更均匀的温度

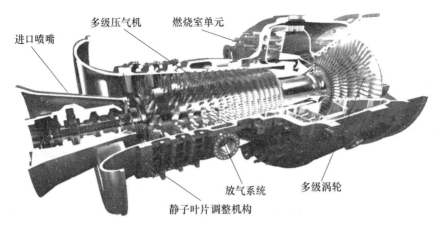

图 1.1 阿尔斯通重型发电燃气轮机 GT13E2

（总输出功率 202.7MW,联合循环效率 53.5% ）

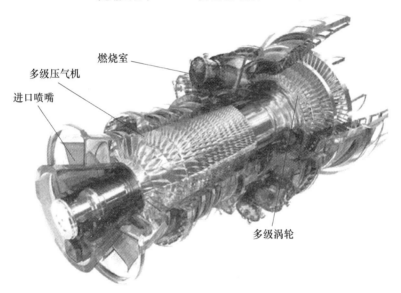

图 1.2 通用电器公司(GE)的重型发电燃气轮机及其主要部件

分布。多级涡轮提供驱动压气机和发电机所必需的动力。

西门子公司的 SGT5 - 4000F 发电燃气轮机的总输出功率为 292MW,总效率为 39.8% ,总热耗率为 9038kJ/(kW·h),15 级压气机压比为 18.2,排气温度为 580℃、排气质量流量为 688kg/s。联合循环装置在净效率和净热耗率分别为 58.4% 和 6164kJ/(kW·h)时产生的净功率为 423MW。

图 1.1~图 1.3 所示的发电燃气轮机有一个共同特征,即压气机级数是涡

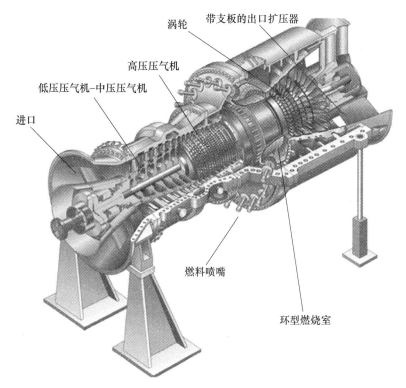

图 1.3　西门子公司的具有多级压气机、带有多个燃料喷嘴的
环型燃烧室和多级涡轮的 SGT5 –4000F 发电燃气轮机

轮级数的 3 ~ 4 倍。这个现象可以通过这两个部件的不同的流动特征来解释。
压气机叶片通道内的压力不断增加,而涡轮叶片通道内的压力不断减小。在压
气机中,叶片边界层处于逆梯度,从而导致流体质点减速,最终停滞并转变流动
方向,这就是压气机旋转失速的触发机制。然而在涡轮中,叶片通道内及其边界
层内的流体质点处于顺压梯度环境,从而使流体质点加速。因此,涡轮叶片可以
承受比压气机叶片更大的压力梯度。通过比较压气机叶栅和涡轮叶栅可以得出
这一结论。如图 1.4 所示,涡轮叶栅的偏转角度约为压气机的 4 倍,即 $\Theta_T \approx 4 \times \Theta_C$。描述这种现象的量化参数是级载荷系数,其定义为 $\lambda = \Delta H / U^2$,其中:ΔH
为级的比总焓;U 为中间截面动叶的圆周速度。假设单级涡轮的级负荷系数为
$\lambda = 2$,压比为 $\pi_T = 1.7$。对于一个轴流压气机来讲,达到这个压比一般需要 4
级,每级压比为 $\pi_C = 1.14$。相比于轴流压气机每级具有相对低的压比,径流压
气机可以设计的单级压比超过 5,这种类型的压气机可以应用于小功率的发电
燃气轮机。例如,图 1.5 所示的 OPRA 公司的 OP16 小型发电燃气轮机。单级

3

离心压气机动叶压比为 $\pi_C = 6.7$。单级向心涡轮驱动压气机产生的净功率为 2MW，总效率为 26%。这款 2MW 的发动机适用于石油、天然气、海洋、工业和商业电力应用等行业。

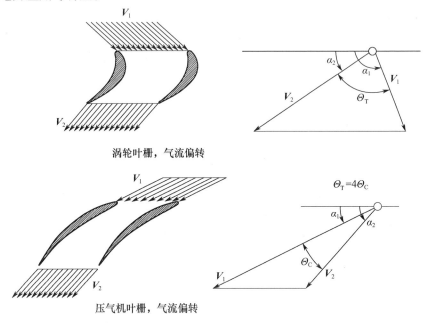

涡轮叶栅，气流偏转

压气机叶栅，气流偏转

图 1.4　压气机和涡轮叶栅的气流偏转

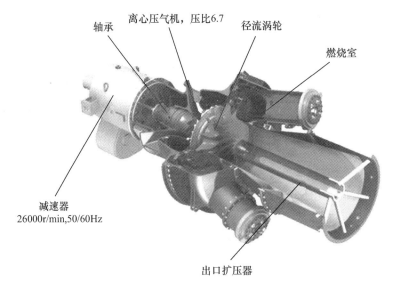

图 1.5　采用离心压气机和向心涡轮的 OP16 小型发电燃气轮机

4

为了达到更高的压比,可以采用两个或更多的离心压气机。小型川崎发电燃气轮机 M1A-13/17,功率为 1.5MW,如图 1.6 所示。它由两级离心压气机、一个燃烧室和一台四级涡轮机组成。对于小型发动机,使用离心压气机更加合适,但离心压气机不适用于大型发电燃气轮机和航空发动机。离心压气机产生压力机理是基于从压气机出口到压气机入口的周向动能差 $U_{\text{exit}}^2 - U_{\text{inlet}}^2$,在第 4 章将对此做出详细说明。由于功率与质量流量成正比,大型发动机需要更大的质量流量。为了使离心压气机提供与轴流压气机相同的质量流量,其出口直径必须远远大于进口平均直径。这使得将离心压气机安装在大型发电燃气轮机上是不切实际的。对于航空发动机,大外径增加了阻力,从而增加了燃油消耗。

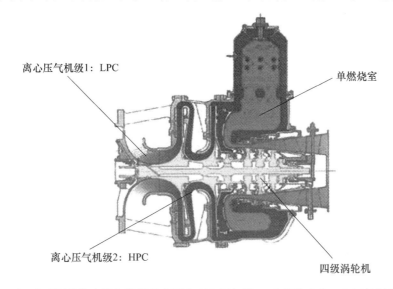

离心压气机级1:LPC

单燃烧室

离心压气机级2:HPC

四级涡轮机

图 1.6 小型川崎发电燃气轮机具有两台离心压气机、一个燃烧室和一台四级涡轮机

1.2 压缩空气储能燃气轮机

第一台压缩空气储能(CAES)装置由 BBC(Brown Boveri & Cie)公司设计和制造,安装在德国亨托夫(Huntorf),并于 1978 年投入使用。它主要由将空气泵入地下洞穴储气腔的压气机组、一个发电机和一个燃气轮机单元组成。设计该装置目的是以高效率的方式满足尖峰负荷的需求。压缩空气储能燃气轮机单元与常规涡轮有所区别。传统的燃气轮机需要消耗涡轮功率的 2/3 来驱动压气机,剩余 1/3 的功率用于发电。与之相反,CAES 燃气轮机使用储存在储气腔中的预压缩空气。在电能供应的高峰期,压缩空气被直接添加到燃烧室与燃料燃

烧。因此,气体燃烧所释放的所有热能被转化为轴功。

图1.7所示为德国亨托夫压缩空气储能设备的原理图,详细信息见文献
[1]。自1978年以来该装置作为应急发电机一直可靠运行,以满足尖峰期用电
的需求。它包括:①压气机组;②电动机/发电机单元;③燃气轮机;④地下压缩
空气储气腔。在8h的低电能需求期间(夜间),运行在60MW的电动机驱动压
气机组,将空气泵送到地下存储量为31万 m³、深度超过600m、最大压力约
70bar①的地下盐洞储气装置。压气机组由20级的轴流低压压气机和6个转速
为7622r/min的径向叶轮高压装置组成。压缩空气具有相对较高的出口温度,
因此必须使压缩空气在进入储存洞穴之前冷却下来。高压压气机有2个中间冷
却器和1个后冷却器。

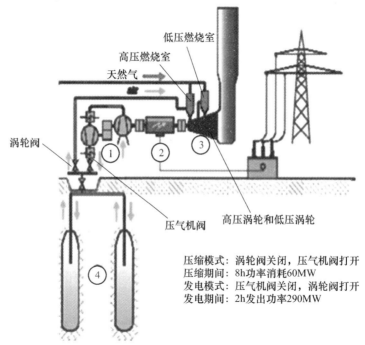

图1.7 德国亨托夫压缩空气储能设备

在压缩模式期间,涡轮阀关闭,压气机阀打开。在发电模式期间,压气机阀
关闭,涡轮阀打开。在高电能需求期间,储气装置出口阀打开,通过预热器后的
空气进入加入燃料的高压(HP)燃烧室。燃气在高压涡轮机中膨胀,随后进入低
压(LP)燃烧室,并在低压燃烧室中添加剩余的燃料。燃气轮机运行约2h,能够

---

① 1bar = 10^5 Pa。

6

输送功率290MW。

图1.8所示的燃气轮机是上述压缩空气储能设备和更先进的索伊兰CAES设备的核心部件,它由高压燃烧室、多级高压涡轮、低压燃烧室和多级低压涡轮组成。详细的动力学性能和效率研究发现,与仅具有一个燃烧室和一个多级涡轮的燃气轮机相比,这种CAES燃气轮机在发电模式下效率大幅度提升。虽然在CAES装置设计中使用了这种效率改进方法,但直到20世纪80年代末也没有在发电燃气轮机的设计中使用这种方法。这种非常有效的方法没有应用于燃气轮机的原因是将典型的BBC公司大容积筒型燃烧室整合到紧凑型燃气轮机中的固有困难问题。另外,增加另一个像CAES中那样常规大容量燃烧室,发动机制造商将面临一系列不可预见的整体设计和操作可靠性问题。然而,利用众所周知的再热概念及其在CAES – Huntorf的成功应用经验,也许是提高BBC燃气轮机效率的可行解决方案。该概念的采用是在1988年瑞典Asea公司和BBC公司合并之后。

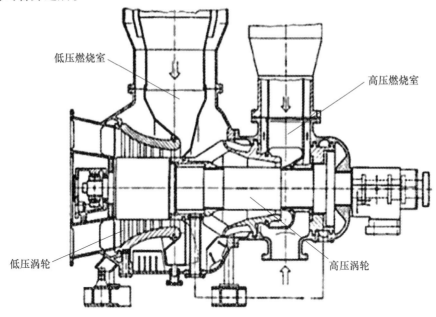

图1.8 索伊兰的压缩空气储能设备[1]

1.3 发电燃气轮机发展

在1986年之前,基于涡轮入口温度(TIT)的燃气轮机的热效率η_{BL}为32%~35%。为获得更高的效率需要大幅增加涡轮入口温度,这需要对前几级涡轮进行很大程度上的冷却。文献[2-3]的研究表明,在 CAES - 涡轮设计中引入再热概念可以显著提高效率。图 1.9 中的热力学过程显示了热效率是压比(图(a))和燃气轮机比功(图(b))的函数。对应每个涡轮入口温度都存在一个最佳压比,并且最佳压比随着涡轮入口温度的升高而增加。压比超过这个最佳点将导致效率降低。给定一个确定的最大压气机级压比范围(1.15 ~ 1.25)限制,

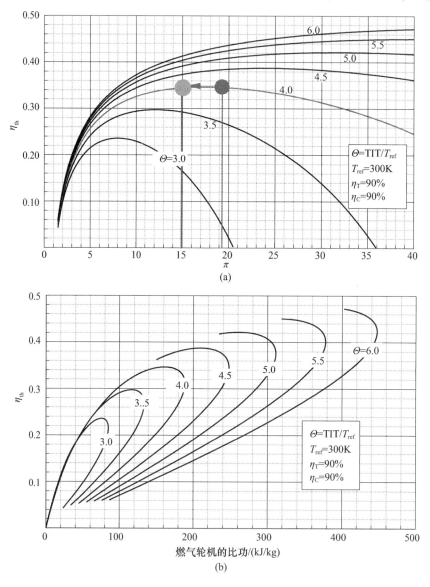

图 1.9 传统燃气轮机的效率改进

总体压比的增加需要增加更多的级数。实际上,压气机设计时压比略小于最佳值,但 $\eta_{th} \approx \eta_{th_{opt}}$。图 1.9 解释了这个过程:采用温度比为 $\Theta_T = 4$,其最佳压力比接近于 $\pi_{opt} \approx 19$(深色圆圈),但是它的最佳效率与 $\pi = 19$(浅色圆圈)非常接近。以单级压比 $\pi_{stage} = 1.22$ 来计算,需要至少 7 级才能提供 $\Delta\pi = 4$ 的压比差异以达到 $\pi_{opt} \approx 19$ 的要求。考虑图 1.9(b),结合图 1.10 所示,注意到最大效率和最大燃气轮机比功对应的最佳压比是不同的。事实上,如上所述,采用较小的压比不仅可以大大降低级数,而且还能提高燃气轮机的比功,这对于将燃气轮机整合到联合循环(CCGT)中是有利的。

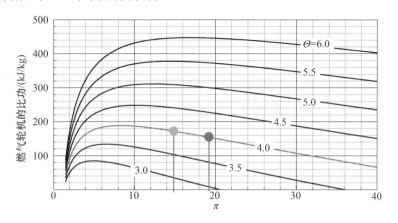

图 1.10 不同涡轮入口温度下压比与燃气轮机比功的函数关系

1.4 燃气轮机效率的改进方法

图 1.11 所示为再热概念示意图,以基准燃气轮机(图(a))和再热循环燃气轮机(图(b))的 $T-S$ 图来说明。为了应用再热概念,首先必须获得最佳压比和相应的设计压比,在相同基准温度下的压比大约是基准燃气轮机压比的 2 倍。以效率为 36% 的燃气轮机作为基准燃气轮机,如图 1.11 所示添加一个再热过程。图 1.11(a)中的蓝色阴影区域表示基准燃气轮机的性能,而图 1.11(b)中蓝色和红色阴影区域表示具有再热循环的燃气轮机的性能。

值得注意的是,基准燃气轮机和再热循环燃气轮机的涡轮入口温度是相同的,这是保证燃气轮机设计成高效率且工作温度却维持相对较低的一个非常重要的方面,如 1200℃。图 1.12 定量地显示了使用再热循环概念后效率的提高。蓝色曲线代表了 1986 年以前相对先进的燃气轮机的效率,绿色曲线表示使用再热循环的通用燃气轮机的效率。这个曲线还包括了已经在文献[4]中报道过的

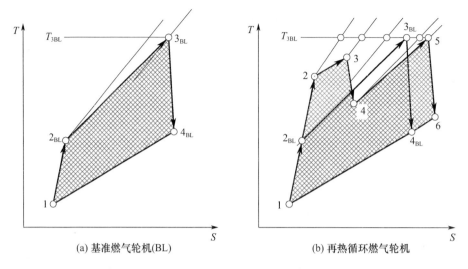

(a) 基准燃气轮机(BL)　　　　　　(b) 再热循环燃气轮机

图 1.11　常规燃气轮机和再热燃气轮机的性能对比(彩色版本见彩插)

预测效率 40.5%。虽然这种通用燃气轮机和 ABB – GT – 24/26 的压比是相同的,但是这种燃气轮机进口温度比 GT – 24/26 燃气轮机的进口温度低 4℃[4]。

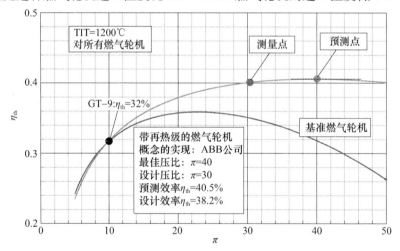

图 1.12　常规燃气轮机(蓝色曲线)和再热循环燃气轮机(绿色曲线)
之间的效率对比(彩色版本见彩插)

可以看出,与 GT – 9 相比,新型再热循环燃气轮机的效率提高了 8.5%,与同期较先进的燃气轮机相比增加了 4.5%。在文献[4]中报道的 GT – 24 相应的测量效率为 38.2%。这 2.3% 的效率差异主要是由于压气机叶片的裂纹故障等问题导致的[4],故障发生在发动机运行开始时。虽然 2.3% 的效率降低并不显

10

著,但与当时的燃气轮机相比,热效率却有了很大的提高。虽然燃气轮机的效率得到提高但还存在以下问题:①压气机压比远远大于传统的燃气轮机,$\pi_{optGT-24} \approx 2 \times \pi_{optBL}$,这造成压气机效率降低,效率降低的原因主要是因为降低叶片高度从而增加了二次流损失导致;②引入第二个燃烧室导致额外的总压损失。

再热循环概念在大型燃气轮机上的应用始于 1990 年,由 ABB 完成,于 1995 年完成两台燃气轮机的再热设计。GT-24 为 60Hz 市场设计(美国和其他国家),GT-26 为 50Hz 市场设计(欧洲)。1995 年第一台 GT-24 燃气轮机被安装在吉尔伯特(美国)[4]。这项先进技术的新特点是顺序燃烧系统的燃油喷嘴技术。弗鲁茨基报道该系统由 BBC 于 1948 年在瑞士贝兹瑙首次推出[5]。该装置近半个世纪后仍然运行良好,其涡轮进口温度为 600℃,效率却有 30%,这对于如此低的涡轮进口温度而言该设备的效率是相当高的。

图 1.13 所示为 GT-24/26 燃气轮机的所有部件。其中压气机有 22 级,压比为 30:1,再热级的压比为 30:15,还有两个燃烧室。高压再热涡轮第一级燃烧室的点火温度大约是 1232℃。由于叶片材料的熔点为 1200℃ 左右,必须将高温燃气冷却至熔点以下。因此,单级高压涡轮和四级低压涡轮前二级的叶片都需要空气冷却。带有环保(EV)燃烧器的第一个高压环型燃烧室之后是高压再热涡轮,接着是第二燃烧室也就是低压燃烧室,后面是四级低压涡轮。燃烧室具有 EV 涡流燃烧器。如文献[6]和图 1.14 所示,EV 燃烧器由两个轴线平行错位的半锥体壳组成,具有两个切向槽。通过切向槽流入流体的涡流强度在轴向方向上增加,使得核心区的流体在燃烧器出口附近产生涡破碎。

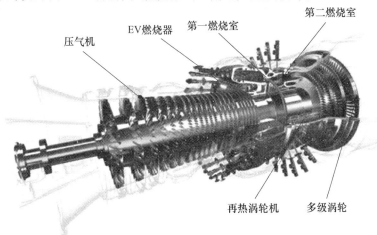

图 1.13　GT-24/26 及其组件

BBC 公司在 20 世纪 80 年代中期开始报道涡破碎现象、稳定性及其应用于

燃烧室的研究,文献[7-8]也提到了相关研究,并且文献[9]报道了在90年代

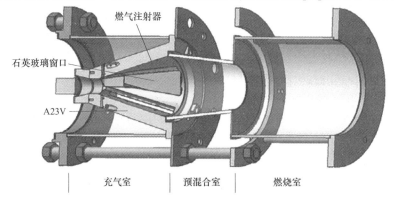

图1.14　EV燃烧器测试部分

末期将其应用于GT-9燃气轮机。

如文献[6]所报道的,在EV预混燃烧室中,没有确定的火焰稳定器存在,其暴露在传统的预混燃烧器中,上游是可燃混合气,下游是火焰稳定区域。因此,EV燃烧器具有固有的安全性,可以防止自燃或火焰倒燃等情况的发生。

文献[4]中报道的一系列性能试验测试了GT-24(60Hz)的特性,其中还包含GT-26(50Hz)的性能数据。两种型号燃气轮机的压比都为30:1,但质量流量、功率和效率都不同。详细的数据如表1.1所列,用(＊)标记的数据是来自文献[10]的更新数据。

表1.1　GT-24和GT-26的性能数据

特性	GT-24(60Hz)	GT-26(50Hz)
TIT/℃	1235	1235
压比	30.0(35.4)＊	30.0(35.0)
效率/%	37.9(40.0)＊	38.2(41.0)＊
基本载荷输出功率/MW	166(235)＊	241(345)＊
热耗率/(kJ/(kW·h))	9495	9490
质量流量/(kg/s)	378	610
排气温度/℃	610	610

1.5　具有静子内部燃烧的超高效燃气轮机

在1.4节中,已经展示了保持中等水平的TIT,通过改变设计技术可以大大提高燃气轮机的效率。本节介绍能够进一步提高燃气轮机效率的新技术。这种

新技术是静子内燃烧的超高效燃气轮机(UHEGT),采用新概念来提高燃气轮机的效率,其燃烧过程发生在涡轮静子排内,实现分布式燃烧。UHEGT 概念消除了燃烧室从而获得很高的热效率,这是任何常规设计的燃气轮机无法实现的。UHEGT 的概念由 Schobeiri 提出,并在文献[2-3]中有详细的描述。文献[3]中的一个详细研究表明,UHEGT 概念大大提高了燃气轮机的热效率,比 GT-24/26 在满载时设定的 40.5% 的最高效率还要高出 5% ~ 7%。为了展示 UHEGT 概念的创新性进行了一项研究,比较了 3 种概念上不同的发电燃气轮机发动机:GT-9,常规燃气轮机(单轴,单燃烧室),具有顺序燃烧的燃气轮机(概念由 ABB 实现:GT-24/26)和一个 UHEGT。

图 1.15 所示为燃气轮机效率改进的演变过程。图 1.15(a)中的第一个改进如图 1.15(b)所示,其中红色阴影区域表示增加的 $T-S$ 图区域,使热效率显著提高。如图 1.15(c)所示,UHEGT 概念的 $T-S$ 图区域面积进一步增加,从而提高了热效率,在图 1.15(c)中,静子入口温度保持不变。然而,如图 1.15(d)所示,前两级静子入口温度可能会低于最大期望值。

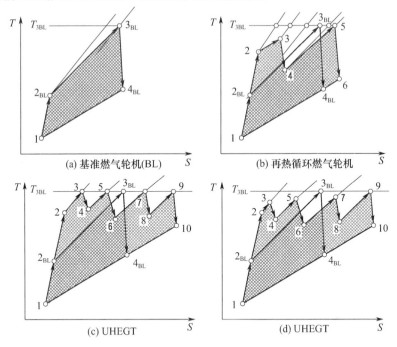

图 1.15　3 台不同的燃气轮机的 $T-S$ 图(彩色版本见彩插)

图 1.16 所示为每个过程量化的计算结果,并分别比较了基准燃气轮机、GT-24/26,及具有 3 个和 4 个静子内部燃烧的 UHEGT-3S 和 UHEGT-4S 的

热效率和比功。所有循环的最高温度 TIT 均为 1200℃,如图 1.16(a)所示,对于 UHEGT–3S,其计算热效率高于 45%。这比目前最先进的燃气轮机接近 40% 的热效率至少提高了 5%。如果增加静叶内部燃烧的数量到 4,由图中 UHEGT–4S 的曲线可以看出热效率将超过 47%,与现有任何燃气轮机相比都是巨大的进步。UHEGT 概念可以显著地提高燃气轮机的效率,对于压比参数的优化应该对应于涡轮进口温度,这使得 UHEGT 概念可以广泛地应用于从小型到大型发动机。图 1.17 概括了技术变革对于热效率的影响。值得注意的是,在不提高涡轮进口温度的情况下,UHEGT 的热效率比目前最先进的燃气轮机提高了 7.5%。

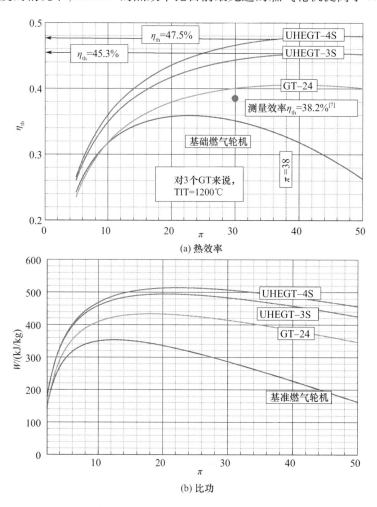

(a) 热效率

(b) 比功

图 1.16 基准燃气轮机、GT–24/26 和 UHEGT 的性能对比说明
技术变革对燃气轮机热效率的影响

14

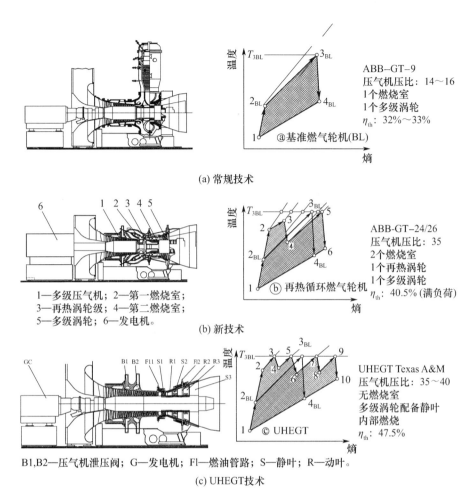

(a) 常规技术

ABB–GT–9
压气机压比：14～16
1个燃烧室
1个多级涡轮
η_{th}：32%～33%

ⓐ基准燃气轮机(BL)

ABB-GT–24/26
压气机压比：35
2个燃烧室
1个再热涡轮
1个多级涡轮
η_{th}：40.5%(满负荷)

ⓑ 再热循环燃气轮机

1—多级压气机；2—第一燃烧室；
3—再热涡轮级；4—第二燃烧室；
5—多级涡轮；6—发电机。

(b) 新技术

UHEGT Texas A&M
压气机压比：35～40
无燃烧室
多级涡轮配备静叶
内部燃烧
η_{th}：47.5%

ⓒ UHEGT

B1,B2—压气机泄压阀；G—发电机；Fl—燃油管路；S—静叶；R—动叶。

(c) UHEGT技术

图 1.17　技术变革：在适度水平上大幅提高热效率

1.6　航空发动机

　　除了发电，燃气轮机在交通运输方面也扮演着重要的作用。航空发动机是各种航空器的主要推进系统。图 1.18 所示为一个大涵道比航空发动机。

　　双转子航空发动机包括 1 个风扇级、1 个多级低压压气机级、1 个中压压气机级、1 个高压压气机级和 1 个环型燃烧室，其后为高压涡轮和低压涡轮通过 2 个同心轴连接。图 1.19 为同心轴布置方式的示意图。风扇级由低压涡轮驱动，其压比为 1.3 左右。高压涡轮通过外轴带动中压压气机级和高压压气机级。高压压气机级和高压涡轮组成了燃气发生器。通过风扇级的预压缩空气进入低压

15

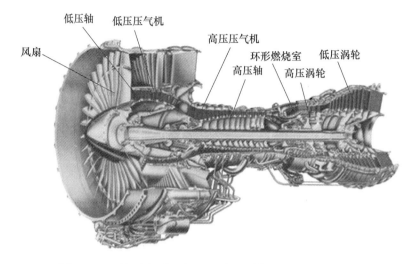

图 1.18 双轴、大涵道比航空发动机(普拉特·惠特尼公司)

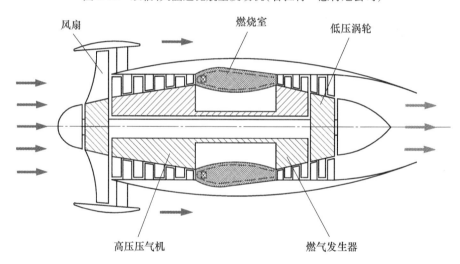

图 1.19 双转子发动机示意图

压气机级继续压缩,并通过高压压气机级完成压缩,随后进入燃烧室与燃料混合。发动机将产生最大 19kN 的推力。燃气发生器提供高温高压燃气推动低压涡轮。从低压涡轮出口喷出后,燃气在尾喷管中膨胀,其动能将产生额外的推力。图 1.20 所示为燃气轮机的概念图以及单轴发电燃气轮机和双转子航空发动机的工作过程图。在图 1.20(a)中,燃气的总能转变为机械能,在图 1.20(b)中燃气总能的主要部分被用来驱动燃气发生器涡轮。

另一款先进的航空发动机是罗尔斯·罗伊斯公司的三转子航空发动机

16

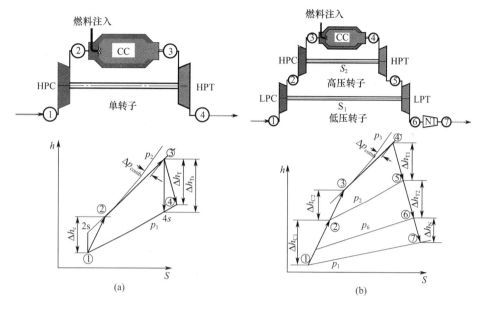

图 1.20 单轴发电燃气轮机(a)及双转子航空发动机(b)的焓熵图

Trent 1000,如图 1.21 所示。它包括低压转子、中间级转子、高压转子,对应低压压气机 – 低压涡轮轴、中压压气机 – 中压涡轮轴、高压压气机 – 高压涡轮轴。文献[11]指出,该涡扇发动机的涵道比能达到 11:1,包括单级低压压气机、8 级中压压气机以及 6 级高压压气机。涡轮侧则包括一个单级高压涡轮、单级中压涡轮和 6 级低压涡轮。压气机的总压比为 52,空气质量流量为 1290kg/s。该发动

图 1.21 罗尔斯·罗伊斯公司三转子航空发动机 Trent 1000

17

机的最大推力为240~350kN,推重比为6.189。3个转子分别以不同转速运行：高压转子转速为13391r/min,中间级转子转速为8937r/min,低压转子转速为2683r/min。遵从文献[11]中的温度限制。①地面启动及关机最大温度为700℃;②飞行中最大温度为900℃;③最大起飞温度(5min以内)为900℃;④最大持续温度(不限时间)为850℃;⑤最大超温(20min)为920℃。

1.7　航改型燃气轮机

相比于发电燃气轮机,航空发动机有更高的功率密度。通过较小的设计变动,航空发动机可以用作紧急电源,也可以应用于高速船舶、火车和坦克的推进动力单元。一个双转子涡扇发动机可以通过移除风扇级、保留燃气发生器的高压压气机、修改低压涡轮改型为发电燃气轮机。作为典型例子,通用电气公司的LM6000 - PF + 展示了航空发动机如何改造为发电燃气轮机,如图1.22所示。很多制造商的不同型号航空发动机拥有大量的衍生产品,其低压涡轮被修改为自由涡轮用来产生动力。

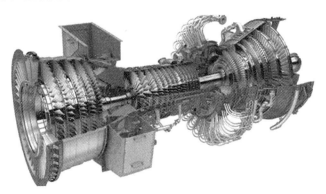

图1.22　通用电气公司的LM6000 - PF + 航改型燃气轮机

更不同和复杂的衍生产品是图1.23所示的通用电气公司的LMS - 100燃气轮机。这台燃气轮机由MS6000 IFA低压压气机、CF6 - 80C2高压压气机、CF6 - 80E高压涡轮模块化组合而来。为了提高热效率,使用了实践证明有效的间冷技术,这项技术是由BBC在1948年提出的,应用于瑞士贝兹瑙的双轴燃气轮机[5]。

对于LMS - 100燃气轮机,低压压气机出口的空气间冷使得整机效率达到45%。

图1.24所示为带中间冷却的双轴航改型燃气轮机的温度 - 熵($T - S$)图。

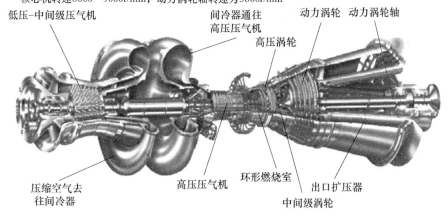

采用模块化设计的GE-LMS-100: 功率100MW, 压比42:1, 流量208.65kg/s, 核心机转速8000~9000r/min, 动力涡轮轴转速为3600r/min

低压-中间级压气机

间冷器通往
高压压气机

动力涡轮　动力涡轮轴

高压涡轮

压缩空气去
往间冷器

高压压气机

环形燃烧室

出口扩压器

中间级涡轮

图 1.23　通用电气公司的 LMS - 100 燃气轮机

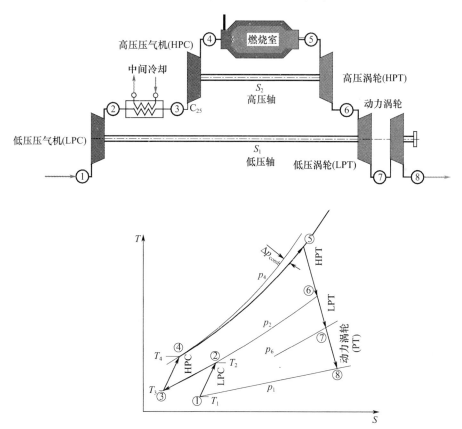

图 1.24　具有中间冷却的双轴航改型燃气轮机 $T - S$ 图

19

在低压压气机出口处，压缩空气在进入高压压气机前温度从 T_2 被冷却到 T_3。如图 1.24 所示，温度 T_3 略高于低压压气机入口的温度。温度差 $\Delta T = T_3 - T_1$ 是由于冷却流体温度和冷却效率的原因。高压压气机后续压缩导致温度 T_4 与高压压气机的压比和效率有关。

图 1.25 总结了可以从双轴核心机衍生的产品。其中包括带外涵道的双轴发动机、带动力涡轮的双轴发动机、无外涵道的涡扇发动机和涡轮螺旋桨发动机。

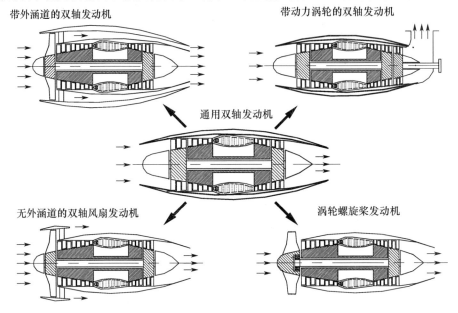

图 1.25　不同的航改型发动机结构

1.8　燃气轮机涡轮增压柴油发动机

涡轮增压器属于小型燃气轮机的类别，广泛应用于汽车、卡车和大型船舶柴油发动机，作用是增加内燃机的有效平均活塞压力，从而提高其热效率。例如，图 1.26 所示为 10MW 功率大型柴油发动机的典型涡轮增压器。涡轮增压器由空气过滤器、入口喷嘴、一个径流式压气机级组成，由单级轴流涡轮驱动。其工作过程是：来自柴油发动机的废气进入涡轮，其总能量部分转换为轴功率。涡轮驱动压气机级，压气机级通常是单级径流式压气机。压气机从环境中吸入空气，压缩并将其输送到活塞，从而大大增加发动机的平均有效活塞压力和热效率。对于以 1200～1800r/min 运行的大型柴油发动机，通过涡轮增压技术可以实现 50% 的高效率。这比目前最高效率的燃气轮机高出约 10%，比联合循环系统的效率低 10%。涡轮功率通常涵盖压气机功率和轴承摩擦损失。然而,在发动机瞬态工作期间,涡轮和压气机功率之间总是存在不匹配情况,但是在这两个部件达到动态平衡之后这种不匹配问题就会消失。

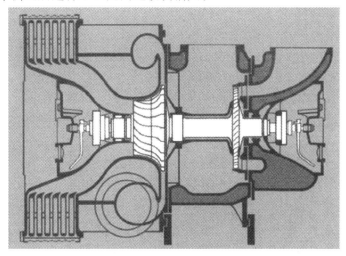

图 1.26　10MW 功率的大型柴油发动机的涡轮增压器,压气机压比为 4.0∶1(ABB 公司)

　　图 1.27 所示为汽车小型柴油发动机的涡轮增压器。大部分汽车制造商都采用小尺寸的涡轮增压器来增加平均活塞压力。

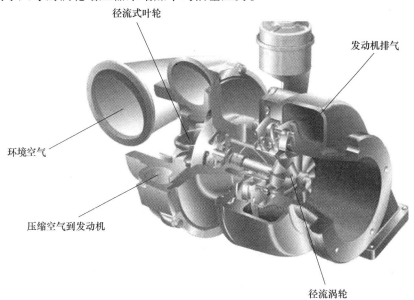

径流式叶轮

发动机排气

环境空气

压缩空气到发动机

径流涡轮

图 1.27　由德国博格华纳公司制造的汽车小型柴油发动机的涡轮增压器

1.9 燃气轮机部件及功能

用于发电、推进动力或涡轮增压的燃气轮机系统由若干部件组成[12-15]。每个部件在系统内执行确定的功能。进口喷嘴、出口扩压器、燃烧室、压气机和涡轮机是燃气轮机的部件。

一个部件可以由若干子部件组成,一级涡轮或一级压气机就是一个子部件。图1.28所示为带有顺序燃烧器和其他部件的一种先进的燃气轮机。图1.29将双轴发动机分解成其主要部件:①一个多级高压压气机、一个燃烧室和一个高压涡轮组成的高压轴组件;②低压轴连接的低压压气机与低压涡轮组件;③燃烧室;④入口扩压器和出口喷嘴。两个轴只有气体动力学上的连接。具有较高动能的流体离开高压涡轮的最后一级后,撞击低压涡轮的第一级静叶,并在低压部件和后面的推力喷嘴内进一步膨胀,其为推力产生提供所需的动能。除了图1.28和图1.29所示的主要部件外,还有其他几个部件。例如,用于将流体从压气机输送到涡轮以用于冷却目的管道、阀门、控制系统、润滑系统、轴承以及启动电动机等。图1.28和图1.29中所示的组件根据各自的功能分组。

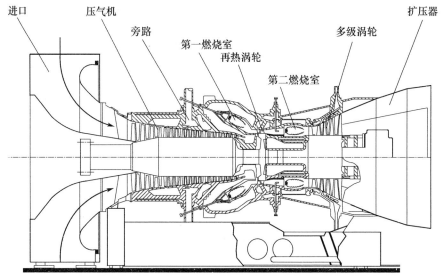

图1.28 燃气轮机部件

1.9.1 第1组:进口、出口、管道

第1组包括不与周围环境发生热能传递的部件。它们的功能包括传输质

22

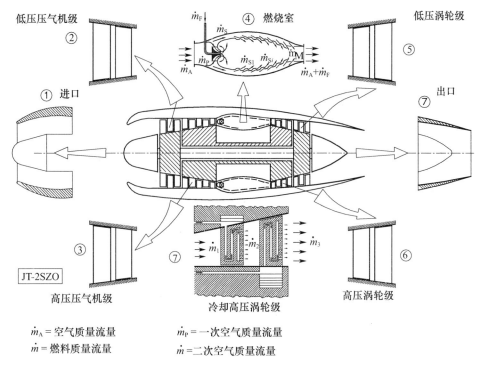

图 1.29 双轴发动机的组件分解

量、通过喷嘴使流体加速,以及通过扩压器降低动能。图 1.30 所示为喷嘴、连接管路和扩压器的物理表示方法。每个模块都由一个入口和一个出口容积元件组成。这些容积元件用作两个或更多模块之间的耦合元件。第 13 章将介绍这些模块的详细物理和数学建模。

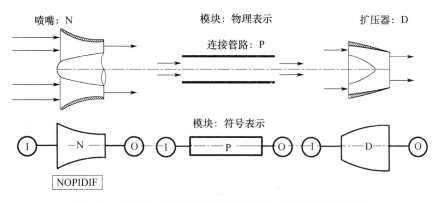

图 1.30 喷嘴 N、连接管路 P 和扩压器 D 的组件和模块表示

23

1.9.2 第2组:换热器、燃烧室、加力燃烧室

第2组包括了热能交换和产生热量的组件。换热器有多种不同的形式,如回热器、再热器、中间冷却器和后冷却器。

回热器用于提高小型发电燃气轮机的热效率。来自排气系统的热气进入回热器的低压侧(热侧),压气机中的空气进入高压侧(冷侧)。再通过多个换热表面后,热量从回热器热侧传递给回热器冷侧的压缩空气。空气经过回热器预热后进入燃烧室。如图1.31所示,低温空气进入暴露于热气体的回热器管路。热量通过对流、热传导和辐射从热气体传递到空气中,从而增加了空气的温度。较高温度的空气进入燃烧室,废气以较低的压力离开回热器(详见第14章)。

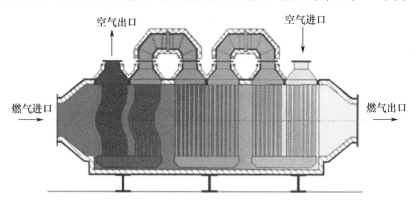

图1.31 由西班牙卡尔弗里萨(Kalfrisa)公司制造的燃气轮机回热器

发电燃气轮机和航空发动机的燃烧室具有相同的作用。它们将燃料的化学能转化为热能。燃烧室有多种类型,如筒型、环型和单管型燃烧室。环型燃烧室是从GT-8到GT-13的所有BBC公司燃气轮机采用的标准燃烧室。图1.32所示为GT-9燃气轮机的筒型燃烧室,通常由主燃烧区、二次燃烧区和混合区组成。主燃烧区由多排陶瓷片段包围并将主燃烧区与二次燃烧区分开,并保护燃烧室壳体免于暴露在高温辐射中。实际的燃烧过程发生在主燃烧区。通过喷嘴和孔的二次空气在混合区中掺混使气体温度降低到燃气轮机的可接受水平。由于直接受到火焰的辐射,燃烧区中的陶瓷片段承受严重的热负荷,这些陶瓷片段需要在空气和燃气侧都采用气膜冷却和对流冷却。冷却空气通过肋片冷却通道冷却陶瓷片段,从而也有助于空气侧陶瓷片段的对流冷却。从第 j 段排陶瓷片段流出的冷却空气会在下一段燃气侧的边界层内形成气膜冷却。最后,冷却空气与一次空气混合,从而降低出口温度。

图1.33所示的阿尔斯通(Alstom)GT-11N燃气轮机中采用了升级后的燃

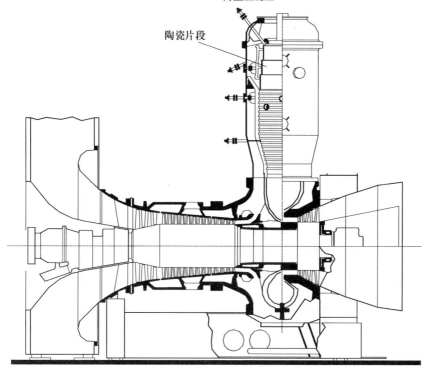

BBC-GT-9筒型燃烧室

陶瓷片段

图 1.32　带有筒型燃烧室的 BBC 公司 GT-9 燃气轮机

烧室,其中传统的 BBC 喷嘴被干式低 NO_x 喷嘴代替。内部陶瓷片段的结构保持不变。新型燃油喷射与图 1.14 所示类似。

环型燃烧室是另一种类型的燃烧室。该组件的通用结构如图 1.34 所示。与其他类型燃烧室的共同组成特点一样,都是由进口扩压器、旋流器、主燃烧区和二次燃烧区组成(详见第 14 章)。

1.9.3　第 3 组:压气机、涡轮机部件

该组包括了与周围环境发生机械能(轴功率)交换的部件。该组具有代表性的部件是压气机和涡轮机。作为示例,图 1.35 表示涡轮的焓熵图,基元级分布和速度三角形示意图。基元级的绝热压缩和膨胀过程通过守恒定律和第 15 章讨论的级特性来描述。这些组件将在第 15 章中进行详细介绍。

压气机和涡轮除了有轴流式,还有径流式。径流式主要应用于小功率的燃气轮机以及图 1.5、图 1.6、图 1.26 和图 1.27 中所示的涡轮增压器。离心压气机通常用于高压比、小质量流量的燃气轮机。离心压气机设计的细节见第 16 章。

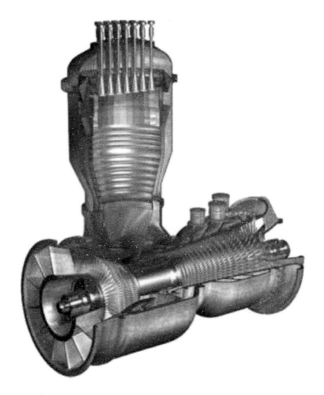

图 1.33　带筒型燃烧室的阿尔斯通 GT－11N 燃气轮机

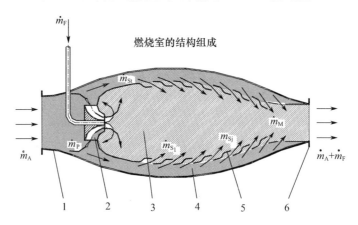

喷气发动机燃烧室的示意图

图 1.34　环型燃烧室的示意图(彩色版本见彩插)

1—入口扩压器；2—旋流器；3—主燃烧区(红色)；

4—二次燃烧区(蓝色)；5—火焰筒；6—出口。

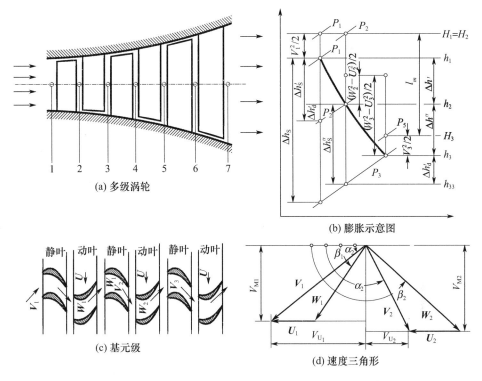

图 1.35　多级涡轮、基元级排列,焓熵图和速度三角形示意图

参 考 文 献

[1] Schobeiri, M. T. , 1982, "Dynamisches Verhalten der Luftspeichergasturbine Huntorf bei einem Lastabwurf mit Schnellabschaltung," Brown Boveri,Technical Report, TA - 58.

[2] Schobeiri, M. T. , 2012, "Turbomachinery Flow Physics and Dynamic Performance," Second and Enhanced Edition, 725 pages with 433 Figures,Springer - Verlag, New York, Berlin, Heidelberg, ISBN 978 - 3 - 642 - 24675 - 3,Library of Congress 2012935425.

[3] Schobeiri, Meinhard T. , Ghoreyshi Seyed M. , UHEGT, the Ultra - high Efficiency Gas Turbine Engine with Stator Internal Combustion ASME Transactions Journal of Eng. Gas Turbines Power. 2015;138(2):021506 - 021506 - 14. GTP - 15 - 1351, doi:10.1115/1.4031273.4.

[4] EPRIGEN, 1998, Thermal Performance of the ABB GT24 Gas Turbine in Peaking Service at the Gilbert Station of GPU Energy, EPRIGEN, Palo Alto,CA.

[5] Frutschi, H. U. , 1994, "Advanced Cycle System with new GT24 and GT26 Gas Turbines, Historical Background," ABB Review 1/94.

[6] Döbbeling, K. , Hellat, J, Koch, H,. 2005, "25 Years of BBC/ABB/ALSTOM Lean Premix

Combustion Technologies," ASME PaperGT2005 – 68269.

[7] Keller, J. , Egli, W. , and Althaus, R. , 1988, "Vortex breakdown as a fundamental element of vortex dynamics," Z. Angew. Math. Phys. 39, 404.

[8] Schobeiri, M. T. , 1989, "On the Stability Behavior of Vortex Flows in Turbomachinery," (in German) Zeitschrift für Flugwissenschaften und Weltraumforschung, 13 (1989) pp. 233 –239.

[9] Keller, J. J. , Sattelmayer, T. , and Thueringer, F. , "Double – cone burners for gas turbine type 9 retrofit application," 19th International Congress on Combustion Engines (CIMAC, Florence, 1991).

[10] Gas Turbine World, 2014 – 15 Handbook, Volume 31.

[11] European Aviation Safety Agency, EASA, Certificate Data Sheet Number: E. 036, Issue : 04, September 2013, Type : Rolls – Royce Plc, Trent 1000 Series Engines.

[12] Schobeiri, M. T. , Abouelkheir, M. , Lippke, C. , 1994, "GETRAN: A Generic, Modularly Structured Computer Code for Simulation of Dynamic Behavior of Aero – and Power Generation Gas Turbine Engines," an honor paper, ASME Transactions, Journal of Gas Turbine and Power, Vol. 1, pp. 483 –494.

[13] Schobeiri T. , 1986: " A General Computational Method for Simulation and Prediction of Transient Behavior of Gas Turbines. " ASME – 86 – GT – 180.

[14] Schobeiri M. T. , 1985 " Aero – Thermodynamics of Unsteady Flows in Gas Turbine Systems. " Brown Boveri Company, Gas Turbine Division Baden Switzerland, BBC – TCG –51.

[15] Schobeiri M. T. , 1985b " COTRAN, the Computer Code for Simulation of Unsteady Behavior of Gas Turbines. " Brown Boveri Company, Gas Turbine Division Baden Switzerland, BBC – TCG – 53 – Technical Report.

28

第 2 章　燃气轮机的热力学过程

设计一台新燃气轮机的第一步就是生成其热力学循环图。这个图提供了有关涡轮进口温度 TIT、压气机压比 π_c 和燃气轮机热效率 η_{th} 之间关系的必要信息。从燃气轮机的简单循环开始,在以下部分中介绍了燃气轮机效率的影响因素和通过改变燃气轮机构型和循环来改进燃气轮机效率的方法。

2.1　燃气轮机循环及工作过程

最简单的燃气轮机循环是布雷顿循环,这是一个理想的循环。在这个循环中,压气机、燃烧室和涡轮部件分别由熵压缩过程 $\eta_C = 100\%$、等压加热过程总压力损失系数 $\zeta_{cmbc} = 0.0$ 及等熵膨胀过程 $\eta_T = 100\%$ 表示,等压放热过程损失系数 $\zeta = 0.0$。此外,理想循环不考虑工作介质通过各部件的物性变化。它假设所有部件中的气体都具有理想气体的性质,这意味着定压比热容、定容比热容及比热比 $k = c_p/c_V \neq f(T)$ 都不随温度变化。然而,流体通过燃气轮机的部件时,总压力损失与熵增来源密切相关,从而降低了效率。此外,实际气体的定压比热容和定容比热容 $c_p, c_V = f(T)$ 是温度的函数。图 2.1 比较了燃气轮机的理想循环与实际循环。

正如图 2.1(a)所示的理想循环,等压线的发散保证了压比的增加,$\Delta h_T - \Delta h_C$ 变大,这导致更高的燃气轮机效率。然而,如图 2.1(b)所示,在实际燃气轮机中上述焓差随着压比的增加而持续增加,随着压比的进一步提高其会达到一个最大值,接着效率会下降,如本章后面章节所示。压气机空气动力学解释了这种现象:给定压气机级负荷,增加压比需要增加更多的级数。这反过来会导致叶片高度变小从而产生较高的二次流损失(相关细节见第 6 章),导致级效率下降。因此,压气机需要更多的涡轮功,导致 $\Delta h_T - \Delta h_C$ 变小。因此,$\eta_{th_{max}}$ 达到最大值后,热效率就会下降。这个说法将在 2.2 节中进行定量证实。除了上面讨论的主要差异之外,图 2.1(a)所示的理想循环实际上是一个具有恒定质量流量 $\dot{m}_{cycle} = \dot{m}_{air} = $ 常数的闭式循环。然而,图 2.1(b)所示的实际循环是在燃烧室中添加燃料质量流量的开式循环。因此,涡轮质量流量是压气机质量流量和注入燃烧室的燃料质量流量的总和。

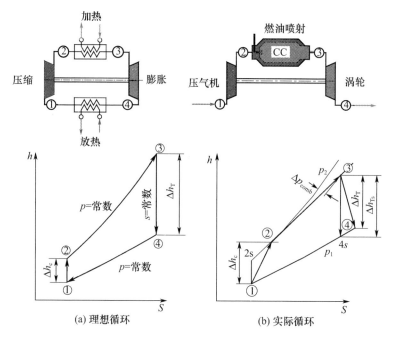

图 2.1 简单燃气轮机布置及热力学过程

2.1.1 燃气轮机的工作过程

准确预测燃气涡轮发动机的热效率需要知道压气机、燃烧室和涡轮机效率以及轴承损耗和辅助系统中的损耗。此外,需要详细了解用于冷却涡轮叶片和转盘的质量流量以及抽取和喷射压力。此外,必须在计算过程中采用详细的气体性质表来考虑湿空气和燃气的热力学性质变化。假设空气和燃烧气体是热量理想气体将导致显著的误差。图 2.2 所示为带有入口喷嘴、3 个冷却流体提取口和 2 个用于防喘的排气阀的压气机部件示意图。从集气室 4 提取的流体通过 P_1 用于冷却第二级涡轮;通过 P_2 的流体用于冷却第一级涡轮。最后,通过 P_3 的流体用于降低进入涡轮之前的燃烧室出口燃气温度。在 6、7、8 和 11 号位置,湿空气与燃烧气体混合导致水/空气比和燃料/空气比的局部变化,从而改变包括气体常数 R 在内的全部热力学性质。

上述示意图反映了燃气轮机系统在任何一点的气动热力学性质都是已知的布置形式。然而,如果打算设计一台全新的燃气轮机,这些信息都是未知的。在没有上述信息的情况下,可以进行合理假设来定性地确定热效率及其变化趋势。在 2.1.2 节中,推导出一个简单的热效率计算过程,适用于改变不同参数并确定其对热效率的影响。为此,我们考虑一个具有给定效率 η_R 从 0 到 1 变化的回热

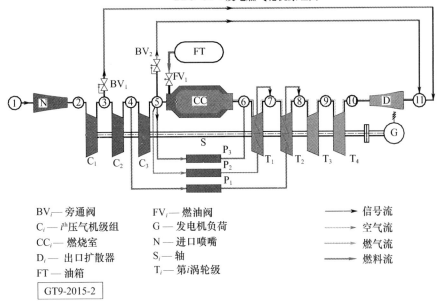

BBC-GT-9发电燃气轮机原理图

BV—旁通阀   FV$_i$—燃油阀   ——→ 信号流
C$_i$—i^{th}压气机级组   G—发电机负荷   ----→ 空气流
CC$_i$—燃烧室   N—进口喷嘴   ----→ 燃气流
D$_i$—出口扩散器   S$_i$—轴   ——→ 燃料流
FT—油箱   T$_i$—第i涡轮级

GT9-2015-2

图2.2　说明了从压气机中提取流体用于不同冷却目的的单轴燃气轮机示意图

器的燃气轮机。燃气轮机没有回热器($\eta_R = 0$)时是最简单的循环,而回热器效率 $\eta_R = 1$ 时是理想的回热循环。

图2.3给出了燃气轮机及其工作过程示意图。其由压气机、回热器、燃烧室和涡轮组成。涡轮排气被输送到回热器燃气侧,在压缩空气进入燃烧室之前对其加热。各个过程分别是压缩、添加燃料和燃烧、回热器中的热交换和涡轮中的膨胀。来自环境的空气在①处被吸入压气机,它被压缩并在②处离开压气机,②处是回热器冷气侧的入口点。流体流过回热器时,通过对流和导热将热量从回热器热端传递到冷端。添加的热量慢慢地提升了进入燃烧室位置⑤的压缩空气的温度。首先,燃油通过燃油喷嘴喷射进入燃烧室。在燃烧室内燃料与压缩机空气充分混合。随后在位置③处点火将燃烧气体温度提高到涡轮入口的设计温度 TIT。在涡轮内的膨胀过程中,燃气的大部分总能量转化为机械能。燃气膨胀后在位置④离开涡轮。排气进入回热器的热端,其热量通过对流和导热部分转移到回热器的冷端。

压气机和涡轮机焓差如下:

$$l_C = h_2 - h_1 = \frac{h_{2s} - h_1}{\eta_C}$$

$$l_T = h_3 - h_4 = (h_3 - h_{4s})\eta_T \tag{2.1}$$

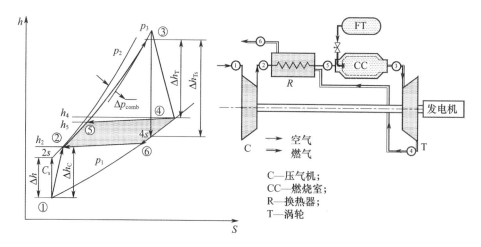

图 2.3　回热燃气轮机的简图

l_C、l_T 作为压气机和涡轮机的比机械能。对于回热器空气和气体侧（RA，RG）以及燃烧室（CC）压力损失系数,有以下定义:

$$\zeta_{RA} = \frac{\Delta P_{RA}}{P_2}(\Delta P_{RA} = P_2 - P_5)$$

$$\zeta_{RG} = \frac{\Delta P_{RG}}{P_1}(\Delta P_{RG} = P_4 - P_6)$$

$$\zeta_{CC} = \frac{\Delta P_{CC}}{P_2}(\Delta P_{CC} = P_5 - P_3) \tag{2.2}$$

热效率定义为

$$\eta_{in} = \frac{L_{net}}{\dot{Q}_{in}} = \frac{L_T - L_C}{\dot{Q}_{in}} = \frac{\dot{m}_T l_T - \dot{m}_C l_C}{\dot{Q}_{in}} \tag{2.3}$$

L_T、L_C 作为涡轮机和压气机的功率,$\dot{Q}_{in} = \dot{m}_{fuel}\Delta H_{fuel}$ 作为燃料可提供的动力。比净功率为

$$\frac{L_{net}}{\dot{m}_1} = \frac{L_T - L_C}{\dot{m}_1} = \frac{\dot{m}_3 l_T - \dot{m}_1 l_C}{\dot{m}_1} = (1+\beta) l_T - l_C \tag{2.4}$$

燃料空气比（燃空比）为 $\beta = \dot{m}_f/\dot{m}_1$。通过将式（2.1）中涡轮比机械能由焓差代替,有

$$\frac{\dot{m}_3}{\dot{m}_1} l_T = (1+\beta)(h_3 - h_4) = \eta_T(1+\beta)(h_3 - h_{4s})$$

$$\frac{\dot{m}_3}{\dot{m}_1} l_T = l_T(1+\beta)\bar{c}_{PT}(T_3 - T_{4s})$$

$$\frac{\dot{m}_3}{\dot{m}_1} l_{\mathrm{T}} = l_{\mathrm{T}} (1 + \beta) \bar{c}_{\mathrm{PT}} T_3 \left(1 - \frac{T_{4s}}{T_3} \right) \tag{2.5}$$

为了获得涡轮入口温度对效率的影响,式(2.5)中的焓差用温差来表示。因此,等熵焓差可以写为平均定压比热容和等熵温差的乘积。式(2.5)中的比热容是两个给定温度之间的平均值:

$$\bar{c}_{\mathrm{PT}} = \frac{h_3 - h_{4s}}{T_3 - T_{4s}} \tag{2.6}$$

式(2.5)中温比和压比的关系为

$$\frac{T_3}{T_{4s}} = \left(\frac{P_3}{P_4} \right)^{\left(\frac{k-1}{k} \right)_{\mathrm{T}}} = \pi_{\mathrm{T}}^{\left(\frac{k-1}{k} \right)_{\mathrm{T}}} = \pi_{\mathrm{T}}^{m_{\mathrm{T}}}, \quad m_{\mathrm{T}} = \left(\frac{k-1}{k} \right)_{\mathrm{T}} \tag{2.7}$$

$k = \bar{c}_{\mathrm{P}} / \bar{c}_{\mathrm{V}}$ 为平均比热比,式(2.7)中的下标 T 代表的是涡轮。因此联立式(2.7)和式(2.5),得

$$\frac{\dot{m}_3}{\dot{m}_1} l_{\mathrm{T}} = \eta_{\mathrm{T}} (1 + \beta) \bar{c}_{\mathrm{PT}} T_3 (1 - \pi_{\mathrm{T}}^{-m_{\mathrm{T}}}) \tag{2.8}$$

由于燃烧室的压力损失,涡轮和压气机压力比不相同($\pi_{\mathrm{T}} \neq \pi_{\mathrm{C}}$)。考虑燃烧室和回热器空气侧的压力损失后,我们发现:

$$\pi_{\mathrm{T}} = \frac{p_3}{p_4} = \frac{p_2 - \Delta p_{\mathrm{RA}} - \Delta p_{\mathrm{CC}}}{p_1 + \Delta p_{\mathrm{RA}}} = \frac{p_2}{p_1} \left(\frac{1 - \zeta_{\mathrm{RA}} - \zeta_{\mathrm{CC}}}{1 + \zeta_{\mathrm{RA}}} \right) = \pi_{\mathrm{C}} \frac{1 - \zeta_{\mathrm{RA}} - \zeta_{\mathrm{CC}}}{1 + \zeta_{\mathrm{RA}}} \tag{2.9}$$

定义式(2.9)右侧:

$$\varepsilon = \frac{1 - \zeta_{\mathrm{RA}} - \zeta_{\mathrm{CC}}}{1 + \zeta_{\mathrm{RA}}} \tag{2.10}$$

则

$$\pi_{\mathrm{T}} = \varepsilon \pi_{\mathrm{C}} \quad (\text{当} \varepsilon = 0 \text{ 时}, \zeta_{\mathrm{RA}} = \zeta_{\mathrm{CC}} = 0; \text{当} \varepsilon < 0 \text{ 时}, \zeta_{\mathrm{RA}} \neq 0, \zeta_{\mathrm{CC}} \neq 0) \tag{2.11}$$

根据参数的变化,给出参数的取值范围:$\zeta_{\mathrm{RA}} \approx \zeta_{\mathrm{RG}} \approx 2\% \sim 5\%$,$\zeta_{\mathrm{CC}} \approx 3\% \sim 5\%$。下面按照式(2.4)~式(2.11)完全相同的过程,我们发现压气机的比功为

$$l_{\mathrm{C}} = \frac{1}{\eta_{\mathrm{C}}} \bar{c}_{\mathrm{PC}} T_1 (\pi_{\mathrm{C}}^{m_{\mathrm{C}}} - 1), m_{\mathrm{C}} = \left(\frac{k-1}{k} \right)_{\mathrm{C}} \tag{2.12}$$

式(2.12)中的下标 C 代表的是压气机。把式(2.8)式(2.12)代入式(2.4),得

$$\eta_{\mathrm{th}} = \frac{\eta_{\mathrm{T}} \bar{c}_{\mathrm{PT}} \dfrac{T_3}{T_1} [1 - (\varepsilon \pi_{\mathrm{C}})^{-m_{\mathrm{T}}}] (1 + \beta) - \dfrac{1}{\eta_{\mathrm{C}}} \bar{c}_{\mathrm{PC}} (\pi_{\mathrm{C}}^{m_{\mathrm{C}}} - 1)}{\bar{c}_{\mathrm{PCC}} \left[1 + \beta \dfrac{T_3}{T_1} - \dfrac{T_5}{T_1} \right]} \tag{2.13}$$

涡轮入口温度为 T_3，环境温度 T_1，因此它们的比 T_3/T_1 可以认为是已知参数。该参数也可用于参数研究。但是我们希望用 T_5/T_1 来表示 T_3/T_1。可通过利用回热器的效率 η_R 来找到这个温比：

$$\eta_R = \frac{h_5 - h_2}{h_4 - h_2} \approx \frac{T_5 - T_2}{T_4 - T_2} \tag{2.14}$$

由压气机和涡轮的能量守恒式 (2.1) 可知：

$$T_2 = T_1 + (T_{2s} - T_1)\frac{1}{\eta_C} = T_1 + T_1(\pi_C^{m_C} - 1)\frac{1}{\eta_C}$$

$$T_4 = T_3 - (T_3 - T_{4s})\eta_T = T_3 - T_3[1 - (\varepsilon\pi_C)^{-m_T}]\eta_T \tag{2.15}$$

式 (2.15) 的无量纲形式为

$$\frac{T_2}{T_1} = 1 + \frac{1}{\eta_C}(\pi_C^{m_C} - 1) \tag{2.16}$$

$$\frac{T_4}{T_1} = \frac{T_3}{T_1} - \frac{T_3}{T_1}\eta_T[1 - (\varepsilon\pi_C)^{-m_T}]$$

引入温比 $\theta = T_3/T_1$，式 (2.16) 中的温比 T_4/T_1 为

$$\frac{T_4}{T_1} = \theta\{1 - [1 - (\varepsilon\pi_C)^{-m_T}]\eta_T\} \tag{2.17}$$

为了确定温比 T_5/T_1，改写式 (2.14)：

$$\frac{T_5}{T_1} = \eta_R\left(\frac{T_4}{T_1} - \frac{T_2}{T_1}\right) + \frac{T_2}{T_1} \tag{2.18}$$

利用式 (2.16) 和式 (2.17)，式 (2.18) 为

$$\frac{T_5}{T_1} = \eta_R\left[\theta\{1 - [1 - (\varepsilon\pi_C)^{-m_T}]\eta_T\} - 1 - \frac{1}{\eta_C}(\pi_C^{m_C} - 1)\right] + 1 + \frac{1}{\eta_C}(\pi_C^{m_C} - 1) \tag{2.19}$$

将式 (2.19) 和 $\theta = T_3/T_1$ 的定义代入式 (2.13)，则回热燃气轮机的热效率方程式可以写为

$$\eta_{th} = \frac{\bar{c}_{PT}\eta_T\theta[1 - (\varepsilon\pi_C)^{-m_T}](1+\beta) - \frac{1}{\eta_C}\bar{c}_{PC}(\pi_C^{m_C} - 1)}{\bar{c}_{PCC}\left\{\theta(1+\beta-\eta_R) - \left[1 + \frac{1}{\eta_C}(\pi_C^{m_C} - 1)\right][1 - \eta_R] + \theta\eta_R\eta_T[1 - (\varepsilon\pi_C)^{-m_T}]\right\}} \tag{2.20}$$

从式 (2.20) 中可以获得相应的特殊情况，令 $\eta_R = 0$ 可给出无回热器的燃气轮机热效率。通过将所有损耗系数设置为零，所有效率等于 1，$\bar{c}_{PC} = \bar{c}_{PCC} = \bar{c}_{PT} = $

常数,可以获得理想 Brayton 循环。式(2.20)反映了各个参数对热效率的影响,可用于初步的参数研究。例如,图 2.4 所示为 4 种不同情况下压比时涡轮入口温度和部件效率对热效率的影响。

标准燃气轮机循环对于大功率燃气轮机(5MW 及以上)采用轴流压气机,而对于小尺寸燃气轮机(低于 5MW)则采用离心压气机。后者通常会有一个回热器连接在压气机出口处。图 2.4(a)和(b)显示了压气机和涡轮效率对简单循环燃气轮机热效率的影响,如图 2.1 所示,温比 $\Theta = \text{TIT}/T_{\text{ref}} = 3.5 \sim 5.0$,TIT 为涡轮入口温度。对于每个涡轮入口温度都有一个最佳压比。而图 2.4(a)中 $\eta_C = \eta_T = 85\%$ 代表了老一代燃气轮机,图 2.4(b)中 $\eta_C = \eta_T = 90\%$ 表示了压气机和涡轮机设计领域最近的进展及其效率提高对热效率的影响。在有限的压比范围内当温比达到 $\Theta = 4.5$ 时效率的最大值可见。然而,提高涡轮入口温度,该压比范围显著增加。

图 1.9 和图 1.10 与图 2.4(a)、(b)的结果是相符的。如果达到的最佳压比

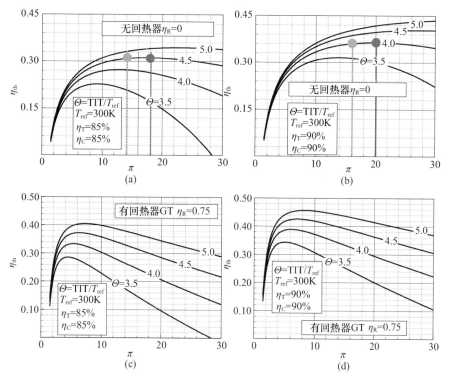

图2.4 两组不同压气机和涡轮效率条件下无回热器(a)、(b)和有回热器(c)、(d)情况下燃气轮机热效率与压气机压比和涡轮入口温比的关系(彩色版本见彩插)

不能显著地增加热效率($\Delta \eta_{th} > 0.5\%$),则建议选择接近最佳效率的较低的压比。图2.4(a)证明了这一建议。其显示最佳压比 $\pi_{opt} = 18$(红色圆圈)几乎与 $\pi_{opt} = 14$ 有相同的热效率 η_{th}。为了获得 $\Delta \pi = 4$ 的压比,至少要使压气机增加7级,这将导致压气机后面级的叶片高度非常短。气动损失计算(第6章)显示涡轮或压气机叶片越短,二次流动损失越大。较高的二次流损失导致整体压气机效率降低。图2.4(b)所示的情况与图2.4(a)中的压比的选择有相同的趋势。温比 $\Theta = 4.0$ 对应压气机入口温度 $T_1 = 300.0\text{K}$,涡轮进口温度 $T_3 = 1200\text{K}$。

图2.4(c)、(d)表明,通过利用回热器可以实现在较低的压比下获得更高的热效率。这特别适用于功率范围从50kW(微型涡轮机)到2MW的小型燃气轮机。所需的较低的最大压力比可以通过单级离心压气机轻松实现。在图2.4中显示有无回热器情况下热效率都随着部件效率的增加而增加。

2.2　燃气轮机热效率的改进

上述参数研究表明,无论对于有无回热的常规燃气轮机,当其压比接近最佳压比时涡轮入口温度是决定热效率水平的参数。对于小型燃气轮机,回热器是燃气轮机的必须部件。然而,对于大型发电燃气轮机,这不是一个实用的选择。在大型燃气轮机中使用回热器需要显著降低压比,也需要较大体积的回热器。因此,为了提高常规燃气轮机的热效率,增加涡轮入口温度似乎是唯一的选择。考虑到这一事实,在过去30年中,燃气轮机制造商一直在努力改进燃气轮机的冷却技术,这对于提高常规燃气轮机进口温度(TIT)至关重要。考虑到现在涡轮进口温度的水平,下面讨论两种提高燃气轮机效率的不同方法:第一种方法能够小幅度提高常规燃气轮机的热效率 η_{th},第二种方法采用新技术可以在不增加涡轮进口温度的情况下显著提高燃气轮机效率。

2.2.1　燃气轮机热效率的小幅度改进

1. 间冷技术

一种可以提高燃气轮机热效率的方法是对低压压气机或者组合的低压压气机和中压压气机出口空气进行中间冷却。这种方法针对于压气机压比大于40的情况是有效的。间冷压比 $\pi_{IC} = \sqrt{\pi_C}$,其中 π_C 为压气机的设计压比。例如,GE – MS100 燃气轮机的效率达到了45%,它是一种航空发动机的衍生产品,其很好地展示了间冷技术对于热效率的改善效果。图2.5所示为这种间冷燃气轮机的工作过程。考虑到间冷器设计、制造和安装产生的附加费用,对于设计压比小于 40 的常规燃气轮机而言,间冷技术并不是一种实用的改进燃气轮机热效率方法。

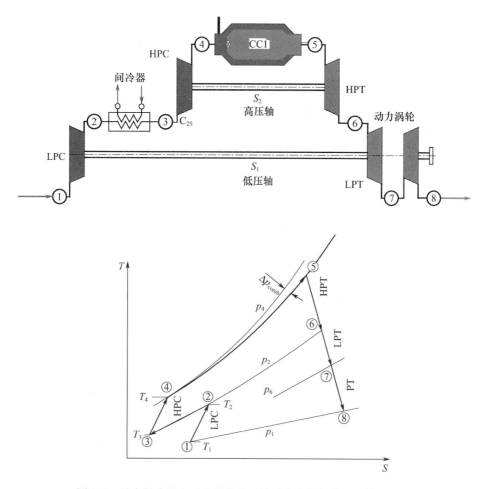

图 2.5 具有间冷器和动力涡轮的双转子发电燃气轮机工作过程图

2. 进气冷却技术

如图 2.4 所示,保持涡轮进口温度不变,降低压气机进口温度可提高热效率。根据所安装的冷却系统降温能力计算,压气机进口温度可降低 20℃以上。但是在计算热效率时要包括冷却过程中消耗的能量。

3. 蒸发冷却技术

冷却压气机进口空气的另一种方法是采用蒸发冷却技术。该技术用于低湿度炎热地区,其冷却效果受到环境相对湿度的限制。

2.2.2　燃气轮机热效率的大幅度改进

1. 再热技术

应用再热技术是在不显著增加涡轮进口温度的情况下，显著提高燃气轮机热效率的传统方法。虽然这种效率改进方法已经在发电汽轮机中得到广泛应用，但现在还没有应用到航空发动机和发电燃气轮机的设计。如第 1 章所述，压缩空气储能燃气轮机是第一个采用再热技术的燃气轮机。该燃气轮机有两个 BBC 公司设计制造的燃烧室，由德国亨托夫制造，于 1978 年投入使用。该燃气轮机的成功运行成为后续重大技术变革的基础，并催生了由瑞士 ABB 公司制造的 GT – 24/26 新型燃气轮机。该燃气轮机于 1990 年开始研发，完成于 1995 年。GT – 24 型燃气轮机用于采用 60Hz 的美国市场，GT – 26 用于采用 50Hz 的欧洲市场。图 2.6 所示为 GT – 24/26 型燃气轮机的布置示意图。再热技术将 GT – 9 燃气轮机的热效率从 32% 提高到 40.5%。

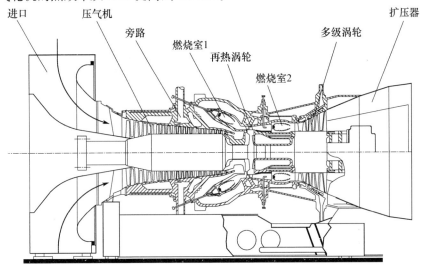

图 2.6　GT – 24/26 燃气轮机示意图

（再热技术的应用将 GT – 9 的效率从 32% 提高到 40.5%）

图 2.7 对比了 GT – 24/26 燃气轮机与常规基准燃气轮机的 $T – S$ 图。图 2.7（a）中蓝色阴影线表示常规基准燃气轮机的工作过程。图 2.7（b）中红色阴影线为再热过程，图中显示与基准燃气轮机相比 $T – S$ 图曲线所包围的面积增加。面积增量使得热效率显著提高，图 2.8 定量地展示了使用再热技术对效率提高的作用。蓝色曲线表示 1986 年前相对先进的燃气轮机的效率，绿色曲线表示一般再热燃气轮机的效率。

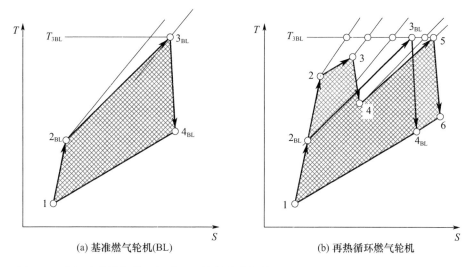

(a) 基准燃气轮机(BL)　　　　　　(b) 再热循环燃气轮机

图 2.7　常规基准燃气轮机与采用再热技术燃气轮机的 $T-S$ 图对比(彩色版本见彩插)

　　图 2.8 中绿色曲线给出的是再热燃气轮机热效率分布(包括预测效率 40.5%)[1-2]。应该注意的是,基准燃气轮机和采用再热技术燃气轮机的涡轮进口温度是相同的,这是保证燃气轮机在较低温度下(如 1200℃)也能有高热效率设计非常重要的方面。图 2.8 中效率的提升可通过引入 2.2.3 节中讨论的新技术而得到进一步增加。

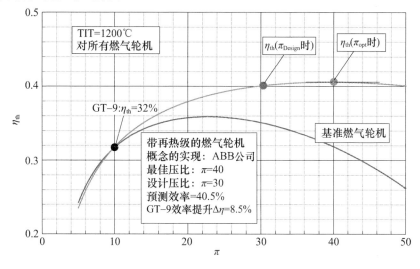

图 2.8　采用再热技术大幅度提高效率(彩色版本见彩插)

2. 新技术

大幅度提高效率需要重大技术变革。文献[3-4]指出通过采用 UHEGT 技术(超高效燃气轮机技术)可以实现效率的重大改进。该技术消除了燃烧室并将燃烧过程在静子和转子叶片通道内完成。图 2.9 和图 2.10 所示为 UHEGT 的部件组成和 $T-S$ 图。

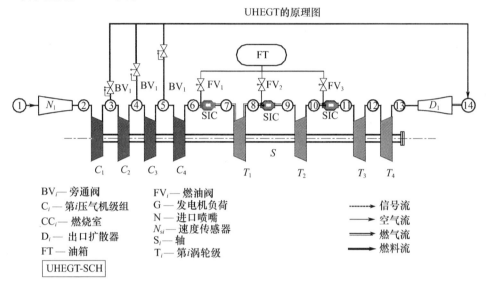

图 2.9 超高效燃气轮机示意图

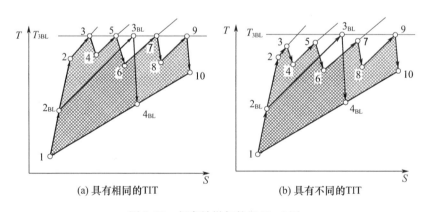

(a) 具有相同的 TIT   (b) 具有不同的 TIT

图 2.10 超高效燃气轮机 $T-S$ 图

如图 2.9 所示,空气进入入口喷嘴并通过低压压气机(C_1 和 C_2)、中压压气机(C_3)和高压压气机(C_4)被压缩,压比可以达到 40:1。随后高压空气进入沿周向布置有燃料喷嘴阵列的第一级涡轮静子。一部分燃料注入第一级静子排上游的轴向间隙中。燃烧开始于第一级静子排上游和静子叶片通道,燃气离开第一级静子排进入第一级转子排,转子的旋转运动使未燃烧的燃料颗粒与燃烧气体强烈混合而完全燃烧。贫燃气体离开第一级转子排之后,进入第二级静子排,在其中喷入第二部分燃料。在第二级完成相同的燃烧过程后,燃烧气体进入第三级涡轮喷入燃料完成类似于第一级的燃烧过程。燃料喷射和随后的燃烧过程与从燃烧气体获得的能量和产生的涡轮轴功的多少密切相关,图2.10显示了该过程。图2.7的 $T-S$ 图包括了基准过程(蓝色阴影区域)和顺序再热膨胀过程增加的面积(红色阴影区域)。图2.10(a)显示每次燃烧过程后都具有相同的TIT。根据设计要求,TIT可能是变化的。

图2.11所示为UHEGT与GT-24/26和基准燃气轮机的比较。在图2.11中分别给出了具有3个和4个静子内燃烧的燃气轮机 UHEGT-3S 和 UHEGT-4S。涡轮入口温度TIT对于所有循环均相同且等于1200℃。如在第1章中讨论的那样,图1.16显示 UHEGT-3S 计算出的热效率高于45%,这比目前最先进的接近40%热效率的燃气轮机提高了至少5%。如果将内部燃烧的静子的数量增加到4,图中用 UHEGT-4S 标记的曲线,可以将效率提高到47%以上,与目前所有燃气轮机相比都是一个巨大的效率提高。应该注意的是,UHEGT概念显著地提高了燃气轮机的热效率,压比要对应于涡轮入口温度进行优化。这使得UHEGT能够广泛地应用于从小型到大型的发动机。

2.2.3 压缩空气储能燃气轮机

压缩空气储能(CAES)动力装置[5-7]用于有效地解决高峰期电能的需求。图2.12所示为在第1章中简要讨论过的德国亨托夫 CAES 系统。它包括一个压缩空气发电机组,一个压气机组由一个低压压气机、一个中压压气机-高压压气机组成。低压压气机由20级的轴流低压压气机组成,中压压气机和高压压气机由6个转速7622r/min的径向叶轮组成。压缩空气具有相对较高的出口温度,因此必须使压缩空气在进入储存洞穴之前冷却下来。低压压气机有一个中间冷却器,高压压气机有两个中间冷却器和一个后冷却器。

低压压气机和中压压气机-高压压气机的轴通过齿轮传动装置连接。发电单元由一个高压燃烧室 CC1、一个高压涡轮 HPT、一个低压燃烧室 CC2 和一个低压涡轮 LPT 组成。空气发生单元和发电单元通过两个联轴器与电动机/发电机连接。在压缩模式时,发电机与涡轮机分离,电动机/发电机驱动压气机组,这种模式下压气机阀 VC 打开,涡轮阀 VT 关闭。在8h的低电能需求期间(夜晚),运行在60MW的电动机驱动压缩机组,将空气泵送到地下存储量为31万 m^3、深度超过600m、最大压力约70bar的地下盐洞储气装置。在发电期间,电动

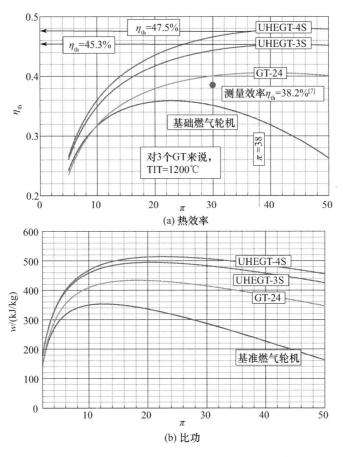

图 2.11　基准燃气轮机、GT - 24/26 和 UHEGT 的性能对比

机与压气机轴分离,电动机用作发电机使用,压气机阀 VC 关闭,涡轮阀 VT
打开。

在发电模式中,压缩空气进入燃烧室,加入大约 50% 的燃料并产生贫燃气
体。贫燃气体先在高压涡轮中膨胀,然后进入低压燃烧室,并在低压燃烧室中加
入剩余的燃料。燃气轮机在 2h 内输出大约 290MW 的功率。

由于持续运行时间短,发电单元处于瞬态运行环境。为了考虑瞬态运行可
能引起的不可预见的问题,必须在设计的早期阶段采取预防措施。发电机突然
跳闸是可能危及整个电站的问题之一。在发电机跳闸时,燃料阀和关闭阀必须
在很短的时间内启动,以防止轴转速超过其极限。在关闭阀门之后,两个燃烧室
内的高温高压燃气继续进入涡轮中膨胀,使得涡轮带动没有任何负载的轴运行。
结果导致轴的转速上升,接近最大转速然后减小,该最大值很大程度上取决于燃

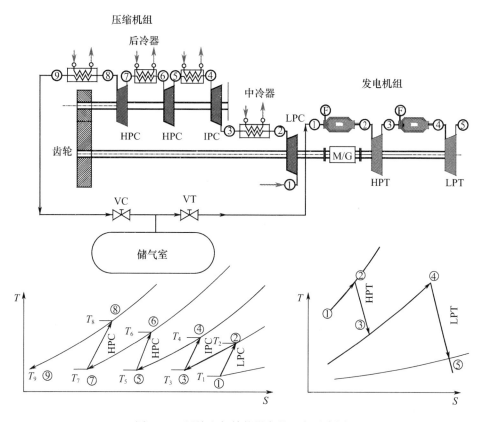

图 2.12　压缩空气储能设备的运行示意图

料阀和关闭阀的关闭快慢。

参 考 文 献

[1] Schobeiri, M. T. , 2005, "Turbomachinery Flow Physics and Dynamic Performance," First E-dition, Springer – Verlag, New York, Berlin, Heidelberg.

[2] Schobeiri, M. T. , 2012, "Turbomachinery Flow Physics and Dynamic Performance," Second and Enhanced Edition, 725 pages with 433 Figures, Springer – Verlag, New York, Berlin, Heidelberg, ISBN 978 – 3 – 642 – 24675 – 3, Library of Congress 2012935425.

[3] Schobeiri, M. T. , 2015, " UHEGT, the Ultra – High Efficiency Gas Turbine Engine with Sta-tor Internal Combustion, Patent Protection No. 62/046,542.

[4] Schobeiri, Meinhard T. , Ghoreyshi Seyed M. , UHEGT, the Ultra – high Efficiency Gas Tur-bine Engine with Stator Internal Combustion ASME Transactions Journal of Eng. Gas Turbines Power. 2015;138(2):021506 – 021506 – 14. GTP – 15 – 1351, doi: 10. 1115/1. 4031273.

［5］ Schobeiri, M. T. , 1982, "Dynamisches Verhalten der Luftspeichergasturbine Huntorf bei ei-
nem Lastabwurf mit Schnellabschaltung," Brown Boveri, Technical Report, TA – 58.

［6］ Schobeiri, M. T. and Haselbacher, H. , 1985, "Transient Analysis of GAS Turbine Power
Plant, Using the Huntorf Compressed Air Storage Plant as an Example," ASME Paper No.
85 – GT – 197.

［7］ Schobeiri, T. , 1986, "A General Computational Method for Simulation and Prediction of
Transient Behavior of Gas Turbines," ASME Paper No. 86 – GT – 180. 1982.

第3章 燃气轮机设计的热流体理论

如前几章所述,燃气轮机由许多部件组成并在其中发生了一系列的能量转换。现代燃气轮机及其部件的设计需要扎实地掌握这些部件的气动热力学、传热学、燃烧学和固体力学等方面的知识。气动热力学是燃气轮机部件和燃气轮机系统的设计及非设计工装和动态计算的基础工具。文献[1-3]全面论述了气动热力学这门学科在工程设计中的应用。在文献[3]中介绍了气动热力学在涡轮机部件中的应用。

在以下部分中,将总结应用到燃气轮机部件中的气动热力学守恒定律。在文献[3]中采用雷诺输运定理得到了通用的非定常流动的守恒方程。在以下部分中,忽略非稳态项并假设流动是稳态的。对于这些定律的深入研究,我们可以参考文献[3]中的第4章。本章我们分别给出质量流量平衡、线性动量平衡、动量矩平衡和能量平衡方程。

3.1 质量流量平衡

通过积分形式的连续性方程获得稳态流动的质量流量平衡方程,我们选取由一个或多个入口和出口以及多空壁面组成一个控制面的任意系统,如图3.1所示。假设流动处于稳定状态,在这种情况下流量平衡为

$$\int_{S_{in_1}} \rho \boldsymbol{V} \cdot \boldsymbol{n} dS + \int_{S_{in_2}} \rho \boldsymbol{V} \cdot \boldsymbol{n} dS + \int_{S_{out_1}} \rho \boldsymbol{V} \cdot \boldsymbol{n} dS +$$

$$\int_{S_{out_2}} \rho \boldsymbol{V} \cdot \boldsymbol{n} dS + \int_{S_{out_3}} \rho \boldsymbol{V} \cdot \boldsymbol{n} dS + \int_{S_{wall}} \rho \boldsymbol{V} \cdot \boldsymbol{n} dS = 0 \qquad (3.1)$$

如图3.1所示,按照惯例,法向单位矢量 $\boldsymbol{n}_{in}$、$\boldsymbol{n}_{out}$、$\boldsymbol{n}_{wall}$ 指向远离控制面边界区域的方向。类似地,切向单位矢量 $\boldsymbol{t}_{in}$、$\boldsymbol{t}_{out}$、$\boldsymbol{t}_{wall}$ 指向剪切应力的方向。对于图3.1所示的情况,固体壁面上的积分消失。如图3.2所示,壁面积分不完全消失的实例是沿叶片吸力面和压力面具有离散气膜孔的气膜冷却涡轮叶片。为了将质量流量平衡应用于涡轮或叶片通道,控制体应选在包含已知的量以及要求的量的位置。

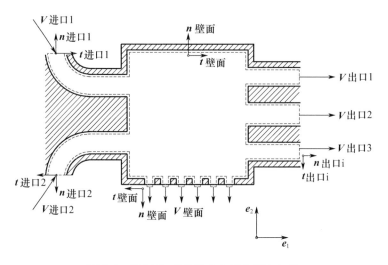

图 3.1　控制体、单位法向矢量和切向矢量

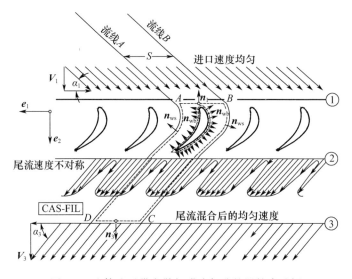

图 3.2　流体流过带离散气膜冷却孔的涡轮直叶栅

对于图 3.2 所示的涡轮叶栅,AB、BC、CD 和 DA 面组成一个合适的控制面。BC 和 DA 是两个相邻流线。由于流体流过叶栅的流动具有周期性,沿着这些流线表面的积分将相互抵消。因此,质量流量平衡方程为

$$\int_{S_{\text{in}}} \rho \boldsymbol{V} \cdot \boldsymbol{n} \text{d}S + \int_{S_{\text{out}}} \rho \boldsymbol{V} \cdot \boldsymbol{n} \text{d}S + \int_{S_{\text{wall}}} \rho \boldsymbol{V} \cdot \boldsymbol{n} \text{d}S = 0 \qquad (3.2)$$

最后一项的表面积分考虑了通过气膜冷却孔注入的质量流量。如果通过壁

面的质量没有扩散,则式(3.2)中的最后一个积分将消失,即

$$\int_S \rho \boldsymbol{V} \cdot \boldsymbol{n} \mathrm{d}S = \int_{S_{\mathrm{in}}} \rho \boldsymbol{V} \cdot \boldsymbol{n} \mathrm{d}S + \int_{S_{\mathrm{out}}} \rho \boldsymbol{V} \cdot \boldsymbol{n} \mathrm{d}S = 0 \qquad (3.3)$$

3.2 线性动量平衡

积分形式的动量方程应用于控制体可以确定积分量,如叶片升力和阻力、平均压力、温度和熵。我们考虑处于稳态的流体流过一个由进口、出口、多孔壁面和实心壁面组成的任意系统,控制体的选取如图3.3所示。

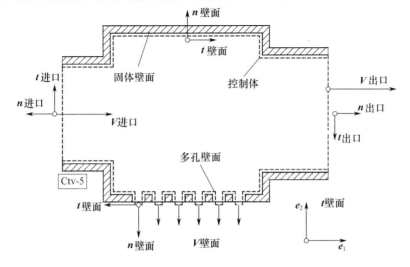

图 3.3 具有单个进口、单个出口和多孔壁面的控制体

利用文献[3]的最终结果计算线性动量平衡,我们发现作用于任何系统的反作用力为

$$\boldsymbol{F}_{\mathrm{R}} = \int_{S_{\mathrm{Cin}}} \boldsymbol{V} \mathrm{d}\dot{m} - \int_{S_{\mathrm{Cout}}} \boldsymbol{V} \mathrm{d}\dot{m} - \int_{S_{\mathrm{Cwall}}} \boldsymbol{V} \mathrm{d}\dot{m} + \int_{S_{\mathrm{Cin}}} (-\boldsymbol{n}p) \mathrm{d}S$$

$$+ \int_{S_{\mathrm{Cin}}} (-\boldsymbol{t}\tau) \mathrm{d}S + \int_{S_{\mathrm{Cout}}} (-\boldsymbol{n}p) \mathrm{d}S + \int_{S_{\mathrm{Cout}}} (-\boldsymbol{t}\tau) \mathrm{d}S + \boldsymbol{G} \quad (3.4)$$

反作用力 $\boldsymbol{F}_{\mathrm{R}}$ 与流体力具有相反的方向:

$$\boldsymbol{F}_{\mathrm{R}} = -\boldsymbol{F}_{\mathrm{flow}} = -\int_{S_{\mathrm{Cw}}} (-\boldsymbol{n}p) \mathrm{d}S - \int_{S_{\mathrm{Cw}}} (-\boldsymbol{t}\tau) \mathrm{d}S = \int_{S_{\mathrm{Cw}}} (\boldsymbol{n}p) \mathrm{d}S + \int_{S_{\mathrm{Cw}}} (\boldsymbol{t}\tau) \mathrm{d}S$$

$$(3.5)$$

矢量式(3.4)可以分解为 3 个分量。数量级分析结果表明,入口和出口处的剪切应力项与其他项相比通常非常小。应该指出的是壁面剪切应力已经包括在合力 $\boldsymbol{F}_R$ 中。此外,对于稳态流动假设不考虑时间项[3]。式(3.4)可以应用于涡轮或压气机叶片,图 3.4 给出了一个合适的控制体。

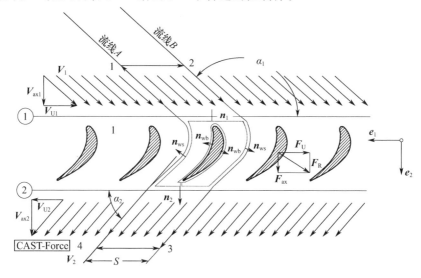

图 3.4　涡轮叶片上的反作用力矢量 $\boldsymbol{F}_R$ 和其在周向和轴向的分量 F_U 和 F_{ax}

3.3　动量矩平衡

在后面部分会给出稳态流动的动量矩守恒定律。文献[3]中做了非定常条件下动量矩守恒的详细推导。叶片反作用力 $\boldsymbol{F}$ 具有轴向、周向和径向 3 个方向的分量。作用在叶片表面的位置矢量为 $\boldsymbol{R}$,力 $\boldsymbol{F}$ 产生一个具有 3 个分量的反作用动量矩 $\boldsymbol{M}_0$。轴向力矩 M_{axial} 是产生动力的唯一部件,它是 $\boldsymbol{M}_0$ 在轴向上的投影。反作用动量矩 $\boldsymbol{M}_0$ 的公式表达为

$$\boldsymbol{M}_0 = -\frac{\partial}{\partial t}\left(\int_{V_c} \boldsymbol{X} \times \boldsymbol{V} \mathrm{d}m\right) + \int_{S_1}(\boldsymbol{X} \times \boldsymbol{V})\,\mathrm{d}\dot{m} - \int_{S_2}(\boldsymbol{X} \times \boldsymbol{V})\,\mathrm{d}\dot{m} +$$

$$\int_{S_1}(\boldsymbol{X} \times (-\boldsymbol{n}p)\,\mathrm{d}S)_1 + \int_{S_1}(\boldsymbol{X} \times (-\boldsymbol{t}\tau)\,\mathrm{d}S)_1 +$$

$$\int_{S_2}(\boldsymbol{X} \times (-\boldsymbol{n}p)\,\mathrm{d}S)_2 + \int_{S_2}(\boldsymbol{X} \times (-\boldsymbol{t}\tau)\,\mathrm{d}S)_2 + \int_{V_c}\boldsymbol{X} \times \boldsymbol{g}\,\mathrm{d}m \qquad (3.6)$$

式(3.6)给出了一般形式的动量矩表达式:右侧的第一个积分表示由于非

稳态流动产生的角动量,第二项和第三项表示进口和出口处的速度动量矩,第四项和第六项表示进口和出口处压力动量矩,第五项和第七项是剪切应力积分,它表示由于进口和出口处的剪切应力引起的力矩,但在实际情况中通常被忽略。对于在涡轮机械中的应用,式(3.6)可用于确定流体施加在涡轮或压气机叶栅上力矩。实际中关注的是作用于叶栅相对于旋转轴线的轴向力矩 $M = M_a$。力矩 $M = M_a$ 等于平行于旋转轴的力矩的分量。图 3.5 是动量矩方程中相关量的图形表示。如图 3.5 所示,轴向力矩矢量是矢量 $\boldsymbol{M}_0$ 在轴 $\boldsymbol{e}_2 \cdot \boldsymbol{M}_0$ 上的投影,然后将其投影到轴向矢量,即

$$\boldsymbol{M} = \boldsymbol{M}_a = \boldsymbol{e}_2(\boldsymbol{e}_2 \cdot \boldsymbol{M}_0) \tag{3.7}$$

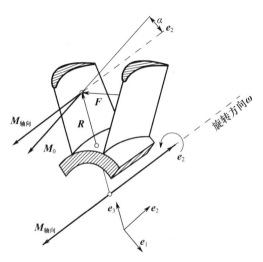

图 3.5 通过在轴向 $\boldsymbol{e}_2$ 投影反作用力矩 $\boldsymbol{M}_0$ 来表示轴向力矩

不考虑进口和出口处的剪切应力项的作用,但是需要考虑沿着壁面剪切应力作用 S_w,进行上述标量乘法运算,也不考虑压力项。此外,忽略重力对力矩的作用。在这些假设下式(3.7)化简为

$$\boldsymbol{M}_a = -\frac{\partial}{\partial t}\left(\int_{V(t)} \boldsymbol{X} \times \boldsymbol{V} \mathrm{d}m\right) + \boldsymbol{e}_2\left[\int_{S_1}(R_1 V_{u1})\mathrm{d}\dot{m} - \int_{S_2}(R_2 V_{u2})\mathrm{d}\dot{m}\right] \tag{3.8}$$

V_u 作为圆周方向的绝对速度分量。对于稳态流动,式(3.8)化简为

$$\boldsymbol{M}_a = \boldsymbol{e}_2\left[\int_{S_1}(R_1 V_{u1})\mathrm{d}\dot{m} - \int_{S2}(R_2 V_{u2})\mathrm{d}\dot{m}\right] \tag{3.9}$$

对于通道入口和出口处的速度分布完全均匀并且涡轮机械以角速度 ω 旋转的情况,通过式(3.10)计算由压气机(或涡轮)级消耗(或产生)的功率:

$$P = \boldsymbol{\omega} \cdot \boldsymbol{M}_a = \boldsymbol{\omega} \cdot \boldsymbol{e}_2 \dot{m} (R_1 V_{u1} - R_2 V_{u2}) = \dot{m} (U_1 V_{u1} - U_2 V_{u2}) \qquad (3.10)$$

虽然在以下章节中会详细讨论守恒定律的应用,但是有必要列举一个简单的例子说明如何通过利用单级轴流压气机的速度三角形来获得动量矩。图3.6所示为轮毂和叶尖直径不变的单级轴流压气机。

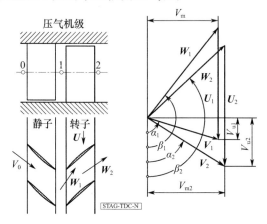

图3.6 单级轴流压气机及其速度三角形,圆周速度差
$|(V_{u2} - V_{u1})|$ 导致压气机总压增加从而耗功

我们考虑中间截面的流动情况。流动首先通过静子叶排偏转。进入转子叶排后,流体质点流过一个旋转坐标系,旋转速度 U 叠加到相对速度 W 上。中间截面进口和出口处具有恒定半径,因此 $\omega R_1 = \omega R_2 = U_1 = U_2 = U$,式(3.10)可以简化成 $P = \dot{m} U (V_{u1} - V_{u2})$。括号中的表达式 $(V_{u1} - V_{u2})$ 可以由速度三角形获得,如图3.5所示。压气机功率消耗与以圆周速度差表示的流动偏转有关。$(V_{u1} - V_{u2})$ 越大,压气机的压比越高。然而,对于不同类型的压气机设计(轴流、径流、亚声速、超声速),这种差异是需要控制的,这主要是因为要考虑流动分离,我们将在后面看到。对于通道内没有安装叶片且通道进口和出口处的轴向速度分布完全均匀的情况,式(3.9)简化为

$$R_1 V_{u1} = R_2 V_{u2} = 常数 \qquad (3.11)$$

这就是自由涡流动,它指出无黏流动环境中旋涡强度是守恒的。假设通过燃气轮机出口扩压器的流动为无黏流动,涡流的存在有助于边界层保持附着。

3.4 能 量 平 衡

我们后面要讨论的积分形式的能量守恒定律是基于热力学原理、开口系统

的热力学第一定律和随时间变化的控制体建立的。它完全独立于流体力学的守恒定律。但是,它隐含地包含了耗散过程的不可逆性损失。通过使用克劳修斯熵方程(称为热力学第二定律)可以表达不可逆性的作用。能量方程适用于各种涡轮机械部件,能够描述通常发生在热流体动力学系统中的一系列能量转换过程,如图 3.7 所示。作为一个例子,图 3.7 显示了一个高性能燃气轮机,其中包含了我们应用能量方程的几个部件。

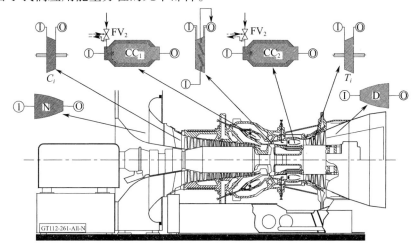

图 3.7 单轴、两个燃烧室、多级压气机、单级再热涡轮和多级涡轮的现代发电燃气轮机

能量方程的详细推导过程在文献[3]中已经给出,我们从中得出最终结果为

$$
\dot{Q} + \dot{W}_{shaft} = \int_{shaft} \frac{\partial}{\partial t} \Big(\rho \Big(u + \frac{1}{2} V^2 + gz \Big) dv +
$$
$$
\dot{m}_{out} \Big(h + \frac{1}{2} V^2 + gz \Big)_{out} -
$$
$$
\dot{m}_{in} \Big(h + \frac{1}{2} V^2 + gz \Big)_{in} \tag{3.12}
$$

对于固定控制体,控制体积分为

$$
\int_{v(t)} \frac{\partial}{\partial t} \Big(\rho \Big(u + \frac{1}{2} V^2 + gz \Big) \Big) dv = \int_{V_c} \frac{\partial (\rho e)}{\partial t} dv = \frac{\partial}{\partial t} \int_{V_c} (\rho e) dv \tag{3.13}
$$

我们设定 $\int_{C_v} \rho e dv = E_{C_v}$,由于 E_{C_V} 只随着时间改变,偏导数被一般导数替代 $\partial / \partial t \equiv d / d t$,得

$$\dot{Q} + \dot{W}_{\text{shaft}} = \frac{dE}{dt} + \dot{m}_{\text{out}}\left(h + \frac{1}{2}V^2 + gz\right)_{\text{out}} - \dot{m}_{\text{in}}\left(h + \frac{1}{2}V^2 + gz\right)_{\text{in}} \quad (3.14)$$

式(3.14)给出了具有固定控制体的开放系统的一般形式能量方程。我们将在下面讨论几个特殊情况的应用。

3.4.1　能量平衡特殊情况 1:稳态流动

如果诸如涡轮之类的产生动力的机械或诸如压气机之类的耗功机械在设计点稳定运行,则在式(3.14)右侧的第一项可以消去 $dE/dt = 0$,能量平衡方程变为

$$\dot{Q} + \dot{W}_{\text{shaft}} = \dot{m}_{\text{out}}\left(h + \frac{1}{2}V^2 + gz\right)_{\text{out}} - \dot{m}_{\text{in}}\left(h + \frac{1}{2}V^2 + gz\right)_{\text{in}} \quad (3.15)$$

式(3.15)是涡轮的能量守恒方程,其中: $\dot{Q}$ 为单位时间吸热量或者放热量(kJ/s); $\dot{W}_{\text{shaft}}$ 为提供给系统或消耗系统的轴功率。

3.4.2　能量平衡特殊情况 2:稳态流动,恒定质量流量

在许多应用中,从进口到出口的质量流量守恒。实例是非冷却涡轮和压气机,其中在压缩或膨胀过程中不添加质量流量。在这种情况下,式(3.15)化简为

$$\dot{Q} + \dot{W}_{\text{shaft}} = \dot{m}\left[\left(h + \frac{1}{2}V^2 + gz\right)_{\text{out}} - \left(h + \frac{1}{2}V^2 + gz\right)_{\text{in}}\right] \quad (3.16)$$

现在,我们定义比总焓

$$H = h + \frac{1}{2}V^2 = gz \quad (3.17)$$

并将其代入式(3.16),从中我们得到:

$$\dot{Q} + \dot{W}_{\text{shaft}} = \dot{m}(H_{\text{out}} - H_{\text{in}}) \quad (3.18)$$

在式(3.16)或式(3.18)中, Δgz 与 Δh、ΔV^2 相比非常小,可忽略不计。使用上述方程,可以建立图 3.7 中燃气轮机的主要部件的能量守恒,后面部分详细讨论。

3.5　燃气轮机部件能量守恒的应用

图 3.7 所示的燃气轮机由多种部件组成,可以应用不同形式的能量平衡方程。这些部件可分为 3 组:第一组包括有质量流量输送或者将动能转换成势能

以及势能转换成动能过程的组件。第一组部件的代表性示例有管道、扩压器、喷嘴和节流阀。在该组中没有与周围环境的热或机械能(轴功)交换。在热力学中这些部件是绝热的。第二组包含产生热能或与周围环境进行热交换的组件。这些部件的典型例子是燃烧室和换热器。从热力学角度讲,在这些情况下将其当作非绝热系统处理。第三组包括热能和机械能进行交换的部件。在以下部分中,每个组都被单独处理。

3.5.1 加速和减速流动方面的应用

喷嘴、涡轮静子叶栅、节流阀,以及管道是加速流动的实例。扩压器和压气机叶栅为减速流动的实例。对于这些设备,式(3.18)可简化为

$$H_{out} - H_{in} = 0, H_{out} = H_{in} = 常数 \qquad (3.19)$$

管道、喷嘴和扩压器的 $h-S$ 图如图3.8所示。

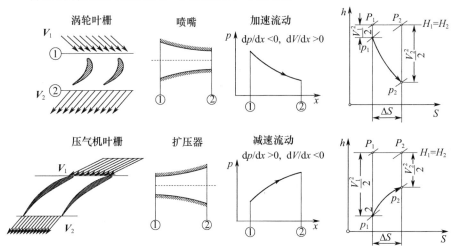

图3.8 加速和减速流动中的能量转化

P—总压;p—静压。

如图所示,黏性流动导致熵增加,导致总压从 P_1 降低到 P_2。总压是静压、动压和由于高度变化引起的压力的总和。

$$P = p + \frac{1}{2}\rho V^2 + \rho g z \qquad (3.20)$$

忽略 Δgz 对总压损失影响可以得到如下关系式:

$$\Delta P = P_{in} - P_{out} = \left(p + \frac{1}{2}\rho V^2\right)_{in} - \left(p + \frac{1}{2}\rho V^2\right)_{out} \qquad (3.21)$$

该过程线下方的面积反映了由于内部摩擦导致总压损失的不可逆性。如

3.6.1 节所述,总压差 ΔP 与由流体黏性引起的熵增 ΔS 直接相关。

3.5.2 燃烧室、换热器中的应用

燃烧室或换热器是典型的有热量生成或热传递发生的部件。这些部件的能量平衡是式(3.18)的特殊形式,其中轴功率 $\dot{W}_{shaft} = 0$:

$$\dot{Q} = \dot{m}(H_{out} - H_{in}) \tag{3.22}$$

结果,出口总焓等于入口总焓与加入系统中的热量之和。引入比热能 $q = \dot{Q}/\dot{m}(\text{kJ/kg})$,有

$$H_{out} = H_{in} + q \tag{3.23}$$

图 3.9 为燃气轮机燃烧室的示意图,燃烧的空气和燃料混合导致出口温度和焓增加。

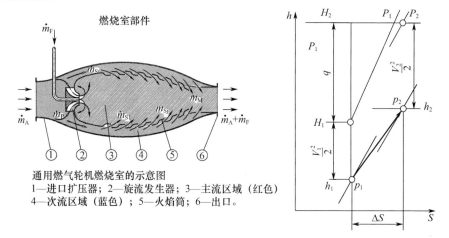

通用燃气轮机燃烧室的示意图
1—进口扩压器;2—旋流发生器;3—主流区域(红色)
4—次流区域(蓝色);5—火焰筒;6—出口。

图 3.9　燃气轮机燃烧室示意图及其 $h - S$ 图(彩色版本见彩插)
$\dot{m}_{fuel}$、$\dot{m}_{air}$ 分别为燃料和空气质量流量;$\dot{m}_p$、$\dot{m}_s$ 分别为一次和二次空气质量流量;
$q = \dot{Q}/\dot{m}$ 为燃料添加的比热能(kJ/kg);P 为总压;p 为静压。

燃烧过程如图 3.9 所示,其中给出了燃烧室的简化模型。燃烧室内的流动和燃烧过程与其内的由于加热和内部摩擦引起的熵增 $\Delta S = \Delta S_q + \Delta S_f$ 有关。内部摩擦、壁面摩擦,特别是一次和二次空气流动 $\dot{m}_p$、$\dot{m}_s$ 的混合过程,引起的压降高达 5%。单位质量流量的热能如图 3.9 所示。它对应于总焓差 $q = H_2 - H_1$。

由热交换发生的另一个组件是回热器。这些部件主要用于小型燃气轮机(见第 2 章)。图 3.10 所示为从回热器的热侧向冷侧的传热机理。来自燃气轮机排气系统的热量被传递到回热器的热侧,从而在气体进入燃烧室之前增加其

温度(压气机出口温度)。图 3.10 给出了三幅图:图(a)表示热量从热侧传递到冷侧的物理组件组成。两侧之间的金属管简化为实体壁面并将热侧和冷侧分离。图(b)用于数值模拟,其中实体壁面被细分成几段。

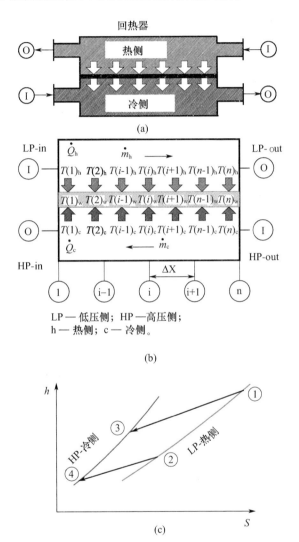

图 3.10 回热器热部件侧和冷侧原理图(a)以及离散段(b)和 $h-S$ 图(c)

为了获得回热器两侧从入口到出口的温度分布,将连续性方程、动量方程和能量方程应用于每个段。用比热容和温度表示焓,热侧和冷侧的能量方程式如下:

$$\begin{cases} \dot{Q}_{h_k} = \dot{m}_h \left(c_{p,h,i} T_{h,i} - c_{p,h,i+1} T_{h,i+1} \right) \\ \dot{Q}_{c_k} = \dot{m}_c \left(c_{p,c,i} T_{c,i} - c_{p,c,i+1} T_{c,i+1} \right) \end{cases} \tag{3.24}$$

在式(3.24)中,指标 h 和 c 分别表示冷端和热端。指标 k 表示 i 和 $i+1$ 之间的位置。c_p 是定压比热容,T_i 表示热侧、冷侧段的温度。针对各个体积单元热流方向,热能流 $\dot{Q}_{h_k}$ 和 $\dot{Q}_{c_k}$ 假设为正(加热)或负(散热)。它们采用传热系数和温差计算:

$$\dot{Q}_c = \bar{\alpha} A_c \Delta \bar{T}_c, \dot{Q}_h = \bar{\alpha}_h A_h \Delta \bar{T}_h \tag{3.25}$$

式中:$\bar{\alpha}_c$、$\bar{\alpha}_h$ 为平均传热系数;$\Delta \bar{T}_c$、$\Delta \bar{T}_h$ 为平均温度;A_c、A_h 为冷侧和热侧的接触面积。平均温度为

$$\Delta \bar{T} = \bar{T}_{S_h} - \bar{T}_{\infty h}, \Delta \bar{T}_c = \bar{T}_{S_c} - \bar{T}_{\infty c} \tag{3.26}$$

式中:下标 S 和 ∞ 分别表示表面温度和边界层外的温度。在回热器稳定运行的情况下,两个能量流相等,然而在瞬态运行期间,存在非零热能差 $\dot{Q}_h - \dot{Q}_c \neq 0$ 代表储存在回热器管道内的能量。

3.5.3 涡轮和压气机的应用

本组部件与周围环境发生机械能和热能传递,涡轮和压气机是两个代表性的例子。一般形式的能量守恒方程为

$$\dot{Q} + \dot{W}_{shaft} = \frac{\mathrm{d}E}{\mathrm{d}t} + \dot{m}_{out} \left(h + \frac{1}{2} V^2 + gz \right)_{out} - \dot{m}_{in} \left(h + \frac{1}{2} V^2 + gz \right)_{in} \tag{3.27}$$

区别于后面的情况,在这里只考虑稳态流动,方程右边第一项 $\mathrm{d}E/\mathrm{d}t = 0$ 消失。

1. 非冷却涡轮

我们从绝热(非冷却)涡轮部件开始分析,涡轮叶片与周围环境之间没有热交换,在这种情况下 $\dot{Q} = 0$。入口和出口处的质量流量是相同的。图 3.11 显示了一个涡轮级,它由一排静叶和一排动叶组成。

具有多个叶片的静叶栅使流动偏转到其后动叶栅的角度,该动叶以角速度 ω 转动。在动叶内总能量转换成机械能。按照图 3.11 中的命名,我们引入了级的比机械能 $l_m = \dot{W}_{shaft}/\dot{m}$。考虑图 3.11 中的 $h - S$ 图,对于绝热涡轮 $\dot{Q} = 0$,式(3.27)简化为

$$-l_m = H_3 - H_1 = (h_3 - h_1) + \frac{1}{2}(V_3^2 - V_1^2) \tag{3.28}$$

l_m 的负号表示系统损失的能量(进入周围环境)。图 3.11 中的 $h - S$ 图显示

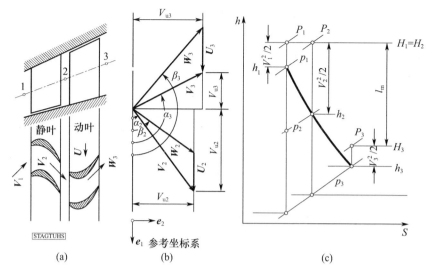

图 3.11　由静叶和动叶组成的涡轮级（a）、速度三角形（b）和 $h-S$ 图（c）

P—总压力；p—静压。

了静叶内的膨胀过程，其中静叶内的总焓保持不变，$H_2 = H_1$。总焓在动叶内发生变化转化为机械能。此外，图 3.11 中还给出了级的速度三角形。该图显示了静叶和动叶内的速度偏转。从式（3.10）中，可得出级功率为

$$P = \boldsymbol{\omega} \cdot \boldsymbol{M}_a = \boldsymbol{\omega} \cdot \boldsymbol{e}_2 \dot{m}(R_1 V_{u1} - R_2 V_{u2}) = \dot{m}(U_1 V_{u1} - U_2 V_{u2}) \qquad (3.29)$$

将等式两边同时除以质量流量，得

$$\frac{P}{\dot{m}} = l_m = U_1 V_{u1} - U_2 V_{u2} \qquad (3.30)$$

通过图 3.11 速度三角形所示的速度关系用动能替换能量式（3.28）中的静焓也可以获得上述方程。

2. 冷却涡轮

先进燃气轮机的涡轮进口温度接近叶片材料的熔点，这需要对前三排涡轮叶片进行高效的冷却。我们考虑一个冷却（非绝热）燃气轮机叶片如图 3.12 所示，其中涡轮材料和冷却介质之间进行热交换。这种燃气轮机叶片的示意图如图 3.13 所示。为了在过度的热应力下保护叶片，必须从叶片上移除大量的热量。目前，使用的冷却方法之一是将冷却空气从压气机引入到涡轮冷却通道进行冷却：一部分冷却空气在叶片内部的冷却通道如图 3.12 所示。在这些通道内部，叶片材料和冷却介质产生强烈的热传递，使叶片表面温度显著降低。为了强化换热，通道还布置有内部肋片和紊流器来增加局部湍流度。产生的局部湍流

将具有很强的速度波动,其将质量、动量和能量传递到通道内的边界层,这增强了叶片材料的散热量,冷却空气可以通过尾缘的槽缝排出叶片。这种冷却方法称为内部冷却。冷却空气还可以通过叶片表面和叶顶上的孔排出并在近叶片表面形成保护气膜。气膜在热气体和叶片材料之间形成了一个缓冲。

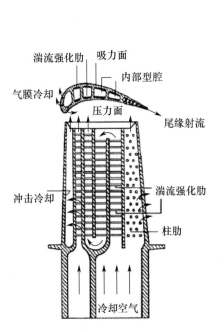

图 3.12　具有内部冷却通道和
外部气膜冷却孔的涡轮叶片

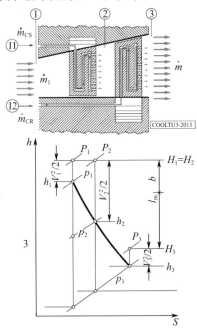

图 3.13　冷却涡轮级的
简化示意图和 $h-S$ 图

膨胀和热传递过程的 $h-S$ 图如图 3.13 所示。假设通过涡轮的流体处于稳定流动,忽略重力产生的能量,则能量方程为

$$\dot{Q} + \dot{W}_{\text{shaft}} = \dot{m}_{\text{out}}\left(h + \frac{1}{2}V^2\right) - \dot{m}_{\text{in}}\left(h + \frac{1}{2}V^2\right) \qquad (3.31)$$

如果假设一种特定类型的冷却方案,其冷却质量流量流过静子和转子具有相同的值,即 $\dot{m}_{\text{CS}} = \dot{m}_{\text{CR}}$,并且都排入涡轮主流中,则涡轮级入口和出口质量流量是相同的,即 $\dot{m}_{\text{in}} = \dot{m}_{\text{out}} = \dot{m}$。有了这个假设,我们引入从静子和转子叶片传递到冷却流质量流量 $\dot{m}_{\text{CS}}$ 和 $\dot{m}_{\text{CR}}$ 的比热量 $q \equiv \dot{Q}/\dot{m}_{\text{in}}$。考虑到比机械能 l_{m} 和热量 q 的负号,我们从式(3.31)得到冷却涡轮级的能量方程为

$$q + l_{\text{m}} = \left(h + \frac{1}{2}V^2\right)_{\text{in}} - \left(h + \frac{1}{2}V^2\right)_{\text{out}} \qquad (3.32)$$

图 3.13 中的 $h - S$ 图示出了级的比机械能 l_m 和从涡轮级叶片材料传递的热量 q。从该图可以看出,涡轮级的比机械能减少的量为叶片排出的热量。

3. 无冷却压气机

图 3.14 所示为由静子和转子排组成的压气机级。

与涡轮级类似,具有多个叶片的静叶排将流动偏转到其后的转子叶排的方向,转子叶排以角速度 ω 转动,总能量在转子内转换成机械能。在涡轮组件的情况下,我们遵循图 3.14 的机械能传递的命名,并引入级的比机械能 $l_m = \dot{W}_{shaft}/\dot{m}$。考虑到图 3.14 所示的绝热和稳态的压气机工作过程,能量方程式(3.27)为

$$l_m = H_3 - H_1 \tag{3.33}$$

l_m 的正号表示系统(从周围环境)消耗能量。

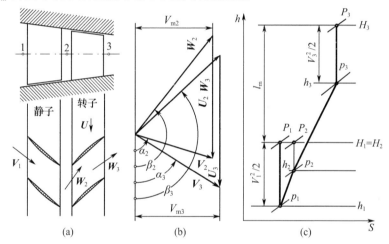

图 3.14 由静子和转子组成的压气机级(a)、速度三角形(b)和 $h - S$ 图(c)
P—总压力;p—静压力。

4. 有冷却压气机

传统设计的压比 π_c 为 20 左右的燃气轮机不需要冷却。即使是如第 2 章所述的 GT - 24/26 非常规的燃气轮机在高压比下工作也无需对压气机中的空气进行冷却。然而,对于更高的压比就需要压气机冷却。第 2 章所述的压缩空气储能装置和 GE - LMS100 燃气轮机是应用中间冷却的两个代表性例子。图 3.15 显示了通过一个中间冷却器和三个后冷器进行压气机空气冷却过程。位于⑧和⑨之间的最后一个后冷却器降低了进入空气储存装置的温度和湿空气的比容。

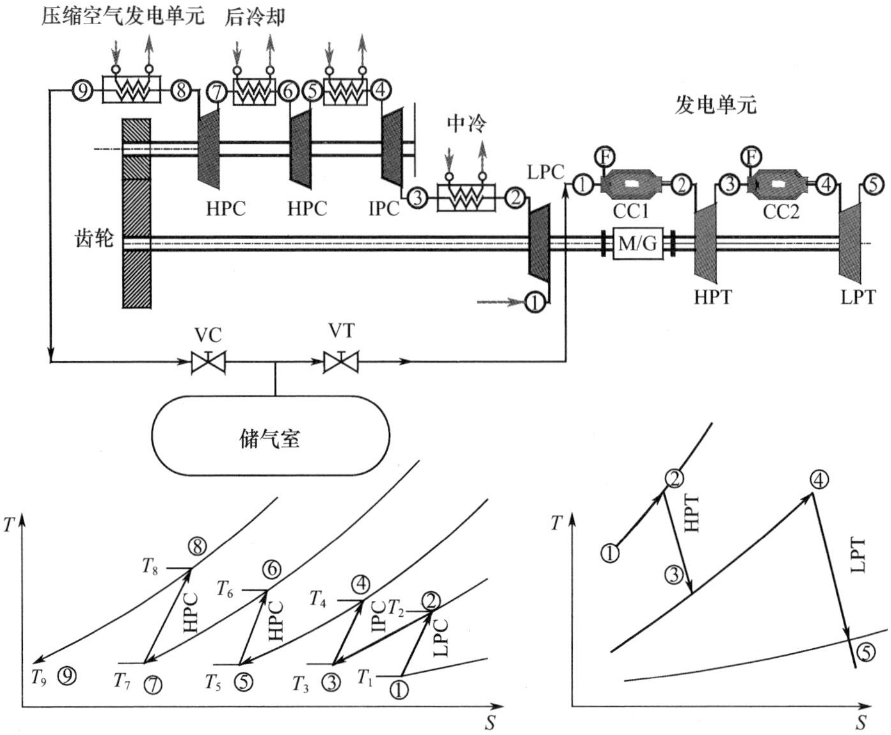

图 3.15　德国亨托夫压缩空气能量装置的压气机空气冷却

3.6　不可逆性和总压损失

组件内的总压损失可以使用热力学第二定律来计算：

$$\mathrm{d}s = \frac{\delta q}{T} = \frac{\mathrm{d}u + p\mathrm{d}v}{T} = \frac{\mathrm{d}h - v\mathrm{d}p}{T} \tag{3.34}$$

使用广义热力学关系，有

$$\mathrm{d}s = \frac{c_v}{T}\mathrm{d}T + \left(\frac{\partial p}{\partial T}\right)_v \mathrm{d}v \tag{3.35}$$

就 c_p 而言，有

$$\mathrm{d}s = \frac{c_p}{T}\mathrm{d}T - \left(\frac{\partial v}{\partial T}\right)_p \mathrm{d}p \tag{3.36}$$

且

60

$$\mathrm{d}h = c_p \mathrm{d}T + \left(v - T\left(\frac{\partial v}{\partial T}\right)_p \right)\mathrm{d}p \qquad (3.37)$$

对于用于热力涡轮机的工质如蒸汽、空气和燃气,热力学性质可以从燃气和蒸汽性质表中查出。一般来说,定压比热 c_p 和定容比热 c_v 是温度的函数。图 3.16 给出了不同燃料/空气比 μ 条件下定压比热容与温度的函数关系。干燥空气的特征是 $\mu = 0$,没有水分。然而,增加温度将导致比热容升高。对于燃烧室中的燃气,在燃烧室中额外燃料导致气体常数 R 的变化和 c_p 的增加。在中等压力下,可以应用理想气体关系:

$$pv = RT; \frac{\partial v}{\partial T} = \frac{R}{p} \qquad (3.38)$$

通过这种关系,利用式(3.35)中焓或热力学能可以获得熵变:

$$\mathrm{d}s = \frac{c_p}{T}\mathrm{d}T - R\frac{\mathrm{d}p}{p}, \mathrm{d}s = \frac{c_v}{T}\mathrm{d}T + R\frac{\mathrm{d}v}{v} \qquad (3.39)$$

假设在较低温度下,c_p 和 c_v 可以近似为不变,则可以通过积分式(3.39)计算熵变,有

$$\Delta s = c_p \ln\left(\frac{T_2}{T_1}\right) - R\ln\left(\frac{p_2}{p_1}\right) = c_p \ln\left[\left(\frac{T_2}{T_1}\right)\left(\frac{p_2}{p_1}\right)^{\frac{k-1}{k}} \right] \qquad (3.40)$$

$$\Delta s = c_v \ln\left(\frac{T_2}{T_1}\right) + R\ln\left(\frac{v_2}{v_1}\right) = c_v \ln\left[\left(\frac{T_2}{T_1}\right)\left(\frac{v_2}{v_1}\right)^{k-1} \right] \qquad (3.41)$$

式(3.40)和式(3.41)在理想气体假设 c_p 和 $c_v \neq f(T)$ 条件下才有效,可以用于估计熵变。对于干空气或湿空气作为工作介质的压气机,以及作为涡轮和燃烧室工作介质的燃气,必须使用气体性质表以避免太大的误差。在使用能量方程时,燃气轮机设计时使用的燃料性质也需要利用燃气性质表。将空气或燃气等工作介质作为热量理想气体(c_p, c_v, κ = 常数)考虑会导致严重很大的误差,特别是对于燃烧室和涡轮。图 3.16 给出了不同燃料/空气比 $\mu = \dot{m}_{fuel}/\dot{m}_{air}$ 条件下定压比热容与温度的函数关系式 $c_p = f(T)$。如图所示,即使对于相对较低的涡轮入口温度 TIT = 1000K,采用理想气体的结果也会导致 18% ~ 30% 的误差。

3.6.1 第二定律在涡轮机械部件中的应用

为了计算不可逆过程的熵增,考虑了简单的喷管或涡轮静叶中的流动。膨胀过程如图 3.17 所示。

使用第二定律得到熵变:

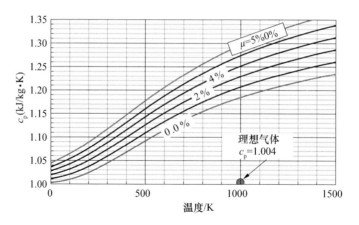

图 3.16　不同的燃料/空气比条件下干空气和燃气定压比热容与温度的关系

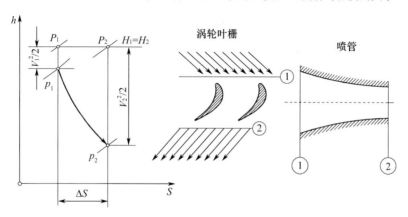

图 3.17　喷管和涡轮叶栅的总压损失和熵增

P—总压力；p—静压力。

$$\Delta S = c_{\mathrm{p}} \ln\left(\frac{T_2}{T_1}\right) - R \ln\left(\frac{p_2}{p_1}\right) \tag{3.42}$$

式中：p_1、p_2 和 T_1、T_2 是静压和温度。静压比可以通过以下简单修改成总压相关量：

$$\frac{p_2}{p_1} = \frac{\left(\dfrac{p_2}{p_{\mathrm{o2}}}\right)}{\left(\dfrac{p_1}{p_{\mathrm{o1}}}\right)}\left(\frac{p_{\mathrm{o2}}}{p_{\mathrm{o1}}}\right) \tag{3.43}$$

通过应用等熵关系 $pv^k =$ 常数来引入温度关系：

$$\left(\frac{p_2}{p_{\mathrm{o2}}}\right) = \left(\frac{T_2}{T_{\mathrm{o1}}}\right)^{\frac{\kappa}{\kappa-1}},\ \left(\frac{p_1}{p_{\mathrm{o1}}}\right) = \left(\frac{T_1}{T_{\mathrm{o1}}}\right)^{\frac{\kappa}{\kappa-1}} \tag{3.44}$$

62

并把式(3.44)代入式(3.43),得

$$\frac{p_2}{p_1} = \frac{\left(\dfrac{T_2}{T_{o2}}\right)^{\frac{\kappa}{\kappa-1}}}{\left(\dfrac{T_1}{T_{o1}}\right)^{\frac{\kappa}{\kappa-1}}}\left(\frac{p_{o2}}{p_{o1}}\right) \tag{3.45}$$

如果我们引入理想流体假设,即 $c_p \not\equiv f(T) = $ 常数,那么可以设定 $T_{o1} = T_{o2}$。有了这个假设,式(3.45)简化为

$$\frac{p_2}{p_1} = \left(\frac{T_2}{T_1}\right)^{\frac{\kappa}{\kappa-1}}\left(\frac{p_{o2}}{p_{o1}}\right) \tag{3.46}$$

获得的熵值变化形式如下:

$$\Delta S = c_p \ln\left(\frac{T_2}{T_1}\right) - R\frac{\kappa}{\kappa-1}\ln\left(\frac{T_2}{T_1}\right) - R\ln\left(\frac{p_{o2}}{p_{o1}}\right) \tag{3.47}$$

式中

$$c_p = R\frac{\kappa}{\kappa-1} \tag{3.48}$$

式(3.47)右侧的前两项合并,得

$$\Delta S = R\ln\left(\frac{p_{o1}}{p_{o2}}\right) = -R\ln\left(\frac{p_{o2}}{p_{o1}}\right) = -R\ln\left(\frac{p_{o1}-\Delta p_o}{p_{o1}}\right) \tag{3.49}$$

因此,熵变与总压损失直接相关。我们引入总压力损失系数 ζ:

$$\zeta = \frac{\Delta p_o}{p_{o1}} \tag{3.50}$$

之后,有

$$\Delta S = -R\ln(1-\zeta) \tag{3.51}$$

或者

$$\zeta = 1 - e^{\frac{-\Delta S}{R}} \tag{3.52}$$

如果总压损失系数是已知的,则熵变可以使用式(3.52)计算。对于压气机或涡轮机组件,不用的关联式可以通过试验结果获得。随后将讨论这些系数。

3.7　高亚声速和跨声速流动

燃气轮机的涡轮部件可以工作在高亚声速、跨声速或超声速流动状态。特

别是当组件在非设计工况下运行时出口流速增加会出现这种情况。一个典型的例子是流体通过亚声速涡轮静子叶片的流动,如图 3.18 所示。

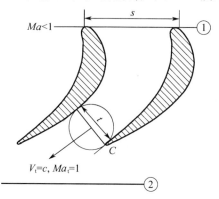

图 3.18　涡轮进口①到喉部(t)的流动,工质从亚声速 $Ma<1$ 加速到声速 $Ma=1$,
在涡轮或压气机转子、进口导叶和喷管的流道中也可能出现类似的情况

图 3.18 给出了一个完全的收敛流道,涡轮静子出口处的流速增加需要增加入口压力。由于流速是涡轮叶栅进出口的压力差的函数,所以它将连续增加直到达到声速。这个过程发生在最小的截面处,即叶片喉部 t。对于收敛叶片通道,继续增加入口①和出口②之间的压力差,流体也不会进一步加速。当喉部达到声速时即达到临界状态,涡轮叶片通道工作在堵塞情况。如果需要比声速更高的速度,则叶片几何形状必须改变。下面介绍高亚声速和跨声速流动对通道几何形状和热力学性质的影响及相关的基本原理。

3.7.1　密度随马赫数的变化及临界状态

流体密度的变化和流动马赫数密切相关。为了找到相应的关系,将绝热系统的能量方程应用于一个大的绝热容器,如图 3.19 所示,其出口直径 d 假设与容器直径相比可以忽略不计,即 $d \ll D$。

对于图 3.19 所示系统,能量方程可以写为

$$H \equiv h_t = h_0 + \frac{1}{2}V_0^2 = h_1 + \frac{1}{2}V_1^2 = 常数 \tag{3.53}$$

由于在本章中讨论的是一维流动,其速度下标不是之前几章所介绍的速度分量形式。因此,下标 0 和 t 是指滞止状态,速度为零。假设理想气体,则焓可以写为总温或静温的关系,式(3.53)改写为

$$\frac{T_t}{T} = 1 + \frac{1}{2c_p}\frac{1}{T}V^2 \tag{3.54}$$

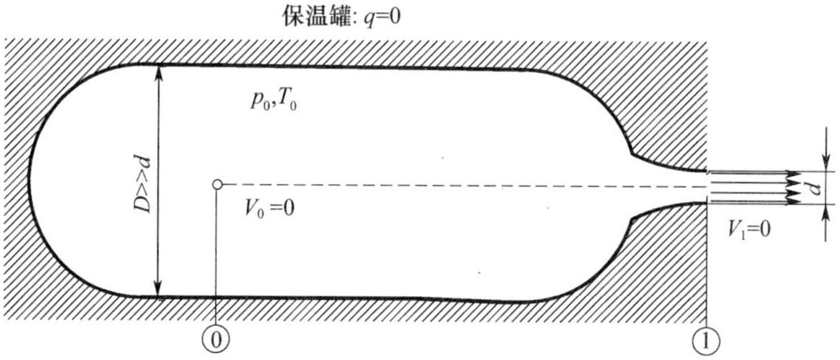

保温罐: q=0

图 3.19　由一个大容器和收敛喷嘴组成的绝热系统

定压比热容和定容比热容与气体常数相关,即

$$c_p - c_v = R, \quad \frac{c_p}{c_v} = \kappa, \quad Ma = V/c \quad 和 \quad c = \sqrt{\kappa RT} \tag{3.55}$$

根据上式,总温比可写为马赫数 Ma 的函数:

$$\frac{T_t}{T} = 1 + \frac{1}{2}(\kappa - 1)Ma^2 \tag{3.56}$$

为了得到与之相似的密度比的关系,假设等熵过程如下:

$$pv^\kappa = p_t v_t^\kappa = 常数 \tag{3.57}$$

结合理想气体状态方程:

$$v = \frac{p}{RT} \tag{3.58}$$

消除比体积,得

$$\frac{p_t}{p} = \left(\frac{T_t}{T}\right)^{\left(\frac{\kappa}{\kappa-1}\right)} \tag{3.59}$$

将式(3.56)代入式(3.59),得

$$\frac{p_t}{p} = \left(1 + \frac{\kappa - 1}{2}Ma^2\right)^{\left(\frac{1}{\kappa-1}\right)} \tag{3.60}$$

同样,可以获得密度比为

$$\frac{\rho_t}{\rho} = \left(1 + \frac{\kappa - 1}{2}Ma^2\right)^{\frac{\kappa}{\kappa-1}} \tag{3.61}$$

式(3.61)表示滞止密度与容器内任一点包括出口面密度的比值。假设空气为理想气体,温度 $T = 300K$ 时 $\kappa = 7/5$,式(3.56)~式(3.58)中的比值 $\Delta \rho / \rho_t = (\rho_t - \rho)/\rho_t$、$\Delta p/p = (p_t - p)/p_t$、$\Delta T/T_t = (T_t - T)/T_t$ 绘制在图 3.20 中。如图 3.20 所示,对于马赫数 $Ma < 0.1$ 的情况下,密度变化 $\Delta \rho / \rho_t$ 很小,流体可以

认为是不可压的。然而,随着马赫数的增加,流体的密度比将发生显著变化。在实际应用中,流体在马赫数 $Ma<0.3$ 时仍然可被认为是不可压的。马赫数 $Ma>0.3$ 时,流体的密度比变化较大,不可忽略。此时流体被认为是可压缩流体,具有显著的密度变化。如果流速接近声速,即 $V=c$,或者 $Ma=1$,流速成为临界流速,流体流动状态称为临界状态。此时可利用 $Ma=1$ 计算式(3.56)~式(3.58)。为了区分临界状态下的气流参数,以上角标 $*$ 表示。

临界温比为

$$\frac{T_t^*}{T^*}=\left(\frac{\kappa+1}{2}\right)\tag{3.62}$$

式中:$\kappa=1.4$;　$\dfrac{T_t^*}{T^*}=1.2$。

临界压比为

$$\frac{p_t^*}{p^*}=\left(\frac{\kappa+1}{2}\right)^{\frac{\kappa}{\kappa-1}}\tag{3.63}$$

式中:$\kappa=1.4$;　$\dfrac{p_t^*}{p^*}=1.893$。

临界密度比为

$$\frac{\rho_t^*}{\rho^*}=\left(\frac{\kappa+1}{2}\right)^{\frac{\kappa}{\kappa-1}}\tag{3.64}$$

式中:$\kappa=1.4$;　$\dfrac{\rho_t^*}{\rho^*}=1.577$。

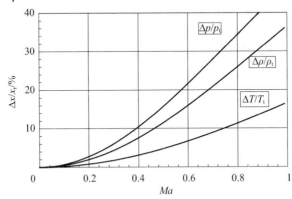

图 3.20　流体密度、压力和温度随马赫数的变化

从式(3.63)可以看出,为了达到声速($Ma=1$)必须首先建立临界压力比。在图 3.19 所示的包含一个出口喷嘴的系统中,空气工质的 $\kappa=1.4$,临界压比

$p_t^* / p^* = 1.893$。在该压比下,单位面积的质量流量达到最大值,出口流速等于声速。当压比高于临界压比时喷嘴喉部将处于堵塞状态。此时,收缩喷嘴将产生其自身的出口压力,临界压比保持不变。式(3.62)~式(3.64)是基于理想气体假设推导出来的。气体热力学性质的临界值只与物性参数 $\kappa = c_p / c_v$ 有关。对于燃气轮机的工质,比热容 c_p、c_v 是工质温度的函数,气体常数是由工质的化学组分决定的。

为了通过压比计算通过喷嘴的理想气体的质量流量,首先替换掉能量方程中的焓:

$$h = c_p T = \frac{\kappa}{\kappa-1}RT = \frac{\kappa}{\kappa-1}pv = \frac{\kappa}{\kappa-1}\frac{p}{\rho} \tag{3.65}$$

因此,热量理想气体的能量方程为

$$\frac{V_1^2}{2} + \frac{\kappa}{\kappa-1}\frac{p_1}{\rho_1} = \frac{V_2^2}{2} + \frac{\kappa}{\kappa-1}\frac{p_2}{\rho_2} \tag{3.66}$$

将等熵关系应用于式(3.66)的右侧消去出口的密度得

$$\frac{V_1^2}{2} + \frac{\kappa}{\kappa-1}\frac{p_1}{\rho_1} = \frac{V_2^2}{2} + \frac{\kappa}{\kappa-1}\frac{p_1}{\rho_1}\left(\frac{p_2}{p_1}\right)^{\left(\frac{\kappa-1}{\kappa}\right)} \tag{3.67}$$

假设在容器内部,因为 $D \gg d$,则与喷嘴出口处的速度 V_2 相比,速度 V_1 可以忽略不计。在这种情况下,静压 p_1 将代表相同位置处的总压力 $p_1 \equiv p_t$。令 $p_2 \equiv p_e$,称为喷嘴出口压力或背压。如果实际压比小于临界压比 $p_t/p_e < p_t^*/p_e$,并且流体排入外环境,则喷嘴出口压力与环境压力相同,喷嘴没有堵塞。另一方面,如果 $p_t/p_e > p_t^*/p_e$,则收缩喷嘴堵塞,其已经建立了对应于临界压力的自身出口压力。基于上述假设,通过收敛通道的质量流量计算如下:

$$\dot{m} = V\rho A = A\sqrt{\frac{2\kappa}{\kappa-1}p_t\rho_t\left[\left(\frac{p_e}{p_t}\right)^{\frac{2}{\kappa}} - \left(\frac{p_e}{p_t}\right)^{\frac{\kappa+1}{\kappa}}\right]} = A\psi\sqrt{\frac{2\kappa}{\kappa-1}p_t\rho_t} \tag{3.68}$$

定义质量流函数 ψ 为

$$\psi = \sqrt{\left(\frac{p_e}{p_t}\right)^{\frac{2}{\kappa}} - \left(\frac{p_e}{p_t}\right)^{\frac{\kappa+1}{\kappa}}} \tag{3.69}$$

因此,通过喷嘴的质量流量为

$$\dot{m} = A\psi\sqrt{\frac{2\kappa}{\kappa-1}p_t\rho_t} \tag{3.70}$$

图3.21所示为质量流量函数 ψ 在不同 κ 条件下随压比变化的函数。ψ 的最大值为

$$\psi_{\max} = \sqrt{\frac{\kappa-1}{\kappa+1}}\left(\frac{2}{\kappa+1}\right)^{\frac{1}{\kappa-1}} \tag{3.71}$$

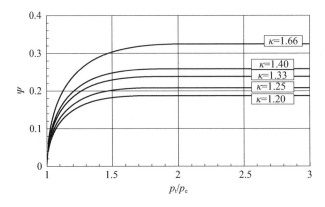

图 3.21　流量函数 ψ 随 κ 和压比的变化

图 3.21 表明,增加压比导致流量函数 ψ 增加直到达到 ψ_{max}。压比进一步增加会使流动进入堵塞状态,但流量函数保持不变。

3.7.2　横截面变化对马赫数的影响

马赫数对可压缩和不可压缩流体的差异有更大的影响。然而,首先考虑等熵流动中马赫数对于横截面积 A 与速度 V 之间关系的影响。这种关系在不可压缩流动时可以通过连续性方程给出:

$$VA = 常数 \tag{3.72}$$

随着 A 变大,V 将减小,反之亦然。然而,对于可压缩流动的连续性方程,有

$$\rho VA = 常数 \tag{3.73}$$

如图 3.19 所示,随马赫数变化还含有附加变量 ρ,对式(3.73)进行微分并除以式(3.73),得到:

$$\frac{\mathrm{d}V}{V} + \frac{\mathrm{d}A}{A} + \frac{\mathrm{d}\rho}{\rho} = 0 \tag{3.74}$$

对于等熵流动,$p = p(\rho)$,从声速定义来看,有

$$c^2 = \left(\frac{\partial p}{\partial \rho}\right)_S \tag{3.75}$$

特别地,$\mathrm{d}p/\mathrm{d}\rho = c^2$,因此,从式(3.74)得

$$\frac{\mathrm{d}V}{V} + \frac{\mathrm{d}A}{A} + \frac{\mathrm{d}p}{c^2\rho} = 0 \tag{3.76}$$

利用一维流动的欧拉方程分量,有

$$V\mathrm{d}V = -\frac{\mathrm{d}p}{\rho} \tag{3.77}$$

我们可以得到式(3.76)的变形:

$$\frac{dV}{V} + \frac{dA}{A} = \frac{V^2}{c^2}\frac{dV}{V} \tag{3.78}$$

化简为

$$\frac{dA}{A} = -\frac{dV}{V}(1 - Ma^2) \tag{3.79}$$

将式(3.79)代入式(3.77),得

$$\frac{dA}{A} = \frac{dp}{\rho V^2}(1 - Ma^2) \tag{3.80}$$

利用式(3.79)和式(3.80)可以建立速度变化、压力变化和马赫数之间的关系。对于 $Ma < 1$,可以定性地得到与不可压缩流相同的效果:横截面积的减小导致速度的增加,形成亚声速喷嘴流动,如图3.22(a)所示。

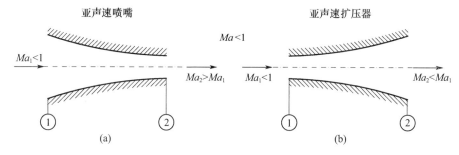

图3.22 (a)亚声速喷嘴 $dA < 0, dV > 0, dp < 0$ 和
(b)亚声速扩压器, $dA > 0, dV < 0, dp > 0$

另一方面,横截面积的增加($dA > 0$)对应于速度的降低($dV < 0$),导致亚声速扩压流动,如图3.22(b)所示。对于 $Ma = 1$,得 $dA/dx = 0$, $dp = 0$。对于 $Ma > 1$,式(3.79)和式(3.80)表示,如果横截面积($dA/dx > 0$)增加,速度也必须增加($dV/dx > 0$),或者如果横截面积减小,速度也将减小。因此,我们给出超声速喷嘴和扩压器,如图3.23所示。

式(3.78)和式(3.79)显示,为了达到声速 $Ma = 1$,必须考虑面积变化量 dA/dx。这意味着必须存在一个最小横截面。考虑到图3.22和图3.23的结构,可以构造满足式(3.79)和式(3.80)的流动通道。通常收缩–扩散喷嘴被称为拉瓦尔喷管,如图3.24(a)所示。在蒸汽轮机中调节级中使用类似的结构,如图3.24(b)所示。该通道可以将流体从亚声速加速到超声速。

使流体超声速流动的条件是:从进口到出口的通道压比务必高于喷管的超临界压比。在这种情况下,流动在收缩部分加速,喉部的马赫数达到 $Ma = 1$,并在喷管的扩张部分进一步加速。如果通道压比小于临界压比,则收缩段部分的

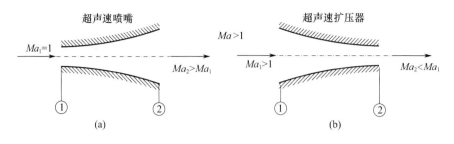

图 3.23 (a)超声速喷嘴 $dA > 0, dV > 0, dp < 0$ 和
(b)超声速扩压器 $dA > 0, dV < 0, dp > 0$

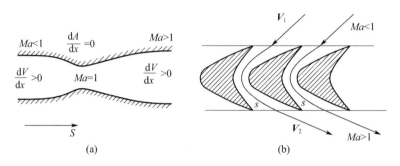

图 3.24 以设计压比运行的拉瓦尔喷管(a)和
蒸汽轮机调节级的静叶叶栅(b)

流量只能加速到某一亚声速马赫数流动,即 $Ma < 1$,然后在扩张段部分减速。另一方面,超声速扩压器的特征在于具有 $Ma > 1$ 的进口马赫数流动且通道为收缩扩张型。

图 3.25 给出了通过超声速飞行器的进口扩压器的流动示意图。经过一个斜激波,流体进入进气道,并在喉部从 $Ma > 1$ 减速至 $Ma = 1$ 达到声速。在进口的扩张段部分发生进一步的减速。

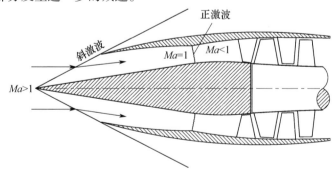

图 3.25 流体通过超声速入口:从 $Ma > 1$ 的减速到喉部处的 $Ma = 1$ 以及喉部下游的 $Ma < 1$

式(3.79)和其积分以及表3.1中列出的流量与面积比和马赫数之间的关系,可以作为估计拉瓦尔喷嘴、超声速静子叶片通道或超声速扩张段的横截面分布的工具。例如,如果给出了流向的马赫数分布 $Ma(S)=f(S)$,则可以利用表3.1直接计算横截面分布 $A(S)=f(S)$。另外,如果规定了在流动方向上的横截面分布,则可以使用反函数来计算马赫数分布以及其他所有流动变量。由于假设的是以理想气体作为工作介质的等熵流动,因此对于在逆压力梯度下由于边界层的发展引起的流动分离等重要特征是无法呈现的。因此,在这两种情况下,所得到的通道几何形状或流动变量只是一个粗略的估计,与真实情况相比较有所不同。这种通道的合理设计,特别是跨声速涡轮或压气机叶片,需要在充分考虑流体黏度的情况下进行详细计算。

为了将热力学变量表示为马赫数的函数,可使用连续方程和能量方程结合等熵过程方程,以及 $p=\rho RT$ 的理想气体状态方程。以马赫数为函数的等熵流动参数汇总在表3.1中,其中包含两列。第一列给出了任意截面的各个参数比,第二列给出了相对于临界状态的比值。表3.1中给出的气体动力学关系如图3.26所示。

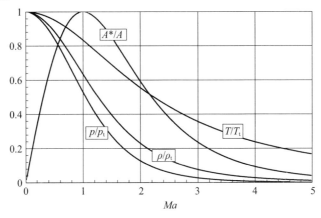

图 3.26　对于 $\kappa=1.4$ 条件下面积比和热力学性质比值与马赫数的关系

表 3.1　气动函数的总结

任意两个截面的参数	相对于临界状态的参数
$\dfrac{A}{A_1}=\dfrac{1}{M}\left(\dfrac{1+\dfrac{\kappa-1}{2}Ma^2}{1+\dfrac{\kappa-1}{2}Ma_1^2}\right)^{\frac{1}{2}\left(\frac{\kappa+1}{\kappa-1}\right)}$	$\dfrac{A}{A^*}=\dfrac{1}{Ma}\left(\dfrac{1+\dfrac{\kappa-1}{2}Ma^2}{\dfrac{\kappa+1}{2}}\right)^{\frac{1}{2}\left(\frac{\kappa+1}{\kappa-1}\right)}$

任意两个截面的参数	相对于临界状态的参数
$$\frac{p}{p_1} = \left(\frac{1+\frac{\kappa-1}{2}Ma_1^2}{1+\frac{\kappa-1}{2}Ma^2}\right)^{\frac{\kappa}{\kappa-1}}$$	$$\frac{p}{p^*} = \left(\frac{\frac{\kappa+1}{2}}{1+\frac{\kappa-1}{2}Ma^2}\right)^{\frac{\kappa}{\kappa-1}}$$
$$\frac{T}{T_1} = \frac{1+\frac{\kappa-1}{2}Ma_1^2}{1+\frac{\kappa-1}{2}Ma^2}$$	$$\frac{T}{T^*} = \frac{\frac{\kappa+1}{2}}{1+\frac{\kappa-1}{2}Ma^2}$$
$$\frac{h}{h_1} = \frac{1+\frac{\kappa-1}{2}Ma_1^2}{1+\frac{\kappa-1}{2}Ma^2}$$	$$\frac{h}{h^*} = \frac{\frac{\kappa+1}{2}}{1+\frac{\kappa-1}{2}Ma^2}$$
$$\frac{V}{V_1} = \frac{Ma}{Ma_1}\left(\frac{1+\frac{\kappa-1}{2}Ma_1}{1+\frac{\kappa-1}{2}Ma^2}\right)$$	$$\frac{V}{V^*} = Ma\left(\frac{1+\frac{\kappa+1}{2}}{1+\frac{\kappa-1}{2}Ma^2}\right)^{\frac{1}{2}}$$
$$\frac{\rho}{\rho_1} = \frac{v_1}{v} = \left(\frac{1+\frac{\kappa-1}{2}Ma_1^2}{1+\frac{\kappa-1}{2}Ma^2}\right)^{\frac{1}{\kappa-1}}$$	$$\frac{\rho}{\rho^*} = \frac{v^*}{v} = \left(\frac{\frac{\kappa+1}{2}}{1+\frac{\kappa-1}{2}Ma^2}\right)^{\frac{1}{\kappa-1}}$$

拉瓦尔喷嘴首先用于蒸汽轮机,但是现在已经发现了这些喷嘴的许多其他应用,如在火箭发动机、超声速蒸汽涡轮中。下面将简要讨论通用拉瓦尔喷嘴的工作过程,这个过程是由压比所决定的。关于这个问题的详细讨论可以在文献[4-6]中找到。从设计工作点开始,出口压力等于环境压力,即 $p_e = p_a$。曲线①对应于设计面积比,如图 3.27(a)所示。

在这种情况下,马赫数从入口处的亚声速连续地增加到出口处的超声速。增加环境压力会导致过度膨胀喷射,因为喷嘴中的流动膨胀使其压力超过其设计压力点②,即 $p_e < p$。在这种压力条件下,喷嘴内的流动方式不会像曲线①所示那样变化。在喷嘴外部,流动会从喷嘴的边缘形成一个斜激波,使过低的喷嘴排出压力不连续地升高到环境压力。激波面相交并在射流边界处反射形成稳定的膨胀波,如图 3.28 所示。

在火箭发动机的排气喷嘴中有时会出现肉眼可见的具有超声速射流特征的菱形图案。如果环境压力进一步升高,激波会进入喷嘴并在喷嘴中形成正激波曲线③。这种不连续的压力增加将其自身位于在喷嘴中,以便达到所需的环境

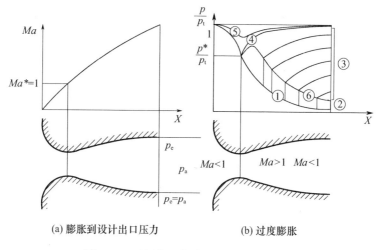

(a) 膨胀到设计出口压力　　　　(b) 过度膨胀

图 3.27　通用拉瓦尔喷嘴的工作过程

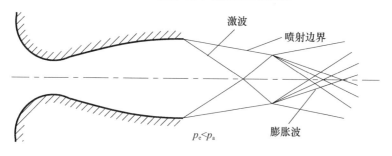

图 3.28　过度膨胀射流

压力。激波后面的流动是亚声速的。激波后面的喷嘴部分作为亚声速扩压器,理论上能够将激波后的压力升高到环境压力。然而,在实际中由于发生流动分离并且实际的压力增加非常小以致激波后的压力实际上与环境压力大致相同。如果环境压力进一步升高,激波会移到喷嘴中并且激波强度变弱,因为激波前的马赫数会变小。如果环境压力增加使得激波最终到达喷嘴的喉部,则激波强度下降到零并且整个喷嘴都是亚声速流动,即曲线④。如果进一步增加 p_a,马赫数在喉部有一个最大值,但是不再能够达到 $Ma = 1$,即曲线⑤。所有压力不连续的几何位置如图 3.27 中曲线⑥所示。

在膨胀不足的喷嘴射流中,喷嘴出口处的压力 p_e 大于环境压力 p_a,如图 3.29 所示。

通过一系列膨胀波将压力降低到环境压力。喷嘴中的流动不受此影响。膨胀波穿透自身,然后作为压缩波在射流的边界处反射,并且它们会重整成激波。以这种方式,类似于过度膨胀的喷射,再次在喷射中形成菱形图案流动特征。

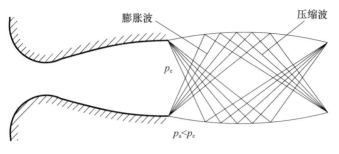

图 3.29　欠膨胀射流

在收缩喷嘴中,不能以上述方式形成稳定的超声速流。只要环境压力 p_a 大于临界压力 p^*,射流压力 p_e 就与环境压力 p_a 相同(图 3.29)。如果在最小横截面处达到马赫数 $Ma=1$,那么 $p_e=p^*$ 并且环境压力可以降低到该压力以下 $(p_a<p_e)$。接下来,在自由射流中发生后膨胀过程,并且喷嘴出口处的压力再次通过膨胀波膨胀到环境压力 p_a(图 3.30)。

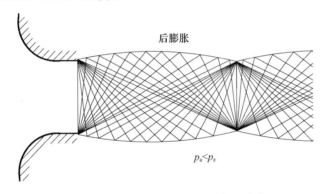

图 3.30　具有后膨胀过程的亚声速喷嘴

3.7.3　具有恒定截面通道的可压缩流动

这种类型的流动常见于涡轮机械的很多部件中,如管道、迷宫密封和在一定程度简化的燃烧室和超声速喷气发动机加力燃烧室。对于管道和迷宫式密封情况,我们将其作为绝热流动过程处理,即总焓保持不变。然而,由于内部摩擦、激波或节流会使得熵增加。燃烧室和加力燃烧室可以用具有加热或散热的恒定横截面管来近似。这些设备的特征在于熵变是由加热引起的,因此可以忽略摩擦对熵增加的贡献。这个假设可以获得一个重大的简化,即我们可以向恒定横截面的管道增加热量并假设推力保持不变。凡诺过程描述了恒定总焓的过程,而恒定的推力情况由瑞利过程确定。

从瑞利过程开始,我们将特别考虑具有恒定横截面管道中的流动,没有表面或内部摩擦,但是通过壁面传递热量。在没有轴功率的情况下,式(3.16)修改为

$$\frac{V_2^2}{2} + h_2 = \frac{V_1^2}{2} + h_1 + q \tag{3.81}$$

在动量平衡的应用中,假设摩擦力对总熵增加的贡献与外部热量增加的熵增加相比可忽略不计,因此式(3.4)中的摩擦力 $F_R = 0$,这导致

$$\rho_2 V_2^2 + p_2 = \rho_1 V_1^2 + p_1 = \rho V^2 + p = 常数 \tag{3.82}$$

为了找到瑞利过程的流动变量,下面给出压比的计算方法。使用类似的步骤可以获得诸如速度比、温度比、密度比等其他量。首先利用以下步骤计算压比。

步骤 1:结合动量方程的微分形式

$$\mathrm{d}p + 2\rho V \mathrm{d}V + \mathrm{d}\rho V^2 = 0 \tag{3.83}$$

恒定截面的连续性方程的微分形式为

$$\mathrm{d}\rho V + \rho \mathrm{d}V = 0 \tag{3.84}$$

获得修改后的动量方程。从一维欧拉方程可以立即获得该方程。

$$v \mathrm{d}p + V \mathrm{d}V = 0 \tag{3.85}$$

通过引入马赫数得到修改后的动量方程

$$\frac{\mathrm{d}p}{p} = -\frac{V \mathrm{d}V}{vp} = -\frac{V \mathrm{d}V}{RT} = -\kappa Ma^2 \frac{\mathrm{d}V}{V} \tag{3.86}$$

步骤 2:将连续性方程式(3.84)的微分形式与理想气体的状态方程的微分形式相结合。通过这一步消除了式(3.84)中的密度:

$$\frac{\mathrm{d}V}{V} + \frac{\mathrm{d}p}{p} = \frac{\mathrm{d}T}{T} \tag{3.87}$$

为了消除式(3.86)和式(3.87)中的速度比,使用马赫数的定义,结果为

$$\frac{\mathrm{d}V}{V} = \frac{\mathrm{d}Ma}{Ma} + \frac{1}{2} \frac{\mathrm{d}T}{T} \tag{3.88}$$

步骤 3:将速度比式(3.88)代入到动量方程式(3.86)和运动方程式(3.84)中,得到压比为

$$\frac{2}{\kappa Ma^2} \frac{\mathrm{d}p}{p} - 2 \frac{\mathrm{d}Ma}{Ma} = \frac{\mathrm{d}T}{T} \tag{3.89}$$

用式(3.88)替换连续方程式(3.87)中的速度比,得到关于温度比的第二个

方程:

$$\frac{2\mathrm{d}p}{p} + \frac{2\mathrm{d}Ma}{Ma} = \frac{\mathrm{d}T}{T} \tag{3.90}$$

步骤4:通过式(3.89)和式(3.90),得

$$\frac{\mathrm{d}p}{p} = \frac{2\kappa Ma\mathrm{d}Ma}{1 + \kappa Ma^2} \tag{3.91}$$

上述等式可以用包括 $Ma = 1$ 的任意两个位置进行积分。

$$\frac{p_2}{p_1} = \frac{1 + \kappa Ma_1^2}{1 + \kappa Ma_2^2} \tag{3.92}$$

对于临界状态:

$$\frac{p}{p^*} = \frac{1 + \kappa}{1 + \kappa Ma_2^2} \tag{3.93}$$

以类似的方式,温比为

$$\frac{\mathrm{d}T}{T} = 2\frac{\mathrm{d}Ma}{Ma}\left(\frac{1 - \kappa Ma_1^2}{1 + \kappa Ma_2^2}\right) \tag{3.94}$$

考虑到理想气体的初步假设,积分得出

$$\frac{T_2}{T_1} = \frac{h_2}{h_1} = \frac{Ma_2^2}{Ma_1^2}\left(\frac{1 + \kappa Ma_1^2}{1 + \kappa Ma_2^2}\right)^2 \tag{3.95}$$

相对于临界状态,有

$$\frac{T}{T^*} = \frac{h}{h^*} = Ma^2\left(\frac{1 + \kappa}{1 + \kappa Ma_2^2}\right)^2 \tag{3.96}$$

以相同的方式,可以获得瑞利过程中其他流动变量如速度比、密度比和体积比与马赫数的函数关系。这些变量列于表3.2中。这些量都是马赫数的函数,通过使用式(3.40)或式(3.41)中的任一个来确定熵变。

$$\Delta S = c_\mathrm{p}\ln\left[\left(\frac{T_2}{T_1}\right)\left(\frac{p_1}{p_2}\right)^{\frac{\kappa-1}{\kappa}}\right] = c_\mathrm{v}\ln\left[\left(\frac{T_2}{T_1}\right)\left(\frac{v_2}{v_1}\right)^{\kappa-1}\right] \tag{3.97}$$

对于临界状态,有

$$\Delta S = S - S^* = c_\mathrm{p}\ln\left[\left(\frac{T}{T^*}\right)\left(\frac{p^*}{p}\right)^{\frac{\kappa-1}{\kappa}}\right] = c_\mathrm{v}\ln\left[\left(\frac{T}{T^*}\right)\left(\frac{v}{v^*}\right)^{\kappa-1}\right] \tag{3.98}$$

用表3.2所列的相应公式代替温度和压比发现:

$$\frac{S - S^*}{c_\mathrm{p}} = \ln Ma^2\left(\frac{\kappa + 1}{1 + \kappa Ma^2}\right)^{\frac{\kappa+1}{\kappa}} \tag{3.99}$$

可以通过改变马赫数来确定上述属性。如前所述,瑞利曲线是所有恒定动量过程的轨迹。通过改变马赫数并获得相应的焓、压力或熵比可以很容易地建立瑞利曲线。表3.2给出了获得瑞利和凡诺曲线的步骤和方程的总结。

表 3.2　瑞利和凡诺曲线构建步骤

瑞利特性	凡诺特性
$\dfrac{A}{A^*} = 1$	$\dfrac{A}{A^*} = 1$
① $\dfrac{p}{p^*} = \left(\dfrac{\kappa+1}{1+\kappa Ma^2} \right)$	$\dfrac{p}{p^*} = \dfrac{1}{Ma} \left(\dfrac{\kappa+1}{2\left(1 + \dfrac{\kappa-1}{2} Ma^2\right)} \right)^{\frac{1}{2}}$
② $\dfrac{T}{T^*} = Ma^2 \left(\dfrac{\kappa+1}{(1+\kappa)Ma^2} \right)^2$	$\dfrac{T}{T^*} = \left(\dfrac{\dfrac{\kappa+1}{2}}{1 + \dfrac{\kappa-1}{2} Ma^2} \right)^2$
③ $\dfrac{h}{h^*} = Ma^2 \left(\dfrac{\kappa+1}{(1+\kappa)Ma^2} \right)^2$	$\dfrac{h}{h^*} = \dfrac{\dfrac{1+\kappa}{2}}{1 + \dfrac{\kappa-1}{2} Ma^2}$
④ $\dfrac{V}{V^*} = \dfrac{(\kappa+1)Ma^2}{1+\kappa Ma^2}$	$\dfrac{V}{V^*} = Ma \left(\dfrac{\dfrac{1+\kappa}{2}}{1 + \dfrac{\kappa-1}{2} Ma^2} \right)^{\frac{1}{2}}$
⑤ $\dfrac{\rho^*}{\rho} = \dfrac{(\kappa+1)Ma^2}{1+\kappa Ma^2}$	$\dfrac{\rho^*}{\rho} = Ma \left(\dfrac{\dfrac{1+\kappa}{2}}{1 + \dfrac{\kappa-1}{2} Ma^2} \right)^{\frac{1}{2}}$
⑥ $\Delta S = c_p \ln\left[\left(\dfrac{T}{T^*} \right) \left(\dfrac{p^*}{p} \right)^{\frac{\kappa-1}{\kappa}} \right]$	$\Delta S = c_p \ln\left[\left(\dfrac{T}{T^*} \right) \left(\dfrac{p^*}{p} \right)^{\frac{\kappa-1}{\kappa}} \right]$
$\dfrac{S-S^*}{c_p} = \ln Ma^2 \left(\dfrac{\kappa+1}{1+\kappa Ma^2} \right)^{\frac{\kappa+1}{\kappa}}$	$\dfrac{S-S^*}{c_p} = \ln Ma^2 \left(\dfrac{\dfrac{\kappa+1}{2}}{Ma^2\left(1 + \dfrac{\kappa-1}{2} Ma^2\right)} \right)^{\frac{\kappa+1}{2\kappa}}$

图 3.31 所示为理想空气以焓比和无量纲熵变之间函数关系为基础的瑞利曲线。如图所示,它具有 $Ma<1$ 的亚声速上分支,$Ma>1$ 的超声速下分支,两个分支在声速点 $Ma=1$ 处相连接。沿着亚声速上分支移动,加热引起比容变化,速度和马赫数增加直到达到声速($Ma=1$)。马赫数如果想进一步增加需要对流体进行冷却。如果入口处马赫数是超声速(下分支),则连续加热将导致流动减速直到 $Ma=1$,进一步减速需要沿着亚声速上分支连续放热。

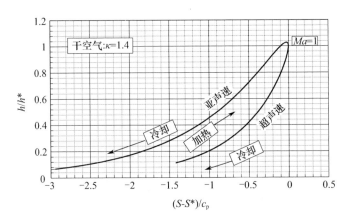

图 3.31　理想干空气瑞利过程的无量纲 $h-S$ 图,上分支(亚声速加速过程)表示利用
加热($dS>0$)来达到声速($Ma=1$),下分支(超声速加速过程)由放热($dS<0$)引起

图 3.32 所示为焓(或温度)和马赫数之间的函数关系,图 3.33 所示为在假想通道中由于加热/降温导致的流动加速和减速过程。为了模拟瑞利过程,我们考虑一个由两个部分组成的通道,它们具有相同类型的导热材料和相同的横截面积。

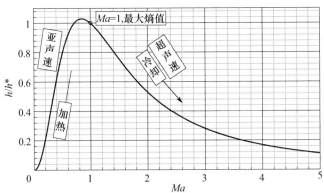

图 3.32　恒定截面通道中加热、降温时马赫数的变化

这两部分由很薄且理想绝热的接头连接在一起,使得任何一侧都不会有热量散失。假设接头的流向位置与 $Ma=1$ 的流向位置一致。如图 3.33(a)所示,马赫数在进口处以亚声速进入,加入一定的热量后比容增加导致速度增加,如图 3.31(上分支)和图 3.32 所示。如果要超出声速流动需要放出热量,见图 3.31(下分支)和图 3.32。在没有放热的情况下速度是不可能增加的。以超声速入口开始的瑞利过程通道会堵塞。如图 3.33(b)所示。通过增加热量来减

慢使流动达到声速,进一步的减速通过放热量来降低比容。可以看到,瑞利过程的特征是以恒定的动量可逆地加热和放热实现流动的加速或减速。

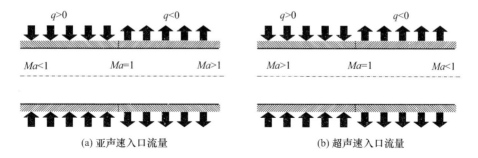

(a) 亚声速入口流量　　　　　　　　(b) 超声速入口流量

图 3.33　采用假想通道实现瑞利过程

我们现在考虑凡诺过程的情况,其特征在于恒定的总焓,没有热量从恒定横截面的管道中添加或排出。该流动是非等熵的,可能存在内部摩擦和壁面摩擦。结果是静焓连续减小,而速度增加。为了产生凡诺曲线,以类似于上述瑞利过程的方式,用马赫数表示流动变量,相应的关系总结在表 3.1 中。

将能量方程、连续性方程和推力方程应用于绝热恒定横截面的管道流动,得到压比为

$$\frac{p}{p^*} = \frac{1}{Ma}\left(\frac{\kappa+1}{2\left(1+\frac{\kappa-1}{2}Ma^2\right)}\right)^{\frac{1}{2}} \tag{3.100}$$

其他热力学性质由以下公式计算:

$$\frac{T}{T^*} = \frac{\frac{\kappa+1}{2}}{1+\frac{\kappa-1}{2}Ma^2}, \frac{h}{h^*} = \frac{\frac{1+\kappa}{2}}{1+\frac{\kappa-1}{2}Ma^2}, \frac{\rho^*}{\rho} = Ma\left(\frac{\frac{1+k}{2}}{1+\frac{\kappa-1}{2}Ma^2}\right)^{\frac{1}{2}} \tag{3.101}$$

最后,速度比为

$$\frac{V}{V^*} = Ma\left(\frac{\frac{1+k}{2}}{1+\frac{\kappa-1}{2}Ma^2}\right)^{\frac{1}{2}} \tag{3.102}$$

根据式(3.100)和式(3.101)的压力和温度比值,可以得到熵差:

$$s - s^* = \Delta S = c_p \ln\left[\left(\frac{T}{T^*}\right)\left(\frac{p^*}{p}\right)^{\frac{\kappa-1}{\kappa}}\right] \tag{3.103}$$

或者根据马赫数,可以得到:

$$\frac{\Delta s}{c_{\mathrm{p}}} = \frac{s - s^{*}}{c_{\mathrm{p}}} = \ln Ma^{2}\left(\frac{\dfrac{k+1}{2}}{Ma^{2}\left(1 + \dfrac{\kappa - 1}{2}\right)Ma^{2}}\right)^{\frac{\kappa + 1}{2\kappa}} \tag{3.104}$$

图 3.34 所示为以 $h - S$ 图表示的凡诺曲线。该曲线对于无加热的管道流动是有效的,与有无壁面和内部摩擦无关。

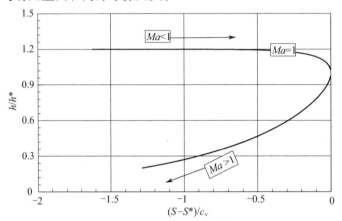

图 3.34 理想双原子气体的凡诺曲线($\kappa = 1.4$)

曲线上面部分是亚声速分支,下面部分是超声速分支。考虑到通过长管的流动,由于熵增加,静焓、静压和密度降低。结果,速度增加直到达到声速马赫数 $Ma = 1$。如果速度继续增加超过声速 $Ma > 1$,需要降低熵,这违反了热力学第二定律,因此速度不能超过声速。图 3.33 显示了凡诺过程的典型应用。对于蒸汽轮机轴的高压侧密封,如图 3.35(a) 所示,为了降低从轴和轴套之间的径向间隙泄漏出来的流体,在轴和轴套之间安装了迷宫密封。

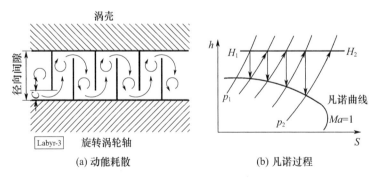

图 3.35 流体流过涡轮机的迷宫式密封

高压蒸汽进入间隙并膨胀通过间隙 C，势能转化成动能。流体进入空腔后，动能被消散导致明显的压力降，膨胀和耗散的过程在下面空腔中重复进行，导致离开涡轮的流体相对较小。通过间隙的所有膨胀的终点均位于凡诺线上，对应于恒定的总焓。

在表 3.2 中，总结了构建瑞利线和凡诺线所必需的方程和步骤，使用以下步骤构建凡诺曲线和瑞利曲线。在步骤①中，变化马赫数，由步骤②~⑤计算相应的热力学性质，利用步骤①和②中计算的温度和压力比，可以计算出焓值。完成以上步骤后可以绘制图 3.31 和图 3.32。计算出热力学性质后，就可以轻松构建不同形式的凡诺曲线和瑞利曲线。

3.7.4 正激波关系式

在解释拉瓦尔喷嘴的设计和非设计工况流动时，我们曾多次使用正激波和斜激波的术语，而没有深入考虑其计算细节。本节旨在介绍激波现象的基本物理特性以及如何计算激波前后的热流体状态，文献[2-4]对此进行了详细讨论。

当超声速流动遇到强烈的扰动时会产生正激波。如果超声速流动冲击钝体，则会在钝体前方产生正激波。在激波之后流动变为亚声速，压力、密度和温度升高。从超声速到亚声速的转变发生在一个非常薄的面内，其厚度具有流体平均自由程的数量级。因此，在气体动力学中，它被近似为厚度无穷小且不连续的面。在正激波中，激波前后的速度矢量垂直于激波面。而在斜激波中，速度矢量与激波面不垂直。与正激波相反，斜激波后的速度可能仍然是超声速的。一般给出激波前的变量，激波后的变量可以使用本章介绍的守恒定律来确定。假设流动变量在实际激波上下游的变化与在激波本身内的变化相比可以忽略不计。此外，假设流动是绝热稳态的，考虑到激波的无穷小厚度，忽略体积积分。另外，假设入口和出口控制面几乎相等（$S_1 \approx S_2$），壁面 S_W 很小，如图 3.36 所示。

下面使用守恒定律和激波前的已知热流体变量可以建立计算激波后的变量的关系式。对图 3.36 中的控制体积应用连续性方程：

$$\rho_1 V_1 = \rho_2 V_2 \tag{3.105}$$

动量平衡：

$$\rho_1 V_1^2 + p_1 = \rho_2 V_2^2 + p_2 \tag{3.106}$$

能量平衡：

$$\frac{V_1^2}{2} + h_1^2 = \frac{V_2^2}{2} + h_2 \tag{3.107}$$

其中下标 1 表示激波前的位置,下标 2 表示激波后的位置(图 3.36)。

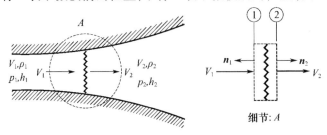

图 3.36 超声速喷嘴扩张部分的正激波

由于包含激波的控制体具有无限小的宽度,因此激波两侧的面积是相同的,即使图 3.36 所示的管道横截面发生变化还是如此。除了守恒定律之外,还引入了状态方程,以获得相关的未知数。这可以从蒸汽或气体表中获取

$$p = p(\rho, h) \tag{3.108}$$

对于理想气体,状态方程为

$$p = \rho RT = \rho h \frac{\kappa - 1}{\kappa} \tag{3.109}$$

根据式(3.105)~式(3.109),可以确定激波后的状态。将连续性方程式(3.105)代入动量方程式(3.106)和能量方程式(3.107),我们发现压差:

$$p_2 - p_1 = \rho_1 V_1^2 \left(1 - \frac{\rho_1}{\rho_2} \right) \tag{3.110}$$

焓差:

$$h_2 - h_1 = \frac{V_1^2}{2} \left[1 - \left(\frac{\rho_1}{\rho_2} \right)^2 \right] \tag{3.111}$$

消除式(3.110)和式(3.111)中的速度 V_1 之后,得到了热力学变量之间的关系,即 Hugoniot 关系式:

$$h_2 - h_1 = \frac{1}{2} (p_2 - p_1) \left(\frac{1}{\rho_1} + \frac{1}{\rho_2} \right) \tag{3.112}$$

利用式(3.109),对于理想气体,我们发现以下关系:

$$\frac{p_2}{p_1} = \frac{\dfrac{(\kappa + 1)}{(\kappa - 1)} \dfrac{\rho_2}{\rho_1} - 1}{\dfrac{(\kappa + 1)}{(\kappa - 1)} - \dfrac{\rho_2}{\rho_1}} \tag{3.113}$$

获得关于压比和密度比的关系。式(3.113)中的密度比为

$$\frac{\rho_2}{\rho_1} = \frac{\kappa + 1}{\kappa - 1} \tag{3.114}$$

压比接近无穷大。图 3.37 所示为正激波和等熵过程的压比。

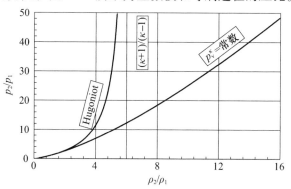

图 3.37 激波和等熵压缩

用于计算 Hugoniot 曲线的工作介质是比热比 $\kappa = c_\mathrm{p}/c_\mathrm{v} = 7.5$ 的双原子气体空气。为了进行比较,图 3.37 还给出了等熵过程的压比。在正激波的情况下 $p_2/p_1 \to \infty$,密度比接近有限值 $(\kappa + 1)/(\kappa - 1) = 6.0$,对于等熵流动具有无限大的密度比 ρ_2/ρ_1。正如将在下面看到的,由强激波引起的大压比与强烈的熵增加相关。也可以通过使用激波前后的状态方程来获得温度比的极限:

$$\frac{T_2}{T_1} = \frac{p_2}{p_1}\frac{\rho_1}{\rho_2} \tag{3.115}$$

设定方程式(3.115)极限,$p_2/p_1 \to \infty$,导致 $T_2/T_1 = \infty$。利用式(3.110)可以获得如下速度:

$$V_1^2 = \frac{p_1}{\rho_1}\left(\frac{p_2}{p_1} - 1\right)\left(1 - \frac{\rho_1}{\rho_2}\right)^{-1} \tag{3.116}$$

对于理想气体,引入声速 $c^2 = \kappa p/\rho$,式(3.116)可以写为

$$\left(\frac{V_1}{c_1}\right)^2 = Ma_1^2 = \frac{1}{\kappa}\left(\frac{p_2}{p_1} - 1\right)\left(1 - \frac{\rho_1}{\rho_2}\right)^{-1} \tag{3.117}$$

我们可以使用 Hugoniot 关系式(3.113)从中消除 ρ_1/ρ_2。可以获得压比和激波前马赫数作为独立变量的二次方程:

$$\left(\frac{p_2}{p_1} - 1\right)^2 - 2\frac{\kappa}{\kappa + 1}(Ma_1^2 - 1)\left(\frac{p_2}{p_1} - 1\right) = 0 \tag{3.118}$$

求解式(3.118)获得 $p_2/p_1 = 1$(无激波)的一般解。

$$\frac{p_2}{p_1} = 1 + 2\frac{\kappa}{\kappa - 1}(Ma_1^2 - 1) \tag{3.119}$$

式(3.119)是压比与马赫数 Ma_1 之间的显式关系式,为了使压力比 $p_2/p_1 > 1$,马赫数 Ma_1 必须大于1。即使对于跨声速马赫数 $Ma = 1.1$,正激波也可以提供1.245的压比。对于压气机设计,这个压比是非常重要的。为了使压气机达到这个压比,至少需要一个由静子和转子排构成的一级压气机。为了减少压气机的级数,设计师尽可能利用跨声速和超声速压气机通过正激波来增加压力。这些压气机可以在较少的级数下达到高压比。

用 Hugoniot 关系式(3.113)替换方程式(3.119)中的 p_2/p_1,可以将密度比表示为马赫数的函数:

$$\frac{\rho_2}{\rho_1} = \frac{(\kappa + 1)Ma_1^2}{2 + (\kappa - 1)Ma_1^2} \tag{3.120}$$

类似地,通过式(3.119)及式(3.120)可以得到温比:

$$\frac{T_2}{T_1} = \frac{p_2}{p_1}\frac{\rho_1}{\rho_2} = \frac{(2\kappa Ma_1^2 - (\kappa - 1))(2 + (\kappa - 1)Ma_1^2)}{(\kappa + 1)^2 Ma_1^2} \tag{3.121}$$

利用式(3.119)和式(3.120),并结合连续性方程,得到激波后的马赫数:

$$Ma_2^2 = \left(\frac{V_2}{a_2}\right)^2 = V_1^2\left(\frac{\rho_1}{\rho_2}\right)^2\frac{\rho_2}{\kappa p_2} = Ma_1^2\frac{p_1\rho_1}{p_2\rho_2} \tag{3.122}$$

将式(3.119)和式(3.120)引入式(3.122),可以得到激波后的马赫数:

$$Ma_2^2 = \frac{\kappa + 1 + (\kappa - 1)(Ma_1^2 - 1)}{\kappa + 1 + 2\kappa(Ma_1^2 - 1)} \tag{3.123}$$

最后对理想气体使用第二定律可以获得由正激波引起的熵增:

$$S_2 - S_1 = c_v \ln\left[\frac{p_2}{p_1}\left(\frac{\rho_2}{\rho_1}\right)^{-\kappa}\right] \tag{3.124}$$

将式(3.119)和式(3.120)中的压力和密度代入式(3.124)中,有

$$\frac{S_2 - S_1}{c_v} = \ln\left\{\left[1 + \frac{2\kappa}{\kappa + 1}(Ma_1^2 - 1)\right]\left[\frac{(\kappa + 1)Ma_1^2}{2 + (\kappa - 1)Ma_1^2}\right]^{-\kappa}\right\} \tag{3.125}$$

我们得到了激波成立的熵和马赫数关系。为了估计激波的强度,Spurk 使用式(3.113)从式(3.124)中消除了密度比。

$$S_2 - S_1 = c_v \ln\left\{\frac{p_2}{p_1}\left(\frac{\dfrac{\kappa - 1}{\kappa + 1}\dfrac{p_2}{p_1} + 1}{\dfrac{\kappa - 1}{\kappa + 1} + \dfrac{p_2}{p_1}}\right)^{\kappa}\right\} \tag{3.126}$$

从式(3.126)中可以看出对于强激波 $p_2/p_1 \to \infty$ 时,熵增量呈对数趋于无穷大。对于弱激波,Spurk 扩展了式(3.126)的右侧,并引入了激波强度参数 $p_2/p_1 - 1 = \varepsilon$,发现对于弱激波,熵增量相对于激波强度为三次方关系:

$$\frac{S_2 - S_1}{c_v} = \frac{\kappa^2 - 1}{12\kappa^2}\varepsilon^3 \tag{3.127}$$

无量纲热力学参数以及激波后的马赫数如图 3.38 所示。虽然激波后的温度、压力和熵比随着马赫数 Ma_1 的增加而增加,但密度比和马赫数 Ma_2 会接近一个有限值。正如我们已经看到的,密度比接近 $(\kappa+1)/(\kappa-1) = 6.0(\kappa=1.4)$。对于非常强的激波,激波后的马赫数接近有限值:

$$Ma_2 \mid_{(M_1 \to \infty)} = \sqrt{\frac{1}{2}\frac{\kappa-1}{\kappa}} = 0.378(\kappa=1.4) \tag{3.128}$$

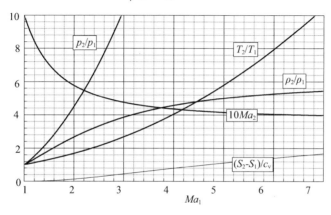

图 3.38　无量纲热力学参数和激波后马赫数与激波前马赫数的函数关系

3.7.5　斜激波关系式

3.7.4 节讨论了正激波,这是一种垂直于流动方向的特殊激波。在涡轮机械流动路径中诸如跨声速涡轮或压气机叶片通道的流动中遇到的更普遍的激波是斜激波。斜激波的基本机理如图 3.39(a)所示。

具有均匀速度的超声速流接近角度为 2δ 的楔形体,形成与流动方向夹角为 Θ、以斜激波为特征的不连续面,这种特殊的激波称为附着激波。流线在通过激波后偏转一个与楔角 $(2\delta)_a$ 相对应的角度。当相同的超声速流接近另一个楔角时 $((2\delta)_b > (2\delta)_a)$ 会观察到不同形式的激波,如图 3.39(b)所示。同样的流线在前缘上游后形成强烈的分离激波。图 3.39(a)、(b)表明,根据进口马赫数和楔角的大小,或者通常是钝体,可能会发生激波的附着或分离。为了建立马赫

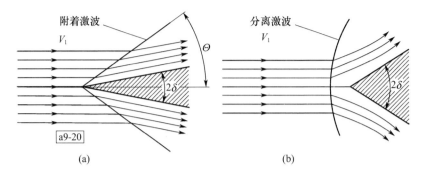

图 3.39　相同超声速马赫数及不同夹角条件下两种激波形式的示意图

数、楔角和倾斜激波角之间的关系,使用与研究正激波时相同的方法。为此,将激波前的速度矢量分解为一个垂直于激波的分量及一个与激波相切的分量,如图 3.40所示。

切向分量:

$$V_{1t} = V_1 \cos\Theta \tag{3.129}$$

法向分量:

$$V_{1n} = V_1 \sin\Theta \tag{3.130}$$

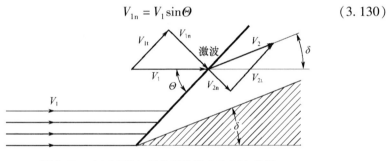

图 3.40　入口速度矢量分解为法向和切向分量

Θ—激波角; δ—半楔角。

利用法向分量引入法向马赫数,得

$$Ma_{1n} = \frac{V_{1n}}{a_1} = Ma_1 \sin\Theta \tag{3.131}$$

斜激波后的热力学参数通过使用式(3.119)、式(3.120)和式(3.121)以类似的方式计算,并将式中的 Ma_1 替换为式(3.131)中的 Ma_{1n}:

$$\frac{p_2}{p_1} = 1 + 2\frac{\kappa}{\kappa+1}(Ma_1^2 \sin\Theta - 1) \tag{3.132}$$

$$\frac{\rho_2}{\rho_1} = \frac{(\kappa+1)Ma_1^2 \sin^2\Theta}{2 + (\kappa-1)Ma_1^2 \sin^2\Theta} \tag{3.133}$$

86

$$\frac{T_2}{T_1} = \frac{\left|2_k Ma_1^2 \sin^2 \Theta - (\kappa - 1)\right| \left|2 + (\kappa - 1) Ma_1^2 \sin^2 \Theta\right|}{(\kappa + 1)^2 Ma_1^2 \sin^2 \Theta} \qquad (3.134)$$

斜激波后马赫数的法向分量为

$$Ma_{2n} = \frac{V_{2n}}{c_2} = Ma_2 \sin(\Theta - \delta) \qquad (3.135)$$

$V_{2n} = V_2 \sin(\Theta - \delta)$，$Ma_2 = V_2/c_2$。激波前可能是超声速的法向分量 Ma_{1n} 经过急剧减速，导致激波后的法向 Ma_{2n} 为亚声速。然而，马赫数 Ma_2 可以是超声速的。对于正激波而言，如果再次将式（3.123）中的 Ma_1 和 Ma_2 替换为 Ma_{1n} 和 Ma_{2n}，发现：

$$Ma_2^2 \sin^2(\Theta - \delta) = \frac{\kappa + 1 + (\kappa - 1)(Ma_1^2 \sin^2 \Theta - 1)}{\kappa + 1 + 2(Ma_1^2 \sin^2 \Theta - 1)} \qquad (3.136)$$

使用连续性方程，可以将其转换为激波角 Θ 和楔角 δ 之间的关系（图 3.40）：

$$\tan\delta = \frac{2\cot\Theta(Ma_1^2 \sin^2 \Theta - 1)}{2 + Ma_1^2(\kappa + 1 - 2\sin^2 \Theta)} \qquad (3.137)$$

由于进口马赫数 Ma_1 和楔角 δ 是已知的，得到式（3.136）和式（3.137），以及两个未知数 Θ 和 Ma_2。

如图 3.41 所示，对于每个给定的 δ 都有两个解，即一个强激波和一个弱激波，并可以由进口 Ma_1 确定。对于一个给定的马赫数 Ma_{1a}，强激波的特征是激波角 Θ 大于最大激波角 Θ_{max}（图 3.41（a）中的虚线），并与最大偏转角 δ_{max} 相关。否则，就是弱激波。虽然强激波总是会导致激波后的流动为亚声速，但在弱激波中，激波后可以是亚声速或超声速。当 $\delta < \delta_{max}$ 时，激波角 Θ 有两个可能的解，其取决于激波后的远场边界条件。图 3.41（b）所示为激波后的马赫数分布。同样，强激波导致激波后的马赫数为亚声速，而弱激波可能会保持超声速流动。

3.7.6　分离激波

现在考虑偏转角 $\delta > \delta_{max}$ 的情况，流体流过"钝楔体"时会出现这种流动。如果对于给定的马赫数 Ma_1，出现大于最大值 δ_{max} 的偏转角 δ，则分离激波是唯一的可能性。强激波和弱激波都在图 3.41 中给出。靠近滞止流线处波角约为 90°（强激波，激波后为亚声速），而与钝体距离较远的地方，激波退化为马赫波（$\Theta = \mu$）。由于激波后亚声速流动、超声速流动和接近声速的流动都出现在一起（跨声速流动），因此很难计算出激波后的流动情况。

3.7.7　普朗特 – 迈耶膨胀

与沿着凹面的超声速流动与导致马赫数 $Ma_2 < Ma_1$ 的斜激波不同，沿着凸

面的流动(图3.42)会经历一个膨胀过程。

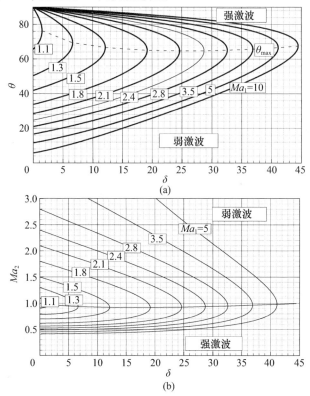

(a)

(b)

图 3.41　激波角(a)和马赫数(b)与偏转角和进口马赫数的函数关系

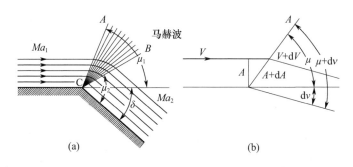

图 3.42　在凸角处的普朗特 – 迈耶膨胀

具有均匀马赫数 Ma_1 的平行流通过扩张段或马赫波时,它们会彼此分开并加速到马赫数 $Ma_2 > Ma_1$。膨胀与进口超声速流的偏转有关,其中马赫角范围为 $\mu_1 \sim \mu_2$。为了计算新的马赫数,我们首先考虑在无穷小偏转角 $\mathrm{d}A$ 附近的超声速流,如图 3.42 所示,并应用连续性方程式(3.79),有

88

$$\frac{dA}{A} = -\frac{dV}{V}(1 - Ma^2) \tag{3.138}$$

速度比利用能量守恒方程表示为马赫数的关系,得

$$\frac{dV}{V} = \frac{dMa}{Ma\left(1 + \dfrac{\kappa - 1}{2}Ma^2\right)} \tag{3.139}$$

将式(3.139)代入式(3.138),得

$$\frac{dA}{A} = \frac{(Ma^2 - 1)dMa}{Ma\left(1 + \dfrac{\kappa - 1}{2}Ma^2\right)} \tag{3.140}$$

几何关系如图 3.42 所示:

$$\frac{A + dA}{A} = \frac{\sin(\mu + d\nu)}{\sin\mu} = \frac{\sin\mu\cos d\nu + \cos\mu\sin d\nu}{\sin\mu} = 1 + d\nu\cot\mu \tag{3.141}$$

在式(3.141)中,假设 $d\nu$ 为无穷小,则 $\cos d\nu = 1$, $\sin d\nu = d\nu$。通过这个假设,式(3.141)变为

$$\frac{dA}{A} = d\nu\cot\mu = d\nu\sqrt{Ma^2 - 1} \tag{3.142}$$

马赫角 μ 可以表示为 $\sin\mu = 1/Ma$,则式(3.142)和式(3.140)变为

$$d\nu = \frac{\sqrt{(Ma^2 - 1)}\,dMa}{Ma\left(1 + \dfrac{\kappa - 1}{2}Ma^2\right)} \tag{3.143}$$

积分,得

$$\nu = \sqrt{\frac{\kappa + 1}{\kappa - 1}}\arctan\left(\sqrt{\frac{\kappa + 1}{\kappa - 1}}\sqrt{Ma^2 - 1}\right) - \arctan\sqrt{Ma^2 - 1} \tag{3.144}$$

该偏转角 ν 以及马赫角 μ 表示在图 3.43 中。如图所示,每个超声速马赫数都与偏转角 ν 唯一相关。例如,假设在图 3.43 中,流动的马赫数为 $Ma_1 = 1.5$,折转角 $\delta = 40°$。对于该马赫数,找到相应的偏转角 $\nu_1 = 12.2$。折转后,偏转角为 $\nu_2 = \nu_1 + \delta = 52.2$,结果马赫数 $Ma_2 = 3.13$。

普朗特 – 迈耶膨胀理论被广泛用于跨声速和超声速压气机叶片的设计和损耗计算。虽然在本书的相关的章节中讨论了这个理论,在本节中,从涡轮机械设计的角度来看,指出一些有意义的特征是有用的。图 3.44 所示为一个入口马赫数 $Ma_\infty > 1$ 的超声速压气机叶栅。

入口处的超声速流动冲击前缘并形成弱的斜激波,后面是一个膨胀波。经

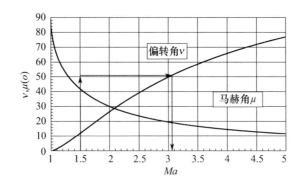

图 3.43　偏转角 ν 和马赫角 μ 与马赫数的函数关系

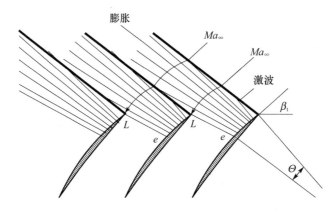

图 3.44　具有超声速进口流动的超声速压气机叶栅

过激波后马赫数虽然较小,但仍然是超声速的。沿着叶片的吸力表面(凸侧)从前缘 L 到点 e 形成膨胀波,其中点 e 处后续的马赫波与相邻的叶片前缘相交。由于角度 Θ 已知,点 e 处的马赫数 Ma_e 可以很容易地根据普朗特 – 迈耶关系计算出来。

参 考 文 献

[1] Schobeiri, M. T. : Fluid Mechanics for Engineers, Graduate Textbook, Springer – Verlag, New York, Berlin, Heidelberg, ISBN 978 – 642 – 1193 – 6 published 2010.

[2] Schobeiri, M. T. : Engineering Applied Fluid Mechanics, Graduate Textbook, publisher McGraw Hill, Printing on the market since January 15, 2014.

[3] Schobeiri, M. T. ,2012, "Turbomachinery Flow Physics and Dynamic Performance," Second and Enhanced Edition, 725 pages with 433 Figures, Springer – Verlag, New York, Berlin, Heidelberg, ISBN 978 – 3 – 642 – 24675 – 3, Library of Congress 2012935425.

[4] Spurk, J, 1997, "Fluid mechanics," Springer – Verlag, berlin, Heidelberg, New York.

[5] Prandtl, L. , Oswatisch, K. , Wiegarhd, K. , 1984, "Führer durch die Strömunglehre,"8. Auflage, Branschweig, Vieweg Verlag.

[6] Shapiro, A. H. , 1954, "The Dynamics and Thermodynamics of Compressible Fluid Flow," Vol. I, Ronald Press Company, New York, 1954.

第4章 叶轮机械的级理论

4.1 叶轮机械级中的能量转换

叶轮机械中能量的转换是通过级建立的。一个叶轮机械级包括一排固定的静叶和一排旋转的动叶。为了提升工质的总压,压气机级将部分机械能转换为势能。根据能量守恒定律,这个能量的增加需要外部能量的输入,这些外部能量必然要以机械能的形式进入系统中。图4.1所示为包含一排静叶和两排动叶组成的轴流压气机级。通常,一个压气机部件的动叶在前,随后是静叶,但压气机结构也是从进口导叶开始的。为了使压气机级和涡轮级不同截面的命名方式统一,静叶的进口命名为位置1,动叶的进口为位置2,动叶的出口为位置3。以水平线逆时针方向计算绝对和相对气流角。这种定义方式可以使得压气机和涡轮级在瞬态工作条件下的非设计工况计算更加简单,这点后面将会提及,而且这种角度的定义方法有别于文献[1-4]的定义方式。

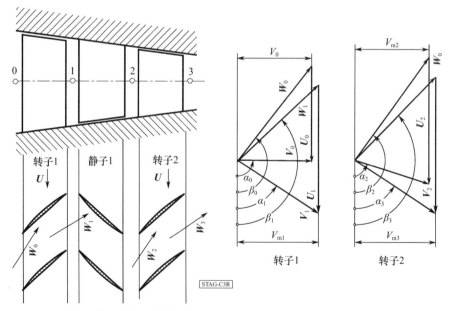

图4.1 动叶-静叶-动叶结构的轴流压气机级(a)和第一、二级动叶速度三角形(b)

如图4.1(b)所示,工质以一定的绝对速度沿轴向方向流入第一级动叶,在动叶的前缘气流的流向将发生偏转。随着动叶转动,绝大部分输入的机械能转换为工质的势能,使工质总压升高。在压缩过程中,静叶中的绝对速度和动叶中的相对速度矢量降低。涡轮级的作用是使工质的总能量转变为机械能。图4.2所示为多级涡轮中一个涡轮级。如图所示,涡轮级的平均直径和流动路径横截面从进口至出口不断增加,这种连续增加是为了满足连续性的要求。涡轮级中的膨胀过程使工质比容增加。为了保持轴向速度分量基本一致,涡轮级的横截面必然是增加的。反过来,压气机中的压缩过程会使工质比容降低,在压缩过程的流向中为了使得轴向速度分量基本一致,截面尺寸必然减少。

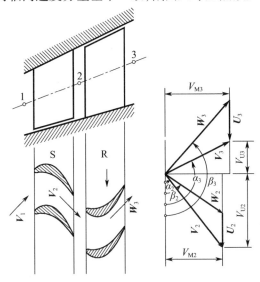

图4.2 一个轴流涡轮级及其速度三角形

4.2 相对参考系下的能量转换

因为动叶工作在相对参考系(相对坐标系)下,其能量转换机制和静叶(绝对坐标系)完全不同。一个流体质点在相对于坐标系下以相对速度 W 流动,旋转角速度为 ω,则绝对速度为

$$V = W + \omega \times R = W + U, \omega \times R = U \qquad (4.1)$$

式(4.1)中 R 是质点在相对参考系中的半径矢量。引入运动方程式(3.37)中绝对速度矢量 V,将结果与相对差分位移 $\mathrm{d}R$ 相乘,可以得到相对坐标系下的绝热稳态流动能量方程:

$$d\left(h + \frac{1}{2}W^2 - \frac{\omega^2 R^2}{2} + gz\right) = 0 \tag{4.2}$$

或是相对总焓(详见式(3.112)、式(3.113)):

$$H_r = h + \frac{1}{2}W^2 - \frac{\omega^2 R^2}{2} + gz = 常数 \tag{4.3}$$

忽略重力项,$gz \approx 0$,式(4.3)可写为

$$h_1 + \frac{1}{2}W_1^2 - \frac{U_1^2}{2} = h_2 + \frac{1}{2}W_2^2 - \frac{1}{2}U_2^2 \tag{4.4}$$

式(4.4)是转换为相对坐标系下的能量方程。可以看出,动能的转换在相对坐标系下发生变化,但静焓的转换未发生改变。利用这些方程和第3章讨论的与此相关的能量平衡方程,我们可以分析任意涡轮或压气机级内的能量转换过程。

4.3 涡轮和压气机级的通用处理方法

本节将从统一的物理角度讨论压气机和涡轮级。图4.3和图4.4所示为将压气机和涡轮级分解为静叶排和动叶排的示意图。上角标"′"和"″"分别表示静叶排和动叶排。可见,等熵和多变焓差之间的差是以耗散来表示的。对于涡轮而言,耗散等于等熵焓差与实际焓差之差:$\Delta h_d' = \Delta h_s' - \Delta h'$,对于压气机而言:$\Delta h_d' = \Delta h' - \Delta h_s'$。对于静叶而言,由于能量平衡,所以需要 $H_1 = H_2$,这导致:

$$h_1 - h_2 = \Delta h' = \frac{1}{2}(V_2^2 - V_1^2) \tag{4.5}$$

在相对参考系下,相对总焓 $H_{r2} = H_{r3}$ 保持不变。因此,根据式(4.4),图4.4动叶中的能量方程为

$$h_2 - h_3 = \Delta h'' = \frac{1}{2}(W_3^2 - W_2^2 + U_2^2 - U_3^2) \tag{4.6}$$

级的比机械能能量守恒需要(图4.5):

$$l_m = H_1 - H_3 = (h_1 - h_2) - (h_3 - h_2) + \frac{1}{2}(V_1^2 - V_3^2) \tag{4.7}$$

将式(4.5)、式(4.6)代入式(4.7),得

$$l_m = \frac{1}{2}\left[(V_2^2 - V_3^2) + (W_3^2 - W_2^2) + (U_2^2 - U_3^2)\right] \tag{4.8}$$

式(4.8)即为涡轮中的欧拉方程,表示级的功可仅由绝对动能、相对动能和

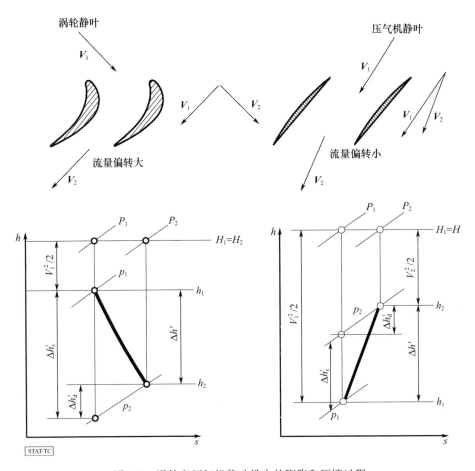

图 4.3　涡轮和压气机静叶排中的膨胀和压缩过程

旋转动能简单地表示。该方程也同样适用于产生轴功的涡轮级和消耗轴功的压气机级。在表示涡轮级功的情况下,比机械能 l_{m} 的符号为负,这表示功向外界输出(产功)。当表示压气机功时,比机械能 l_{m} 的符号为正,因为能量是从外界加入到系统中(消耗功)。在建立速度三角形之前,需要研究一下式(4.8)中各个动能差。如果想要设计一个在特定转速下具有高比机械能 l_{m} 的涡轮或压气机级,有两种方式可供选择:①增大气流的偏转使得($V_2^2 - V_3^2$)项增大;②增大半径差使得($U_2^2 - U_3^2$)项更大。前者一般应用于轴流级,后者主要应用于径流级。这些量是相应径向截面处的级的速度三角形的特征。

利用图 4.5 和图 4.6 中速度三角形中的角度的三角(几何)关系,定义速度分量和矢量关系如下:

$$V_{m2} = W_{m2}, V_{m3} = W_{m3}$$

95

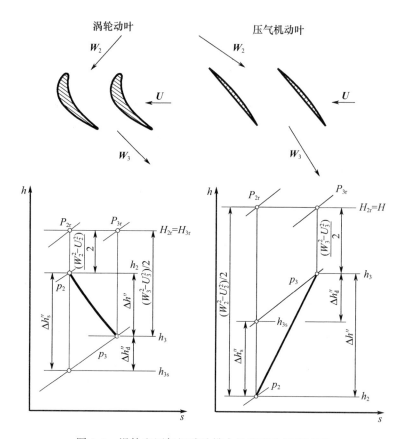

图 4.4 涡轮和压气机动叶排中的膨胀和压缩过程

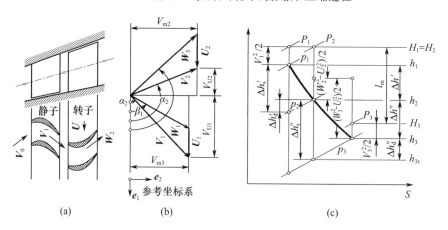

图 4.5 涡轮级(a)、速度三角形(b)及其膨胀过程(c)

单位向量 e_1 与转向相同;P—总压;p—静压。

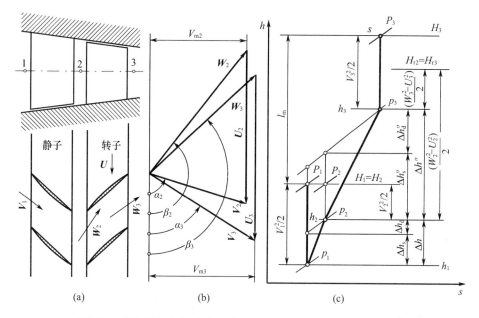

图 4.6 压气机级(a)、速度三角形(b)及其压缩过程 h—S 图(c)

P—总压；p—静压。

$$W_2 = \boldsymbol{e}_1 (V_{u2} - U_2) + \boldsymbol{e}_2 V_{m2}$$
$$W_3 = -\boldsymbol{e}_1 (V_{u3} - U_3) + \boldsymbol{e}_2 V_{m3} \qquad (4.9)$$

在式中：$\boldsymbol{V}_m$、$\boldsymbol{W}_m$ 和 $\boldsymbol{V}_u$、$\boldsymbol{W}_u$ 分别为绝对速度和相对速度的子午面和周向分量。相应的动能由以下方程决定：

$$W_2^2 = (V_{u2}^2 + V_{m2}^2) + U_2^2 - 2V_{u2}U_2 = V_2^2 + U_2^2 - 2V_{u2}U_2$$
$$W_3^2 = V_{u3}^2 + U_3^2 + 2V_{u3}U_3 + V_{m3}^2$$
$$W_3^2 = V_3^2 + U_3^2 + 2V_{u3}U_3 \qquad (4.10)$$

将式(4.9)和式(4.10)代入式(4.8)得到级比功：

$$l_m = U_2 V_{u2} + U_3 V_{u3} \qquad (4.11)$$

式(4.11)适用于轴流、径流和混流式涡轮及压气机。在式(4.46)中，从动量矩和角速度的标量结果中可以得到类似的关系。因此，功的表达式为 $P = \dot{m}U$ $(V_{u1} - V_{u2})$。有必要指出的是，在第 4 章为了避免不同符号引起的混乱，没有引入角度约定，式(4.46)中的负号是动量矩守恒的推导结果。负号表明 V_{u1} 和 V_{u2} 指向同一方向。然而，在图 4.1 和图 4.2 中引入的统一的角度约定，其速度分量的实际方向与事先定义的坐标系有关。

4.4 无量纲级参数

式(4.11)表示了级的比功和动能之间的直接关系。这些动能中的速度可从相应级的速度三角形中得到。本节的目的就是引进能完全确定速度三角形的无量纲级参数,这些级参数分别展示了压气机和涡轮级的统一关系。

从具有恒定平均直径和轴向分量的涡轮和压气机级开始讨论,如图4.7所示,我们定义了由文献[5]引入的描述通常级的速度三角形的无量纲级参数。通常级是多级涡轮或压气机部件中的高压(HP)部分,具有 $U_3 = U_2$,$V_3 = V_1$,

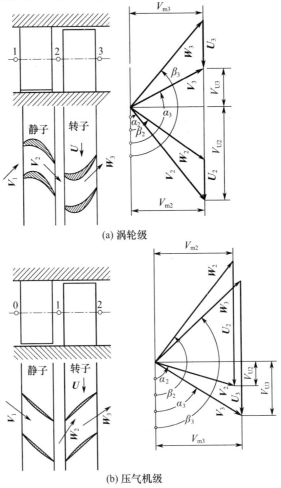

(a) 涡轮级

(b) 压气机级

图4.7　涡轮和压气机级的速度三角形

98

$V_{m3} = V_{m1}$ 和 $\alpha_1 = \alpha_3$ 的特征。速度三角形的相似性允许高压涡轮和压气机使用相同的叶型,从而显著降低制造成本。

定义速度的子午面分量和周向分量的比为级的流量系数 Φ,对于这种特殊情况,子午线分量与轴向分量相同。

$$\Phi = \frac{V_{m3}}{U_3} \tag{4.12}$$

式(4.12)中级的流量系数 Φ 表征了级的质量流量特性。定义级的比机械功 l_m 和出口周向动能 U_3^2 的比值为级的载荷系数 λ。该系数直接将速度三角形给出的流动偏转与级的比机械能相关联:

$$\lambda = \frac{l_m}{U_3^2} \tag{4.13}$$

式(4.13)中级的载荷系数 λ 描述了级的做功能力,同样它也是衡量级的载荷的一个指标。级的焓系数 Ψ 代表了级的绝热机械功和出口周向动能 U_3^2 之比。

$$\Psi = \frac{l_s}{U_3^2} \tag{4.14}$$

级的焓系数代表了级的绝热焓差。进一步讲,定义动叶中级的静焓差与整级的静焓差之比为级的反动度 r。

$$r = \frac{\Delta h''}{\Delta h'' + \Delta h'} \tag{4.15}$$

反动度 r 表示动叶中转换的能量,根据式(4.5)和式(4.6),得

$$r = \frac{\Delta h''}{\Delta h'' + \Delta h'} = \frac{W_3^2 - W_2^2 + U_2^2 - U_3^2}{W_3^2 - W_2^2 + U_2^2 - U_3^2 + V_2^2 - V_1^2} \tag{4.16}$$

考虑到级的类型,$V_1 = V_3$,$U_2 = U_3$,式(4.16)可简化为

$$r = \frac{W_3^2 - W_2^2}{W_3^2 - W_2^2 + V_2^2 - V_1^2} \tag{4.17}$$

速度矢量和相应的动能由级的速度三角形确定,其角度和方向约定如下:

$$V_2 = e_1(W_{u2} + U_2) + e_2 W_{m2} , \quad V_2^2 = (W_{u2} + U_2)^2 + W_{m2}^2$$
$$V_3 = -e_1(W_{u3} - U_3) - e_2 W_{m3} , \quad V_3^2 = (W_{u3} - U_3)^2 + W_{m3}^2 \tag{4.18}$$

由于 $U_2 = U_3 = U$,有

$$V_2^2 - V_3^2 = W_2^2 - W_3^2 + 2U W_{u2} + 2U W_{u3} \tag{4.19}$$

将式(4.18)和式(4.19)代入式(4.17),得

$$r = \frac{W_3^2 - W_2^2}{2U(W_{u2} + W_{u3})} = \frac{W_{u3}^2 - W_{u2}^2}{2U(W_{u2} + W_{u3})} \tag{4.20}$$

重新改写式(4.20),得出上面介绍的特殊级的最终关系:

$$r = \frac{1}{2} \frac{W_{u3} - W_{u2}}{U} \tag{4.21}$$

4.5 标准级反动度和叶片高度关系的简单径向守恒方程

在轴流压气机或涡轮中,工质有旋转和平移两种运动形式。工质旋转必须通过压力梯度来平衡离心力以保持径向守恒。考虑到包含流体单元的单位厚度的无穷小扇形环,其以切向速度 V_u 旋转。

作用在单元上的离心力如图4.8所示。由于流体单元处于径向平衡状态,因此单位宽度的离心力为

$$\mathrm{d}\boldsymbol{F} = \mathrm{d}m \frac{V_u^2}{R} \tag{4.22}$$

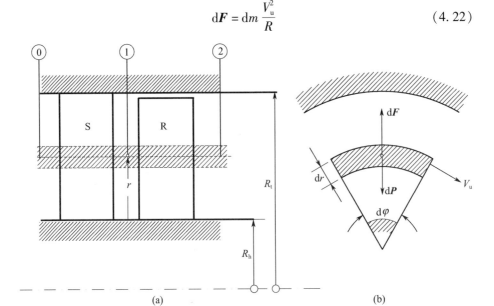

图 4.8 解释简单径向守恒

同时 $\mathrm{d}m = \rho R \mathrm{d}R \mathrm{d}\varphi$。通过压力平衡离心力:

$$\frac{\mathrm{d}p}{\mathrm{d}R} = \rho \frac{V_u^2}{R} \tag{4.23}$$

该结果也可以通过分解圆柱坐标系中的3个分量的非黏性流动的欧拉运动

方程式(3.46)来获得。欧拉方程表示为

$$\boldsymbol{V} \cdot \nabla \boldsymbol{V} = -\frac{1}{\rho} \nabla p \tag{4.24}$$

在径向方向：

$$V_{\mathrm{r}} \frac{\partial V_{\mathrm{r}}}{\partial R} + V_{\mathrm{u}} \frac{\partial V_{\mathrm{r}}}{R \partial \varphi} + V_z \frac{\partial V_{\mathrm{r}}}{\partial z} - \frac{V_{\mathrm{u}}^2}{R} = -\frac{1}{\rho} \frac{\partial p}{\partial R} \tag{4.25}$$

式(4.23)的假设为

$$\frac{\partial V_{\mathrm{r}}}{\partial R} \approx 0, 轴对称: \frac{\partial V_{\mathrm{r}}}{\partial \varphi} = 0, \frac{\partial V_{\mathrm{r}}}{\partial z} \approx 0 \tag{4.26}$$

根据这些假设,式(4.24)可变为

$$\frac{1}{\rho} \frac{\partial p}{\partial R} = \frac{V_{\mathrm{u}}^2}{R} \tag{4.27}$$

式(4.27)等同于式(4.23)。静压梯度的计算需要总压关系的一些其他信息。为此,应用忽略引力项的伯努利方程。

$$P = p + \frac{1}{2} \rho V^2 = p + \frac{1}{2} \rho (V_{\mathrm{u}}^2 + V_{\mathrm{ax}}^2 + V_{\mathrm{r}}^2) \tag{4.28}$$

式中：V_{u}、V_{ax}、V_{r} 分别为圆周、轴向、径向的速度分量。

利用式(4.28),径向的变化量将变为

$$\frac{\mathrm{d}P}{\mathrm{d}R} = \frac{\mathrm{d}p}{\mathrm{d}R} + \rho V_{\mathrm{u}} \frac{\mathrm{d}V_{\mathrm{u}}}{\mathrm{d}R} + \rho V_{\mathrm{ax}} \frac{\mathrm{d}V_{\mathrm{ax}}}{\mathrm{d}R} + \rho V_{\mathrm{r}} \frac{\mathrm{d}V_{\mathrm{r}}}{\mathrm{d}R} \tag{4.29}$$

总压恒定 $P = $ 常数,并且 $V_{\mathrm{ax}} = $ 常数,由式(4.29),得

$$\frac{\mathrm{d}p}{\mathrm{d}R} + \rho V_{\mathrm{u}} \frac{\mathrm{d}V_{\mathrm{u}}}{\mathrm{d}R} = 0 \text{ 或} \frac{\mathrm{d}p}{\mathrm{d}R} = -\rho V_{\mathrm{u}} \frac{\mathrm{d}V_{\mathrm{u}}}{\mathrm{d}R} \tag{4.30}$$

联式(4.30)和式(4.23),得

$$V_{\mathrm{u}} \frac{\mathrm{d}V_{\mathrm{u}}}{\mathrm{d}R} + \frac{V_{\mathrm{u}}^2}{R} = 0 \tag{4.31}$$

或者

$$\frac{\mathrm{d}V_{\mathrm{u}}}{V_{\mathrm{u}}} + \frac{\mathrm{d}R}{R} = 0 \tag{4.32}$$

将式(4.32)积分得 $V_{\mathrm{u}}R = $ 常数。这种流动形式称为自由涡流动,满足势流的要求,即 $\nabla \times \boldsymbol{V} = 0$。可使用这种关系重新改写级的比机械能为

$$l_{\mathrm{m}} = U_2 V_{\mathrm{u}2} + U_3 V_{\mathrm{u}3} = \omega (R_2 V_{\mathrm{u}2} + R_3 V_{\mathrm{u}3}) \tag{4.33}$$

101

在位置(2)，环量 $R_2 V_{u2} =$ 常数 $= K_2$；同样，位置(3)环量为 $R_3 V_{u3} = K_3$。因为 $\omega =$ 常数，所以级的比机械能恒定。

$$l_m = (K_2 + K_3)\omega = 常数 \tag{4.34}$$

式(4.34)意味着对于展向子午分量和轮毂到叶尖的总压恒定的级而言，级的比机械能在整个叶高上是恒定的。为了表示展向反应度，将式(4.15)中焓差替换为压差。为此，对通过静叶和动叶的绝热过程应用热力学第一定律，$\Delta h'' = \bar{v}'' \Delta p''$，$\Delta h' = \bar{v}' \Delta p'$，其中 $\bar{v}'$ 和 $\bar{v}''$ 分别为静叶和动叶中的平均比体积，这使得：

$$r = \frac{\bar{v}'' \Delta p''}{\bar{v}'' \Delta p'' + \bar{v}' \Delta p'} = \frac{\Delta p''}{\Delta p'' + \frac{\bar{v}'}{\bar{v}''} \Delta p'} = \frac{p_2 - p_3}{p_1 - p_3} \tag{4.35}$$

在上述等式中，比体积的比值近似为 $\bar{v}'/\bar{v}'' \approx 1$，只要流动马赫数在低亚声速范围内，这个近似可以接受。对于 $Ma > 0.4$ 的中/高亚声速流动，需使用式(4.15)。考虑到 $R_2 V_{u2} =$ 常数，对位置(1)将式(4.23)从任意直径 R 到平均直径 R_m 积分可得

$$(p_1 - p_{m1}) = \frac{\rho}{2}(V_{um})_1^2 \left(1 - \frac{R_m^2}{R^2}\right)_1 \tag{4.36}$$

在位置(2)、(3)，得

$$(p_2 - p_{m2}) = \frac{\rho}{2}(V_{um})_2^2 \left(1 - \frac{R_m^2}{R^2}\right)_2 \tag{4.37}$$

$$(p_3 - p_{m3}) = \frac{\rho}{2}(V_{um})_3^2 \left(1 - \frac{R_m^2}{R^2}\right)_3 \tag{4.38}$$

其中 $(R_m)_1 = (R_m)_2 = (R_m)_3$，且 $V_{um3} = V_{um1}$。将式(4.36)~式(4.38)代入式(4.35)，最终可得反动度的简单关系：

$$\frac{1-r}{1-r_m} = \frac{R_m^2}{R^2} \tag{4.39}$$

从涡轮设计的角度来看，有必要通过将相应的半径代入到式(4.39)中来估计轮毂和叶顶半径处的反动度。结果发现：

$$\frac{1-r_h}{1-r_m} = \left(\frac{R_m}{R_h}\right)^2, \frac{1-r_t}{1-r_m} = \left(\frac{R_m}{R_t}\right)^2 \tag{4.40}$$

式(4.40)为简单径向平衡条件，可通过积分式(4.32)计算径向进气角：

$$V_u R = 常数; R = \frac{常数}{V_u} \tag{4.41}$$

展向的进气角为

$$\frac{R_{\mathrm{m}}}{R} = \frac{\cot\alpha_1}{\cot\alpha_{1\mathrm{m}}} \tag{4.42}$$

4.6 反动度对级结构的影响

反动度的分布也可以使用 r 的速度比来获得。例如,如果中径的反动度设定为 $r = 50\%$,式(4.40)可计算在前面提到的在简单径向平衡 $V_{\mathrm{u}}R =$ 常数的条件下,轮毂至叶尖的反动度 r。对于涡轮,轮毂处负的反动度可能会导致气流的分离,设计中应尽量避免。同时,对于压气机而言,r 不应超过 100% 。反动度 r 的值对设计有相当大的影响。如图 4.9(a) 和图 4.10 所示,涡轮叶片反动度为 0,气流在动叶中发生偏转但焓值不变。这使得进出口速度矢量大小相等并且整级的静焓的转化只发生在静叶栅中。需要注意的是,流道截面始终保持不变。

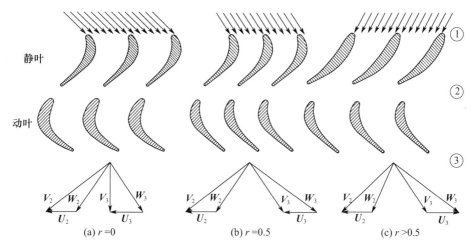

图 4.9 反动度对级结构的影响

对于图 4.9(b) 所示的反动度 $r = 0.5$ 的情况,叶片的结构完全对称。图 4.9(c) 显示了 $r > 0.5$ 的涡轮级。在这种情况下,气流在动叶中的偏转远大于静叶。图 4.10图示了高速动叶栅中气流的偏转。过去,蒸汽涡轮主要有两种常用设计的级形式。跨动叶压力恒定的工作级是最常用的。这种涡轮级的出口绝对速度矢量 V_3 无旋。最适合单级涡轮或多级涡轮的最后一级。正如第 8 章所述,由于出口绝对速度无旋,对应出口质量流量的动能的出口损失降为最小。$r = 0.5$ 的级成为反动度级。

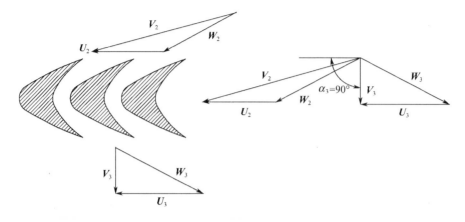

图 4.10　反动度 $r=0.0$ 情况下工质流过高速涡轮动叶示意图

（注意：$\alpha_3=90°$ 且 $|W_2|=|W_3|$）

4.7　级的载荷系数对级输出功的影响

式(4.13)定义的级载荷系数是一个重要的参数,它描述了级做功/消耗功的能力。由于涡轮级中气流偏转较小,因此,级的载荷系数 λ 较小,产生的比功较小。为了提高级的机械功 l_m,一般采用大流动偏转的叶片和更高的级载荷系数 λ。图 4.11 所示为增大的载荷系数 λ 的影响,并绘制了 3 种不同的叶片。

级载荷系数 $\lambda=1$ 的顶部叶片的流动偏转较小。中部叶片的气流偏转程度适中并且 $\lambda=2$,其提供 2 倍于顶部叶片的级功率。最后,$\lambda=3$ 的底部叶片提供了较顶部叶片 3 倍的级功率。实际上设计涡轮时,除了其他参数外,两个主要参数一定考虑,即载荷系数和级的多变效率。

较低的气流偏转通常会有更高的多变效率,但是需要更多的级数来产生所需的涡轮功。然而,相同的涡轮功率可以由更高的流动偏转来获得。因此,可以级效率为代价来获得更高的载荷系数 λ。增大级的载荷系数有一个很大的好处是可以减少级的数量。因此,也可降低发动机的重量和制作成本。在航空发动机设计中,除了发动机的热效率以外最重要的参数之一是推重比。减少级的数量会得到期望的推重比,尽管高的涡轮级效率在汽轮机和燃气轮机的设计中占据最优先的位置,但对于航空发动机设计者而言,推重比才是最重要的参数。

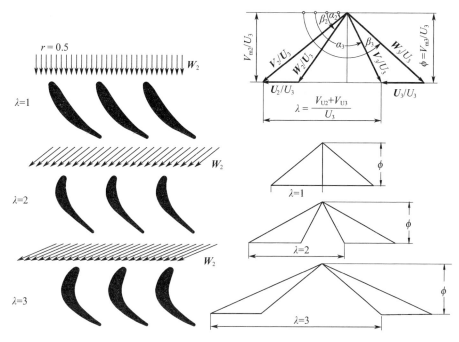

图 4.11　级载荷系数 λ 对气流偏转和叶片几何的影响及其无量纲速度三角形

4.8　对叶轮机械级的统一描述

接下来的部分从一个统一的角度讨论涡轮和压气机的级。轴流、混流和径流涡轮/压气机遵从一个相同的热动力转化定律。在处理气动特性和损失机制时才会有特殊的处理。涡轮的气动特性是在负压梯度(有利的)环境下,压缩过程在正压梯度(不利的)环境下进行的。结果,部分或全部的气流分离发生在压气机压片的表面导致局部失速或喘振。另外,除在高负荷低压涡轮叶片吸力面上产生一些次要的局部分离气泡外,涡轮运行正常,不会产生大的气流分离或故障。这两种截然不同的气动特性是由于所处的压力梯度环境不同造成的。涡轮和压气机叶栅的气动和损失将在第 7 章和第 16 章详细讨论。本节,我们首先提出一组代数方程来描述具有恒定平均直径的涡轮和压气机级,并将此方法拓展到平均级直径变化的一般情况。

4.8.1　对平均直径恒定的叶轮级的统一描述

对于一个平均直径恒定的涡轮或压气机的级而言(图 4.7),可利用一组等式通过无量纲参数,如用级流动系数 ϕ、级载荷系数 λ、反动度 r 和气流角描述

级。根据图 4.7 的气流角定义的速度三角形中,可得气流角:

$$\cot\alpha_2 = \frac{U_2 + W_{u2}}{V_m} = \frac{1}{\phi}\left(1 + \frac{W_{u2}}{U}\right) = \frac{1}{\phi}\left(1 - r + \frac{\lambda}{2}\right)$$

$$\cot\alpha_3 = -\frac{W_{u2} - U_2}{V_m} = -\frac{1}{\phi}\left(\frac{W_{u3} - U}{U}\right) = \frac{1}{\phi}\left(1 - r - \frac{\lambda}{2}\right) \quad (4.43)$$

相似的可得到其他进气角,因此,有

$$\cot\alpha_2 = \frac{1}{\phi}\left(1 - r + \frac{\lambda}{2}\right) \quad (4.44)$$

$$\cot\alpha_3 = \frac{1}{\phi}\left(1 - \frac{\lambda}{2} - r\right) \quad (4.45)$$

$$\cot\beta_2 = \frac{1}{\phi}\left(\frac{\lambda}{2} - r\right) \quad (4.46)$$

$$\cot\beta_3 = -\frac{1}{\phi}\left(\frac{\lambda}{2} + r\right) \quad (4.47)$$

级的载荷系数为

$$\lambda = \phi(\cot\alpha_2 - \cot\beta_3) - 1 \quad (4.48)$$

压气机和涡轮的最后一级的速度三角形与正常级相差很大。正如前几节提及的,为了减小出口损失,一般情况下末级出口角 $\alpha_3 = 90°$。图 4.12 比较了正常级和同一涡轮机中末级的速度三角形。通过改变出口角为 $\alpha_3 = 90°$,出口速度矢量 V_3 大幅减少,因此可以实现出口动能 V_3(较小)。这在第 7 章中将详细讨论。

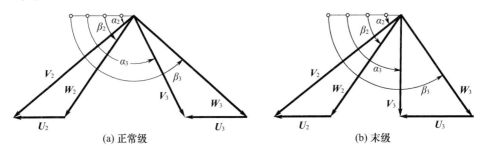

图 4.12 涡轮的速度三角形

4.8.2 广义无量纲级参数

本节将上述考虑扩展到压气机的涡轮级的直径、周向速度、子午速度为非常数情况。轴流涡轮和压气机如图 4.5 和图 4.6 所示。

径流涡轮和压气机如图 4.13、图 4.14 所示。

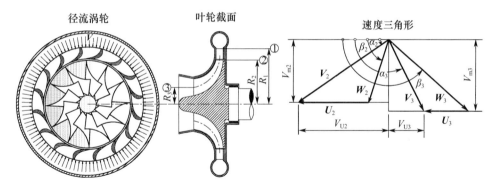

图 4.13　径流涡轮级横截面和速度三角形示意图

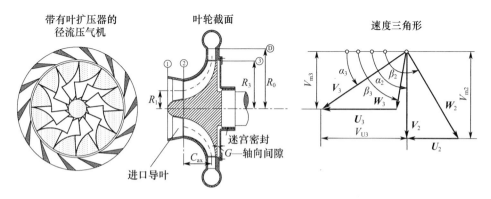

图 4.14　径流压气机级横截面和速度三角形示意图

接下来,用一组公式来描述前述轴流涡轮和压气机级和图 4.13、图 4.14 所示的径流压气机和涡轮级。引入无量纲参数:

$$\mu = \frac{V_{m2}}{V_{m3}}, \nu = \frac{R_2}{R_3} = \frac{U_2}{U_3}, \lambda = \frac{l_m}{U_3^2}, r = \frac{\Delta h''}{\Delta h' + \Delta h''} \tag{4.49}$$

式中:V_m、U 来自速度三角形;$\Delta h'$、$\Delta h''$ 为静叶和动叶中的静焓差;无量纲参数 μ 分别代表动静叶子午速度比;ν 为周向速度比;ϕ 为级的流动系数;λ 为级的载荷系数;r 为反动度。

将这些参数引入连续方程、动量矩和反动度的关系中,级可由以下 4 个方程定义:

$$\cot\alpha_2 - \cot\beta_2 = \frac{\nu}{\mu\phi} \tag{4.50}$$

$$\cot\alpha_3 - \cot\beta_3 = \frac{1}{\phi} \tag{4.51}$$

载荷系数的关系来自

$$\lambda = \phi(\mu\nu\cot\alpha_2 - \cot\beta_3) - 1 \qquad (4.52)$$

反动度来自

$$r = \frac{1}{2}\frac{\mu^2\phi^2\cot^2\alpha_2(\nu^2-1) - 2\mu\nu\phi\lambda\cot\alpha_2 + \lambda^2 + 2\lambda - \phi^2(\mu^2-1)}{\lambda} \qquad (4.53)$$

以上 4 个等式包含了 9 个未知级参数。为了求解,其中 5 个参数必须预估。最先预估的应该是,半径比 $\nu = R_2/R_3 = U_2/U_3$,静叶和动叶出口角 α_2、β_3,出口气流角 α_3 和级的反动度 r。除此之外,级的流动系数 ϕ 可由流量的信息和使用连续方程来估计。同样,级的载荷系数 λ 可由采用关于压气机压比和涡轮功的信息来估计。一旦预估出这 5 个级参数,其余 4 个参数将通过求解前列公式来决定。

这种情况下,由于已预估出 5 个参数,其余 4 个计算出来的参数满足特定压气机或涡轮叶片几何的守恒定律。然而,对于级参数的初步估计可以认为是优化设计的第一次迭代。第 8 章随后提出的损失和效率计算将清晰地显示预估的参数是否正确。事实上,少量的迭代对于找到满足压气机和涡轮设计者设定者效率要求的最优配置式非常是必要的。式(4.50)～式(4.53)中所有的级参数可由角度 α_2、α_3、β_2、β_3 来表示,这些参数将产生一组 4 个非线性方程。

$$\begin{cases} (1-\nu^2)\mu^2\phi^2\cot^2\alpha_2 + 2\mu\nu\phi\lambda\cot\alpha_2 - \lambda^2 - 2(1-r)\lambda + (\mu^2-1)\phi^2 = 0 \\ (1-\nu^2)\phi^2\cot^2\alpha_3 + 2\phi\lambda\cot\alpha_3 + \lambda^2 - 2(1-r)\lambda\nu^2 + (\mu^2-1)\phi^2\nu^2 = 0 \\ (1-\nu^2)(\mu\phi\cot\beta_2 + \nu)^2 + 2\nu\lambda(\phi\mu\cot\beta_2 + \nu) - \lambda^2 - 2(1-r)\lambda + (\mu^2-1)\phi^2 = 0 \\ (1-\nu^2)(\phi\cot\beta_3 + \nu)^2 + 2\lambda(\phi\cot\beta_3 + 1) + \lambda^2 - 2(1-r)\lambda\nu^2 + (\mu^2-1)\phi^2\nu^2 = 0 \end{cases}$$

$$(4.54)$$

4.9　特　殊　情　况

式(4.50)～式(4.54)适用于轴流、径流和混流涡轮和压气机级。具有相应无量纲参数的特殊级被描述为下列特殊情况。

4.9.1　情况 1:恒定中径

在这种特殊情况下,平均直径恒定导致周向速度比 $\nu = U_2/U_3 = 1$。子午面速比 $\mu = V_{m2}/V_{m3} \neq 1$。通过其他无量纲参数表示的流动角如下:

$$\begin{cases} \cot\alpha_2 = \dfrac{1}{\phi\mu}\left[\dfrac{\lambda}{2} + (1-r) - (\mu^2-1)\dfrac{\phi^2}{2\lambda}\right] \\[2mm] \cot\alpha_3 = \dfrac{1}{\phi}\left[-\dfrac{\lambda}{2} - (1-r) - (\mu^2-1)\dfrac{\phi^2}{2\lambda}\right] \\[2mm] \cot\beta_2 = \dfrac{1}{\mu\phi}\left[\dfrac{\lambda}{2} + (1-r) - (\mu^2-1)\dfrac{\phi^2}{2\lambda} - 1\right] \\[2mm] \cot\beta_3 = \dfrac{1}{\phi}\left[-\dfrac{\lambda}{2} + (1-r) - (\mu^2-1)\dfrac{\phi^2}{2\lambda} - 1\right] \end{cases} \quad (4.55)$$

级载荷系数为

$$\lambda = \phi(\mu\cot\alpha_2 - \cot\beta_3) - 1 \quad (\nu = 1, \mu \neq 1) \quad (4.56)$$

4.9.2 情况2:恒定中径和子午速度比

这种特殊情况下,周向和子午速度恒定,即 $\nu = U_2/U_2 = 1$,$\mu = V_{m2}/V_{m3} = 1$。由此得气流角为

$$\cot\alpha_2 = \frac{1}{\phi}\left(\frac{\lambda}{2} - r + 1\right)$$

$$\cot\alpha_3 = \frac{1}{\phi}\left(-\frac{\lambda}{2} - r + 1\right) \quad (4.57)$$

级载荷系数为

$$\lambda = \phi(\cot\alpha_2 - \cot\beta_3) - 1 \quad (\nu = 1, \mu = 1) \quad (4.58)$$

随后,总结 μ、ν 不同时一般性级载荷系数如下:

$$\lambda = \phi[\mu\nu\cot\alpha_2 - \cot\beta_3] - 1 \quad (\nu \neq 1, \mu \neq 1)$$

$$\lambda = \phi[\mu\cot\alpha_2 - \cot\beta_3] - 1 \quad (\nu = 1, \mu \neq 1)$$

$$\lambda = \phi[\nu\cot\alpha_2 - \cot\beta_3] - 1 \quad (\nu \neq 1, \mu = 1)$$

$$\lambda = \phi[\cot\alpha_2 - \cot\beta_3] - 1 \quad (\nu = 1, \mu = 1) \quad (4.59)$$

4.10 级载荷系数增加的影响

接着4.3节中对增加级比功和随后4.8节的讨论,继续式(4.52),其中级载荷系数 λ 由 μ、ν、α_2、β_3 表示:

$$\lambda = \phi(\mu\nu\cot\alpha_2 - \cot\beta_3) - 1 \quad (4.60)$$

这个等式对于决定压气机和涡轮的级功率的载荷系数的首次估计是非常重要的。同时,级的流动系数 ϕ 可以从连续方程中估计,速度比 μ、ν 可以从首次迭代,静叶动叶出口叶片角 α_2、β_3 中预估得到。

气流偏转对于轴流涡轮级载荷系数的影响已在4.8节中讨论。涡轮的叶片

109

的载荷系数 λ 可被设计为 2 甚至更高。高 λ 和雷诺数 $Re = V_{exit}c/\nu > 150000$ 的涡轮叶片,产生强负压梯度防止大的气流分离。然而,如果相同形式的叶片在低雷诺数下运行,气流分离可能导致整体损失明显增加。对于高压涡轮而言,叶片通道中的强负压梯度阻止了大的气流分离。然而低压涡轮(LPT)叶片,尤其是工作在低雷诺数下的航空发动机(不超过 $Re = 120000$),会受到层流分离和湍流的重新附着。

尽管轴流涡轮叶片可以设计为具有相对较高的 λ,但是气流流经轴流压气机叶片通道时容易发生气流分离,甚至在低 λ 的情况下也会发生。这主要由于流向上正压梯度,一旦超出一定的偏转限制或者扩散因子(见 16 章)的时候,将导致边界层分离。因此,为了达到更高的 λ 和压比,应该采用更小的直径比 $\nu = D_2/D_3 = U_2/U_3$。在中径比 $\nu = 0.85 \sim 0.75$ 的范围内,应采用混流的配置方法。在更低的中径比范围如 $\nu = 0.75 \sim 0.4$ 时,一般采用径流压气机的配置方法。

图 4.15 所示为 3 个不同出口角的径流压气机及其速度三角形。图 4.15(a)所示为尾缘部分前倾并且负倾角 $\Delta\beta = \beta_3 - 90° < 0$ 的径流叶轮。图 4.15(b)所示为参考配置,展示了径向出气角 $\beta_3 = 90°$ 的叶轮,并且 $\Delta\beta = 0$。最后,图 4.15(c)所示为后倾的尾缘部分具有正后倾角 $\Delta\beta = \beta_3 - 90° > 0$ 的叶轮。所

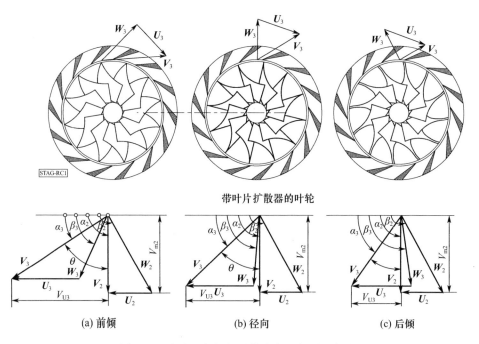

图 4.15　径流压气机级及其速度三角形示意图

110

有的 3 个叶轮具有同样的直径比 ν 和相同角速度 ω。这些叶轮的 λ 特性如图 4.16所示,其相对出口角在 $\beta_3 = 80° \sim 105°$ 的范围内变化。如图所示,尾缘前倾导致更大的偏转 Θ,更大的 ΔV_u 和更大的负 λ,这与较高的整体损失相关。然而,尾缘后倾使得 Θ 和 ΔV_u 较小。结果,级的载荷系数 λ 降低。对于压缩而言,绘制了径向出口为 $\beta_3 = 90°$ 的情况。在计算级载荷系数 λ 时,半径比 $\nu = R_2/R_3 = U_2/U_3$ 对级载荷系数的影响逐渐清晰。

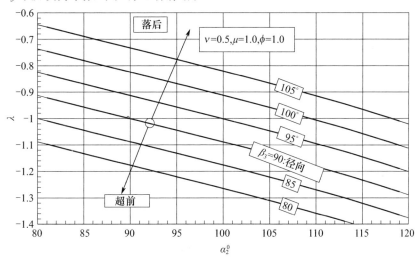

图 4.16 倾角对 λ 的影响:前倾角 $\beta_3 < 90°$,后倾角 $\beta_3 > 90°$,0 倾角 $\beta_3 = 90°$

参 考 文 献

[1] Vavra, M. H. , Aero – Thermodynamics and Flow in Turbomachines, John Wiley & Sons, New York, 1960.

[2] Traupel, W. , Thermische Turbomaschinen, Bd. I, 1977, Springer – Verlag Berlin Heidelberg New York.

[3] Horlock, J. H. , Axial Flow Compressors. London, Butterworth 1966.

[4] Horlock, J. H. , Axial Flow Turbine London, Butterworth 1966.

第5章 涡轮和压气机叶栅流动叶片力

第4章致力于叶轮机械级内的能量转移。通过引入一组无量纲参数,从统一的角度对涡轮机和压气机中的机械能产生或消耗进行了讨论。如第4章所述,机械能和级功率是作用在转子上动量矩和角速度之间的标量乘积的结果。动量矩反作用引起作用在转子叶片上的力。通过将线性动量守恒方程应用于涡轮机或压气机级来获得叶片力。在本章中,首先建立无黏流体升力和环量之间的关系。然后,考虑黏度效应对叶片摩擦力或阻力的影响。

5.1 无黏流场中的叶片力

从给定的涡轮叶栅开始,入口和出口气流角如图5.1所示,通过将线性动量原理应用于图5.1中具有单位法向矢量和所示坐标系的控制体积可以获得叶片力。如第4章所述,叶片力为

$$\boldsymbol{F}_i = \dot{m}\boldsymbol{V}_1 - \dot{m}\boldsymbol{V}_2 - \boldsymbol{n}_1 p_1 sh - \boldsymbol{n}_2 p_2 sh \tag{5.1}$$

式中:h 为叶片高度,可以假设为单位长度。

控制体积法向单位矢量与坐标系的单位矢量之间的关系为 $\boldsymbol{n}_1 = -\boldsymbol{e}_2$ 和 $\boldsymbol{n}_2 = -\boldsymbol{e}_1$。无黏流体叶片力通过无剪切应力项的线性动量方程获得:

$$\boldsymbol{F}_i = \dot{m}(\boldsymbol{V}_1 - \boldsymbol{V}_2) + \boldsymbol{e}_2 (p_1 - p_2) sh \tag{5.2}$$

下标 i 是指无黏流体。上述速度可以用周向和轴向分量表示:

$$\boldsymbol{F}_i = -\boldsymbol{e}_1 \dot{m}[(V_{u1} + V_{u2})] + \boldsymbol{e}_2 [\dot{m}(V_{ax1} - V_{ax2}) + (p_1 - p_2) sh] \tag{5.3}$$

把图5.1中的 $V_{ax1} = V_{ax2}$ 和 $V_{u1} \neq V_{u2}$ 代入式(5.3)中,重新整理为

$$\boldsymbol{F}_i = -\boldsymbol{e}_1 \dot{m}(V_{u1} + V_{u2}) + \boldsymbol{e}_2 (p_1 - p_2) sh = \boldsymbol{e}_1 F_u + \boldsymbol{e}_2 F_{ax} \tag{5.4}$$

其中周向和轴向分量:

$$F_u = -\dot{m}(V_{u1} + V_{u2}), F_{ax} = (p_1 - p_2) sh \tag{5.5}$$

从伯努利方程得到上述静压差 $p_{01} = p_{02}$,得到静压差:

$$p_1 - p_2 = \frac{1}{2}\rho(V_2^2 - V_1^2) = \frac{1}{2}\rho(V_{u2}^2 - V_{u1}^2) \tag{5.6}$$

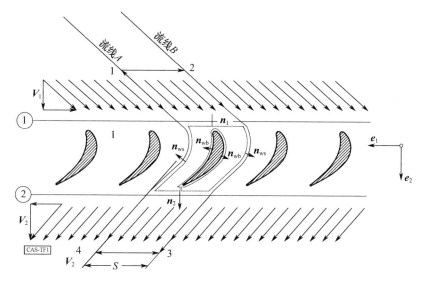

图 5.1 通过涡轮叶栅的无黏流动,假设叶片尾缘厚度为零

将压力差与质量流量 $\dot{m} = \rho V_{\mathrm{ax}} s h$ 一起代入式(5.5)且叶片高度 $h = 1$,获得了升力的轴向和周向分量:

$$
\begin{cases}
F_{\mathrm{ax}} = \dfrac{1}{2}\rho\left(V_{\mathrm{u2}} + V_{\mathrm{u1}}\right)\left(V_{\mathrm{u2}} - V_{\mathrm{u1}}\right)s \\[2mm]
F_{\mathrm{u}} = -\rho V_{\mathrm{ax}}\left(V_{\mathrm{u2}} + V_{\mathrm{u1}}\right)s
\end{cases}
\tag{5.7}
$$

从式(5.2)和式(5.7)得出,无黏流体的升力矢量为

$$
\boldsymbol{F}_i = \rho s\left(V_{\mathrm{u2}} + V_{\mathrm{u1}}\right)\left[-\boldsymbol{e}_1 V_{\mathrm{ax}} + \boldsymbol{e}_2\frac{V_{\mathrm{u2}} - V_{\mathrm{u1}}}{2}\right]
\tag{5.8}
$$

这意味着叶片力的方向与括号内的矢量方向相同。在下一步中评估括号中的表达式。首先计算平均速度矢量 V_∞:

$$
\boldsymbol{V}_\infty = \frac{\boldsymbol{V}_1 + \boldsymbol{V}_2}{2} = \frac{1}{2}\boldsymbol{e}_1\left(V_{\mathrm{u2}} - V_{\mathrm{u1}}\right) + \boldsymbol{e}_2 V_{\mathrm{ax}}
\tag{5.9}
$$

图 5.1 所示的沿型线的环量为

$$
\boldsymbol{\Gamma} = \oint \boldsymbol{V} \cdot \mathrm{d}\boldsymbol{c}
\tag{5.10}
$$

式中:$\mathrm{d}\boldsymbol{c}$ 为沿着闭合曲线的微分位移;$\boldsymbol{V}$ 为速度矢量。

闭合曲线放置在叶片叶型周围,其由两条间距 s 的流线组成。在闭合曲线 c 周围进行积分发现:

113

$$\boldsymbol{\Gamma} = \boldsymbol{V}_{u1}s + \int_2^3 \boldsymbol{V} \cdot d\boldsymbol{c} + \boldsymbol{V}_{u2}s + \int_4^1 \boldsymbol{V} \cdot d\boldsymbol{c} \tag{5.11}$$

由于以下积分相互抵消:

$$\int_2^3 \boldsymbol{V} \cdot d\boldsymbol{c} = -\int_4^1 \boldsymbol{V} \cdot d\boldsymbol{c} \tag{5.12}$$

获得环量和环量矢量:

$$\begin{cases} \boldsymbol{\Gamma} = (\boldsymbol{V}_{u2} + \boldsymbol{V}_{u1})s, 方向\ \boldsymbol{e}_3 = -\boldsymbol{e}_2 \times \boldsymbol{e}_1 \\ \boldsymbol{\Gamma} = (\boldsymbol{e}_2 \times \boldsymbol{e}_1)s(\boldsymbol{V}_{u2} + \boldsymbol{V}_{u1}) = (-\boldsymbol{e}_3)s(\boldsymbol{V}_{u2} + \boldsymbol{V}_{u1}) \end{cases} \tag{5.13}$$

将环量矢量与平均速度矢量相乘,有

$$\boldsymbol{V}_\infty \times \boldsymbol{\Gamma} = \left\{\frac{1}{2}\boldsymbol{e}_2(\boldsymbol{V}_{u2} - \boldsymbol{V}_{u1}) - \boldsymbol{e}_1 V_{ax}\right\}(\boldsymbol{V}_{u2} + \boldsymbol{V}_{u1})s \tag{5.14}$$

并将式(5.14)与式(5.8)进行比较,得到无黏流体力:

$$\boldsymbol{F}_i = \rho \boldsymbol{V}_\infty \times \boldsymbol{\Gamma} \tag{5.15}$$

这就是著名的对于无黏流体的 Kutta – Joukowsky 升力方程。图 5.2 显示了从具有速度 $\boldsymbol{V}_1$、$\boldsymbol{V}_2$、$\boldsymbol{V}_\infty$ 以及环量矢量 $\boldsymbol{\Gamma}$ 和力矢量 $\boldsymbol{F}_i$ 的涡轮叶栅中获取的单个叶片。如图所示,无黏流动力矢量 $\boldsymbol{F}_i$ 垂直于平均速度矢量 $\boldsymbol{V}_\infty$ 和环量矢量 $\boldsymbol{\Gamma}$ 组成的平面。

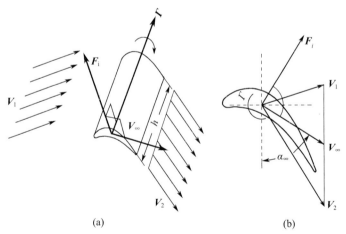

(a)   (b)

图5.2　无黏流场中的涡轮叶片的速度、环量和升力矢量(a)以及
垂直于平面 $\boldsymbol{\Gamma}$ 和 $\boldsymbol{V}_\infty$ 的无黏升力矢量 $\boldsymbol{F}_i$(b)

式(5.15)适用于任何周围具有环量的物体,不管物体形状如何。它对涡轮机和压气机叶栅是适用的,并且呈现出无黏性流动空气动力学中的基本关系。

114

力矢量的大小取自

$$F_i = \frac{F_{ax}}{\cos\alpha_\infty} = \frac{1}{2} \frac{\rho s(V_{u2} + V_{u1})(V_{u2} - V_{u1})}{\cos\alpha_\infty} \tag{5.16}$$

用 V_∞ 来表示 F_i，涡轮叶栅的非黏性升力为

$$F_i = \rho V_\infty (V_{u2} + V_{u1})s \tag{5.17}$$

图 5.3 所示为作用在涡轮机和压气机叶栅上的非黏性流体力。

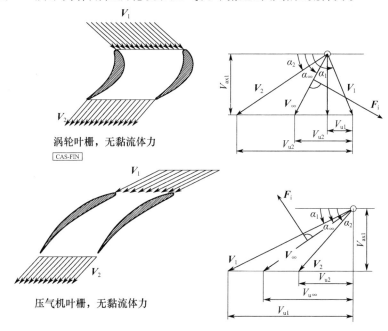

图 5.3　涡轮(顶部)和压气机(底部)叶栅的非黏流体力

　　加速流动(涡轮)和减速流动(压气机)的速度三角形显示了通过叶栅的流动偏转，如图 5.3 所示，无黏性流体力(非黏性升力)垂直于平均速度矢量 V_∞。升力可以通过将式(5.17)除以由出口动态压力 $\rho V^2/2$ 和投影面积 $A = ch$ 的乘积无量纲化，假设高度 $h = 1$。因此，升力系数为

$$C_L = \frac{F_i}{\frac{\rho}{2}V_2^2 c} = \left[\frac{2V_\infty(V_{u2} + V_{u1})}{V_2^2} \right] \frac{s}{c}$$

或者

$$C_L \sigma = 2 \frac{\sin^2\alpha_2}{\sin\alpha_\infty} (\cot\alpha_2 - \cot\alpha_1) \tag{5.18}$$

如 5.2 节所述,上述关系可以用叶栅的气流角和几何尺寸表示。

5.2　黏性流场中的叶片力

叶轮机械中的工作流体,无论是空气、燃气、蒸汽或其他物质都是具有黏性的。叶片受到黏性作用会在具有无滑移条件的吸力面和压力面的产生剪切应力,导致叶片两侧的边界层发展。此外,叶片具有确定的后缘厚度。这些厚度与边界层厚度一起在每个叶栅的下游产生空间周期的尾迹流,如图 5.4 所示。剪切应力的存在引起阻力使总压降低。为了计算叶片力,将动量方程式(5.1)应用于黏性流体。从式(5.5)和图 5.4 可以看出,周向分量保持不变。然而,轴向分量根据压力差而变化,如以下关系所示:

$$F_{u} = -\rho V_{ax}(V_{u2} + V_{u1})sh$$

$$F_{ax} = (p_1 - p_2)sh \tag{5.19}$$

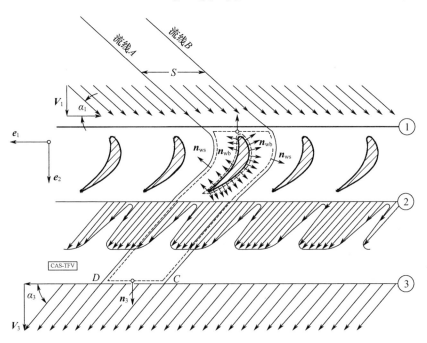

图 5.4　通过涡轮叶栅的黏性流动

(位置①具有均匀的速度分布,在位置②由尾缘和边界层厚度产生尾迹,并在③处混合)

式(5.19)中叶片高度 h 可以假设为一。对于黏性流动,静压差不能通过伯努利方程计算。在这种情况下,必须考虑总压降。定义总压损失系数为

$$\zeta = \frac{p_{o1} - p_{o2}}{\frac{1}{2}\rho V_2^2} \qquad (5.20)$$

其中 $p_1 \equiv p_{o1}$ 和 $p_2 \equiv p_{o2}$ 是 1 处和 2 处的平均总压。代入总压为静压和动压力之和,得到静压差为

$$p_1 - p_2 = \frac{\rho}{2}(V_2^2 - V_1^2) + \zeta \frac{\rho}{2} V_2^2 \qquad (5.21)$$

将式(5.21)代入叶片力的轴向分量式(5.19),得

$$F_{ax} = \frac{\rho}{2}(V_2^2 - V_1^2)s + \zeta \frac{\rho}{2} V_2^2 s \qquad (5.22)$$

式中:F_{ax} 为单位高度的轴向力分量。将速度分量代入式(5.22)并假设对于不可压缩流体入口和出口流的轴向分量相同。因此,式(5.22)化简为

$$F_{ax} = \frac{\rho}{2}(V_{u2}^2 - V_{u1}^2)s + \zeta \frac{\rho}{2} V_2^2 s \qquad (5.23)$$

右侧的第二项显示了图 5.5 所示的考虑黏性摩擦流的单位高度阻力的轴向分量。因此,阻力的轴向投影为

$$D_{ax} = \zeta \frac{\rho}{2} V_2^2 s \qquad (5.24)$$

图 5.5 所示为涡轮机和压气机叶栅流体力,包括作用于黏性流动的每个叶栅上的升力和阻力,其中由图 5.4 所示的由尾迹引起的周期性出口速度分布被完全混合,导致平均均匀的速度分布,见图 5.5。

由式(5.24)可知,损失系数与阻力直接相关:

$$\zeta = \frac{D_{ax}}{\frac{\rho}{2} V_2^2 s} \qquad (5.25)$$

由于阻力 D 与速度方向 V_∞ 一致,其轴向投影 D_{ax} 可写为

$$D_{ax} = \frac{D}{\sin \alpha_\infty} \qquad (5.26)$$

假设叶片高度 $h = 1$,定义阻力和升力系数为

$$C_D = \frac{D}{\frac{\rho}{2} V_2^2 c}, C_L = \frac{F}{\frac{\rho}{2} V_2^2 c} \qquad (5.27)$$

将阻力系数 C_D 引入式(5.25),可得到损失系数 ζ 为

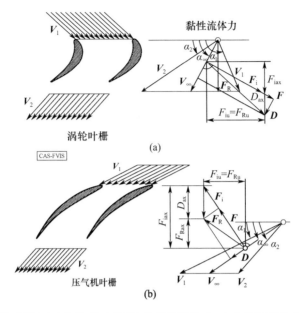

图 5.5 涡轮叶栅(a)和压气机叶栅(b)的黏性流体力,合力分解成升力和阻力分量

$$\zeta = C_D \frac{c}{s} \frac{1}{\sin\alpha_\infty} \tag{5.28}$$

升力的大小是合力 F_R 在垂直于 V_∞ 的平面上的投影:

$$\cot\alpha_\infty = \frac{1}{2}(\cot\alpha_2 + \cot\alpha_1), \quad F = F_i + D_{ax}\cos\alpha_\infty \tag{5.29}$$

使用前面定义的升力系数并代入式(5.29),得

$$C_L = \frac{2V_\infty(V_{u2} + V_{u1})}{V_2^2} \frac{s}{c} + \zeta \frac{s}{c}\cos\alpha_\infty \tag{5.30}$$

将叶栅稠度 $\sigma = c/s$ 代入式(5.30),得

$$C_L \frac{c}{s} \equiv C_L \sigma = \frac{2V_\infty(V_{u2} + V_{u1})}{V_2^2} \frac{s}{c} + \zeta\cos\alpha_\infty \tag{5.31}$$

升力-稠度系数是叶栅空气动力载荷的一个特征量。使用图 5.3 中定义的气流角度,升力-稠度系数的关系变为

$$C_L\sigma = 2\frac{\sin^2\alpha_2}{\sin\alpha_\infty}(\cot\alpha_2 - \cot\alpha_1) + \zeta\cos\alpha_\infty \tag{5.32}$$

式中

$$\cot\alpha_\infty = \frac{1}{2}(\cot\alpha_2 + \cot\alpha_1) \tag{5.33}$$

118

初步设计考虑时,式(5.32)中第二项相比于第一项可以忽略不计。但是在最终设计中,损失系数 ζ 需要根据第 7 章的公式计算并代入式(5.32)。图 5.6 所示为以出口气流角 α_2 作为参数的涡轮和压气机叶栅升力 – 稠度系数与入口气流角 α_1 的函数关系。例如,涡轮叶栅的入口气流角为 $\alpha_1 = 132°$,出口气流角 $\alpha_2 = 30°$,导致总的流动偏转角 $\Theta = 102°$,产生一个正升力 – 稠度系数 $C_L\sigma = 2.0$。这种相对高的升力系数是产生高的叶片力和动叶产生高的比机械能的原因。相比之下,压气机叶栅的入口气流角为 $\alpha_1 = 60°$,出口气流角为 $\alpha_2 = 80°$,这导致总的压气机叶栅流动偏转角仅为 $\Theta = 20°$,升力 – 稠度系数 $C_L\sigma = -0.8$。这导致叶片力很低,降低了压气机动叶的比机械能输入。上述示例的数据是典型的压气机和涡轮叶片的参数。涡轮叶栅的高升力 – 稠度系数反映了涡轮叶片周围高加速流动中的物理过程,尽管流动偏转很大但不会发生流动分离。另一方面,对于压气机叶栅,中等程度的流动偏转,如上述的流动偏转可能导致流动分离。涡轮和压气机叶栅流动特性之间的差异可以用涡轮和压气机叶栅附近的边界层流动性质来解释。在压气机叶栅中,如图 5.7 所示,边界层受到两个减速效应的共同作用,壁面剪切应力由流体的黏性特性和叶栅几何形状引起的正压梯度决定。

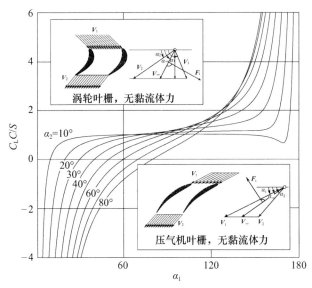

图 5.6 以出口气流角 α_2 作为参数的涡轮和压气机叶栅升力 – 稠度系数与入口气流角 α_1 的函数关系

与边界层外的流体质点相比,边界层内具有较低动能的流体质点必须克服由于正压力梯度引起的压力。结果,这个质点不断减速、滞止、分离。在涡轮叶

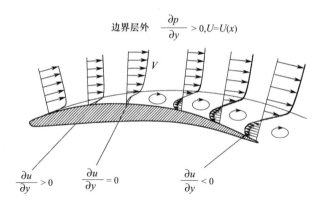

边界层外 $\dfrac{\partial p}{\partial y} > 0, U = U(x)$

V

$\dfrac{\partial u}{\partial y} > 0$ $\dfrac{\partial u}{\partial y} = 0$ $\dfrac{\partial u}{\partial y} < 0$

图 5.7 沿压气机叶栅吸力面的边界层发展

栅中,剪切应力的减速效果被主导涡轮机叶栅流动的负压梯度的加速效果抵消。

5.3 稠度对叶片叶型损失的影响

式(5.32)体现了升力系数、稠度、入口和出口气流角以及损失系数 ζ 之间的基本关系。现在提出如果稠度 σ 发生变化,那么叶型损失系数 ζ 会发生什么样变化的问题。稠度对叶片内的流动有重要的影响。如果叶片间距太小,则叶片的数量很大并且摩擦损失占主导地位。因此,增加叶片间距,其效果与减少叶片数量相同,即减少摩擦损失。进一步增加叶片间距,将减小摩擦损失,也减少了流动分离所导致的分离损失。在确定的间距下,分离和摩擦损失之间存在平衡。此时,叶型损失系数 $\zeta = \zeta_{摩擦} + \zeta_{分离}$ 为最小值,相应的间距/弦长比也为最佳值,如图 5.8 所示。

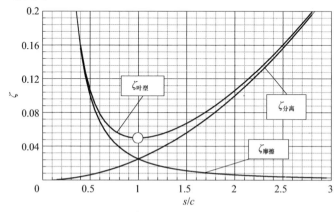

图 5.8 叶型损失系数与间距/弦长比的函数关系,圆圈表示最佳的间距/弦长比

120

5.4 叶型损失系数与阻力之间的关系

为了建立涡轮叶栅叶型损失的关系,基于系统的涡轮叶栅研究,定义阻力 – 升力比为

$$\varepsilon = \frac{C_D}{C_L} \tag{5.34}$$

这是叶型的特征参数。式(5.28)中阻力和损失系数为

$$\zeta = C_D \frac{c}{s} \frac{1}{\sin\alpha_\infty} \tag{5.35}$$

由式(5.34)可知,其与升力系数有关,即

$$C_L \frac{c}{s} = \frac{\zeta \sin\alpha_\infty}{\varepsilon} \tag{5.36}$$

用式(5.34)中的升力系数表示式(5.35)中的阻力系数,并将式(5.36)代入式(5.32),得

$$\zeta \frac{\sin\alpha_\infty}{\varepsilon} - \zeta\cos\alpha_\infty = 2\frac{\sin^2\alpha_2}{\sin\alpha_\infty}(\cot\alpha_2 - \cot\alpha_1) \tag{5.37}$$

整理式(5.37),得出损失系数 ζ、入口和出口气流角度以及阻力 – 升力比 ε 之间的直接关系为

$$\zeta = \frac{2\varepsilon}{1 - \varepsilon\cot\alpha_\infty} \cdot \frac{\sin^2\alpha_2}{\sin^2\alpha_\infty}(\cot\alpha_2 - \cot\alpha_1) \tag{5.38}$$

图5.9所示为文献[1]通过涡轮和压气机叶栅试验确定的典型阻力 – 升力比 ε。

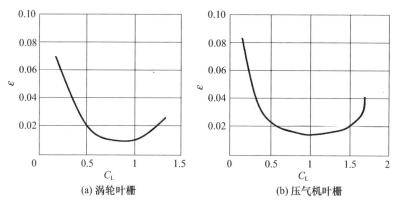

(a) 涡轮叶栅　　　　　　　　(b) 压气机叶栅

图5.9　典型阻力 – 升力比与升力系数的函数关系

5.5 最佳稠度

为了找到各种涡轮和压气机叶栅的最佳稠度,文献[1]进行了一系列综合试验研究,其研究了 8 个具有 NACA 叶型的压气机叶栅和 8 个涡轮叶栅。叶型的流动偏转范围从低偏差到高。文献[1]应用文献[2-3]的数据进行了研究扩展。根据文献[1]的研究,由图 5.9 中的 ε 与 C_L 关系可以清晰地确定压气机和涡轮叶栅的阻升比的最佳范围。文献[1]中提出的涡轮叶栅和文献[4]的发现是相符的,最佳升力系数范围为 $(C_L)_{opt} = 0.8 \sim 1.05$,而压气机叶栅的最佳范围是 $(C_L)_{opt} = 0.9 \sim 1.25$。文献[1]的试验研究及对试验数据的分析和获得的试验结果关联式对于确定最佳稠度具有重要意义。文献[4]表明 Zweifel 准则仍然适用涡轮的设计。下面将讨论 Pfeil 和 Zweifel 的方法。

5.5.1 Pfeil 的最佳稠度

研究单个叶型的 ε 并建立相对 ε 比,文献[1]中的研究揭示了以下函数关系:

$$\left(\frac{\varepsilon}{\varepsilon_s}\right)_{opt} = 1 + f\left(\frac{c}{s}\right)_{opt} \tag{5.39}$$

上述关系绘制在图 5.10 中,近似为

$$\left(\frac{\varepsilon}{\varepsilon_s}\right)_{opt} = 1 + K\left(\frac{c}{s}\right)_{opt}^n \tag{5.40}$$

式中:ε 为单个叶片的阻升比。

根据光滑叶片表面的涡轮和压气机叶栅的试验研究,涡轮的最大厚度 - 弦比 $(t/c) = 0.15$,压气机的最大厚度 - 弦比 $(t/c) = 0.1$,雷诺数 $Re = 3.5 \times 10^5$,n、K 和 $(\varepsilon_s)_{opt}$ 由图 5.10 估计。最佳叶型损失系数计算公式为

$$\zeta = (\varepsilon_s)_{opt}\left[1 + K\left(\frac{c}{s}\right)_{opt}^n\right]C_L\frac{c}{s}\frac{1}{\sin\alpha_\infty} \tag{5.41}$$

图 5.10 所示为文献[1]研究的涡轮和压气机叶栅最佳 ε 比与最佳弦长/间距比的函数。对于高至 $(c/s)_{opt} \approx 0.4$ 的范围内,比 $(\varepsilon/\varepsilon_s)_{opt}$ 几乎是恒定的。式 (5.32) 与式 (5.41) 给出了计算最佳间距/弦长比的精确估计,这对于确定压气机和涡轮的静叶和动叶排的叶片数量是必要的。

5.5.2 Zweifel 的最佳稠度

正如在前面部分中所看到的,对于具有给定入口和出口气流角度的叶片几

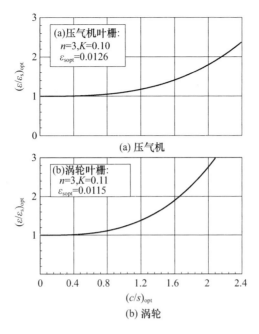

(a) 压气机

(b) 涡轮

图 5.10 相对阻力/升力比与最佳弦长/间距比的函数关系[1]

何,存在确定的间距/弦比使叶型损失系数是最小的。为了找到这个比例,文献[4]引入了理想切向叶片力,它是基于图 5.11 所示理想情况下的压力分布。正如文献[4]所述,这种理想的压力分布使其在全部压力边具有最大总压。在吸入边,压力瞬间下降到 p2,这是没有压力升高可能达到的最低压力。这种单位长度都会产生切向力的理想的压力分布情况当然无法实现。Zweifel 的想法反映在图 5.11 中,作用在叶片上并沿切线方向投影的理想压力分布显示为虚线矩形,其是入口总压和出口静压之间的差。为了比较,在切线方向上投射的实际压力分布也在图 5.11 给出。因此,单位长度上的理想切向(圆周方向)的力可以通过以下公式计算:

$$F_{u_{id}} = \frac{\rho}{2}V_2^2 b \tag{5.42}$$

使用图 5.11 中定义的坐标系从圆周方向的动量方程得到实际切向(圆周方向)的力:

$$F_u = \dot{m}(V_{u1} + V_{u2}) = \rho V_{ax}(V_{u1} + V_{u2})s \tag{5.43}$$

文献[4]通过引入以下气动载荷系数,将式(5.42)除以式(5.43),得

$$\Psi_T = 2\sin^2\alpha_2(\cot\alpha_2 - \cot\alpha_2)\left(\frac{s}{b}\right) \tag{5.44}$$

123

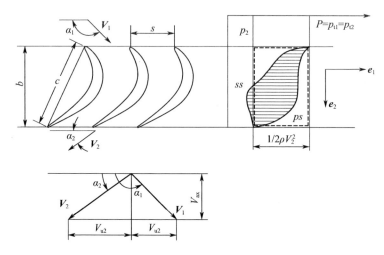

图 5.11 涡轮叶片周围的实际和理想压力分布

这称为 Zweifel 数。Zweifel 还引入了另一个载荷系数 Ψ_A,这是式(5.32)的特例,其中忽略叶型损失系数得到:

$$\Psi_A = 2\frac{\sin^2\alpha_2}{\sin\alpha_\infty}(\cot\alpha_2 - \cot\alpha_2)\left(\frac{s}{c}\right) \tag{5.45}$$

这与 Ψ_T 和 $\Psi_T/\Psi_A = V_{ax}/V_\infty s/b$ 相关。式(5.44)是叶片流动偏转和间距/弦长比的乘积。如果涡轮或压气机设计需要一确定的 Ψ_T,则式(5.44)提供了一个简单的指导方针,即如何配置叶片偏转和间距/弦长比:具有大流动偏转(静子:α_1、α_2;转子:β_2、β_3)的叶片必须与较小的间距/弦比相关联,反之亦然。

对于低压涡轮,在图5.12中绘出了给定间隔和弦长比的出口气流角作为参数的 Zweifel 数与入口气流角的函数关系。

图 5.12 还包括了一个高压涡轮叶片,其中入口气流角在非设计工况时发生显著改变。通常 s/c 对应于设计工况点。然而,如果涡轮被设计为在非设计工况下频繁操作,则可以选择 s/c,从而保持叶型损失在可接受的范围内。

基于文献[5-6]的试验结果讨论低马赫数下的涡轮和压气机叶栅的流动,Zweifel 建议对于大流动偏转叶型损失系数接近最小值 $\Psi_T = 0.8$,这样可以计算出最佳的间距/弦长比为

$$\frac{s}{b} = \frac{0.4}{\sin^2\alpha_2(\cot\alpha_2 - \cot\alpha_1)} \tag{5.46}$$

应该指出,式(5.44)和式(5.46)是有适用范围的。$\Psi_T = 0.8$ 仅代表文献[5-6]所研究的部分案例。Pfeil 的更详细的试验研究表明,最佳损耗系数很大程度上取决于流动的偏转,其中 Ψ_T 可以在 $\Psi_T = 0.75 \sim 1.15$ 之间变化。此外,

124

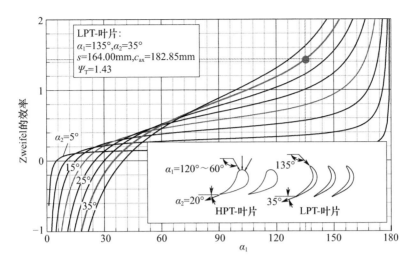

图 5.12　给定间距和弦长比的出口气流角作为参数的 Zweifel
数与入口气流角的函数关系

还必须考虑其他的重要参数,如雷诺数、马赫数和静叶与动叶之间由于尾流冲击引起的不稳定相互作用及其对叶片间距/弦长比的影响。Schobeiri 等对后者进行了全面的研究[7-11]。

5.6　通用升力 - 稠度系数

6.2 节中推导出的升力 - 稠度系数的关系仅限于内径和外径恒定的涡轮和压气机。在高压涡轮或压气机部件中流线几乎平行于发动机轴线。在这种特殊情况下,圆柱形流面几乎是等直径的。然而,在一般情况下,如在中压和低压级,以及径流压气机和涡轮,流面具有不同的半径,如图 5.13 所示。子午速度分量也可能在不同的位置之间变化。为了准确计算叶片升力 - 稠度系数,必须考虑半径和子午速度变化。在接下来部分,将推导涡轮静叶和动叶的相对应关系,并将推导结果扩展到压气机静叶和动叶。

图 5.13 显示了一个具有子午截面的涡轮级,其平均半径从入口 1 处到 3 处的出口是变化的(图 5.13(a))。图 5.13(b)展示了同一截面展开的静叶和动叶叶栅间距变化的情况。在开始推导通用升力 - 稠度系数之前,引入了关于静叶和动叶叶片周围环量方向的规定,参考涡轮的静叶和动叶结构。为了以统一方式处理涡轮和压气机的静叶和动叶,使用与参考结构相同的方向规定,即涡轮的静叶和动叶。因此,得到涡轮静子的通用升力 - 稠度系数与压气机静子的完全

125

相同。同样地,涡轮转子的通用升力 - 稠度系数与压气机转子的完全相同,该规定如图 5.14 所示。

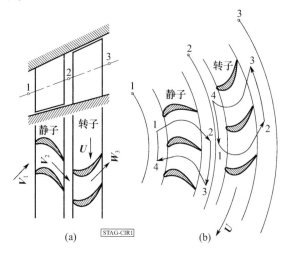

图 5.13　具有不同平均直径的涡轮级(a)、静子和转子环量(b)

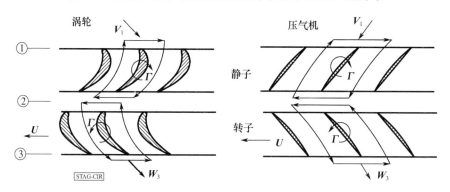

图 5.14　静子和转子叶栅的统一环量规定

5.6.1　涡轮静子的升力 - 稠度系数

为了计算图 5.13 所示的涡轮静子的升力 - 稠度系数,首先使用式(5.10)计算沿着静子叶片的环量。

$$\Gamma = \oint_C \boldsymbol{V} \mathrm{d}\boldsymbol{c} = V_{\mathrm{u}1}s_1 + V_{\mathrm{u}2}s_2 + \int_1^2 \boldsymbol{V} \cdot \mathrm{d}\boldsymbol{c} + \int_3^4 \boldsymbol{V} \cdot \mathrm{d}\boldsymbol{c} \tag{5.47}$$

式(5.47)中最后两个积分相互抵消,得

$$\boldsymbol{\Gamma} = V_{\mathrm{u}2}s_2 + V_{\mathrm{u}1}s_1 \tag{5.48}$$

如图 5.13 所示,间距 s_1 与 s_2 不同。为了建立 s_1 和 s_2 之间的关系,可以引入两个在发动机轴上以一定角度 $\Delta\theta$ 相互交叉的平面。选择角度 $\Delta\theta$ 使得平面包含至少一个叶片。间距通过以下方式相关:

$$\frac{s_1}{s_2} = \frac{\Delta\theta r_1}{\Delta\theta r_2} = \frac{r_1}{r_2} \tag{5.49}$$

引入无量纲子午速度比和静子直径比

$$\mu = \frac{V_{m1}}{V_{m2}}, \nu = \frac{r_1}{r_2} = \frac{s_1}{s_2} \tag{5.50}$$

由于 s_1 和 s_2 是由 $s_1 = \nu s_2$ 相关联的,式(5.48)中的环量变为

$$\varGamma = s_2(V_{u2} + \nu V_{u1}) \tag{5.51}$$

类似于式(5.9),平均速度矢量为

$$V_\infty = \frac{1}{2}(V_1 + V_2) \tag{5.52}$$

速度矢量 V_∞,其对应的分量和角度如图 5.15 所示。

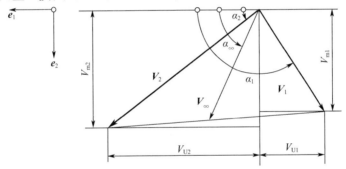

图 5.15　进出口处具有不同半径的涡轮静子叶栅速度三角形

使用图 5.15 中的参考坐标,用其分量来表示速度矢量 V

$$V_\infty = \frac{1}{2}(V_1 + V_2) = \frac{1}{2}\left[(-e_1 V_{u1} + e_2 V_{m1}) + (e_1 V_{u2} + e_2 V_{m2})\right] \tag{5.53}$$

整理式(5.53),得

$$V_\infty = \frac{1}{2}\left[e_1(V_{u2} - V_{u1}) + e_2(V_{m1} + V_{m2})\right] \tag{5.54}$$

因此,周向分量和子午分量分别为

$$V_{u\infty} = \frac{1}{2}(V_{u2} - V_{u1}),\ V_{m\infty} = \frac{1}{2}(V_{m1} + V_{m2}) \tag{5.55}$$

由式(5.55)中 $V_{m\infty}$($V_{m\infty} = V_\infty \sin\alpha_\infty$)及式(5.50),得

$$V_\infty = |V_\infty| = \frac{1}{2} \frac{V_{m2}(1+\mu)}{\sin\alpha_\infty} \tag{5.56}$$

$\sin a_\infty$ 可从下式获得:

$$\cot\alpha_\infty = \frac{V_{u\infty}}{V_{m\infty}} = \frac{V_{u2} - V_{u1}}{V_{m1} + V_{m2}} = \frac{\mu\cot\alpha_1 + \cot\alpha_2}{1+\mu} \tag{5.57}$$

将式(5.51)和式(5.56)代入无黏升力方程式(5.15),有

$$C_L = \frac{F_i}{\frac{1}{2}\rho_\infty V_2^2 c} = \frac{V_{m2}(1+\mu)}{V_2^2 \sin\alpha_\infty}(V_{u2} + \nu V_{u1})\frac{s_2}{c} \tag{5.58}$$

或者

$$C_L \frac{c}{s_2} = \frac{\sin\alpha_2^2}{\sin\alpha_\infty}(1+\mu)(\cot\alpha_2 - \nu\mu\cot\alpha_1) \tag{5.59}$$

式(5.59)表示具有不同进出口半径、子午速度和周向速度分量的静子叶栅的通用升力 – 稠度系数。设定 $\nu=1$ 和 $\mu=1$,式(5.59)与式(5.18)具有相同的形式。

从图 5.16 可以看出直径比 ν 对升力系数的影响。它表示式(5.59)的曲线。设压气机叶栅静子出口气流角 $\alpha_2 = 70°$,将绘制为 5 个不同 ν 值的升力系数与入口气流角 α_1 的函数。具有 $\nu < 1.0$ 的曲线对应于轴流和径流叶栅,其出口直径大于入口直径。这种直径比可在离心压球机、中压和低压涡轮机单元中看到。具有 $\nu = 1$ 的曲线对应于具有恒定平均直径的叶栅,最后 $\nu > 1.0$ 对应于入口直径大于出口直径的叶栅。径流涡轮是这种类型的叶栅。如图 5.16 所示,具有入口气流角 $\alpha_1 = 60°$ 和 $\nu = 1$ 的压气机叶栅升力系数 $C_L c/s = -0.41643$。将直径比减小到 $\nu = 0.8$ 会导致更小的升力 – 稠度系数 $C_L c/s = -0.19081$,因此降低了叶栅的气动负荷,可以获得更高的流动偏转和级压比且不会分离。对于这个特定的例子,保持出口气流角 $\alpha_2 = 70°$,叶栅流动偏转从 10° 增加到 15.5°。这些结果与第 5 章中的结果完全符合。在图 5.16(b)中,叶栅出口气流角设定为 $\alpha_2 = 20°$,这是典型的传统涡轮静子叶片的出口角度。对于入口气流角 $\alpha_1 = 90°$ 及以上的角度,升力 – 稠度系数与图 5.6 所示的略有不同。

5.6.2 涡轮转子

为了确定旋转叶栅的升力 – 稠度系数,区分了两种不同类型的环量。第一个是相对环量,它由相对速度矢量的周向分量和相应的间距构成。该相对环量由放置在旋转或相对参照系内的观察者记录。第二个是绝对环量,其由位于静止或绝对参照系的观察者记录。由于绝对环量与旋转叶栅能量传递相关,它可

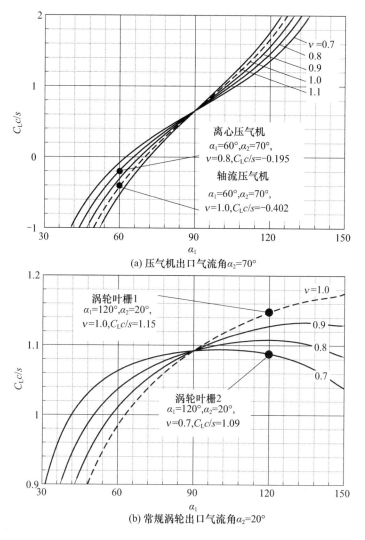

图 5.16 直径比对叶栅升力 – 稠度系数的影响

以用于计算涡轮/压气机转子叶栅的升力 – 稠度系数。

使用图 5.13 中的命名法结合级速度三角形,如图 5.17 所示,转子叶片周围的绝对环量为

$$\Gamma = V_{u2}s_2 + V_{u3}s_3 \tag{5.60}$$

鉴于以下的关系式:

$$\mu = \frac{V_{m2}}{V_{m3}}, \nu = \frac{r_2}{r_3}, \phi = \frac{V_{m3}}{U_3} \tag{5.61}$$

并应用与5.6.1节类似的方法,得到平均速度为

$$V_\infty = \frac{1}{2}\frac{V_{m3}}{\sin\alpha_{\infty R}}(1+\mu) \tag{5.62}$$

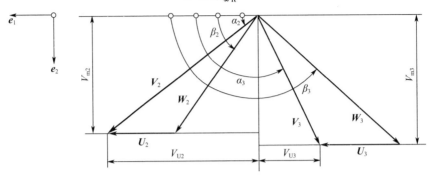

图 5.17 决定转子叶栅升力系数的角度定义

式(5.62)中的下标 R 指的是转子。参考图 5.17 中的角度定义,圆周方向上的绝对速度分量 V_{u2}、V_{u3} 可以用相对速度 W_{u2}、W_{u3} 的圆周分量和周向速度 U_2、U_3 来表示。绝对速度和相对速度的矢量及其分量为

$$V_2 = W_2 + U_2 , V_3 = W_3 + U_3$$
$$V_{u2} = W_{u2} + U_2 , V_{u3} = W_{u3} - U_3 \tag{5.63}$$

把式(5.61)~式(5.63)代入以下的升力方程:

$$\boldsymbol{F} = \rho_\infty \boldsymbol{V}_\infty \times \boldsymbol{\Gamma} \text{ 和 } \Gamma = |\boldsymbol{\Gamma}| = V_{u2}s_2 + V_{u3}s_3 \tag{5.64}$$

得到转子通用非黏性升力－稠度系数:

$$C_L = \frac{V_{m3}}{\sin\alpha_{\infty R}}\frac{(1+\mu)(V_{u2}s_2 + V_{u3}s_3)}{V_3^2 c} \tag{5.65}$$

用 $V_3 = V_{m3}/\sin\alpha_3$ 取代出口速度,有

$$C_L = \frac{\sin^2\alpha_3}{\sin\alpha_{\infty R}}(1+\mu)\left(\nu\frac{V_{u2}}{V_{m3}} + \frac{V_{u3}}{V_{m3}}\right)\frac{s_3}{c} \tag{5.66}$$

将式(6.58)得到相应的分量代入式(5.66),得

$$C_L = \frac{\sin^2\alpha_3}{\sin\alpha_{\infty R}}(1+\mu)\left(\mu\nu\left(\frac{W_{u2}}{V_{m2}} + \frac{U_2}{V_{m2}}\right) + \frac{W_{u3}}{V_{m3}} - \frac{U_3}{V_{m3}}\right)\frac{s_3}{c} \tag{5.67}$$

为了进一步整理式(5.67),推导出以下关系:

$$\frac{W_{u2}}{V_{m2}} = \cot\beta_2 , \frac{W_{u3}}{V_{m3}} = -\cot\beta_3 , \frac{U_2}{V_{m3}} = \frac{\nu}{\phi\mu} , \frac{U_3}{V_{m3}} = \frac{1}{\phi} \tag{5.68}$$

130

并获得转子叶栅的升力 – 稠度系数的最终关系为

$$C_L \frac{c}{s_3} = \frac{\sin^2 \alpha_3}{\sin \alpha_{\infty R}} (1 + \mu) \left[\mu \nu \cot \beta_2 - \cot \beta_3 + \frac{\nu^2 - 1}{\phi} \right] \quad (5.69)$$

式(5.69)用于计算径流、混流以及轴流涡轮机和压缩机转子的升力系数通常是有效的。绝对角度 α_3 和 $\alpha_{\infty R}$ 与相对角度 β_2 和 β_3 与三角关系有关,即

$$\cot \alpha_2 = \cot \beta_2 + \frac{\nu}{\mu \phi}, \cot \alpha_3 = \cot \beta_3 + \frac{1}{\phi}, \cot \alpha_\infty = \frac{\cot \alpha_3 + \mu \cot \alpha_2}{1 + \mu} \quad (5.70)$$

根据式(5.68)和式(5.69),可以由给定几何形状、气流角和速度比的涡轮和压缩机叶栅确定通用升力 – 稠度系数。例如,图5.18所示为涡轮和压气机转子叶栅的升力 – 稠度系数与相对流角 β_3 和 β_2 的函数关系。

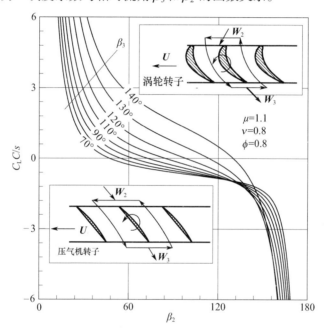

图5.18 涡轮和压气机转子叶栅的升力 – 稠度系数与相对流角 β_3 和 β_2 的函数关系

如图所示,正的升力 – 稠度系数表示涡轮转子叶栅的值,而负值表示压气机转子叶栅。保持出口气流角恒定并减小相对入口气流角将导致较高的流动偏移,从而产生更高的升力。相反,通过增加相对入口气流角可以使得压气机转子叶栅达到更高的升力 – 稠度系数。应该指出的是,上述 $\Delta \theta = 20°$ 的流动偏转可能导致沿着压气机转子叶片吸力面的流动分离。式(5.69)对于旋转叶栅通常是有效的,其中子午和圆周速度比不为零。对于非旋转叶栅的特例可以通过 U

131

→0 很容易地得出，在极限情况下 $\phi\to\infty$ ，可以得到该项 $(\nu^2-1)/\phi\to0$ 。在这种情况下，相对气流角被转换为绝对气流角。考虑到图 5.14 中环量的符号约定，得到对应于式(6.54)的方程。

参 考 文 献

[1] Pfeil, H., 1969, "Optimale Primärverluste in Axialgittern und Axialstufen von Strömungsmaschinen," VD – Forschungsheft 535.

[2] Carter, A. D. S., Hounsell, A. F., 1949, "General Performance Data for Aerofoils Having C1, C2 or C4 Base Profiles on Circular Arc Camberlines," National Gas Turbine Establishment (NGTE), Memorandum 62. London H. M. Stationary Office 1949.

[3] Abbot, J. H., Doenhoff, A. E., Stivers, L. S., 1945, "Summary of Airfoil Data," National Advisory Committee for Aeronautics (NACA) T. R. 824, Washington 1945.

[4] Zweifel, O., 1945, "Die Frage der optimalen Schaufelteilung bei Beschaufelungen von Turbomaschinen, insbesondere bei großer Umlenkung in den Schaufelreihen," Brown Boveri und Co., BBC – Mitteilung 32 (1945), S. 436/444.

[5] Christiani, 1928, "Experimentelle Untersuchungen eines Trag flächenprofils bei Gitteranordnung," Luftfahrtforschung," Vol 2, P. 91.

[6] Keller, 1934, "Axialgebläse vom Standpunk der Tragflächentheorie," Dissertation, ETH Zürich 1923.

[7] Schobeiri, M. T. and Öztürk, B., 2003, Ashpis, D., "On the Physics of the Flow Separation Along a Low Pressure Turbine Blade Under Unsteady Flow Conditions," ASME 2003 – GT – 38917, presented at International Gas Turbine and Aero – Engine Congress and Exposition, Atlanta, Georgia, June 16 – 19, 2003, also published in ASME Transactions, Journal of Fluid Engineering, May 2005, Vol. 127, pp. 503 – 513.

[8] Schobeiri, M. T. and Öztürk, B., 2004, "Experimental Study of the Effect of the Periodic Unsteady Wake Flow on Boundary Layer development, Separation, and Re – attachment Along the Surface of a Low Pressure Turbine Blade," ASME 2004 – GT – 53929, presented at International Gas Turbine and Aero – Engine Congress and Exposition, Vienna, Austria, June 14 – 17, 2004, also published in the ASME Transactions, Journal of Turbomachinery, Vol. 126, Issue 4, pp. 663 – 676.

[9] Schobeiri, M. T., Öztürk, B. and Ashpis, D., 2005, "Effect of Reynolds Number and Periodic Unsteady Wake Flow Condition on Boundary Layer Development, Separation, and Re – attachment along the Suction Surface of a Low Pressure Turbine Blade," ASME Paper GT2005 – 68600.

[10] Schobeiri, M. T., Öztürk, B. and Ashpis, D., 2005, "Intermittent Behavior of t he Separated Boundary Layer along the Suction Surface of a Low Pressure Turbine Blade under Periodic

Unsteady Flow Conditions," ASME Paper GT2005 – 68603.

[11] Öztürk, B. and Schobeiri, M. T. , 2006, "Effect of Turbulence Intensity and Periodic Un-steady Wake Flow Condition on Boundary Layer Development, Separation, and Re – attach-ment over the Separation Bubble along the Suction Surface of a Low Pressure Turbine Blade," ASME, GT2006 – 91293.

第6章 涡轮和压气机叶栅中的损失

叶轮机械中的流动通常是三维、有黏性、高度非稳态、转捩、湍流和可压缩的。这种复杂流动与由不同流动和几何参数引起的总压损失有关。准确预测叶轮机械的效率需要精确的流动计算。最精确的流动计算方法是直接数值模拟法（DNS），它不需要任何湍流和转捩模型即可直接求解 Navier – Stokes 方程。该方法目前正在应用于不同的叶轮机械部件并取得了巨大成功。然而，就目前而言，DNS 的计算工作量和所需的计算时间使得应用它作为设计工具是不切实际的。作为替代方案，雷诺时均法的 Navier – Stokes 方程（RANS）通常应用于叶轮机械设计。为了通过 RANS 相对精确地模拟流动，叶轮机械空气动力学家必须在各种湍流和转捩模型中选择最合适的并且能够令人满意地预测叶轮机械设计效率的模型。由于这些模型中的大多数都涉及从简单流动试验得出的关联式，因此它们提供的效率与测量的发动机效率有显著差异。为了找到可接受的解决方案，需要校准 Navier – Stokes 计算机代码。

然而在进行 CFD 模拟之前，空气动力学家不得不预估主要部件的损失大小，这对于采用一维计算达到初步的发动机效率是必要的。为此，使用了纯经验、半经验或理论等不同类型的损失关联式。这些关联式由研究中心或各个叶轮机械制造商建立。有趣的是，不管发动机设计依据不同性质的关联式、不同的设计理念，它们的测量效率都与估算的效率相差无几。正如文献[2]指出的那样，叶轮机械级效率可能达到 85%，使用 5 种不同的主要损失来源，每种损失来源有 ±20% 的不确定性。对于总的级损失系数，这导致 ±10% 的不确定性。由于规范的损失系数的大小被认为是 100% – 85% = 15%，因此效率估计的不确定性将约为 1.5%，这对于初步计算是可接受的。考虑到这些事实，损失关联式的使用始终是初步设计过程中不可或缺的一部分。

在本章中，提出了主要部件损失系数的关联式，这些系数由气动热力学守恒定律和系统的试验描述。显然，这些关联式是首次近似值，不能认为是一般有效的。然而，它们从物理角度考虑损失产生的机理，并且可以改进或纠正损失以适

应特定的设计需求。主要的空气动力学损失如下:

（1）叶型或基元损失;

（2）由于尾缘厚度造成的损失;

（3）二次流损失;

（4）由于冷却燃气轮机叶片的尾缘混合损失;

（5）出口损失;

（6）其他损失。

其他损失包括盘摩擦和湿气损失。后者专门用于汽轮机设计。下面将介绍前 5 个损失基于物理的关联式,这有助于叶轮机械设计人员可靠地估计叶轮机械部件的损失和效率。

6.1 涡轮的叶型损失

为了计算最佳弦长 – 间距,我们已知最佳弦长和间距的比存在于总压损失最小的点。然后引入了总压损失系数 ζ,称为叶型损失系数 ζ_p。叶型损失主要受雷诺数、马赫数、弦长和间距的比 c/s、叶片最大厚度和弦长的比 t/c、表面粗糙度等几何参数的影响。文献[3 – 4]给出了叶型损失系数 ζ_p 为

$$\zeta_p = (\varepsilon_{opt})_{single} \left[1 + K \left(\frac{c}{s} \right)_{opt}^3 \right] C_L \frac{c}{s} \frac{1}{\sin\alpha_\infty} \tag{6.1}$$

其中 $(\varepsilon_{opt})_{single} = 0.0115$,对于涡轮叶片最大厚度和弦长的比 $(t/c)_{max} = 0.15$,对于压气机叶片最大厚度和弦长的比 $(t/c)_{max} = 0.10$,并且 $K = 0.11$。出口气流角 α_2 作为参数,最佳叶型损失系数与进口气流角 α_1 的函数在图 6.1 中给出。如果实际雷诺数与图 6.1 中的雷诺数不同,则可以采用如 6.2.5 节所示损失系数进行修正。对于具有给定流动偏转角 $\theta = \alpha_1 - \alpha_2$ 的涡轮叶栅,最佳间距和弦长比 $(s/c)_{opt}$ 可以从图 6.1(b)和式(6.32)中升力 – 稠度比获得。如果实际的涡轮叶片具有不同的最大叶片厚度和弦长的比 $(t/c)_{maxref} = 0.15$,则可以使用以下经验关联式来修正损失系数:

$$\frac{\zeta_p}{(\zeta_p)_{t/c=0.15}} = \left(\frac{s/c - (t/c)_{maxref}}{s/c - t/c} \right)^2 \tag{6.2}$$

文献[5]通过式(6.2)精确拟合试验数据。如图 6.2 所示,相对损失系数随着最大叶片厚度的增加而增加。在中、低压涡轮中,由于展弦比相对较高且叶片

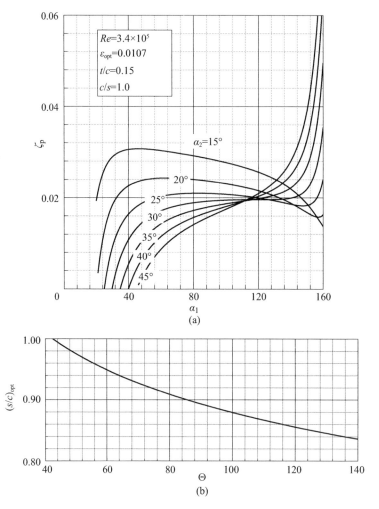

图 6.1　(a)出口流动角度为参数的叶型损失系数与进口气流角的函数以及(b)最佳间距和弦长的比与流动偏转角 $\theta = \alpha_1 - \alpha_2$ 的函数

根部处的机械应力较大,因此从轮毂到叶尖的叶片厚度分布逐渐减小。在高压涡轮叶片设计中采用具有相对厚的圆柱形叶型叶片已经是常规做法。然而,近年来,由于提高涡轮效率的驱动,制造商正在采用具有复合倾斜的三维叶片,并且还是从轮毂到叶尖减小叶片厚度。

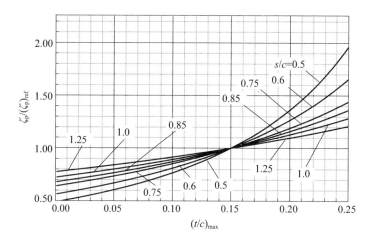

图 6.2　以 s/c 为参数的相对叶型损失系数和相对最大厚度的函数

6.2　压气机叶栅内的黏性流动

为了计算由黏性效应引起的压气机叶栅内的总压损失,可以应用边界层计算方法。NACA(1940—1965 年)开展了这些研究,其已经系统地研究了大量压气机叶片。这些研究结果仍然适用于压气机设计的计算,并公开在 NASA 技术报告 NASA – SP – 36 中[6]。

6.2.1　黏性流动的计算

通过涡轮和压气机叶栅或通过任何其他叶轮机械部件的黏性流动由 Navier – Stokes 方程描述。如果运动方程中的剪切应力项被 Stokes 关系代替则可以获得这些方程,其中剪切应力张量与变形张量成正比。求解这些方程需要相当大的计算量和 CPU 耗时。另一种方法可以产生令人满意的结果,它将经典边界层方法与应用于势流区域的非黏性流动计算程序相结合。该方法的基本概念表明黏度仅在薄边界层内具有重大影响。在边界层内,黏性流动引起阻力与总压损失;在边界层外,如果雷诺数足够高,黏度影响可以忽略。

6.2.2 节将介绍边界层流动的基本特征,这对于理解其在压气机空气动力损失中的应用至关重要。有关叶轮机械边界层的流动机理将在其他章节详细讨论。

6.2.2　边界层厚度

在讨论边界层积分方程之前,引入边界层变量,如位移厚度 δ_1、动量厚度

δ_2、能量耗散厚度 δ_3 和形状参数。假设流动是不可压缩的,图 6.3 显示了平板上边界层发展的一个例子。

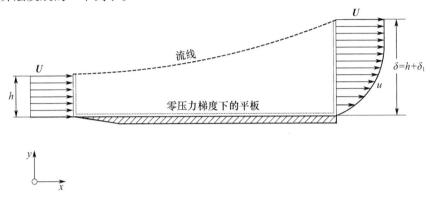

图 6.3 沿平板的边界层发展

通过对边界层流动应用连续性条件获得位移厚度,即

$$\rho Uhw = \rho w \int_0^\delta \big[(u - U) + U \big] \mathrm{d}y = \rho w \left[\int_0^\delta (u - U) \mathrm{d}y + (h + \delta_1) U \right]$$

$$(6.3)$$

如图 6.3 所示,$\delta = h + \delta_1$,$U_1 = U_2 = U$ 作为边界层边缘处的速度,$w = 1$ 作为板的宽度。因此,得到了边界层位移厚度为

$$\delta_1 = \int_0^\delta \Big(1 - \frac{u}{U} \Big) \mathrm{d}y \qquad (6.4)$$

x 方向的阻力为

$$D = \dot{m}U - \int_0^\delta u \mathrm{d}\dot{m} \qquad (6.5)$$

使用连续性方程,阻力变为

$$D = \rho w \int_0^\delta (U - u) u \mathrm{d}y \qquad (6.6)$$

引入阻力系数 C_D,有

$$C_D = \frac{D}{\frac{1}{2} \rho U^2 Lw} = \frac{2}{L} \int_0^\delta \Big(1 - \frac{u}{U} \Big) \frac{u}{U} \mathrm{d}y \qquad (6.7)$$

式中:L,$w = l$ 分别为板的长度和宽度。

式(6.7)中的积分是动量损失厚度,即

138

$$\delta_2 = \int_o^\delta \left(1 - \frac{u}{U}\right) \frac{u}{U} \mathrm{d}y \tag{6.8}$$

并且阻力系数为

$$C_D = \frac{2\delta_2}{L} \tag{6.9}$$

因此,阻力系数 C_D 与边界层动量厚度 δ_2 成正比。用类似的方式,得到能量耗散厚度为

$$\delta_3 = \int_o^\delta \left(1 - \frac{u}{U}\right) \left(\frac{u}{U}\right)^2 \mathrm{d}y \tag{6.10}$$

能量耗散厚度的定义,尤其是在压气机叶栅中的定义,与外部流动边界层计算方法中的能量厚度不同。进一步定义形状参数:

$$H_{12} = \frac{\delta_1}{\delta_2}, \ H_{32} = \frac{\delta_3}{\delta_2} \tag{6.11}$$

6.2.3　边界层积分方程

本节以积分方程的形式介绍了边界层理论的基本概念。叶轮机械空气动力学角度的边界层理论的详细讨论见其他章节。

考虑平板边界层内的二维不可压缩黏性流动,如图 6.1 所示。连续性方程为

$$\frac{\partial u}{\partial x} + \frac{\partial v}{\partial y} = 0 \tag{6.12}$$

式中:u,v 为 x,y 方向的速度分量。x,y 方向的动量方程为

$$\begin{cases} \rho\left(u\dfrac{\partial u}{\partial x} + v\dfrac{\partial u}{\partial y}\right) = -\dfrac{\partial p}{\partial x} + \mu\left(\dfrac{\partial^2 u}{\partial x^2} + \dfrac{\partial^2 u}{\partial y^2}\right) \\ \rho\left(u\dfrac{\partial u}{\partial x} + v\dfrac{\partial u}{\partial y}\right) = -\dfrac{\partial p}{\partial y} + \mu\left(\dfrac{\partial^2 v}{\partial x^2} + \dfrac{\partial^2 v}{\partial y^2}\right) \end{cases} \tag{6.13}$$

基于系统的试验研究,文献[7]推断如果雷诺数足够大,剪切层非常薄可以应用以下近似值:

$$\delta \ll L, v \ll u, \frac{\partial}{\partial x} \ll \frac{\partial}{\partial y} \tag{6.14}$$

使用这些近似得出

$$\frac{\partial p}{\partial y} \approx 0, 这导致 p = p(x) 和 \frac{\partial p}{\partial x} \equiv \frac{\mathrm{d}p}{\mathrm{d}x} \tag{6.15}$$

式(6.15)中静压变化可以通过将伯努利方程应用于边界层以外的区域来获得。将 U 作为边界层外的速度(势流速度),从伯努利方程得到:

$$\frac{\partial p}{\partial x} = -\rho U \frac{\mathrm{d}U}{\mathrm{d}x} \tag{6.16}$$

这就要求边界层之外的 $U(x)$ 的分布是已知的。根据以前的假设,可以作出以下近似:

$$\frac{\partial^2 u}{\partial x^2} << \frac{\partial^2 u}{\partial y^2} \tag{6.17}$$

通过上述近似,系统由式(6.12)和式(6.13)的 3 个方程减少到以下的两个边界层方程:

$$\frac{\partial u}{\partial x} + \frac{\partial v}{\partial y} = 0$$

$$u \frac{\partial u}{\partial x} + v \frac{\partial u}{\partial y} \approx U \frac{\mathrm{d}U}{\mathrm{d}x} + \frac{\mu}{\rho} \frac{\partial^2 u}{\partial y^2} \tag{6.18}$$

引入剪切应力 $\tau = \mu \frac{\partial u}{\partial y}$,积分式(6.18),得

$$\frac{\mathrm{d}\delta_2}{\mathrm{d}x} + (2 + H_{12}) \frac{\delta_2}{U} \frac{\mathrm{d}U}{\mathrm{d}x} = \frac{\tau_w}{\rho U^2} = \frac{1}{2} C_f \tag{6.19}$$

这是由文献[8]发展的边界层方程。它表示动量厚度 δ_2 随变量 x 的变化的函数,并且包含可以从试验数据获得的形状参数 H_{12} 和摩擦因数 C_f。如果速度斜率接近可忽略的值,则剪切应力趋向于 0,即如果 $\frac{\partial u}{\partial y} \to 0$,则 $\tau_w = \mu \frac{\partial u}{\partial y} \approx 0$。为了求解动量厚度 δ_2 的微分方程式(6.19),需要知道形状参数 H_{12} 和摩擦因数 C_f 的关系。此外,以 $\mathrm{d}U/\mathrm{d}x$ 表示的流向压力梯度必须是已知的。正如后面章节中更详细讨论的那样,文献[9]提出的 C_f 经验关联式具有可接受的精度。

6.2.4　边界层理论在压气机叶片中的应用

以下考虑的目的是通过应用边界层理论来计算压气机叶型损失。假设:①在边界层之外,总压是恒定的,边界层内部有总压力损失;②工作流体不可压缩($Ma < 0.3$);③在出口处的边界层之外,静压和气流角度是恒定的。由黏性引起的总压损失定义为叶型损失系数。对于进口动能为

$$\zeta_P = \frac{\Delta p_o}{\frac{1}{2}\rho V_1^2} \tag{6.20}$$

式中

$$\Delta p_o = \frac{1}{\dot{m}} \int_o^s (p_{o1} - p_{o2}) \, \mathrm{d}\dot{m} \qquad (6.21)$$

其为质量平均总压损失。

根据上述假设和图6.4,边界层外的总压为

$$p_{o1} = p_{o2} = p_2 + \frac{1}{2}\rho V_2^2 \qquad (6.22)$$

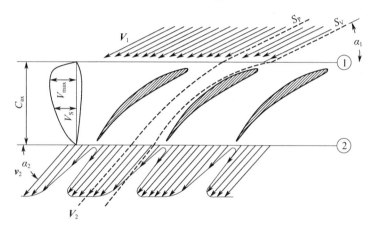

图 6.4 由黏度引起的总压损失,S_P 和 S_V 为势流核心和边界
层内的流线,V_2 和 v_2 为边界层外部和内部的速度

静压 p_2 在边界层内是恒定的。替换式(6.21)中的微分质量流量 $\mathrm{d}\dot{m} = \rho v_2 \sin\alpha_2 h \mathrm{d}s$ 在叶栅高度 $h = 1$ 时,总压损失为

$$\Delta p_0 = \frac{\int_o^s \frac{1}{2}\rho(V_2^2 - v_2^2)\rho v_2 \sin\alpha_2 \mathrm{d}s}{\int_o^s \rho v_2 \sin\alpha_2 \mathrm{d}s} \qquad (6.23)$$

使用以下边界层变量:

$$\delta_1, \delta_2, \delta_3, H_{12} = \frac{\delta_1}{\delta_2} \text{和} H_{32} = \frac{\delta_3}{\delta_2} \qquad (6.24)$$

其中 $\delta_1 = \delta_{1S} + \delta_{1P}$,$\delta_2 = \delta_{2S} + \delta_{2P}$,下标 S 和 P 分别指吸力边和压力边。因此,叶型损失系数被重新改写为

$$\zeta_P = \sigma\left(\frac{\delta_2}{c}\right)\left(\frac{\sin^2\alpha_1}{\sin^3\alpha_2}\right)\left(\frac{1 + H_{32}}{1 - \frac{\delta_2}{c}\frac{\sigma H_{12}}{\sin\alpha_2}}\right) \qquad (6.25)$$

141

对于具有中等流动偏转的压气机,括号中的表达式接近 2,因此,式(6.25)可以近似为

$$\zeta_p = 2\left(\frac{\delta_2}{c}\right)\left(\frac{\sigma}{\sin\alpha_2}\right)\left(\frac{\sin\alpha_1}{\sin\alpha_2}\right)^2 \tag{6.26}$$

无量纲动量厚度 δ_2/c 可以从 von Karman 的边界层方程式(6.19)或试验数据获得。对于压气机叶片的设计,更常见的是使用试验结果。美国国家航空咨询委员会(NACA)进行了关于压气机叶片优化设计的综合试验研究。NACA 系统地研究了许多叶栅的几何结构,特别是文献[6]中发表的 NACA – 65 系列。

在 6.2.5 节中,使用 NACA 的关联式,因为它们仍然适用于低、中和高亚声速压气机叶片。如图 6.5 所示,根据对 NACA 试验的观察,叶片吸力面上的速度分布主要影响边界层的发展,从而导致速度扩散。因此,必须建立边界层动量厚度和吸力面上的速度分布之间的关系。速度扩散可以用扩散比 V_{max}/V_2 表示。文献[10]引入了 V_{max}/V_1 与环量函数 G 之间的函数关系:

$$\frac{V_{max}}{V_1} = C_1 f(G) + C_2 \tag{6.27}$$

其中环量函数为

$$G = \frac{\sin^2\alpha_1}{\sigma}(\cot\alpha_2 - \cot\alpha_1) \tag{6.28}$$

这与升力系数方程式(6.32)直接相关,将在第 16 章进一步讨论。使用设定的进口和出口气流角度:

$$\frac{V_{max}}{V_1} = C_1 \frac{\sin^2\alpha_1}{\sigma}(\cot\alpha_2 - \cot\alpha_1) + C_2 \tag{6.29}$$

常数 C_1 和 C_2 由试验估算。对于 NACA – 65 和圆弧形叶型,分别为: $C_1 = 0.61$, $C_2 = 1.12$。使用扩散比和式(6.29)计算扩散因子,有

$$D = \frac{V_{max}}{V_2} = \left(\frac{V_{max}}{V_1}\right)\left(\frac{V_1}{V_2}\right)$$

$$D = \frac{\sin\alpha_2}{\sin\alpha_1}\left[0.61\frac{\sin^2\alpha_1}{\sigma}(\cot\alpha_2 - \cot\alpha_1) + 1.12\right] \tag{6.30}$$

式(6.30)对参考攻角 i_{ref} 有效。对于与设计攻角不同的攻角,扩散比可以从文献[11]中得到:

$$D = \frac{\sin\alpha_2}{\sin\alpha_1}\left[0.746(i - i_{ref}) + 0.65(i - i_{ref})^2 + 0.61\frac{\sin^2\alpha_1}{\sigma}(\cot\alpha_2 - \cot\alpha_1) + 1.12\right]$$

$$\tag{6.31}$$

式(6.31)中的 D 作为一个独立变量,动量厚度的关联式通过试验获得,并绘制在图 6.5 中。因此,通过将图 6.5 中的 δ_2/c 代入式(6.26)来获得叶型损失。

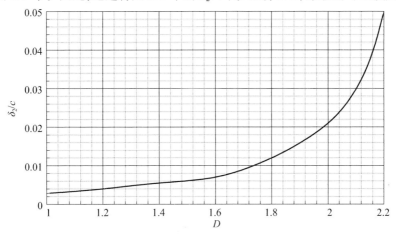

图 6.5　无量纲动量厚度和扩散因子的函数关系

6.2.5　雷诺数的影响

如式(6.26)所示,总损失系数 ζ 与动量厚度成正比,而动量厚度又与雷诺数成反比,即

$$\zeta \sim \delta_2 \sim \frac{1}{Re^m} \tag{6.32}$$

如果所计算的叶片雷诺数与进行试验测量的参考雷诺数不同,则必须通过以下关系修正损失系数:

$$\frac{\zeta}{\zeta_{\text{ref}}} = \left(\frac{Re_{\text{ref}}}{Re}\right)^m, Re = \frac{cV_2}{\nu}, m = -\frac{1}{5} = -0.2 \tag{6.33}$$

6.2.6　级的叶型损失

确定静子和转子叶片的叶型损失系数后,可以通过两种不同的计算方法获得级的叶型损失系数 Z_{P}。第一种方法通过使用损耗系数计算通过叶栅的熵差。这可以在 h—S 图中定位膨胀或压缩端点。它可以计算端点处的静温和总压力,从而计算叶栅效率。第二种方法使用如下定义的级损失系数:

$$Z_1 \equiv Z_{\text{P}} = \zeta'_{\text{P}}\left(\frac{V_i^2}{2l_{\text{m}}}\right) + \zeta''_{\text{P}}\left(\frac{W_{i+1}^2}{2l_{\text{m}}}\right) \tag{6.34}$$

143

式中：ζ_P'，ζ_P''为静子和转子的叶型损失系数；l_m 为级的比机械能；i 为参考平面的数量；其中，ζ_P 已经获得。

6.3 尾缘厚度损失

在静子或转子叶栅的下游，尾缘厚度导致出口速度减小，其在叶栅尾缘平面处产生尾流，如图 6.6 所示。在叶栅的下游，图 6.6 的③处，假设非均匀尾流由于湍流混合变得均匀。这种混合过程会导致额外的总压损失，可以通过使用连续性、动量和能量方程来计算。从连续性方程开始，叶片高度 $h=1$：

$$\int_0^{s-d} \rho_2 V_2 \sin\alpha_2 \mathrm{d}y = \rho_3 V_3 \sin\alpha_3 s \tag{6.35}$$

y 方向的动量方程为

$$\int_0^{s-d} \rho_2 V_2^2 \sin\alpha_2 \cos\alpha_2 \mathrm{d}y = \rho_3 V_3^2 \sin\alpha_3 \cos\alpha_3 s \tag{6.36}$$

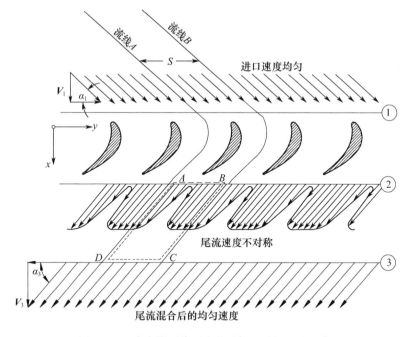

图 6.6 具有有限尾缘厚度的叶栅下游的尾流混合

在 x 方向，有

144

$$\int_o^{s-d} \rho_2 V_2^2 \sin^2 \alpha_2 \mathrm{d}y + \int_o^s p_2(y) \mathrm{d}y = \rho_3 V_3^2 \sin^2 \alpha_3 s + p_3 s \qquad (6.37)$$

能量方程为

$$\zeta = \frac{p_{o2} - p_{o3}}{\frac{1}{2}\rho V_3^2} \qquad (6.38)$$

引入边界层位移和动量厚度,有

$$\delta_{1y} = \int_o^{s-d}\left(1 - \frac{V_2}{V_{2o}}\right)\mathrm{d}y, \delta_{2y} = \int_0^{s-d}\frac{V_2}{V_{2o}}\left(1 - \frac{V_2}{V_{2o}}\right)\mathrm{d}y, H_{12} = \frac{\delta_1}{\delta_2} \qquad (6.39)$$

式中:δ_{1y},δ_{2y} 为 y 方向的位移和动量厚度。此外,在距离方面引入了以下无量纲变量:

$$D = \frac{d}{s} = \frac{b}{s\sin\alpha_2}, \Delta_1 = \frac{\delta_{1y}}{s}, \Delta_2 = \frac{\delta_{2y}}{s}$$

$$\delta_{1y} = \frac{\delta_{1S} + \delta_{1P}}{\sin\alpha_2}, \delta_{2y} = \frac{\delta_{2S} + \delta_{2P}}{\sin\alpha_2} \qquad (6.40)$$

式中:D 为无量纲尾缘厚度。

图 6.7 所示为尾缘处的边界层厚度。

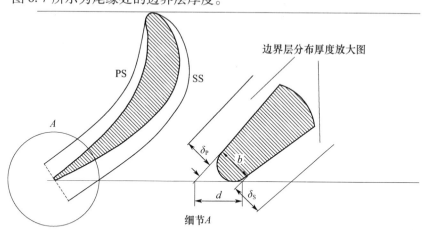

图 6.7　尾缘几何形状,吸力面和压力面上的边界层厚度分布

在式(6.40)中,下标 P 和 S 指压力面和吸力面。把式(6.40)中的关系代入式(6.35),连续性方程得出:

$$\frac{\rho_3 V_3}{\rho_2 V_{2o}} = \frac{\sin\alpha_2}{\sin\alpha_3}[1 - D - \Delta_1] \qquad (6.41)$$

除以动量方程式(6.36)在 y 方向的分量,通过边界层 V_o 外的恒定速度进行以下重新排列:

$$\rho_2 \sin\alpha_2 \cos\alpha_2 \int_o^{s-d} \frac{V_2^2}{V_{2o}^2} \mathrm{d}y = \rho_3 \sin\alpha_3 \cos\alpha_3 \frac{V_3^2}{V_{2o}^2} s$$

$$I = \int_o^{s-d} \left(\frac{V_2}{V_{2o}}\right)^2 \mathrm{d}y = \int_o^{s-d} \left[-\left(1 - \frac{V_2}{V_{2o}}\right) + 1 - \frac{V_2}{V_{2o}}\left(1 - \frac{V_2}{V_{2o}}\right)\right]\mathrm{d}y$$

$$I = s - d - \delta_{1y} - \delta_{2y} \tag{6.42}$$

y 方向的动量方程为

$$\frac{\rho_3}{\rho_2} \frac{\sin\alpha_3}{\sin\alpha_2} \frac{\cos\alpha_3}{\cos\alpha_2}\left(\frac{V_3}{V_{2o}}\right)^2 = 1 - D - \Delta_1 - \Delta_2 \tag{6.43}$$

进一步处理,式(6.43)可重新排列为

$$\left(\frac{\rho_3}{\rho_2}\right)^2 \left[\frac{\rho_2}{\rho_3} \frac{\sin\alpha_3}{\sin\alpha_2} \frac{\cos\alpha_3}{\cos\alpha_2}\right]\left(\frac{V_3}{V_{2o}}\right)^2 = 1 - D - \Delta_1 - \Delta_2 \tag{6.44}$$

用式(6.41)除以式(6.44),得

$$\frac{\rho_2}{\rho_3} \frac{\sin\alpha_3}{\sin\alpha_2} \frac{\cos\alpha_3}{\cos\alpha_2} = \frac{1 - D - \Delta_1 - \Delta_2}{(1 - D - \Delta_1)^2} \tag{6.45}$$

因此,y 方向的动量方程简化为

$$\frac{\rho_3}{\rho_2}\cot\alpha_3 = \cot\alpha_2 \frac{1 - D - \Delta_1 - \Delta_2}{(1 - D - \Delta_1)^2} \tag{6.46}$$

为了进一步处理 x 方向的动量方程,有

$$\int_o^s p_2(y)\,\mathrm{d}y - p_3 s = \rho_3 V_3^2 \sin^2\alpha_3 s - \int_o^{s-d} \rho_2 V_2^2 \sin^2\alpha_2 \,\mathrm{d}y \tag{6.47}$$

第一次积分。在尾缘面,静压通常在 y 方向上变化。然而,引入平均值 $\overline{p_2}$,该值表示沿着尾缘区域的静压的积分平均值。在式(6.47)右侧引入积分项,得

$$(\overline{p_2} - p_3) = \rho_3 \sin^2\alpha_3 V_3^2 - \rho_2 \sin^2\alpha_2 V_{2o}^2 [1 - D - \Delta_1 - \Delta_2] \tag{6.48}$$

最后,无量纲压差为

$$\frac{\overline{p_2} - p_3}{\frac{1}{2}\rho_3 V_3^2} = 2\sin^2\alpha_3 \left[1 - \frac{\rho_3}{\rho_2} \frac{1 - D - \Delta_1 - \Delta_2}{(1 - D - \Delta_1)^2}\right] \tag{6.49}$$

因此,总压损失系数为

$$\zeta = \frac{p_{o2} - p_{o3}}{\frac{1}{2}\rho_3 V_3^2} = \frac{p_2 - p_3}{\frac{1}{2}\rho_3 V_3^2} + \frac{\rho_2}{\rho_3}\left(\frac{V_{2o}}{V_3}\right)^2 - 1 \tag{6.50}$$

146

引入以下附加方程：

$$G_1 = 1 - D - \Delta_1$$
$$G_2 = 1 - D - \Delta_1 - \Delta_2 \tag{6.51}$$

$$\Delta_2 = \Delta_1 / H, R = \frac{\rho_3}{\rho_2}$$

其中 $H = H_{12}$ 表示形状参数。总压损失系数为

$$\zeta = \frac{G_1^2 - 2RG_2 + R}{G_1^2} - \cos\alpha_3^2 \left(\frac{2G_1^2 - 2G_2 + R}{G_1^2} - \frac{1}{R} \frac{G_1^2}{G_2^2} \right) \tag{6.52}$$

对于不可压缩流体，密度比可以设定为 $R = 1$，结果为

$$\zeta = \frac{G_1^2 - 2G_2 + 1}{G_1^2} - \cos\alpha_3^2 \left(\frac{2G_1^2 - 2G_2 + 1}{G_1^2} - \frac{G_1^2}{G_2^2} \right) \tag{6.53}$$

该方程中总压损失系数 ζ 相对于无量纲尾缘厚度 D 的函数关系绘制于图 6.8 中。如图所示，总压损失随着尾缘厚度的增加而增加。该图还显示了边界层厚度对掺混过程的影响。$\Delta_1 = 0.0$ 表示零边界层厚度情况。增加边界层厚度将导致更高的掺混损失。为了显示尾缘厚度对掺混损失的影响，定义掺混损失系数 $\zeta - \zeta_0$，ζ 为零尾缘厚度的损耗系数，结果如图 6.9 所示，其显示了仅仅由于尾缘厚度引起的混合损失。图 6.8 和图 6.9 还显示了尾缘掺混损失系数与相对边界层位移厚度的变化。该参数可以使用边界层计算程序确定，也可以使用 von Karman 积分法快速求解。

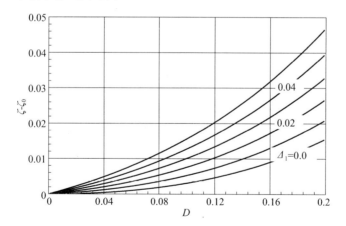

图 6.8　无量纲边界层位移厚度 Δ_1 为参数的尾缘掺混损失
系数 $\zeta - \zeta_0$ 与无量纲尾缘厚度 D 的函数关系

应当指出，通过使用边界层计算获得叶型损失系数时需要计算尾缘掺混损

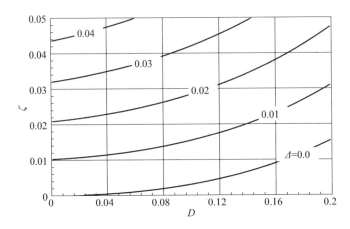

图 6.9 无量纲边界层位移厚度 Δ_1 为参数的
尾缘损失系数与无量纲边缘厚度 D 的函数关系

失。在使用试验结果估计叶型损失的情况下,不需要计算尾缘掺混损失,因为掺混损失已经包括在确定的损失关联式中。

6.4 二次流损失

二次流损失是由叶轮机械级内的复杂涡系引起的。在叶轮机械级固有的各种涡流中,叶顶间隙涡流、轮毂和尖顶端壁涡旋会产生大量的损失。图 6.10 给出了轮毂和叶顶间隙旋涡示意图。

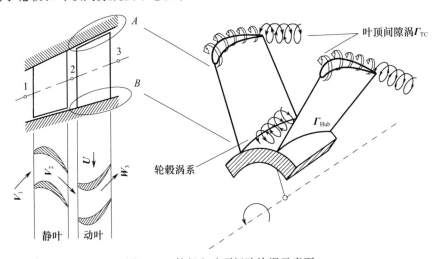

图 6.10 轮毂和叶顶间隙旋涡示意图

1. 叶顶间隙涡

这些旋涡是由叶顶间隙的压力差产生的。靠近叶片尖顶的流体质点具有从压力面移动到吸力面的趋势,并形成一系列受限旋涡,其在叶片后缘聚结而形成自由旋涡。在叶顶间隙形成受限和自由旋涡的过程如图 6.11 所示。流体质点通过叶顶间隙 δ 从压力边移动到吸力边,这种移动造成的效率和性能下降主要有以下两点机理:①叶顶间隙涡诱导产生阻力,从而产生叶顶间隙泄漏损失使涡轮级的效率降低;②通过叶顶间隙泄漏的流量不做功,从而造成涡轮功率损失。对于压气机,特别是高压部分,叶顶间隙的存在将导致压力的大幅度降低。关于这种旋涡的细节及其与诱导的速度和阻力的关系将在 6.4.1 节讨论。

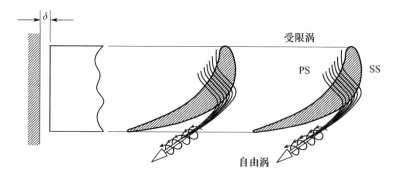

图 6.11 不带冠涡轮叶片顶部和机匣间隙导致的受限涡和自由涡系

2. 端壁二次流旋涡

该涡系是由低能端壁边界层与近端壁叶片通道内压差之间相互作用而形成的,如图 6.12 所示。

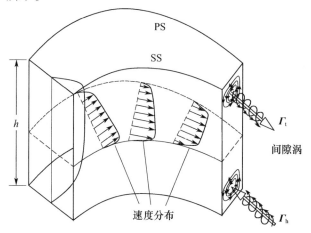

图 6.12 轮毂和叶顶处的端壁二次涡轮毂涡

在叶片通道内,吸力面和压力面之间存在压差。在通道的中截面处,高雷诺数流体被假设为准势流,在上述压力差和对流的流动力作用之间存在平衡条件。在侧壁(轮毂或机匣)附近,边界层速度分布受黏度影响,低能边界层不能保持平衡条件。这将导致边界层中的流体质点倾向于从压力面(凹面)移动到吸力面,并在叶片轮毂和叶顶区域形成二次涡系。该现象如图 6.12 所示,可以看到两个涡系的环量矢量具有相反的方向。根据 Bio - Savart 定律,这些涡流将诱导一个具有相应阻力的速度场。这些附加的阻力必然通过对流力来克服,导致额外的总压损失。为了更好地理解,下面介绍了 Bio - Savart 方法的简要过程。

6.4.1　旋涡诱发速度场的 Bio - Savart 定律

考虑一条强度为 Γ 在无黏无旋环境中的独立的涡线,如图 6.13 所示。

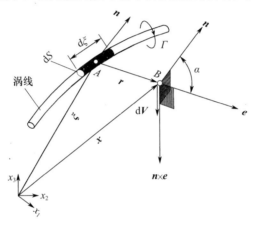

图 6.13　独立的涡线诱发的速度场

涡线的微元 $\mathrm{d}\zeta$ 在距点 A 距离为 r 处的点 B 诱导一个微元速度矢量场 $\mathrm{d}V$。速度矢量 $\mathrm{d}V$ 垂直于由法向单位矢量 n 和 r 方向的单位矢量 e 所组成的平面。单位矢量 n 垂直于无穷小的横截面 $\mathrm{d}S$,而单位向量 e 指向单元 A 的中心点和诱导速度 $\mathrm{d}V$ 的位置 B 的连线方向。描述速度场的关系类似于 Bio 和 Savart 通过电动力学试验发现的关系。Bio - Sarat 定律的全面推导及其在流体力学中的应用在文献[1]中有详细的讨论。下面介绍有助于理解 Bio - Savart 定律的基本原理至关重要的结果。

除了独立涡线所占据的空间外,假设整个流场是无旋的。因此,B 处的诱导速度场为

$$V_B = \frac{\Gamma}{4\pi} \int_{(L)} \frac{n \times e}{r^2} \mathrm{d}\xi \tag{6.54}$$

式(6.54)是无黏性流动的 Bio – Savart 定律。应用式(6.54)到无限长的强度 Γ 的直线涡线,如图6.14所示,诱导速度的大小

$$V_B = \frac{\Gamma}{4\pi} \int_{-\infty}^{+\infty} \frac{\sin\alpha}{r^2} \, \mathrm{d}\xi \qquad (6.55)$$

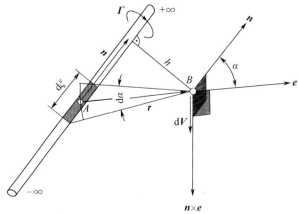

图 6.14　无限长强度为 Γ 的直涡线诱导的速度场

从图6.14可以看出以下关系:

$$\mathrm{d}\xi = \frac{r\mathrm{d}\alpha}{\sin\alpha}, r = \frac{h}{\sin\alpha} \qquad (6.56)$$

把式(6.56)代入式(6.55),得

$$V_B = \frac{\Gamma}{4\pi h} \int_0^\pi \sin\alpha \mathrm{d}\alpha = -\left. \frac{\Gamma}{4\pi h} \cos\alpha \right|_0^\pi = \frac{\Gamma}{2\pi h} \qquad (6.57)$$

为了计算由有限长度 b 的涡线诱导的速度场,式(6.57)的积分边界需用 α_1 和 α_2 替换,如图6.15所示。整理如下:

$$V_B = \frac{\Gamma}{4\pi h} \int_{\alpha_1}^{\alpha_2} \sin\alpha \mathrm{d}\alpha = \frac{\Gamma}{4\pi h} (\cos\alpha_1 - \cos\alpha_2) \qquad (6.58)$$

对于一个半无限长涡旋线设定,有 $\alpha_1 = 0, \alpha_2 = \pi/2$,得诱导速度为

$$V_B = \frac{\Gamma}{4\pi h} \qquad (6.59)$$

考虑到图6.15(b)的阻力/升力比 $D_{ind}/L = V_{ind}/V_\infty$,诱导阻力为

$$D_{ind} = \int_{-b/2}^{b/2} \frac{V_{ind}}{V_\infty} \mathrm{d}L = \int_{-b/2}^{b/2} \frac{V_{ind}}{V_\infty} V_\infty \Gamma(x) \mathrm{d}x = \int_{-b/2}^{b/2} V_{ind} \Gamma(x) \mathrm{d}x \qquad (6.60)$$

式中:$\mathrm{d}L$ 为无穷小升力。对于在 b 和 $s = b/2$ 的跨度上的椭圆形单个型线分布 Γ

151

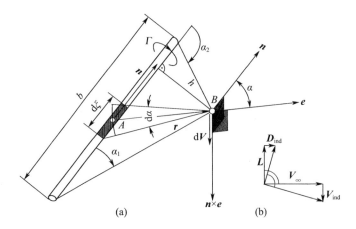

图 6.15　长度为 b 的涡线诱导的速度场(a)和诱导的阻力(b)

$(x) = \Gamma_0 \sqrt{1 - (x/s)^2}$，对式(6.60)积分，得

$$D_{ind} = \frac{2L^2}{\pi \rho V_\infty^2 b^2} \tag{6.61}$$

其中升力 $L = (\pi/4)\rho b V_\infty \Gamma_0$，诱导阻力 $D_i = (\pi/8)\rho \Gamma_0^2$，诱导速度 $w_i(x) = \Gamma_0/2b$，Γ_0 为翼型中间截面的最大环量。式(6.61)是具有椭圆升力分布的机翼诱导阻力的普朗特方程。诱导阻力系数通过对(6.61)除以 $\rho/2 V_\infty^2 bc$ 得出，即

$$C_{D_{ind}} = \frac{C_L^2}{\pi} \frac{c}{b} \tag{6.62}$$

作用在具有任意几何形状的有限跨度机翼的总升力是黏滞阻力与诱导阻力之和。为了克服诱导阻力，必须从系统外部提供额外的机械能。与由沿着机翼表面边界层动量亏损引起的阻力相反，诱导(非黏性)阻力由于下游速度场将引起流动方向的变化。在文献[1]中综合考虑了升力、阻力等空气动力学变量的计算问题。在上述介绍之后，现在将把 Bio - Savart 定律应用于二次流损失计算。

6.4.2　叶顶间隙二次流损失计算

假设一个无黏流动的涡轮叶栅，由于在流场内流体没有黏性影响，相应的阻力为零。存在由二次流引起的诱导升力。对于具有有限跨度和椭圆形升力分布的翼型，普朗特建立了诱导阻力和升力之间的关系。该关系也可应用于二次流效应占优的具有小展弦比的压气机或涡轮。对于涡轮和压气机叶栅，诱导的阻力导致类似于黏性压力损失的总压损失：

$$D_{axin} = sh\Delta p_{os} = \frac{D_{in}}{\sin\alpha_\infty}, \Delta p_{os} = \frac{D_{in}}{\sin\alpha_\infty}\frac{1}{sh} \qquad (6.63)$$

式中:h 为叶片高度;s 为间距;下标 s 和 in 表示二次流和诱导变量。

根据式(6.61)及叶栅命名法,诱导阻力与升力的平方成正比,即

$$D_{in} \sim \frac{F_i^2}{\frac{1}{2}\rho V_\infty^2 sh} \qquad (6.64)$$

其中 F_i 为无黏升力。由二次流引起的阻力导致的总压损失系数的定义为

$$\zeta_s = \frac{\Delta p_{os}}{\frac{1}{2}\rho V_2^2} \qquad (6.65)$$

与式(6.63)联立,得

$$\zeta_s = \frac{1}{\frac{1}{2}\rho V_2^2}\frac{D_{in}}{\sin\alpha_\infty}\frac{1}{sh} \qquad (6.66)$$

将式(6.64)代入式(6.66),得

$$\zeta_s \sim \frac{F^2}{\left(\frac{\rho}{2}\right)^2 V_2^2 V_\infty^2 (sh)^2}\frac{1}{\sin\alpha_\infty} = \left(C_L\frac{c}{s}\right)^2\frac{\sin\alpha_\infty}{\sin^2\alpha_2} \qquad (6.67)$$

式中:$C_L = \dfrac{F_i}{\frac{1}{2}\rho V_2^2 ch}$

对于无黏流动,如第5章中所述,升力系数为

$$C_L\frac{c}{s} = 2\frac{\sin^2\alpha_2}{\sin\alpha_\infty}(\cot\alpha_2 - \cot\alpha_1) \qquad (6.68)$$

式(6.68)代入式(6.66),由诱导阻力引起的总压损失系数为

$$\zeta_s \propto 4(\cot\alpha_2 - \cot\alpha_1)^2\frac{\sin^2\alpha_2}{\sin\alpha_\infty} \qquad (6.69)$$

引入以下载荷函数:

$$\Lambda = \left(C_L\frac{c}{s}\right)^2\frac{\sin\alpha_\infty}{\sin^2\alpha_2} = 4\frac{\sin^2\alpha_2}{\sin\alpha_\infty}(\cot\alpha_2 - \cot\alpha_1)^2 \qquad (6.70)$$

α_∞ 为

$$\cot\alpha_\infty = \frac{1}{2}(\cot\alpha_2 + \cot\alpha_1) \qquad (6.71)$$

联立式(6.70),比例关系式(6.69)变为

$$\zeta_s \propto \Lambda \qquad (6.72)$$

式(6.72)表明二次流损失系数与载荷函数方程式(6.70)呈线性关系。文献[12]的试验研究表明,二次流损失系数也与无量纲叶顶间隙成比例,即

$$\zeta_s \propto f\left(\frac{\delta - \delta_o}{c}\right) \qquad (6.73)$$

式中:δ 为实际的叶顶间隙;δ_o 为叶顶间隙损失为零时的虚拟的叶顶间隙。

结合式(6.72)和式(6.73),并引入常数 K 和指数 m,文献[12]得到描述由于诱导阻力引起的损失系数的最终方程:

$$\zeta_s = K\Lambda\left(\frac{\delta - \delta_o}{c}\right)^m \qquad (6.74)$$

式中:$K = 0.169, m = 0.6$。因此,式(6.74)用于无轮毂机匣的静叶可以写为

$$\zeta'_{st} = 0.676(\cot\alpha_2 - \cot\alpha_1)^2 \frac{\sin^2\alpha_2}{\sin\alpha_\infty}\left[\frac{\delta - \delta_o}{c}\right]^m \qquad (6.75)$$

对于转子,有

$$\zeta''_{st} = 0.676(\cot\beta_3 - \cot\beta_2)^2 \frac{\sin^2\beta_3}{\sin\beta_\infty}\left[\frac{\delta - \delta_o}{c}\right]^m \qquad (6.76)$$

叶顶和轮毂间隙流动有两种不同的影响。首先,它们产生引起附加阻力的二次流旋涡;其次,在涡轮转子中它们引起不参与做功的流量泄漏。这两个影响导致了级效率以及涡轮总效率的降低。由叶顶间隙和端壁涡引起的二次流损失,对具有较小展弦比(如高压涡轮叶片)的级的效率有较大的影响。

图 6.16 所示为流动偏转 Θ 为参数的叶顶间隙总压损失系数与无量纲叶顶间隙的函数关系,总压损失系数随着叶顶间隙的增加而增加。增加流动偏转导致叶顶间隙损失显著增加。具有较大流动偏转等效于叶片具有较高负载函数 Λ,在吸力面和压力面之间具有较高的压差,因此,与具有较低流动偏转的涡流相比,更强的涡流具有更高的二次流损失。

6.4.3　端面二次流损失的计算

如前所述,在轮毂和叶顶端壁处由于低能端壁边界层与近端壁吸力面和压力面之间压差的相互作用会形成旋涡,如图 6.16 所示。

除了叶顶间隙涡之外,在转子顶端(图 6.17(a))的叶片上,由于上述的压差也存在端壁涡流。类似地,对于不带冠静子叶片(图 6.17(b)),会发展间隙和端壁旋涡。端壁二次流旋涡导致诱导的阻力和随后的总压损失的产生原理与叶

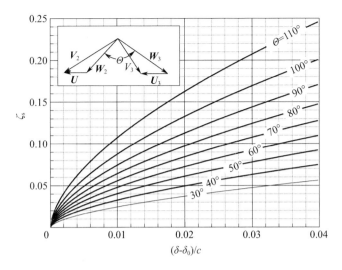

图 6.16　流动偏转 Θ 为参数的叶顶间隙总压损失系数与无量纲叶间隙的函数关系

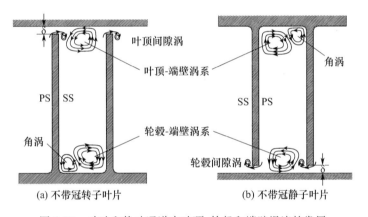

(a) 不带冠转子叶片　　　　　　(b) 不带冠静子叶片

图 6.17　动叶和静叶通道中叶顶、轮毂和端壁涡流的发展

顶间隙涡旋相同,如文献[13]通过试验验证并由文献[4]进一步改进。由于沿着端壁边界层发展对二次流产生起着重要作用,因此显然将其动量亏损包括在关系式中可以描述端壁二次流损失系数。为了考虑由于边界层发展而引起的动量亏损,使用边界层动量厚度而不是模糊的边界层厚度更合适。因此,可以定义由于端壁上的二次流造成的损失系数 ζ_{sw}:

$$\zeta_{sw} = K\left(\frac{\delta_2}{h}\right)\left(C_L\frac{c}{s}\right)^2\frac{\sin\alpha_\infty}{\sin^2\alpha_2} \qquad (6.77)$$

式中:h 为叶片高度。

　　除了端壁二次流损失之外,还存在由流体黏度引起的端壁摩擦导致的总压损失。

图 6.18 所示为文献[4]推导的 α_2 为参数的二次流和端壁摩擦损失系数与 α_1 的关系。

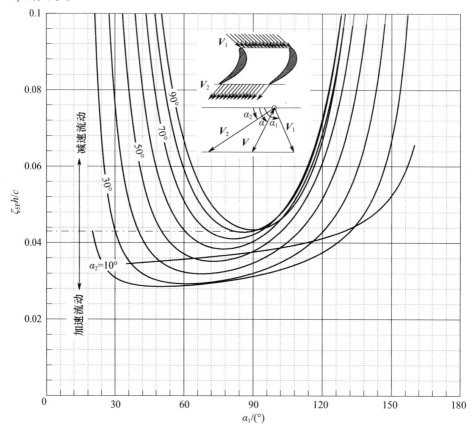

图 6.18　文献[4]推导的 α_2 为参数的二次流和端壁摩擦损失系数与 α_1 的关系

沿着端壁边界层发展引起的损失系数与边界层动量厚度成线性比例。此外,由于端壁摩擦的影响随着叶片高度 h 的增加而减小,所以损失系数与 h 成反比。然后将所得到的关系乘以常数以得出用于估计端壁摩擦因数的以下简单关系:

$$\zeta_{fw} = K_1 \frac{\delta_2}{h} = K_1 \frac{\delta_2}{c} \frac{c}{h} \tag{6.78}$$

假设端壁具有完全发展的湍流边界层(粗略估计),动量厚度可以从零压力梯度平板的表面摩擦因数来估计,如文献[14]所示:

$$c_{fFP} = 2\left(\frac{\delta_2}{c}\right)_{FP} = 0.074 Re_c^{-\frac{1}{5}}$$

$$Re_c = \frac{V_2 c}{v} \tag{6.79}$$

式中：δ_2、c 分别为边界层动量厚度和叶片弦长，为了考虑涡轮或压气机叶栅内的加速和减速变化情况，必须在式（6.79）中考虑表面摩擦力的影响。文献[4]建议在式（6.79）中加入带有表面摩擦力 c_{fFP} 的速度比为

$$c_f = c_{fFP} f^{0.8}, \frac{\delta_2}{c} = \left(\frac{\delta_2}{c}\right)_{FP} f^{0.8} \text{ 和 } f = 0.2 \sum_{n=0}^{4} \left(\frac{V_1}{V_2}\right)^n \tag{6.80}$$

式中：V_1，V_2 分别为叶栅入口和出口速度。在动叶栅中，绝对速度由相对速度 W_2 和 W_3 来代替。用式（6.80）中表面摩擦力表示式（6.78）中的动量厚度，得到两个端壁的摩擦损失系数，其关系如下：

$$\zeta_{fw} \frac{h}{c} = 4K_1 \left(\frac{\delta_2}{c}\right) = 2K_1 c_f \tag{6.81}$$

同样地，式（6.77）中边界层动量厚度可表示为

$$\zeta_{sw} = 2c_f K_2 \frac{c}{h} \left(C_L \frac{c}{s}\right)^2 \frac{\sin\alpha_\infty}{\sin^2\alpha_2} \tag{6.82}$$

综合考虑式（6.81）和式（6.82），由端壁摩擦和二次流动引起的总压力损失系数取决于

$$\zeta_{sf} \frac{h}{c} = 2c_f \left[K_1 + K_2 \left(C_L \frac{c}{s}\right)^2 \frac{\sin\alpha_\infty}{\sin^2\alpha_2}\right] \tag{6.83}$$

其中由文献[13]的试验确定出系数 $K_1 = 4.65$ 和 $K_2 = 0.675$。式（6.83）绘制在图 6.1 中，表达了 α_2 为参数的二次流损失和摩擦损失系数和入口气流角 α_1 的函数关系。对于通过涡轮叶栅的加速流动，入口气流角 $\alpha_1 > \alpha_2$。虚线代表了所有 $\alpha_1 = \alpha_2$ 的情况。这是一个有趣的特殊情况，即流动没有偏转，导致式（6.83）中的升力变为零。因此，端壁摩擦是式（6.83）中唯一的非零项。对于压气机叶栅中的减速流动，入口气流角 $\alpha_1 < \alpha_2$。对于给定的出口气流角 α_2，只要 $\alpha_1 < 90°$，损失系数就保持在最小值附近。在这种情况下，叶栅从入口到出口具有小的流动偏转。对于 $\alpha_1 > 90°$ 的情况，气流偏转角变大，导致 ζ_{sf} 值变大。由于使用式（6.83）确定二次流和摩擦因数，则相应级的损失系数由以下公式计算：

$$Z_{sf} = \zeta'_{sf} \frac{V_2^2}{2l} + \zeta''_{sf} \frac{W_3^2}{2l} \tag{6.84}$$

6.5　带冠叶片的流动损失

为了减少间隙损失，可以将迷宫式密封应用于动叶顶部和静叶轮毂，这是高

压和中压汽轮机设计中的常见做法。迷宫密封的目的是减小通过每个迷宫腔的压差，从而通过耗散泄漏气体的动能来减小间隙质量流量。图 6.19 所示为带迷宫式密封的涡轮级。

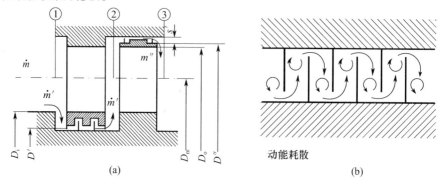

图 6.19　(a)具有迷宫式密封的带冠动叶和静叶涡轮级
以及(b)通过耗散动能降低通过迷宫的压力

由于带叶冠叶片没有叶尖间隙，不存在由于叶尖间隙产生的二次流涡流，但是仍然存在来自轮毂和机匣壁面上的边界层发展的二次流动。与前一节中讨论的情况类似，二次流动损失以及端壁摩擦损失决定了叶片轮毂和叶尖的流动损失情况，可以使用式(6.82)和式(6.83)来估算。

6.5.1　叶冠中的泄漏流动损失

考虑一个带叶冠的涡轮级如图 6.20 所示，静叶上游级的质量流量为 $\dot{m}$。在静叶入口处，该流量的一部分进入到静叶迷宫中。在轴向间隙中，剩余的流量 $\dot{m} - \dot{m}'$ 和泄漏流量 $\dot{m}'$ 之间存在混合过程，该过程假设在动叶片的上游立刻完成。在位置②a处混合之后，一小部分流量 $\dot{m}''$ 流过动叶迷宫不会产生功率。与文献[15]中步骤类似，对于 $\dot{m}'$ 和 $\dot{m}''$ 的计算依赖通过迷宫齿的压差，使用第 4 章中讨论的守恒定律。

在位置③处 $\dot{m}''$ 和剩余的流量 $\dot{m} - \dot{m}'$ 发生混合。所有的静叶和动叶都重复该混合过程，可通过使用守恒方程计算总压损失。由图 6.20 中位置②的连续性方程得出：

$$(\dot{m} - \dot{m}') = \pi \rho D_{\mathrm{m}} h V_{\mathrm{ax2}} \tag{6.85}$$

式中：$\dot{m}'$ 为经过静叶迷宫的流量，假设在位置②a处混合过程已经完成，质量流量可用计算为

$$\dot{m} = \rho \pi D_{\mathrm{m}} h V_{\mathrm{ax②a}} \tag{6.86}$$

158

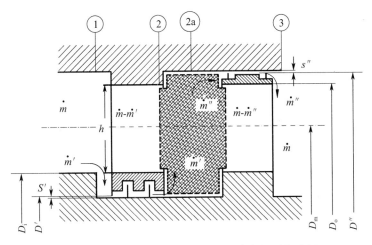

图 6.20 经过迷宫式密封在轴向间隙内的混合过程

注:具有"′"和"″"的变量分别指静叶和动叶

假设流动是轴对称的,其圆周方向的动量方程为

$$(\dot{m} - \dot{m}')V_{u2} = \dot{m}V_{u2a} \tag{6.87}$$

在轴向方向的动量方程为

$$(\dot{m} - \dot{m}')V_{ax2} + \pi D_m h p_2 = \dot{m}V_{ax\circledast} + \pi D_m h p_{\circledast} \tag{6.88}$$

对于静叶,由混合引起的总压损失为

$$\Delta p'_o = p_{o2} - p_{o\circledast} = p_2 - p_{\circledast} + \frac{\rho}{2}V_2^2 - \frac{\rho}{2}V_{\circledast}^2 \tag{6.89}$$

将上述连续性和动量方程代入到式(6.89)中。

对于静叶,有

$$\Delta p'_o = \frac{2\dot{m}'}{\dot{m}} \frac{\rho}{2}V_2^2 \tag{6.90}$$

对于动叶,有

$$\Delta p''_o = \frac{2\dot{m}''}{\dot{m}} \frac{\rho}{2}W_3^2 \tag{6.91}$$

式中:$\dot{m}'$、$\dot{m}''$分别为通过静叶和动叶迷宫的质量流量。为了计算质量流量 $\dot{m}'$ 和 $\dot{m}''$,考虑了 n 个齿组成的迷宫密封流动,如图 6.21 所示。

假设通过迷宫间隙的流动是等熵的,这个假设对于图 6.21(b)中的真实多变射流膨胀过程显然不太准确。然而,急剧膨胀产生的熵增与准等压耗散导致的熵增相比很小,可以忽略不计。因此,可以将伯努利方程应用于间隙内的膨胀

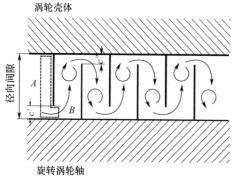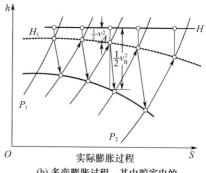

(a) 流量从迷宫腔扩展，经过面积为a_A密封腔、
齿间隙c，面积a_B的膨胀过程和随后迷宫腔内的耗散

(b) 多变膨胀过程，其中腔室内的
速度与齿间速度相比可以忽略不计

图 6.21　迷宫齿和腔室内的膨胀与耗散过程

过程：

$$\left(p + \frac{1}{2}\rho V^2\right)_A = \left(p + \frac{1}{2}\rho V^2\right)_B \tag{6.92}$$

式中：下标 A 表示迷宫腔的横截面积；下标 B 表示轴与迷宫齿之间的间隙面积。

流体进入迷宫腔后，其动能以等压方式耗散为热量。由于面积 $a_B \ll a_A$，速度 $V_B \gg V_A$，因此与 V_B 相比，可以忽略 V_A，得

$$p_A - p_B = \Delta p = \frac{1}{2}\rho V_B^2 \tag{6.93}$$

由于 $\dot{m}' = a_B \rho V_B$，得

$$V_B = \left(\frac{\dot{m}'}{a_B}\right)\frac{1}{\rho} \tag{6.94}$$

将式(6.94)代入式(6.93)，有

$$\Delta p = \frac{1}{2\rho}\left(\frac{\dot{m}'}{a_B}\right)^2 \tag{6.95}$$

为了更好地理解，沿迷宫的压力分布如图 6.21 所示。每个迷宫中的压降相等，静叶迷宫中的压差可表示为

$$\Delta p = \frac{p_1 - p_2}{n'} \tag{6.96}$$

式中：n' 为静叶迷宫的数量。

通过式(6.95)发现：

$$\frac{p_1 - p_2}{n'} = \frac{1}{2\rho}\left(\frac{\dot{m}'}{a_B}\right)^2 \tag{6.97}$$

式(6.97)为通过静叶迷宫的质量流量分数,有

$$\dot{m}' = a_B \sqrt{\frac{2(p_1 - p_2)}{n'}\rho} \tag{6.98}$$

对于静叶内的不可压缩流动,密度近似为 $\rho_1 \approx \rho_2 = \rho$。这种近似可以引入焓差:

$$(p_1 - p_2)v = h_1 - h_2 = \Delta h' \tag{6.99}$$

把式(6.99)代入式(6.98),静叶的泄漏质量流量为

$$\dot{m}' = a_B \rho \sqrt{\frac{2\Delta h'}{n'}} \tag{6.100}$$

通过主流质量流量和级流量系数来引入相对质量流量为

$$\dot{m} = A\rho V_{ax1} = A\rho\phi U \tag{6.101}$$

通过静叶迷宫和动叶迷宫的相对质量流量可以用无量纲级参数表示。下面逐步建立通过静叶迷宫和动叶迷宫的相对质量流量与级参数之间的关系:

$$\frac{\dot{m}'}{\dot{m}} = \frac{a_B}{A}\sqrt{\frac{2\Delta h'}{n'}}\frac{1}{\phi}\frac{1}{U}$$

$$\frac{\dot{m}'}{\dot{m}} = \frac{a_B}{A}\sqrt{\frac{2\Delta h'\Delta h}{n'\Delta h U^2}}\frac{1}{\phi}$$

$$\frac{\dot{m}'}{\dot{m}} = \frac{a_B}{A}\sqrt{\frac{2(1-r)\lambda}{n'\phi^2}} = \frac{\alpha'D'C'}{D_m h}\sqrt{\frac{2(1-r)\lambda}{n'\phi^2}} \tag{6.102}$$

从图6.2中,可以得到 $\Delta h \approx \Delta H$,间隙面积 $a_B = \pi D'C'\alpha'$,叶片横截面 $A = \pi D_m h$ 和静叶间隙 C'。同样的对于动叶迷宫,发现:

$$\frac{\dot{m}''}{\dot{m}} = \frac{\alpha''D''C''}{D_m h}\sqrt{\frac{2r\lambda}{n''\phi^2}} \tag{6.103}$$

迷宫流动的收缩系数 α' 和 α'' 很大程度上取决于迷宫形状。其典型值为 $0.8 \sim 0.93$。对于具有给定的 ϕ、λ、r 和迷宫几何形状的级,图6.22(a)和(b)分别表示通过静叶和动叶迷宫的相对质量流量 $M_{\text{Stator}} = \dot{m}'/\dot{m}$ 和 $M_{\text{Rotor}} = \dot{m}''/\dot{m}$,其以反动度 r 作为参数。对于静叶,在图6.22(a)中,最大泄漏发生在 $r=0$ 时。增加反动度导致通过迷宫的相对质量流量变小,这和通过静叶迷宫的压差是相关的。$r=0$ 时,通过静叶片和静叶迷宫的压差最大,而通过动叶的压差几乎为零。将反动度增加到 $r=0.5$ 时,通过静叶片的压力差减小,因此静叶迷宫的压差减小到50%,使通过静叶迷宫的相对质量流量减小。然而,图6.22(b)所示的通过动叶迷宫的相对质量流量显示了相反的情况。其最大的泄漏流量发生在 $r=$

0.5 时,此时通过动叶片和动叶迷宫具有最大的压差。降低反动度降低了动叶片的压差,因此减小了通过迷宫的相对泄漏质量流量。由质量流量损失引起的级损失系数为

$$Z_{\dot{m}} = \frac{\Delta H \dot{m}''}{l \dot{m}} = \frac{\dot{m}''}{\dot{m}} \tag{6.104}$$

其中级的比机械能 $\Delta H = l_{\mathrm{m}}$。

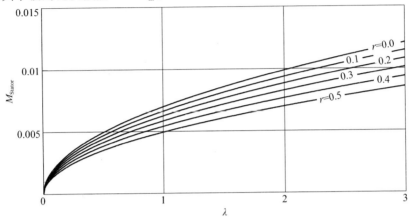

(a) 静叶 ($\phi = 1.0, \alpha' = 0.9, D'/D_{\mathrm{m}} = 0.95$,

$D''/D_{\mathrm{m}} = 1.05$ 以及间隙比 $c'/h = 0.01, c'$ 和 c'' 见图 6.21(a))

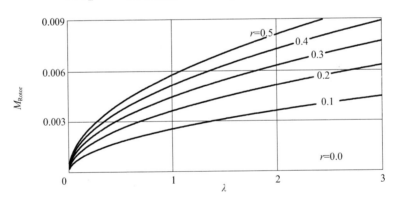

(b) 动叶 ($\phi = 1.0, \alpha'' = 0.9, D'/D_{\mathrm{m}} = 0.95, D''/D_{\mathrm{m}} = 1.05, c''/h = 0.01$)

图 6.22 反动度 r 为参数的通过静叶的相对质量流量 $M_{\mathrm{Stator}} = \dot{m}'/\dot{m}$ 和

级载荷系数 λ 的函数关系以及通过动叶迷宫的相对质量流量

$M_{\mathrm{Rotor}} = \dot{m}''/\dot{m}$ 与载荷系数 λ 的函数

级的间隙泄漏损失由静叶和动叶的掺混损失组成,质量流量比由式

162

(6.102)和式(6.103)给出,动叶质量流量损失由式(6.104)给出,总结为 $Z_{LC} = Z_M + Z_{\dot{m}}$,详细有以下方程:

$$Z_{LC} = \frac{\dot{m}'}{\dot{m}} \frac{\phi^2}{\lambda} \frac{1}{\sin\alpha_2^2} + \frac{\dot{m}''}{\dot{m}} \frac{\phi^2}{\lambda} \frac{1}{\sin\beta_3^2} + \frac{\dot{m}''}{\dot{m}} \tag{6.105}$$

式(6.105)已经被评估过,图6.23所示为载荷系数 λ 为参数的级间隙泄漏损失系数与反动度 r 的函数关系。如图所示,在 $r = 0$ 时泄漏损失最低。保持级载荷系数 λ 恒定增加反动度,导致更高的级间隙泄漏损失。λ 越高损失增加得越快。

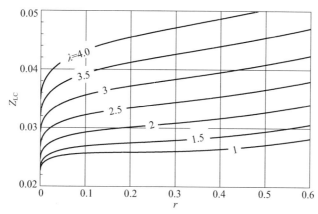

图6.23 级载荷系数为参数的带冠涡轮级反动度与级间隙泄漏损失系数 Z_{LC} 的函数关系

6.6 出口损失

出口损失表示由离开涡轮或压气机部件流体的动能引起的总能量损失。对于多级涡轮,它仅发生在最后级。对于单级涡轮,出口损失对级效率降低具有显著的影响。出口损失系数 Z_E 定义为出口动能与级的比机械能的比值:

$$Z_E = \frac{V_3^2}{2l} = \frac{V_3^2}{2\lambda U_3^2} \tag{6.106}$$

用出口速度矢量 V_3 表示轴向速度分量,并使用第5章中的级无量纲参数,得

$$Z_E = \frac{\phi^2}{2\lambda \sin^2\alpha_3} \tag{6.107}$$

用第5章中的级参数替换出口气流角 α_3,有

$$Z_E = \frac{\phi^2 + \left(1 - \frac{\lambda}{2} - r\right)^2}{2\lambda} \tag{6.108}$$

级的流量系数 ϕ 可以表示为静叶出口气流角 α_2 的函数,其是级设计参数之一。

$$\phi = \tan\alpha_2\left[1 - r + \frac{\lambda}{2}\right] \tag{6.109}$$

将式(6.109)代入式(6.108),得

$$Z_E = \frac{1}{2\lambda}\left[\tan^2\alpha_2\left(1 - r + \frac{\lambda}{2}\right)^2 + \left(1 - \frac{\lambda}{2} - r\right)^2\right] \tag{6.110}$$

式(6.110)显示了级载荷系数 λ、静叶出口气流角 α_2 和反动度 r 对出口损失系数 Z_E 的影响,其结果如图6.24所示。对于每对静叶出口气流角 α_2 和反动度 r,在特定的 λ 存在最小出口损失系数。由于多级涡轮机中最后一级的出口动能不会转化为轴功,因此必须使其保持尽可能小。对于静叶出口气流角 $\alpha_2 = 20°$,反动度 $r = 50\%$,其载荷系数在 $\lambda = 1$ 时达到最小值。具有该级特征的动叶排具有绝对出口气流角 $\alpha_3 = 90°$。

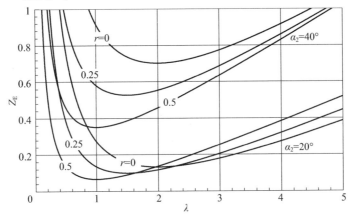

图6.24 反动度 r 为参数的出口损失系数 Z_E 与级载荷系数 λ 的函数关系

6.7 燃气轮机叶片尾缘喷射掺混损失

提高燃气轮机的热效率需要提高涡轮入口温度。对于传统的涡轮叶片材料,前面级的冷却允许增加涡轮入口温度。所需的冷却流量部分或全部通过后缘槽缝喷入下游轴向间隙并与主流混合。尾缘喷射影响冷却叶片下游的流动,

尤其是冷却工质和主流的掺混损失。喷射速度比、冷却工质流量比、槽宽比和喷射角度都会影响掺混损失,进而影响叶冷却片的效率。不恰当地选择这些参数会导致更高的掺混损失,从而降低冷却涡轮级的效率。文献[16-17]对二维涡轮静叶的试验研究工作表明,尾缘喷射显著影响叶片效率。文献[18-19]以及文献[20]的分析和试验研究旨在确定和优化关键设计参数,以显著降低由于尾缘喷射混合所引起的空气动力学损失。

6.7.1 掺混损失的计算

从第 4 章中提出的守恒定律出发,推导出准确描述上述参数对冷却涡轮叶片下游流场影响的关系式。图 6.25 所示为叶片上游①、紧邻尾缘平面②和掺混截面③的状态。对控制体积 $ABCDA$ 应用守恒定律。

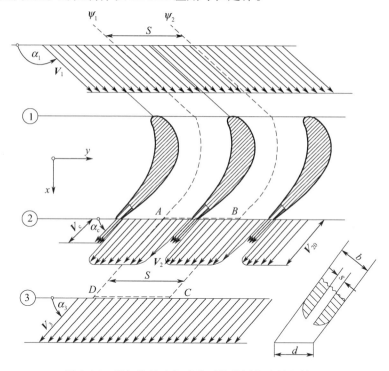

图 6.25 燃气轮机冷却叶片下游的尾缘喷射和掺混

连续方程可以写为

$$\int_0^{s-d} \rho_2 V_2 \sin\alpha_2 \mathrm{d}y + \rho_c V_c \sin\alpha_c fd = \rho_3 V_3 \sin\alpha_3 s \tag{6.111}$$

y 方向的动量方程为

165

$$\int_0^{s-d} \rho_2 V_2^2 \sin\alpha_2 \cos\alpha_2 \mathrm{d}y + \rho_c V_2^2 \sin\alpha_c \cos\alpha_c fd = \rho_3 V_3^2 \sin\alpha_3 \cos\alpha_3 s \quad (6.112)$$

x 方向的动量方程为

$$\int_0^{s-d} \rho_2 V_2^2 \sin^2\alpha_2 \mathrm{d}y + \rho_c V_c^2 \sin^2\alpha_c fd + \int_0^s p_2(y) \mathrm{d}y = \rho_3 V_3^2 \sin^2\alpha_3 s + p_3 s \quad (6.113)$$

式中:参数 $f=s/b$ 为槽宽 s 和后缘厚度 b 的比;α_2、α_c 分别为出口气流角和冷却工质的喷射角度;V_2、V_c 分别为叶片出口速度和平均喷射速度;$p_2(y)$ 为沿 y 方向间距 t 的静压分布。

假设图 6.25 中的角度 α_2 和 α_c 是恒定的,在尾缘区域外,静压可以假设为常数 $p_2(y)=p_{20}$,如文献[21]所示,在尾缘区域内 p_2 为非线性分布,其平均值可能与 p_{20} 不同。由于该压力差仅发生在相对较小的尾缘区域内,因此与式(6.113)中的其他项相比较可以忽略不计。在槽缝的出口处,压力 $p_2(y)$ 由冷却工质的静压 p_c 决定。

通过假设 $p_c=p_{20}$ 并考虑上述事实,静压在整个间距上近似不变,即 $p_2=p_{20}$。为了进一步处理式(6.111)~式(6.113),引入了边界层参数,即位移厚度、动量厚度和形状参数:

$$\delta_1 = \int_0^{s-d} \left(1 - \frac{V_2}{V_{20}}\right) \mathrm{d}y, \delta_2 = \int_0^{s-d} \frac{V_2}{V_{20}}\left(1 - \frac{V_2}{V_{20}}\right) \mathrm{d}y \quad (6.114)$$

无量纲厚度由以下公式确定:

$$\Delta_1 = \frac{\delta_1}{s}, \delta_1 = \frac{\delta_{1S} + \delta_{1P}}{\sin\alpha_2}$$

$$\Delta_2 = \frac{\delta_2}{s}, \delta_2 = \frac{\delta_{2S} + \delta_{2P}}{\sin\alpha_2}$$

$$D = \frac{b}{\sin\alpha_2} = \frac{d}{s} \quad (6.115)$$

式中:下标 S、P 分别指吸力和压力表面。

将无量纲参数式(6.115)代入式(6.111)~式(6.113),得到连续性关系为

$$\frac{\rho_3}{\rho_2}\frac{V_3}{V_2} = \frac{\sin\alpha_2}{\sin\alpha_3}\left[1 - \Delta^* - D\left(1 - \frac{\sin\alpha_c}{\sin\alpha_2}\mu\tau f\right)\right] \quad (6.116)$$

y 方向的动量方程为

$$\frac{\rho_2}{\rho_3}\cot\alpha_3 = \cot\alpha_2 \left\{ \frac{1 - \Delta_1 - \Delta_2 - D\left(1 - \frac{\sin 2\alpha_c}{\sin 2\alpha_2}\mu\tau f\right)}{\left[1 - \Delta_1 - D\left(1 - \frac{\sin\alpha_c}{\sin\alpha_2}\mu\tau f\right)\right]^2} \right\} \quad (6.117)$$

166

x 方向的动量方程可以确定静压差:

$$\frac{p_{20}-p_3}{\frac{1}{2}\rho_3 V_3^2}=2\sin^2\alpha_3\left\{1-\frac{\rho_3}{\rho_2}\frac{1-\Delta^*-\Delta^{**}-D\left(1-\frac{\sin^2\alpha_c}{\sin^2\alpha_2}\mu^2\tau f\right)}{\left[1-\Delta^*-D\left(1-\frac{\sin\alpha_c}{\sin\alpha_2}\mu^2\tau f\right)\right]^2}\right\}\quad(6.118)$$

式中: $\mu=\dfrac{\overline{V}_c}{V_{20}},\tau=\dfrac{T_2}{T_c},R=\dfrac{\rho_3}{\rho_2}$ 分别为速度、温度和密度比。

为了定义掺混过程引起的能量耗散,不仅要考虑主流的原因,还要考虑冷却工质。为此,将机械能和热能平衡相结合,并建立一种表示与周围环境交换热能和机械能(详见第 12 章)系统内的总压变化的关系。对于没有机械能交换的绝热稳定流动,该方程简化为

$$\nabla\cdot(VP)=\frac{\kappa-1}{\kappa}\nabla\cdot(V\cdot T)\qquad(6.119)$$

式中: $P\equiv p_0=p+\dfrac{1}{2}\rho V^2$ 为总压; T 为剪切应力张量; κ 为比热容比。

式(6.119)指出,单位体积的流体黏性力做功引起单位体积的总压功的损失。对于无黏流体,式(6.119)简化为伯努利方程。对式(6.119)在控制体内进行积分,并通过高斯散度定理将体积分转换为表面积分。

$$\int_s(n\cdot VP)\mathrm{d}S=\int_{S_{in}}(n\cdot VP)\mathrm{d}S+\int_{S_{out}}(n\cdot VP)\mathrm{d}S=\dot{E}\quad(6.120)$$

式(6.120)中的第二个和第三个积分分别表示对考虑的整个入口和出口表面进行积分。引入单位质量流量 $\dot{m}_c,\dot{m}_2$,并将入口总压替换为位置 2 势流核心处的总压,其总能量耗散为

$$\Delta\dot{E}=\dot{m}_2\left(\frac{p_{20}}{\rho_2}+\frac{1}{2}V_{20}^2\right)+\dot{m}_c\left(\frac{p_c}{\rho_c}+\frac{1}{2}V_c^2\right)-\dot{m}_3\left(\frac{p_3}{\rho_3}+\frac{1}{2}V_3^2\right)\qquad(6.121)$$

关于出口动能,其损失系数定义为

$$\zeta=\frac{\Delta\dot{E}}{\frac{1}{2}\dot{m}_3 V_3^2}\qquad(6.122)$$

质量流量比:

$$\frac{\dot{m}_2}{m_3}=\frac{1-\Delta_1-D}{1-\Delta_1-D\left(1-\frac{\sin\alpha_c}{\sin\alpha_2}\mu\tau f\right)}$$

167

$$\frac{\dot{m}_c}{m_3} = \frac{\sin\alpha_c \mu\tau fD}{\sin\alpha_2\left[1 - \Delta_1 - D\left(1 - \frac{\sin\alpha_c}{\sin\alpha_2}\mu\tau f\right)\right]} \tag{6.123}$$

对于式(6.122),通过式(6.116)~式(6.118)并引入以下辅助函数:

$$G_1 = 1 - \Delta^* - D\left(1 - \frac{\sin\alpha_c}{\sin\alpha_2}\mu\tau f\right)$$

$$G_2 = 1 - \Delta^* - \Delta^{**} - \left[\left(1 - \frac{\sin^2\alpha_c}{\sin^2\alpha_2}\mu\tau f\right)\right]$$

$$G_3 = 1 - \Delta^* - D\left[\left(1 - \frac{\sin\alpha_c}{\sin\alpha_2}\mu^3\tau f\right)\right]$$

$$G_4 = \frac{\sin\alpha_c\sin(\alpha_c - \alpha_2)}{\sin^2\alpha_2\cos\alpha_2}\mu^2\tau fD \tag{6.124}$$

损失系数 ζ 由以下方程描述:

$$\zeta = \frac{G_1^3 - 2RG_1^2 + R^2 G_3}{G_1^3} - $$

$$\cos^2\alpha_3\left(\frac{G_1^3 - 2RG_2 G_1^2 + R^2 G_3}{G_1^3} - \frac{G_1 G_3}{(G_2 - G_4)^2}\right) \tag{6.125}$$

其中给出了影响尾缘喷射的所有重要参数。通过这些关系,可以预测由于尾缘厚度引起的能量耗散、尾缘处的边界层厚度和尾缘喷射流动。在这方面,尾缘喷射对能量耗散的影响是特别重要的。为此,考虑一个典型的燃气涡轮叶栅,其几何形状、出口气流 α_2 和边界层参数是已知的。为了显示尾缘喷射的影响,损失系数 ζ 可通过式(6.125)求出,并为冷却工质质量流量比 $\dot{m}_c/\dot{m}_2$ 的函数。

损失系数 ζ 包括由黏度效应引起的叶型损失。为了消除这种影响,考虑具有相同流动条件和边界层参数但具有无限小尾缘且没有喷射的叶栅。该叶栅在吸入边和压力边具有几乎相同的压力分布,并且具有相同的叶型损失系数。在这种情况下的差异 $\zeta - \zeta_0$ 说明了对于给定尾缘厚度对尾缘喷射的影响。

6.7.2 后缘喷射掺混损失

式(6.125)包括影响掺混损耗系数 ζ 的 3 个主要参数,即冷却速度比 $\mu = \bar{V}_c/V_2$,冷却工质质量流量比 $\dot{m}_c/\dot{m}_2$,槽宽比 $f = s/b$ 和温度比 $\tau = T_c/T_2$。文献[18-19]在理论上研究了这些参数的影响,文献[20]通过试验验证了两种不同的涡轮,即航天飞机主发动机(SSME)和工业燃气轮机。对于两个不同的叶栅,其冷却工质质量流量比 $\dot{m}_c/\dot{m}_2$ 从 0.0 变化到 0.04,其对应于冷却速度比 $\mu = $

0.0~1.40。

6.7.3 喷射速度比对掺混损失的影响

图6.26所示为SSME叶片无量纲参数槽宽比 f 作为参数的总压掺混损失系数与速度比 $\mu = \overline{V}_c/V_2$ 的函数关系,其中带标记的曲线表示试验测量结果,实线表示理论估算结果。

对于无喷射的情况 $\mu = 0.0$,由于尾缘的有限厚度以及沿着叶片的压力面和吸力面的边界层发展,其存在压力损失。随着冷却射流速度的增加,最初损失增加直到达到最大值。冷却射流速度的进一步增加导致损失 ζ 减小,并减小到最小值然后增加。对于 $\mu < 0.7$,喷入冷却工质引起的损失高于无喷射情况,这是由于冷却射流的低动量不能维持尾缘下游尾流的强烈耗散。因此,主流携带冷却工质流动导致射流能量的完全耗散。因此,较高的混合损失发生在低喷射速度下直到 ζ 达到最大值。当 $\mu = 0.3$ 或超出时,ζ 开始减小。对于喷射速度比 $\mu > 0.7$,冷却射流的动量足以克服尾流,因此不会完全耗散。由于这种现象,混合损失显著减少,如图6.26所示。这种减少继续进行直到 ζ 达到最小值,此时 $\mu = 1$ 左右。进一步增加 $\mu \approx 1.1$ 以上时,与之前解释的原因类似,损失再次增加。

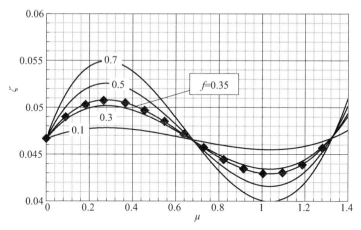

图6.26 SSME叶片槽宽比 f 作为参数的尾缘掺混损失系数 ζ 与速度比 μ 的函数关系。正方形符号的数据为试验结果[19-20]

图6.27所示为航天飞机主机涡轮叶片槽宽比 f 为参数的损失系数 ζ 与动量比 $(\dot{m}_c \overline{V}_c)/(\dot{m}_2 V_2)$ 的函数关系。此外,从该图中可以明显看出,对于给定的 f,掺混损失系数具有最佳值。考虑到在尾缘出口平面处槽的每一侧的壁厚,对于

具有尾缘喷射的冷却涡轮,槽宽比为0.3～0.35似乎是相当合理的估计。

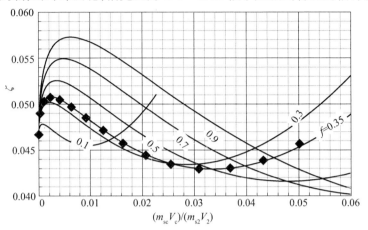

图 6.27 SSME 叶片槽宽比 f 为参数的损失系数 ζ 与

动量比 $(\dot{m}_c \overline{V}_c)/(\dot{m}_2 V_2)$ 的函数关系[19-20]

6.7.4 最优掺混损失

涡轮叶片空气动力学家和设计者特别感兴趣的是,对于给定的冷却工质质量流量,槽宽比 f 应该有多小,这取决于传热要求以满足 ζ 的最佳条件。图 6.28 提供了重要信息。该图示出了以质量流量比 $\dot{m}_c/\dot{m}_2$ 为参数的混合损失系数 ζ 与槽宽比的函数关系。通过选择适当的槽宽比可以很容易地发现最佳的掺混损失。

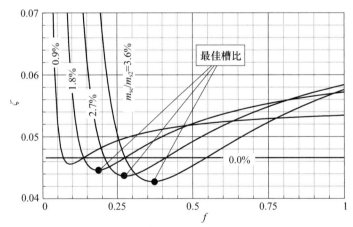

图 6.28 SSME 叶片的损失系数 ζ 与槽宽比 f 的函数关系[19-20]

6.8　级的总损失系数

在计算完单个级损失系数 Z_i 后,级的总损失系数计算为

$$Z = \sum_{i=1}^{n} Z_i = Z_1 + Z_2 + \cdots \tag{6.126}$$

其中指数 i 表示每个级损失,如叶型损失、二次流损失等。定义级的总熵损失系数 Z_s 为

$$Z_s = \frac{\Delta h_{\text{loss}}}{\Delta H_s} \tag{6.127}$$

式中:Δh_{loss} 表示本章讨论的由于不同损失机制的所有焓损失,以及可用级的等熵焓差 ΔH_s。

对于涡轮级,式(6.127)写为

$$Z_s = \frac{\Delta h_{\text{loss}}}{1 + \Delta h_{\text{loss}}} = \frac{Z}{Z + 1} \tag{6.128}$$

对于压气机级,有

$$Z_s = \frac{\Delta h_{\text{loss}}}{1 - \Delta h_{\text{loss}}} = \frac{Z}{1 - Z} \tag{6.129}$$

涡轮级的等熵效率定义为实际总焓差(其与级的机械能一致)和级的等熵总焓差的比值。级的等熵效率 Z_s 可以表示为

$$\eta_s = \frac{\Delta H}{\Delta H_s} = \frac{l}{\Delta H_s} = \frac{\Delta H_s - \Delta h_{\text{loss}}}{\Delta H_s} = 1 - Z_s \tag{6.130}$$

用 Z 表示为

$$\eta_s = \frac{\Delta H}{\Delta H_s} = \frac{l}{\Delta H_s} = \frac{l}{l + \Delta h_{\text{loss}}} = \frac{1}{1 + Z} \tag{6.131}$$

式(6.131)表示以实际总级损失系数 Z 表示的等熵涡轮机级效率。由 Z_s 得出压气机级的类似关系为

$$\eta_s = \frac{\Delta H_s}{\Delta H} = \frac{\Delta H_s}{\Delta H_s + \Delta h_{\text{loss}}} = \frac{1}{1 + Z_s} \tag{6.132}$$

用 Z 表示为

$$\eta_s = \frac{\Delta H_s}{\Delta H} = \frac{\Delta H_s}{l} = \frac{l - \Delta h_{\text{loss}}}{l} = 1 - Z \tag{6.133}$$

6.9　扩压器结构、压力恢复及损失

扩压器连接到叶轮机械部件如压气机和涡轮机的出口,将工质的部分动能

转换成势能。在具有亚声速出口马赫数的发电燃气轮机的情况下,扩压器背压与环境压力相同且不能增加。因此,扩压器降低入口压力到环境压力以下以达到设计压力比。因此,在涡轮机出口处安装扩压器导致级背压下降。结果,涡轮部件的比总焓差将提高而以更高的效率增加比功率。同时,扩压器降低出口动能以减少发动机的出口损失。在汽轮机发电装置中,与低压涡轮最后一级相连的扩压器具有冷凝器压力所决定的背压。然而,冷凝器压力由环境温度(河流温度、冷却塔空气温度)决定,因此被认为是恒定的。在具有预定出口压力的压气机中,安装扩压器导致输入到压气机的比机械能减少。安装在涡轮和压气机部件出口的扩压器的热力学工作原理如图 6.29 所示。

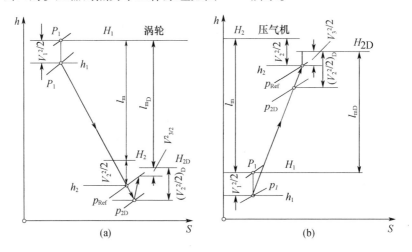

图 6.29　涡轮部件(a)和压气机部件(b)的扩压器热力学与原理,
带下标 D 的变量是指带扩压器的情况

　　如图所示,在燃气轮机或蒸汽轮机中,参考压力 P_{ref} 分别与环境压力和冷凝器压力相同。在压气机中,它代表压气机出口压力。

6.9.1　扩压器结构

　　为了高效地将流出流体的动能转换成势能,会使用轴向、径向和混合流动扩压器。特定扩压器结构的选择主要取决于由压气机或涡轮尺寸及其出口几何形状所规定的设计约束。对于燃气轮机,可使用具有不同几何形状的轴流式扩压器。如图 6.30 所示,它们可以有外锥形壳体、圆锥形或恒定直径的中心壳体。多通道短扩压器也可用于更大的开口角以避免流动分离。虽然短扩压器具有更紧凑的设计,但是与分离器有关的附加表面增加了摩擦损失,导致扩压器效率降低。虽然短的扩压器允许更紧凑的设计,但是分离器的附加表面摩擦损失增加,导致扩压器效率降低。对于蒸汽轮机,根据具体设计要求可以应用轴向和径向扩压器,如图6.31所示。

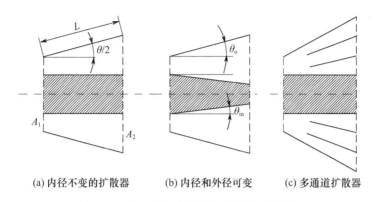

(a) 内径不变的扩散器　　(b) 内径和外径可变　　(c) 多通道扩散器

图6.30　用于轴流式涡轮的不同扩压器结构

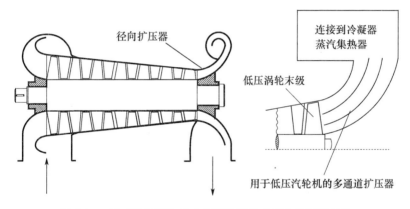

图6.31　用于轴流压气机和低压汽轮机的径向扩压器结构

对于工业压气机,通常使用径向扩压器,促进从压气机出口到集热器的有效动能转换,如图6.31所示。离心压气机的扩压器可以是无叶片的或者具有来自转子叶片的具有绝对出口气流角的叶片。

6.9.2　扩压器压力恢复

将来自压气机最后一级或者涡轮出口的动能实现最佳转换为势能,需要充分考虑以下扩压器参数组成:①面积比;②长/高比(L/h);③扩散角θ,与轴向长度比(L_{ax}/L)直接相关的参数;④入口涡流参数;⑤入口湍流强度;⑥雷诺数;⑦马赫数。此外,入口处的边界层厚度和阻塞因子在扩压器的无分离工作中起重要作用。

173

如图 6.32 所示,两个扩压器可以设计成具有相同面积比但具有两个不同的轴向长度。虽然长扩压器具有较小的开口角使得其不易于流动分离,但是短的扩压器具有在更短的长度内执行能量转换的优点,因此涡轮机的轴向长度显著减小。如果设计得当,短扩压器可以产生与长扩压器相同甚至更高的压力恢复程度。因此,设计适当扩压器的目的是,在可接受的短轴向长度下(开口角度 θ)实现接近最佳的压力恢复。如果扩压器在分离点附近运行,则可以实现最佳的压力恢复。此时,壁面剪切应力 $\tau_w = \partial u / \partial y \approx 0$ 导致总压力损失系数 ζ 降低,因此压力恢复增加。Kline[22] 等早期的经典研究工作是在直壁扩散器上进行优化基本设计参数。文献[23]对矩形、圆锥形和环形横截面进行了系统的试验研究来确定扩压器的最佳几何形状。通过大量试验生成可以提取给定面积比和长度/入口高度比(L/h)的压力恢复值。

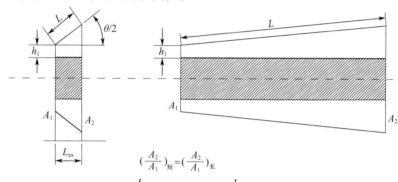

短扩压器: $\dfrac{L}{h_1}$ =2.7　长扩压器: $\dfrac{L}{h_1}$ =16.9

图 6.32　具有相同面积比和不同开角的短扩压器和长扩压器

平均入口和出口处的流动变量,x 方向任意位置的总压平衡为

$$\bar{p}_1 - \bar{p}_x = \frac{\rho}{2}(\bar{V}_x^2 - \bar{V}_1^2) + \zeta \frac{\rho}{2} \bar{V}_1^2 \tag{6.134}$$

由于损失系数 ζ 与壁面剪切应力直接相关,对于不可压缩流动并且 $\tau_w \Rightarrow 0$,式(6.134)接近伯努利方程,产生最大压力恢复。考虑式(6.134)中的平均量,定义压力恢复系数为

$$c_{PR} = \frac{\dfrac{1}{x_x}\displaystyle\int_{b_x} p_x \mathrm{d}b - \dfrac{1}{b_1}\displaystyle\int_{b_1} p_1 \mathrm{d}b}{\dfrac{1}{b_1}\displaystyle\int_{b_1} q_1 \mathrm{d}b} \tag{6.135}$$

式中:$q_1 = \rho \bar{V}_1^2 / 2$;$b_1$,$b_x$ 为在①处和⊗处的宽度,如图 6.33 所示。

如式(6.135)所示,c_{PR} 的计算需要知道 p_1 和 p_x 在整个宽度上的分布。应用

174

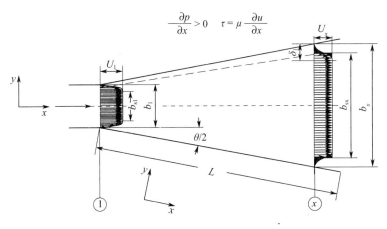

图 6.33 速度和边界层分布示意图

普朗特假设,壁面和边界内的压力由边界层外部的压力决定,式(6.135)可以化简为

$$c_{PR} = \frac{p_x - p_1}{q_1} \qquad (6.136)$$

式中:p_1、p_x 为壁静压力。

只要边界层完全连接,式(6.136)可以应用于扩压器性能评估。在流动完全分离的情况下,边界层厚度变大,上述普朗特假设失效。因此,需要定义不同的恢复因子以解决边界层的不利变化,包括分离。在流动分离的情况下考虑边界发展的不利影响的物理相似准则是转换系数 λ,定义为

$$\lambda = \frac{U_1^2 - U_x^2}{U_1^2} \qquad (6.137)$$

如图 6.33 所示,U_1 和 U_x 为边界层外的速度。式(6.137)表明,由于大的 θ 引起逆压梯度使边界层厚度增加,减小了核心流的尺寸,从而增加其速度并减小 λ。增加 θ 超出其极限会导致大量的流动分离。在这种情况下,流体以喷射速度离开扩压器,$U_x \approx U_1$ 且 $\lambda = 0$。流动分离产生强烈不稳定流动状态的涡旋,占据扩压器体积的主要部分。出口射流可以在壁面之间振荡或者黏附到其中一个侧壁上,如图 6.34 所示。

6.9.3 短扩压器设计

虽然燃气轮机的比净功率不断增加使其更紧凑,但其出口扩压器仍然占有相当大的体积。为了减小体积,可以设计符合以下标准的短扩压器:ⓐ扩压器轮廓结构应使其边界层不易分离;ⓑ应采取措施通过影响短扩压器的入口流动条

175

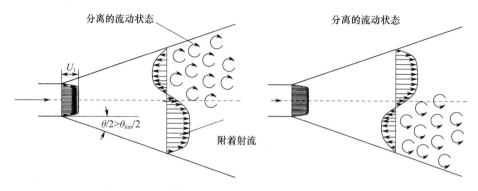

图 6.34　两个侧壁之间的不稳定出口射流振荡 $\theta > \theta_{\lim}$

件来防止/抑制边界层分离。文献[24]在试验和理论研究中解决了上述问题。

在情况(a),进行了系统的保角变换,其中描述了具有直的、凹的和凸的壁面的扩压器的几何形状,如图 6.35 所示。为了计算流动分离的敏感性程度,在文献[25]中,假设流动是层流,其比湍流对于分离更敏感。对于上述几何形状,将 Navier – Stokes 方程转换为相应的体拟合正交坐标系,并找到不同扩压器几何形状的相应解。给定所有 3 种几何形状(凸、直、凹)的相同面积比和入口流动条件,凹壁扩压器对流动分离不太敏感,如图 6.35 所示。

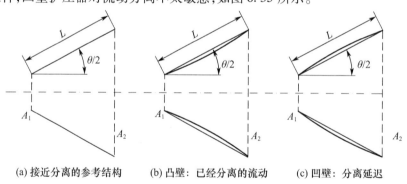

(a)接近分离的参考结构　　(b)凸壁：已经分离的流动　　(c)凹壁：分离延迟

图 6.35　扩压器轮廓的优化

在情况(b)中,如文献[25]所述,通过产生涡流来控制流动分离进而来防止边界层分离。通过改变 3 种不同扩压器长度比 $l/w = 4,6,8$ 下的开角 Θ 进行试验研究,如图 6.36 所示。

为了抑制或延迟边界层分离,通过安装在扩压器入口上游的两个涡流发生器(VGE)产生两个涡线的系统。应用了两种类型的 VGE,如图 6.36 中 A 和 B 所示。第一个 VGE 具有直边,浸入高度从 0.0mm 到 6.0mm 不等。第二个 VGE

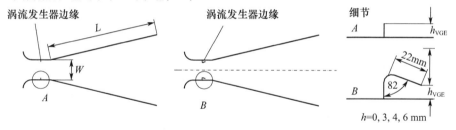

带有涡流发生器边缘的直壁扩压器(VGE)

涡流发生器边缘

涡流发生器边缘

细节

图 6.36   具有涡流发生器(VGE)的直壁扩压器避免早期流动分离

具有最佳角度 82° 的喷嘴形状和浸入高度为 6.0mm。流动可视化的结果（图 6.37）显示了 VGE 产生强烈的涡线。这个涡流在边缘的下游诱导一个速度场，这可以由 Bio‐Sawart 定律描述的，在 6.4.1 节中讨论过。图 6.15 示意性地显示了在扩压器流动稳定性方面的 Bio‐Sawart 定律的工作原理。可以看到，具有涡流强度 $\boldsymbol{\Gamma}$ 的无穷小区域涡线 $d\boldsymbol{\zeta}$ 在距离 r 处诱导一个速度场 $d\boldsymbol{V}$，其垂直于单位向量 $\boldsymbol{n}$ 和距离矢量 $\boldsymbol{r}$ 确定的平面。

图 6.37   VGE 产生的可视化直涡线

整个涡流长度上的积分确定了诱导速度，该速度增加一部分流体速度将流体颗粒推向扩压器壁面从而抑制分离的开始。除了通过诱导速度分量的稳定作用之外，VGE 的存在有助于通过增加湍流强度来激励边界层，由此增加与边界层流体的横向动量的交换。

VGE 对转换系数 λ 的影响如图 6.38 所示，对于 4 个不同的 VGE 结构，图(a)~图(d)中扩压器 $l/w = 6$。在图(a)中，VGE 高度 $h = 0$，$\theta = 0°$ 的转换因子 λ 具有减小的趋势，这相当于由于边界层发展而导致的阻塞而使扩压器内的流体加速。增加 θ 导致 λ 增加直到 $\theta/2 = 5°$，整个扩压器无分离。进一步增加 θ 将导致分离。引入高度为 3mm 和 4mm 的直线 VGE(图 6.38(b)、(c))，允许在更高的 λ 具有较高的开度角。

通过引入高度为 6mm, 角度为 82° 的 VGE, λ 显著增加, 如图 6.38(b) 所示。
应该强调的是, VGE 的应用与总压损失有关。然而, 压力增加补偿了这种损失[25]。

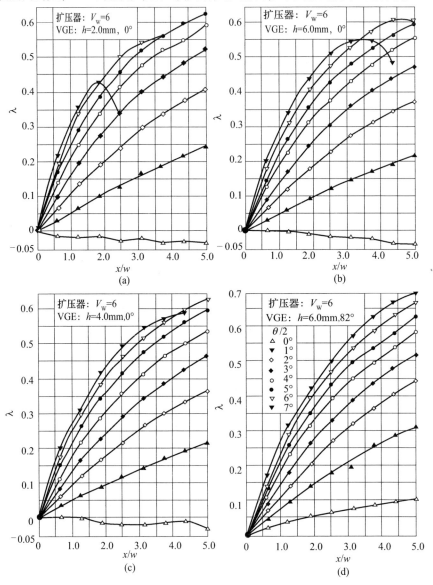

图 6.38 涡流发生器边缘对扩压器转换系数的影响[25]

6.9.4 一些设计高效率扩压器的指导方针

如果设计合理, 扩压器可以将燃气轮机、蒸汽轮机、压气机和涡轮增压器的

178

效率提高达 4% 。如上所述,轴长比和面积比是定义转换系数 λ 的主要参数。同样重要的是考虑到离开叶轮机械部件的末级的质量流的速度和角度分布。在这里,必须特别注意设计具有支柱的多通道扩压器,不能将其布置在不利的流动攻角情况。以下步骤可能有助于设计在高 λ 和高效率下运行的扩压器:

(1)准确地确定末级出口处的流速和角度分布。这可以通过流线曲率法对末级进行空气动力学设计,这将在第 10 章讨论。使用商业 CFD 软件可能有助于定性估计这些分布。

(2)考虑一个平面扩压器,总限制角 $\theta_{\lim}$ 为 12° ~ 16°,作为参考扩压器给定的长度比。

(3)对于要设计的扩压器,转换面积比和轴向长度比,使它们对应于步骤(2)中的参考平面扩压器的开度角和面积比。

(4)如果使用多通道设计,则在步骤(3)之后,应把每个单通道作为独立扩压器单独处理。支柱的设计和径向分布也很重要,以确保自由流动。

参 考 文 献

[1] Schobeiri, M. T. , 2010, "Fluid Mechanics for Engineers, A Graduate Text Book," ISBN 978 - 3 - 642 - 11593 - 6, e - ISBN 978 - 3 - 642 - 11594 - 32010 SpringerVerlag Berlin, Heidelberg.

[2] Traupel, W. , "Thermische Turbomaschinen," Bd. I, 1977, Springer - Verlag Berlin Heidel-berg New York.

[3] Pfeil, H. , 1968, "Verlustbeiwerte von optimal ausgelegten Beschaufelungsgittern," Energie und Technik 20, Jahrgang 1968, Heft 1, L. A. Leipzig Verlag Düsseldorf.

[4] Kirchberg, G. , Pfeil, H. , 1971, "Einfluß der Stufenkenngrössen auf die Auslegung von HD - Turbinen," Zeitschrift Konstruktion, 23, Jahrgang (1971), Heft 6.

[5] Speidel, L. , 1954, "Einfluß der Oberflächenrauhigkeit auf die Strömungsverluste Ingenieur-wesens, Band 20, Heft 5.

[6] NASA SP - 36 NASA Report, 1965.

[7] Prandtl, L. , 1938, "Zur Berechnung von Grenzschichten," ZAMM 18, 77 - 82.

[8] von Kármán , Th. , 1921, "Über laminare und turbulente Reibung," ZAMM, 1, 233 - 253, (1921).

[9] Ludwieg, H. , and Tillman, W. , 1949, "Untersuchungen über die Wandschubspannung in turbulenten Reibungsschichten," Ingenieur Archiv 17, 288299, Summary and translation in NACA - TM - 12185 (1950).

[10] Lieblein, S. , Schwenk, F. , Broderick, R. L. , 1953, "Diffusions factor for estimating losses and limiting blade loadings in axial flow compressor blade elements," NACA RM E53D01

June 1953.

[11] Schobeiri, M. T. , 1998, "A New Shock Loss Model for Transonic and Supersonic Axial Compressors With Curved Blades," AIAA, Journal of Propulsion and Power, Vol. 14, No. 4, pp. 470 – 478.

[12] Berg, H. , 1973 "Untersuchungen über den Einfluß der Leistungzahl auf Verluste in Axialturbinen," Dissertation, Technische Hochschule Darmstadt, D 16.

[13] Wolf, H. , 1960, "Die Randverluste in geraden Schaufelgittern," Dissertation, Technische Universität Dresden.

[14] Schichting, H. , 1979, " Boundary Layer Theory," McGraw Hill Series, ISBN 0 – 07 – 055334 – 3.

[15] Pfeil, H. , 1971, "Zur Frage der Spaltverluste in labyrinthgedichteten Hochdruckstufen von Dampfturbinen," Zeitschrift Konstruktion, 23 Heft 4, Seite 140 – 142.

[16] Prust, H. , 1974, "Cold – air study of the effect on turbine stator blade aerodynamic performance of coolant ejection from various trailing – edge slot geometries," NASA – Reports I: TMX 3000.

[17] Prust, H. , 1975, "Cold – air study of the effect on turbine stator blade aerodynamic performance of coolant ejection from various trailing – edge slot geometries," NASA – Reports II: TMX 3190.

[18] Schobeiri, T. , 1985, "Einfluß der Hinterkantenausblasung auf die hinter den gekühlten Schaufeln entstehenden Mischungsverluste," Forschung im Ingenieurwesen, Bd. 51 Nr. 1, pp. 25 – 28.

[19] Schobeiri, M. T. , 1989, "Optimum Trailing Edge Ejection for Cooled Gas Turbine Blades," ASME Transaction, Journal of Turbo machinery, Vol. 111, No. 4, pp. 510 – 514, October 1989.

[20] Schobeiri, M. T. and Pappu, K. , 1999, "Optimization of Trailing Edge Ejection Mixing Losses Downstream of Cooled Turbine Blades: A theoretical and Experimental Study," ASME Transactions, Journal of Fluids Engineering, 1999, Vol. 121, pp. 118 – 125

[21] Sieverding, C. H. , 1982, "The Influence of Trailing Edge Ejection on the Base Pressure in Transonic Cascade," ASME Paper: 82 – GT – 50.

[22] Kline, S. J. , Abbot, D. , Fox, R. , 1959, "Optimum design of straight – wall diffusers," ASME, Journal of Basic Engineering, Vol. 81, S. 321 – 331.

[23] Sovran, G. , Klomp, E. D. , 1967, "Experimentally determined optimum geometries for rectilinear diffusers with rectangular, conical and annular cross – section," Fluid Dynamics of Internal Flow, Elsevier Publishing Co. .

[24] Schobeiri, M. T. , 1979, "Theoretische und experimentelle Untersuchungen laminarer und turbulenter Strömungen in Diffusoren," Dissertation, Technische Universität Darmstadt, D16.

第7章　多级叶轮机械的效率

在第6章,推导了发生在多级叶轮机械级中不同损失的计算公式。这些损失的总和决定了级效率,显示了级内能量转换的能力。然而,级效率与整个叶轮机械的效率并不完全相同。在多级叶轮机械中,各个级的膨胀或压缩过程引起熵产,其与温升相关。对于膨胀过程,温度升高导致热回收,对于压缩过程,它与图 7.1 所示的再热相关。因此,涡轮效率高于级效率,压气机效率低于级效率。本章将通过典型的热力学关系来描述这一现象。这种方法被许多作者所采用,其中包括文献[1-2]。

7.1　多变效率

如图 7.1 所示,对于无穷小的膨胀和压缩过程,定义多变效率如下:

$$\eta_p = \frac{dh}{dh_s}(膨胀), \eta_p = \frac{dh_s}{dh}(压缩), dh = c_p dT, dh_s = c_p dT_s \tag{7.1}$$

对于无穷小的膨胀,c_p 可认为是常数,有

$$\eta_p = \frac{(T + dT) - T}{T + dT_s - T} = \frac{\dfrac{T + dT}{T} - 1}{\dfrac{T + dT_s}{T} - 1} \tag{7.2}$$

对于多变过程,一般遵循 $pv^n =$ 常数。把式(7.2)代入式(7.1),得

$$\eta_p = \frac{dh}{dh_s} = \frac{\left(\dfrac{p + dp}{p}\right)^{\frac{n-1}{n}} - 1}{\left(\dfrac{p + dp}{p}\right)^{\frac{k-1}{k}} - 1} \tag{7.3}$$

展开式(7.3)括号中表达式

$$\left(\frac{p + dp}{p}\right)^{\frac{n-1}{n}} 和 \left(\frac{p + dp}{p}\right)^{\frac{\kappa-1}{\kappa}} \tag{7.4}$$

忽略高阶项,发现:

$$\left(1 + \frac{\mathrm{d}p}{p}\right)^{\frac{n-1}{n}} \approx 1 + \left(\frac{n-1}{n}\right)\frac{\mathrm{d}p}{p} \tag{7.5}$$

将式(7.5)代入式(7.3),得到多变效率:

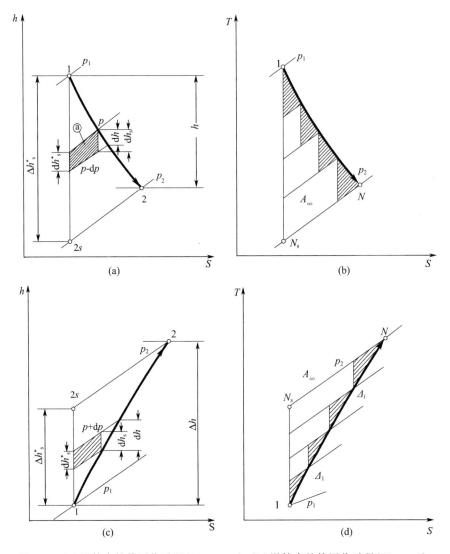

图 7.1　(a)涡轮中的热回收过程($N_{\mathrm{stage}} = \infty$)、(b)涡轮中的热回收过程($N_{\mathrm{stage}} = 4$)、
(c)压气机中的再热过程($N_{\mathrm{stage}} = \infty$)以及(d)压气机中的再热过程($N_{\mathrm{stage}} = 4$)

$$\eta_{\mathrm{p}} = \frac{\mathrm{d}h}{\mathrm{d}h_{\mathrm{s}}} = \frac{1 + \dfrac{\mathrm{d}p}{p}\dfrac{n-1}{n} - 1}{1 + \dfrac{\mathrm{d}p}{p}\dfrac{\kappa-1}{\kappa} - 1} \tag{7.6}$$

对于膨胀过程,式(7.6)化简为

$$\eta_{\mathrm{p}} = \left(\frac{\kappa}{\kappa-1}\right)\left(\frac{n-1}{n}\right) \tag{7.7}$$

同理,对于压缩过程,得

$$\eta_{\mathrm{p}} = \left(\frac{n}{n-1}\right)\left(\frac{\kappa-1}{\kappa}\right) \tag{7.8}$$

式中:n 为多变指数;κ 为等熵指数。

式(7.7)和式(7.8)表示无限小膨胀和压缩过程中多变效率 η_{p} 和多变指数 n 之间的直接关系,其中 n 和 κ 通常被认为是常数。在多级环境中,两个指数的变化贯穿膨胀或压缩过程的开始直到结束。因此,式(7.7)和式(7.8)不适用于有限大小膨胀或压缩过程。然而,如果已知这些过程的结束点,则可以得到用于多级压缩和膨胀过程的平均多变效率。对于具有已知开始和结束点的过程,可以使用如下式多变关系:

$$p_1 v_1^{\bar{n}} = p_2 v_2^{\bar{n}} \tag{7.9}$$

和下面的焓关系:

$$h = \frac{\bar{\kappa}}{\bar{\kappa}-1} pv \tag{7.10}$$

式中:$\bar{n}$,$\bar{\kappa}$ 为平均多变指数和平均等熵指数。

从式(7.9),得

$$\bar{n} = \frac{\ln \dfrac{p_2}{p_1}}{\ln \dfrac{v_1}{v_2}} \tag{7.11}$$

把式(7.11)代入式(7.7)和式(7.8),得

$$\bar{\eta}_{\mathrm{pC}} = \frac{\bar{\kappa}-1}{\bar{\kappa}} \frac{\ln \dfrac{p_2}{p_1}}{\ln \dfrac{T_2}{T_1}}, \quad \bar{\eta}_{\mathrm{pT}} = \frac{\bar{\kappa}-1}{\bar{\kappa}} \frac{\ln \dfrac{T_2}{T_1}}{\ln \dfrac{p_2}{p_1}} \tag{7.12}$$

如前所述,计算上述多变效率需要知道过程的结束点,但是在设计过程开始时这是未知的,然而这可以在计算各个损失后确定。式(7.12)中的平均等熵指

数为

$$\bar{c}_p = \frac{h_2 - h_1}{T_2 - T_1}, \frac{\bar{c}_p}{\bar{c}_\nu} = \bar{\kappa}, \quad \text{和} \quad \bar{c}_p - \bar{c}_\nu = R \tag{7.13}$$

7.2 涡轮等熵效率,恢复系数

假设涡轮具有无限的级数,以无限小膨胀过程来定义等熵级效率,如图 7.1 所示。

$$\eta_s = \frac{\mathrm{d}h}{\mathrm{d}h_{s'}} \Rightarrow \mathrm{d}h = \eta_s \mathrm{d}h_{s'} \tag{7.14}$$

利用式(7.1)的定义,焓差得

$$\mathrm{d}h = \eta_p \mathrm{d}h_s \tag{7.15}$$

如图 7.1 所示,对于具有面积 a 的无穷小的循环,等熵焓差与热力学第一定律联立为:$\mathrm{d}h_s = \mathrm{d}h_{s'} + a$。利用式(7.15),得

$$\mathrm{d}h = \eta_p(\mathrm{d}h_{s'} + a) \tag{7.16}$$

联立式(7.15)和式(7.16),得

$$\Delta h = \bar{\eta}_s \Delta h_{s'} \tag{7.17}$$

和

$$\Delta h = \bar{\eta}_p \Delta h_s = \bar{\eta}_p(\Delta h_{s'} + A_\infty) \tag{7.18}$$

式中:A_∞ 为区域 122S1 面积,$\bar{\eta}_s$ 和 $\bar{\eta}_p$ 为平均等熵涡轮和平均多变效率。联立式(7.17)式(7.18),得

$$\bar{\eta}_s = \bar{\eta}_p \frac{(\Delta h_s' + A_\infty)}{\Delta h_s'} = \bar{\eta}_p \left(1 + \frac{A_\infty}{\Delta h_s'}\right) \tag{7.19}$$

引入涡轮的热回收系数,涡轮级数 $N = \infty$:

$$1 + f_{\infty T} = 1 + \frac{A_\infty}{\Delta h_{s'}} \tag{7.20}$$

据此,式(7.19)变为

$$\bar{\eta}_s = \bar{\eta}_p(1 + f_{\infty T}) \tag{7.21}$$

为了得到恢复系数,将式(7.17)和式(7.18)相除,得

$$\frac{\bar{\eta}_s}{\eta_p} = \frac{\Delta h_s}{\Delta h_{s'}} = \frac{\int_{p_2}^{p_1} v\mathrm{d}p}{\int_{p_2}^{p_1} v_s\mathrm{d}p} = 1 + f_{\infty\mathrm{T}} \tag{7.22}$$

分子中的积分沿着多变膨胀过程进行,而分母中的积分表达式沿着等熵膨胀过程进行。代入式(7.22)中多变和等熵过程中比体积的关系:

$$v_s = v_1\left(\frac{p_1}{p}\right)^{\frac{1}{\bar{\kappa}}}, v = v_1\left(\frac{p_1}{p}\right)^{\frac{1}{\bar{n}}} \tag{7.23}$$

得:

$$1 + f_{\infty\mathrm{T}} = \frac{\dfrac{\bar{n}}{\bar{n}-1}\left(1 - \left[\dfrac{p_2}{p_1}\right]^{\frac{\bar{n}-1}{\bar{n}}}\right)}{\dfrac{\bar{\kappa}}{\bar{\kappa}-1}\left(1 - \left[\dfrac{p_2}{p_1}\right]^{\frac{\bar{\kappa}-1}{\bar{\kappa}}}\right)} \tag{7.24}$$

式(7.23)中的多变指数 $\bar{n}$ 可以用式(7.8)中的 $\bar{\kappa}$ 和 η_p 来表达。修改后,恢复系数为

$$1 + f_{\infty\mathrm{T}} = \frac{1}{\bar{\eta}_p}\frac{\left(1 - \left[\dfrac{P_2}{P_1}\right]^{\frac{\kappa-1}{\kappa}\frac{1}{\eta_p}}\right)}{\left(1 - \left[\dfrac{P_2}{P_1}\right]^{\frac{\kappa-1}{\kappa}}\right)} \tag{7.25}$$

对于 N 级的多级涡轮,图7.1(b)可以进行以下几何近似:

$$A_N = A_\infty - \sum_{i=0}^{N}\Delta_i$$

$$\Delta_i \approx \Delta_{i+1} \approx \Delta_m \tag{7.26}$$

式中:Δ_m 代表所有三角形区域 Δ_i 面积的平均值。通过这个近似,可得 $A_N = A_\infty - N\Delta_m$ 和定义一个比值:

$$f_{\mathrm{T}} = \frac{A_N}{\Delta h_s} = \frac{A_\infty}{\Delta h_s}\left(1 - \frac{N\Delta_m}{A_\infty}\right) \tag{7.27}$$

由于 A_∞ 和 Δ_m 相似,则可以近似:

$$\Delta_m \approx \frac{A_\infty}{N^2} \tag{7.28}$$

因此,式(7.27)简化为

$$f_{\mathrm{T}} = f_{\infty\mathrm{T}}\left(1 - \frac{NA_\infty}{N^2 A_\infty}\right) = f_{\infty\mathrm{T}}\left(1 - \frac{1}{N}\right) \tag{7.29}$$

185

对于有限级涡轮使用与其相同步骤,可得

$$\bar{\eta}_s = \bar{\eta}_p (1 + f_T) \tag{7.30}$$

由于 $f_T > 0$,涡轮等熵效率大于多变效率,这是级熵产导致热回收的结果。对于具有压比 $\pi_T = p_2/p_1$ 的涡轮部件,恢复系数 $f_{\infty T}$ 绘制在图7.2中,其中涡轮平均多变效率 $\bar{\eta}_p$ 的变化范围为 $0.7 \sim 0.95$。如图所示,效率最低时 $\bar{\eta}_p = 0.7$ 引起最高的耗散导致高的恢复系数,提高多变效率到 $\bar{\eta}_p = 0.95$ 可减少膨胀过程的耗散损失, $\bar{\eta}_p = 0.95$ 时涡轮的热回收率远远低于 $\bar{\eta}_p = 0.7$。

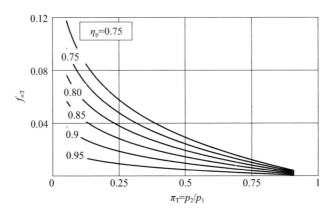

图 7.2 多级涡轮的恢复系数(其中 $\kappa = 1.4$)

7.3 压气机效率,再热系数

为了获得多级压气机的再热系数,采用与7.2节所述相似的步骤。如图7.1所示,压缩过程的微元的等熵效率定义为

$$\eta_s = \frac{\mathrm{d}h_{s'}}{\mathrm{d}h}, \mathrm{d}h = \frac{\mathrm{d}h_{s'}}{\eta_s} \tag{7.31}$$

多变效率为

$$\eta_p = \frac{\mathrm{d}h_s}{\mathrm{d}h}, \mathrm{d}h = \frac{\mathrm{d}h_s}{\eta_p} \tag{7.32}$$

对于具有无限级的压气机,平均等熵效率为

$$\bar{\eta}_s = \bar{\eta}_p \frac{1}{1 + f_{\infty C}} \tag{7.33}$$

其中 $1 + f_{\infty C}$ 是再热系数,下标 C 是指压气机。再热系数为

186

$$1 + f_{\infty C} = \bar{\eta}_p \frac{\left(\dfrac{p_2}{p_1}\right)^{\frac{1}{\eta_p}\frac{\bar{\kappa}-1}{\kappa}} - 1}{\left(\dfrac{p_2}{p_1}\right)^{\frac{\bar{\kappa}-1}{\kappa}} - 1} \qquad (7.34)$$

对于具有压比 $\pi_C = p_2/p_1$ 的多级高压压气机部件,再热系数 $f_{\infty C}$ 绘制在图 7.3 中,其中压气机平均多变效率 η_p 的变化范围为 0.7 ~ 0.95。类似于 7.2 节中讨论的涡轮组件,效率最低为 $\bar{\eta}_p = 0.7$ 引起的耗散损失最大,导致再热系数最高。提高多变效率到 $\bar{\eta}_p = 0.95$ 耗散损失大幅度降低。因此,压气机效率为 $\bar{\eta}_p = 0.95$ 的再热系数比 $\bar{\eta}_p = 0.7$ 的再热系数要低得多。使用与 7.2 节相同的讨论过程,发现 N 级多级压气机 f_C 和 $f_{\infty C}$ 之间的关系为

$$f_C = f_{\infty C}\left(\frac{N-1}{N}\right) = f_{\infty C}\left(1 - \frac{1}{N}\right) \qquad (7.35)$$

一旦确定了无限级数压气机的再热系数 $f_{\infty C}$,可以使用式(7.35)计算有限级数压气机的再热系数。

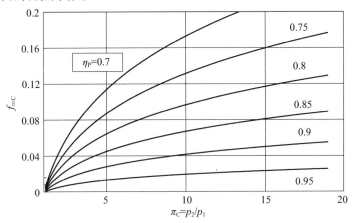

图 7.3 多级压气机的再热系数(其中 $\kappa = 1.4$)

7.4 多变与等熵效率

如式(7.18)和式(7.34)所示,多变效率考虑了涡轮和压气机部件内的能量耗散。此外,多变效率可用于比较在不同初始条件下运行或具有不同工作介质的涡轮或压气机部件。在这些情况下,多变和等熵效率都会发生变化。但是,多变效率的变化率远远小于等熵效应的变化率。如果满足某些相似条件,两个压

187

气机或涡轮确实可以具有相同的多变效率,等熵效率则不可能。因此,等熵效率不适合做这样的比较。多变效率的另一个主要优点是使用级效率来计算逐级膨胀或压缩过程。不过,计算多变效率时需要知道设计阶段通常是未知的膨胀和压缩过程的结束点。另一方面,等熵效率也是一种更简单实用的参数,因为焓差是以等熵的入口和出口条件计算的。正如本章所示,这两个效率相互关联。如图7.4所示,对于多级涡轮,等熵效率和多变效率都以压比 $\pi_T = p_1/p_2$ 作为参数,且等熵效率总是大于多变效率。随着多变效率的增加,耗散减少,二者差异降低。图7.5所示为多级压缩过程具有相反的趋势。在这种情况下,多变效率总是大于等熵效率。

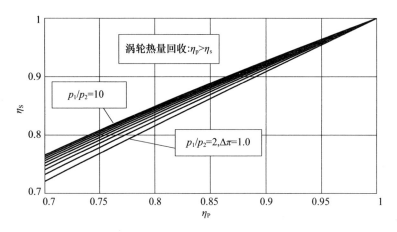

图 7.4 涡轮等熵效率和多变效率与压比 $\pi_T = p_1/p_2$ 的函数关系($\kappa = 1.4$)

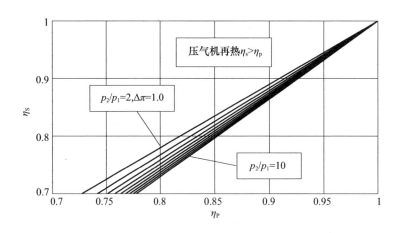

图 7.5 压气机等熵效率与多变效率和压比 $\pi_C = p_2/p_1$ 的函数关系($\kappa = 1.4$)

参 考 文 献

[1] Traupel, W. , Thermische Turbomaschinen, Bd. I, 1977, Springer – Verlag BerlinHeidelberg New York.

[2] Vavra, M. H. , 1960, Aero – Thermodynamics and Flow in Turbomachines, John Wiley & Sons, Inc.

第8章　攻角和落后角

到目前为止,对于已知进出口气流角的给定速度三角形,发展的叶轮机械级的关系式严格正确。假设气流的流动和叶片的型线完全一致,意味着进出口气流角和前缘、尾缘的几何角完全相等。由于实际运行条件和设计理念,前缘气流角和几何角可能会有一定差值,这个角度的差值称为攻角。尾缘气流角和几何角的差值称为落后角。由于攻角和落后角会影响要求的气流的流动偏转,速度三角形会发生变化。如果这种变化不能被准确预测,该叶轮机械级将在与设计的最优工作状况不同的情况下运行,并影响级和整个叶轮机械的效率和性能。为了避免这种情况发生,必须要准确地预测总的气流偏转。涡轮和压气机的流动对于攻角变化的反应不同。例如,攻角的一点小变化导致压气机叶片吸力面的部分气流分离,将触发旋转失速;相比之下,涡轮叶片对于更大的攻角变化都不敏感。为了得到压气机和涡轮叶片的攻角和落后角,可使用两种不同的计算方法:第一种方法涉及在压气机叶片中应用具有低偏转的叶栅流的保角变换;第二种方法涉及高负载叶栅中的偏差的计算,例如涡轮叶片。

8.1　低流动偏转叶栅

8.1.1　保角变换

保角变换是经典复杂分析的领域之一,广泛应用于流体力学和叶栅气体动力学等其他领域,见文献[1-3]。文献[4]将保角变换方法应用于叶轮机械叶片并开发了一种用于计算低流动偏转叶栅出口气流角的简单程序。Weinig 在文献[5-8]中使用保角变换的方法进一步处理叶栅的气动特性。

从最简单的情况开始,考虑由相同的直线型线组成的叶栅物理平面,如图 8.1 所示。

型线是以角度 ν_m、间距 s 交错排列的。气流的流动与叶栅型线平行。换句话说,型线的方向就是流线的方向。进一步假设气流从 $-\infty$ 流到 $+\infty$。由于从一个叶栅流到另一个叶栅的流动保持不变,仅将一个型线投影到单位圆上的复合平面 ζ 就足够了。这个单位圆在复杂的平面上展现出一个黎曼表。这个 $\zeta -$

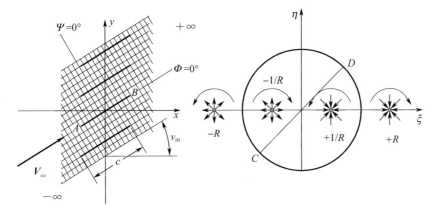

图 8.1 直叶栅的保角变换，z – 平面的叶栅映射到 ζ – 平面上为单位圆

平面由无数个黎曼表组成，其对应于叶栅中的直线型线的数量。位于 z – 平面 $\pm\infty$ 的流场的起始和终点，必须在 $\pm R$ 上投影到 ζ – 平面的实轴上（图 8.1）。在 z – 平面复函数可写为

$$X(z) = \Phi + \mathrm{i}\Psi \tag{8.1}$$

式中：Φ、Ψ 分别为势函数和流函数。

如果 $X(z)$ 函数在闭合曲线 ABA 上连续可微，那么 $X(z)$ 就是解析的，换句话说，它是可导函数。

$$\frac{\mathrm{d}X(z)}{\mathrm{d}z} = \frac{\partial \Phi}{\partial x} + \mathrm{i}\frac{\partial \Psi}{\partial x} \tag{8.2}$$

满足柯西 – 黎曼条件：

$$\frac{\partial \Phi}{\partial x} = \frac{\partial \Psi}{\partial y} \equiv u, \frac{\partial \Phi}{\partial y} = -\frac{\partial \Psi}{\partial x} \equiv v \tag{8.3}$$

将式（8.3）代入式（8.2），得

$$\frac{\mathrm{d}X(z)}{\mathrm{d}z} = u - \mathrm{i}v \tag{8.4}$$

如果在 z – 平面中速度为 V_∞，其在 x 和 y 方向分量为

$$u = V_\infty \cos\nu_\mathrm{m}, v = V_\infty \sin\nu_\mathrm{m} \tag{8.5}$$

将式（8.5）代入式（8.4），得

$$\frac{\mathrm{d}X(z)}{\mathrm{d}z} = V_\infty(\cos\gamma_\mathrm{m} - \mathrm{i}\sin\gamma_\mathrm{m}) = V_\infty \mathrm{e}^{-\mathrm{i}\nu_\mathrm{m}} \tag{8.6}$$

积分式（8.6），得

$$X(z) = zV_\infty \mathrm{e}^{-i\nu_{\mathrm{m}}}, z = r\mathrm{e}^{i\theta}, X(z) = V_\infty r\mathrm{e}^{i(\theta - \nu_{\mathrm{m}})} \tag{8.7}$$

即

$$X(z) = V_\infty r[\cos(\theta - \nu_{\mathrm{m}}) + i\sin(\theta - \nu_{\mathrm{m}})] \tag{8.8}$$

比较式(8.8)和式(8.1),得

$$\Phi = V_\infty r\cos(\theta - \nu_{\mathrm{m}})$$
$$\Psi = V_\infty r\sin(\theta - \nu_{\mathrm{m}}) \tag{8.9}$$

式中:Φ 为复合速度势(势函数);Ψ 为流函数。

由一个型线移动到另一个型线,如图 8.1 所示,势函数和流函数经历如下变化:

$$在 r = 0, \Phi = \Phi_0 = 0 \text{ 且 } \Psi = \Psi_o = 0$$
$$在 r = s, \Phi = \Phi_1 = V_\infty s\cos(\pi/2 - \nu_{\mathrm{m}}) = V_\infty s\sin\nu_{\mathrm{m}}$$
$$且 \Psi = \Psi_1 = V_\infty s\sin(\pi/2 - \nu_{\mathrm{m}}) = V_\infty s\cos\nu_{\mathrm{m}}$$

利用式(8.9),势函数差可以表示为

$$\Delta\Phi = \Phi_1 - \Phi_o = V_\infty s\sin\nu_{\mathrm{m}} \tag{8.10}$$

流函数差为

$$\Delta\psi = \Psi_1 - \Psi_o = V_\infty s\cos\nu_{\mathrm{m}} \tag{8.11}$$

式(8.11)中的流函数差表示了通过叶栅的一个间距 s、高度 $h = 1$ 流道的体积流量。该体积流量来自 $z = -\infty$ 的源,并且具有源强度 $Q = \Delta\Psi = V_\infty s\cos\nu_{\mathrm{m}}$。为了在 z -平面上产生 $\Delta\Phi$ 和 $\Delta\Psi$,相应地在 ζ -平面上 $-R$ 处的保角变换必须包含强度为 Q 的点源和 Γ 的涡流。类似地在 $+R$ 处必须有一个强度为 $-Q$ 和 $-\Gamma$ 的点汇和涡,对应于 z -平面的 $+\infty$ 处。因此,源、汇、涡布置在单位圆外的实 ζ 轴上。这个系统满足 $+\infty$ 和 $\pm R$ 的边界条件,但是这个单位圆自己必须是一条流线这个最重要的要求并没有满足。这个问题可通过将奇点映射到单位圆上来简单地解决。被映射的奇点的位置为 $\pm 1/R$ 的单位圆内。下一步就是寻找在 ζ -平面上对应的变换函数。

复势函数位于 $\zeta = 0$ 有点源,且源强度 Q 为(图8.2):

$$X = \Phi + i\Psi = \frac{Q}{2\pi}\ln\zeta \tag{8.12}$$

式中,复函数 ζ 为

由于 $\qquad \xi = r\cos\theta, \eta = r\sin\theta, \mathrm{e}^{i\theta} = \cos\theta + i\sin\theta \tag{8.13}$

$$\zeta = r(\cos\theta + i\sin\theta) = r\mathrm{e}^{i\theta}$$

192

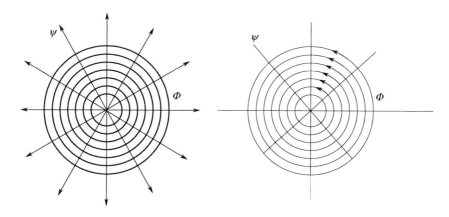

图 8.2　流函数 Ψ 和势函数 Φ 的奇点源和环流分布

所以
$$\zeta = \xi + i\eta$$

将式(8.13)代入式(8.12),并分解结果为实数虚数部分 Φ、Ψ,得

$$X = \Phi + i\Psi = \frac{Q}{2\pi}\ln(re^{i\theta}) = \frac{Q}{2\pi}(\ln r + i\theta)$$

$$\Phi = \frac{Q}{2\pi}\ln r, \Psi = \frac{Q}{2\pi}\theta \tag{8.14}$$

式(8.14)中半径为

$$r \sqrt{\xi^2 + \eta^2}, \theta = \arctan\frac{\eta}{\xi} \tag{8.15}$$

沿着闭合曲线围绕源的中心移动,式(8.15)中 θ 将从 0 变为 2π,流函数将变为

$$\Delta\Psi = \frac{Q}{2\pi}2\pi = Q = V_\infty s\cos\nu_m \tag{8.16}$$

这等于源强度。对于位于 $\zeta = R$ 的源,复势为

$$X = \frac{Q}{2\pi}\ln(\zeta - R) \tag{8.17}$$

其中源强度 $Q > 0$ 或 $Q < 0$。在 $\zeta = 0$ 处源的势线为同心圆,如图 8.2 所示。可以通过这些同心圆生成的流线来建立涡流,将 $Q = i\Gamma$ 代入式(8.14),有

$$X = \frac{i\Gamma}{2\pi}\ln\zeta = \frac{i\Gamma}{2\pi}(\ln r + i\theta) \tag{8.18}$$

式(8.18)括号中的变量表示为

$$\Phi = -\frac{\Gamma}{2\pi}\theta \quad , \quad \Psi = \frac{\Gamma}{2\pi}\ln r \tag{8.19}$$

193

利用式(8.19)势函数和流函数 Φ 和 Ψ,则速度为

$$V = -\frac{\mathrm{d}\Phi}{\mathrm{d}s} = -\frac{\Gamma}{2\pi}\frac{1}{r} \tag{8.20}$$

其中微元弧长度 $\mathrm{d}s = r\mathrm{d}\theta$。通过沿旋涡中心从 $\theta = 0$ 到 2π 运动,势差为 $\Delta\Phi = \Gamma = V_\infty s\sin\nu_\mathrm{m}$,其中 Γ 为环量。$\zeta = R$ 处的旋涡的势函数为

$$X = \frac{\mathrm{i}\Gamma}{2\pi}\ln(\zeta - R) \tag{8.21}$$

如果源位于一个任意点 ζ_o,式(8.21)可以写为

$$X = \frac{Q}{2\pi}\ln(\zeta - \zeta_o) \tag{8.22}$$

对于涡流,式(8.22)得

$$X = \frac{\mathrm{i}\Gamma}{2\pi}\ln(\zeta - \zeta_o) \tag{8.23}$$

所需的复势由位于 $\pm R$ 和 $\pm 1/R$ 的点源、点汇和涡流组成,可总结为
$$X(\zeta) = \sum X(\zeta)_{\mathrm{sources}} + \sum X(\zeta)_{\mathrm{sinks}} + \sum X(\zeta)_{\mathrm{vortices}}$$

即
$$\begin{aligned}
X(\zeta) = &\frac{s}{2\pi}\cos\nu_\mathrm{m}\ln(\zeta + R) = +\frac{s}{2\pi}\cos\nu_\mathrm{m}\ln\left(\zeta + \frac{1}{R}\right) - \\
&\frac{\mathrm{i}s}{2\pi}\sin\nu_\mathrm{m}\ln(\zeta + R) = +\frac{\mathrm{i}s}{2\pi}\sin\nu_\mathrm{m}\ln\left(\zeta + \frac{1}{R}\right) - \\
&\frac{s}{2\pi}\cos\nu_\mathrm{m}\ln(\zeta - R) - \frac{s}{2\pi}\cos\nu_\mathrm{m}\ln\left(\zeta - \frac{1}{R}\right) + \\
&\frac{\mathrm{i}s}{2\pi}\sin\nu_\mathrm{m}\ln(\zeta - R) - \frac{\mathrm{i}s}{2\pi}\sin\nu_\mathrm{m}\ln\left(\zeta - \frac{1}{R}\right)
\end{aligned} \tag{8.24}$$

重新排列式(8.24),有

$$X(\zeta) = \frac{s}{2\pi}\left\{\mathrm{e}^{-\mathrm{i}\nu_\mathrm{m}}\ln\frac{R+\zeta}{R-\zeta} = +\mathrm{e}^{\mathrm{i}\nu_\mathrm{m}}\ln\frac{\zeta + \frac{1}{R}}{\zeta - \frac{1}{R}}\right\} \tag{8.25}$$

令 $|V_\infty| = 1$,则式(8.7)和式(8.25),得

$$X(Z) = X(\zeta) \tag{8.26}$$

得

$$z = \frac{s}{2\pi}\left\{\ln\frac{R+\zeta}{R-\zeta} = +\mathrm{e}^{2\mathrm{i}\nu_\mathrm{m}}\ln\frac{\zeta + \frac{1}{R}}{\zeta - \frac{1}{R}}\right\} \tag{8.27}$$

194

式(8.27)定义了变换函数。复势能 $X(\zeta)$ 满足单位圆上的流线要求。圆外的奇点的作用等同于圆内奇点。单位圆上表征奇点之间平衡状态的复势可表示为

$$X(\zeta_c) = \frac{s}{\pi} e^{i\nu_m} \ln \frac{\zeta_c + \dfrac{1}{R}}{\zeta_c - \dfrac{1}{R}} \qquad (8.28)$$

式(8.28)的角标 c 表示单位圆轮廓 $\zeta_c = 1. \, e^{i\alpha}$。分解式(8.28)为实数和虚数部分,实数部分为

$$\Phi_c = \frac{s}{2\pi} \left\{ \cos\nu_m \ln \frac{R^2 + 2R\cos\alpha + 1}{R^2 - 2R\cos\alpha + 1} + 2\sin\nu_m \arctan\left[\frac{2R\sin\alpha}{R^2 - 1}\right] \right\} \qquad (8.29)$$

单位圆上的速度分布可以由沿单位圆微分式(8.29)得到,有

$$V = \frac{\mathrm{d}\Phi_c}{r\mathrm{d}\alpha} \quad (r = 1) \qquad (8.30)$$

单位圆上的滞止点需要式(8.30)中的速度为零($V = 0$),使得

$$\tan\alpha_s = \frac{R^2 - 1}{R^2 + 1} \tan\nu_m \qquad (8.31)$$

式中:α_s 为第一个滞止角。为了得到滞止点 α_s 和 $\alpha_s + \pi$ 之间的势差,式(8.29)中的角度 α 被连续取代为 α_s 和 $\alpha_s + \pi$。在 ζ – 平面,有

$$\Delta\Phi_{CD} = \Phi_C - \Phi_D = \Phi_{\alpha_s} - \Phi_{(\alpha_s + \pi)} \qquad (8.32)$$

在 z – 平面,有

$$\Phi_A = V_\infty \frac{c}{2} \cos(\theta_A - \nu_m) = V_\infty \frac{c}{2} (因为 \ \theta_A = \nu_m)$$

$$\Phi_B = V_\infty \frac{c}{2} \cos(\theta_E - \nu_m) = -V_\infty \frac{c}{2} (因为 \ \theta_E = \nu_m + \pi) \qquad (8.33)$$

最终从式(8.33)中得到势差:

$$\Delta\Phi_{AB} = \Phi_A - \Phi_B = V_\infty c = c(其中 \ V_\infty = 1) \qquad (8.34)$$

联立式(8.32)、式(8.34)中 ζ – 平面和 z – 平面的势差得到:

$$\Delta\Phi_{CD}(\zeta) = \Delta\Phi_{AB}(z) \qquad (8.35)$$

联立式(8.29),得

$$\frac{c}{s} = \frac{1}{\pi} \left\{ \cos\nu_m \ln \frac{R^2 + 2R\cos\alpha + 1}{R^2 - 2R\cos\alpha + 1} + 2\sin\nu_m \arctan\left[\frac{2R\sin\alpha}{R^2 - 1}\right] \right\} \qquad (8.36)$$

式(8.36)中 z – 平面的叶栅参数 v_m 和 c/s 对应 ζ – 平面的 α_s 和 R。式(8.31)和式(8.36)可以被很容易计算出来,计算的结果如图 8.3 和图 8.4 所示。如图 8.3 所示,对于每个给定的一对 s/c 和 v_m,只有一个值被分配给变换参

数 R。取该参数和安装角 v_{m}、滞止角 α_{st} 由图 8.4 确定。借助式（8.24）~式（8.36），可以准确计算由直线轮廓组成的叶栅的势流流动。由于叶轮机械叶片总是弯曲的中弧线，所以推导的保角转换方法必须扩展到具有弯曲弧形线的轮廓。由于压气机叶片轮廓通常具有较低的偏转，它们的中弧线可以由圆弧近似。在 8.1.2 节中，用圆弧代替直叶栅。

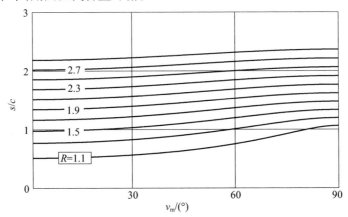

图 8.3　映射参数 R 作为参数的间距/弦比（s/c）和叶栅安装角 v_{m} 函数关系

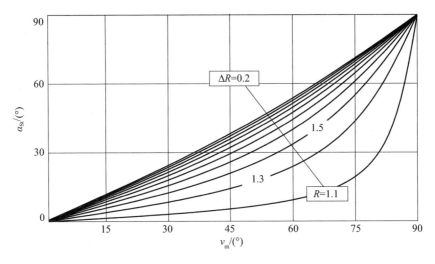

图 8.4　映射参数 R 作为参数的滞止角 α_{st} 和叶栅安装角 v_{m} 的函数关系

8.1.2　无限薄的圆弧叶栅流动

考虑通过由多个圆弧组成的叶栅的势流流动。势流条件要求圆弧的轮廓与

196

流线符合。该要求意味着流动方向必须与所考虑的圆弧轮廓的轮廓方向 ν 相同。为了简化问题,用具有与图 8.5 所示轮廓方向 ν 和流向相符的直叶栅 EA 替换圆弧叶栅。

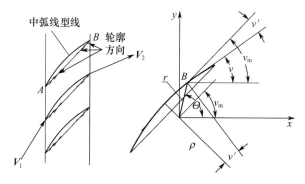

图 8.5　直叶栅的速度方向规定

为了建立相应的分析关系式,从 8.1.1 节中得出的保角转换关系开始,将其扩展到具有可变方向的无穷薄叶栅。对于有规定方向 ν 的叶栅,其复势公式(8.7)可写为

$$X(z) = zVe^{-i\nu} \tag{8.37}$$

式中:V 为轮廓速度,ν 为其方向。对式(8.37)微分,取对数,得

$$\ln\left[\frac{\mathrm{d}X(z)}{\mathrm{d}z}\right] = \ln V - i\nu \tag{8.38}$$

由于式(8.38)中的 $X(z)$ 为解析函数,它的微分和微分的对数同样也是解析函数,如下:

$$\overline{X}(z) = \overline{\Phi} + i\overline{\Psi} \tag{8.39}$$

其中:

$$\overline{X}(z) = \ln\left[\frac{\mathrm{d}X(z)}{\mathrm{d}z}\right], \overline{\Phi} = \ln V, 并且\ \overline{\Psi} = -\nu \tag{8.40}$$

与式(8.9)类似,可以发现如图 8.5 所示的任意点 B 处的方程式(8.40)的速度势:

$$\Phi = Vr\cos(\Theta - \nu_{\mathrm{m}}) \tag{8.41}$$

图 8.5 所示方程式(8.41)中的位置矢量 r 来自

$$r \approx \frac{\rho\nu'}{\cos(\theta - \nu_{\mathrm{m}})}(其中\ \nu' = \frac{\Phi}{V\rho}, 并且\ \nu' = \nu_{\mathrm{m}} - \nu) \tag{8.42}$$

考虑到式(8.39)、式(8.42),得

$$\overline{\Psi} = \frac{\Phi}{V\rho} - \nu_{\mathrm{m}} \tag{8.43}$$

式(8.43)表明,基于式(8.39)的流函数 $\overline{\Psi}$ 表现出流动方向,其可以达到常数 ν_{m} 且与势函数 Φ 成正比。这表明复势函数 $X(z)$ 也达到一个常数且与 Φ 成正比,导致:

$$\overline{X}(z) = \overline{\Phi} + i\overline{\Psi} = i\left[\frac{\Phi}{V\rho} - \nu_{\mathrm{m}}\right] + \ln V = \frac{i\Phi}{V\rho} + (\ln V - i\nu_{\mathrm{m}}) \tag{8.44}$$

由于 $V = 1$ 并且 $(\ln V - i\nu_{\mathrm{m}}) = $ 常数 C,则式(8.44)化简为

$$\overline{X}(z) = \frac{i\Phi}{V\rho} + C \tag{8.45}$$

新的复势能 $\overline{X}(z) \sim \Phi(z)$ 投影于 ζ 平面。势函数 Φ 代表 ζ 平面上的旋涡,其位于 $\pm R$ 并反映在单位圆 $\pm 1/R$ 上。由于在单位圆上,圆周外的涡旋的贡献与圆内的涡旋的贡献完全相等,所以新的复势方程式(8.45)可以写为

$$\overline{X}(\zeta) = \frac{i}{\rho}\frac{s}{\pi}e^{i\nu_{\mathrm{m}}}\ln\frac{\zeta + \dfrac{1}{R}}{\zeta - \dfrac{1}{R}} \tag{8.46}$$

式(8.46)的虚部对应于包含角度 ν 的方程式(8.39)的虚部。把式(8.46)分解后,发现:

$$\mathrm{Im}\{\overline{X}(\zeta)\} = \frac{s}{\rho\pi}\cos\nu_{\mathrm{m}}\ln\frac{\zeta + \dfrac{1}{R}}{\zeta - \dfrac{1}{R}} \tag{8.47}$$

在式(8.47) $\zeta = 1$ 中设置单位圆并且将式(8.47)的左边替换为式(8.45),并考虑包含 v' 的式(8.42),发现:

$$\begin{cases} \nu_1' \\ \nu_2' \end{cases} = \mp\frac{s}{\rho\pi}\cos\nu_{\mathrm{m}}\ln\frac{R^2 - 1}{R^2 + 1} \tag{8.48}$$

在式(8.48)中,用式(8.42)中 $v' = \nu_{\mathrm{m}} - \nu$ 替代,并得到

$$\begin{cases} \nu_1' \\ \nu_2' \end{cases} = \nu_{\mathrm{m}} \mp \frac{1}{\pi}\left(\frac{s}{c}\frac{c}{\rho}\right)\cos\nu_{\mathrm{m}}\ln\frac{R^2 - 1}{R^2 + 1} \tag{8.49}$$

对于圆弧,式(8.49)中的弦长 - 曲率半径比 c/r 可以由流动偏移 $c/\rho \approx \theta$ 来近似。结果,式(8.49)被修改为

$$\begin{cases} \nu_1 \\ \nu_2 \end{cases} = \nu_m \pm \frac{\theta}{\pi} \frac{s}{c} \cos\nu_m \ln \frac{R^2+1}{R^2-1} \qquad (8.50)$$

对于式(8.50)右侧的第二项,引入以下辅助函数:

$$\frac{\mu}{2} = \frac{1}{\pi} \frac{s}{c} \cos\nu_m \ln \frac{R^2+1}{R^2-1} \qquad (8.51)$$

对于具有给定叶栅稠度(c/s)安装角ν_m的直叶栅,式(8.51)中的变换参数R完全由式(8.31)和式(8.36)定义。因此,在辅助函数式(8.51)中,μ是唯一确定的。

图8.6所示为以叶栅安装角ν_m为参数的μ与s/c的函数关系。对于一个叶型,使用α_2和γ_m代替ν_1,ν_2和ν_m,压气机叶栅或减速流动的结果为

$$\alpha_2 = \alpha_1 + \mu\Theta - A\left(\alpha_1 - \gamma_m + \frac{\Theta\mu}{2}\right) \qquad (8.52)$$

对加速流动,有

$$\alpha_2 = \alpha_1 - \mu\Theta - A\left(\alpha_1 - \gamma_m - \frac{\Theta\mu}{2}\right) \qquad (8.53)$$

因子A是由文献[6]引入的一个修正因子,它考虑了非零攻角,取决于叶栅参数s/c和安装角γ_m,如图8.7所示。

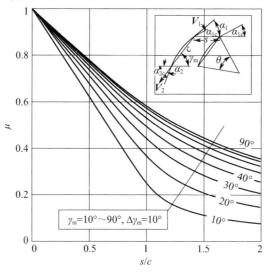

图8.6 γ_m为参数的Weinig μ因子与s/c的函数关系

当$A=1$时,有

$$\alpha_2 = \gamma_m \pm \frac{\mu\Theta}{2} \qquad (8.54)$$

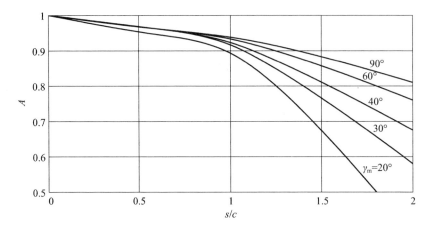

图 8.7　γ_m 为参数的修正因子 A 与 s/c 的函数关系

式中:(+)和(-)号分别为压气机和涡轮叶栅。对于无限薄的叶片,由于 $\mu = 1$,出口气流角与几何角 α_{2c} 相同。可以表达为

$$\alpha_{2c} = \gamma_m \pm \frac{\Theta}{2} \qquad (8.55)$$

偏差角 $\delta\alpha_2$ 为

$$\delta\alpha_2 = \alpha_{2c} - \alpha_2 = (\gamma_m - \alpha_1)(1 - A) + \Theta\left[\frac{1}{2} - \mu\left(1 - \frac{A}{2}\right)\right] \qquad (8.56)$$

式中:α_{2c} 作为出口几何角,修正系数 A 来自图 8.7,μ 来自图 8.5。一旦从式(8.56)计算出偏差角,则出口气流角 α_2 可以由差值 $\alpha_2 = \alpha_{2c} - \delta\alpha_2$ 计算。

偏差角度的纯经验关联式称为卡特定律,有

$$\delta\alpha_2 = \frac{\Theta}{4\sqrt{\sigma}} \qquad (8.57)$$

式中:Θ 为进口和出口几何角之间的差异。

文献[9]利用 $\delta\alpha_2 = m(\Theta/\sigma)$ 修正了压气机叶栅的关联式,其中 m 作为安装角的经验函数。

8.1.3　厚度修正

对于具有有限厚度 t 的叶型,安装角通过以下方式矫正:

$$\gamma_{mt} = \gamma_m + \Delta_\gamma \qquad (8.58)$$

式中:$\Delta_\gamma = 57.3 \dfrac{|A_t|}{A_\alpha} \dfrac{t}{c}$。

A_t 和 A_α 来自表 8.1。对于压气机叶栅，厚度/弦长的范围为 $t/c = 0.1 \sim 0.15$。

表 8.1 叶栅参数

γ_m	c/s	A_α	A_t	γ_m	c/s	A_α	A_t
30	0.5	1.069	−0.084	45	0.5	0.982	−0.076
	1.0	1.130	−0.351		1.0	0.814	−0.211
	1.5	0.849	−0.448		1.5	0.602	−0.245
	2.0	0.663	−0.443		2.0	0.451	−0.233
30	0.5	1.052	−0.170	45	0.5	0.942	−0.154
	1.0	0.948	−0.399		1.0	0.720	−0.242
	1.5	0.657	−0.368		1.5	0.506	−0.222
	2.0	0.489	−0.310		2.0	0.367	−0.182
60	0.5	0.901	−0.056	75	0.5	0.846	−0.027
	1.0	0.672	−0.115		1.0	0.605	−0.056
	1.5	0.484	−0.135		1.5	0.430	−0.060
	2.0	0.365	−0.128		2.0	0.327	−0.060
60	0.5	0.872	−0.125	75	0.5	0.830	−0.090
	1.0	0.620	−0.145		1.0	0.581	−0.088
	1.5	0.434	−0.133		1.5	0.408	−0.069
	2.0	0.321	−0.109		2.0	0.307	−0.055

8.1.4 最佳攻角

为了获得任意叶片厚度的最佳攻角 i_{opt}，文献 [10] 引入了一个经验关联式，其将最佳攻角 i_{opt} 和 NACA 叶型的攻角 i_{10} 相关联，如图 8.8 所示，其 $t/s = 0.1$。

从图 8.9 中获取 i_{10}，i_{opt} 可以估计为

$$i_{opt} = K_p K_{th} i_{10} - K_\theta \Theta \tag{8.59}$$

其中 i_{10} 为 $t/c = 0.1$ 的叶型的最佳攻角。系数 K_p 和 K_{th} 为考虑叶型的类型和叶型的厚度。对于 DCA 和 NACA 类型的叶型，建议 NACA 叶型和 DCA 叶型的经验值为 $K_p = 0.7$ 和 $K_p = 1.0$。图 8.9 显示了 i_{10} 和 n 随进口气流角 α_1 的变化。图 8.10 显示了厚度因子 K_{th} 作为厚度和弦长比 t/c 的函数。

8.1.5 压缩性的影响

对于 $Ma = 0.6 \sim 0.8$ 的中等到高亚声速进气流动，攻角和落后角受到压缩性的影响。通过使用文献 [11] 提出的以下关联式，可压缩流的落后角可能与不

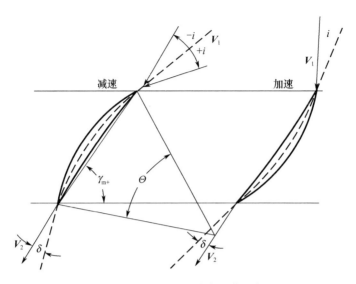

图 8.8 DCA 叶型的攻角和落后角

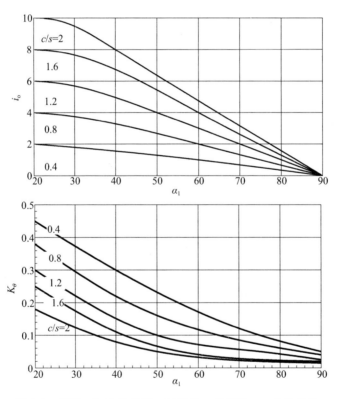

图 8.9 系数 i_0 和 K_θ 作为进口气流角 α_1 的函数,c/s 作为参数

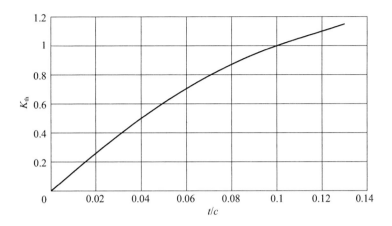

图 8.10 系数 K_{th} 作为相对厚度的函数

可压缩流的落后角有关：

$$\delta_{com} = K_c \delta_{inc} \qquad (8.60)$$

图 8.11 所示为马赫数对偏差系数 K_c 的影响。

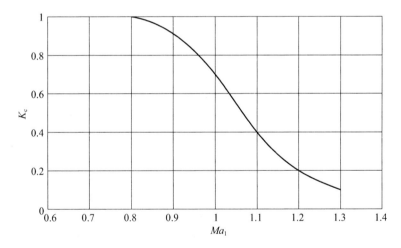

图 8.11 马赫数对偏差系数 K_c 的影响

可压缩效应导致入射角增加,可以文献[6,11]提出的经验关联式来修正,即

$$i_{opt}(Ma_1) = i_{opt}(0) + \Delta i_c \qquad (8.61)$$

$i_{opt}(0)$ 来自于式(8.59),Δi_c 来自图 8.12。

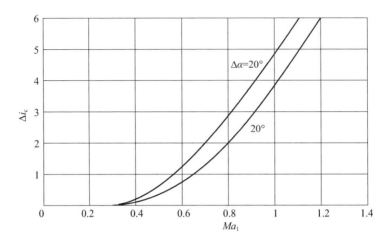

图 8.12　马赫数对最佳攻角系数 Δi_C 的影响

8.2　高流动偏转的落后角

通过涡轮叶片的加速流动通常比通过压气机叶片的减速流动经历更大的偏转。影响加速流动相对于进口流动方向变化的主要参数是马赫数,它决定了叶栅流动的几何形状。如果流动具有低亚声速,例如在高压或中压蒸汽涡轮中,如果叶片叶型具有小的前缘厚度,则流动行为受攻角变化的影响。这一事实使得对入口流动方向变化不太敏感的相对较厚的叶型得到了应用。然而,在低压蒸汽涡轮或现代燃气涡轮的后面级中,叶尖区域的入口流动是高亚声速的,其需要相对薄的叶型。图 8.13 所示为在轮毂和叶尖部分典型燃气涡轮机转子叶片的截面。

由于轮毂处的流动是低亚声速的高偏转流动,因此应用了具有相对大的前缘半径的厚叶型,如图 8.13 所示,其相应的叶型损失系数和入口流动角的函数关系绘制在图 8.14 中。

如图 8.14 所示,从最佳流动角 $\alpha_{1\mathrm{opt}}$ 开始,曲线(a)表明攻角在 $-15° < i < +15°$ 范围内,损失系数不受入口流动角变化的影响。因此,在较低亚声速下运行的具有相对较大的前缘直径的高偏转涡轮叶栅的攻角的变化不会显著增加适度非设计运行条件下的叶型损失。这种情况对于叶片叶型经历高亚声速甚至跨声速入口流动条件时会发生急剧变化。对于叶型的叶尖剖面,如果入口流动方向偏离设计点,则图 8.14 中损失系数曲线(b)会发生相当大的变化。如图 8.14 (b)所示,如果流动具有相对较小的偏转,可以应用第 8.1 节推导出的计算程序

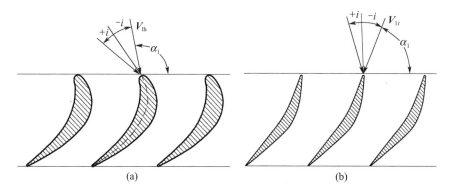

图 8.13 涡轮叶片的轮毂(a)和叶尖(b)截面

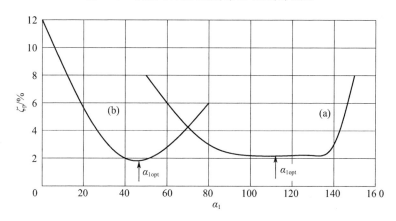

图 8.14 在(a)轮毂截面和(b)叶尖截面中,叶型损失系数和入口流动角的函数关系

计算。基于上述对于加速流动的事实,只需要考虑落后角的变化。

由于涡轮叶栅的高偏转流动不能通过直叶栅来近似,因此 8.1 节讨论的保角变换法不能用于计算出口气流角。根据守恒定律,文献[6]推导出以下简单方法,可以准确预测具有高流动偏转的叶栅的落后角。

8.2.1 出口气流角的计算

考虑图 8.15 中涡轮叶栅的吸力面和压力面上的压力分布。

压力差为

$$\Delta F_y = h_a \int_C^D p \mathrm{d}y - h_2 \int_E^D p \mathrm{d}y \approx 0 \tag{8.62}$$

利用式(8.62)所述的近似值,圆周方向的动量平衡为

$$V_2 \cos\beta_2 = V_a \cos\beta_a \tag{8.63}$$

205

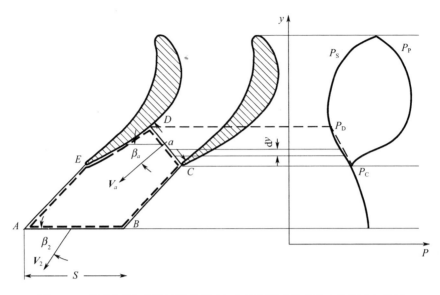

图 8.15　通过文献[6]估计沿喉部 CD 和吸力面叶片部分 DE 的压力动量

从连续方程中,得

$$sh_2\rho_2 V_2\sin\beta_2 = ah_a\rho_a V_a\sin\beta_a \tag{8.64}$$

式中:h_2,h_a 为位置 2 和 a 处的叶片高度。

对于等熵流动,式(8.63)和式(8.64)写为

$$\sin\beta_2 = \frac{ah_a\rho_a\cos\beta_2}{sh_2\rho_s\cos\beta_a} = \frac{ah_a\cos\beta_2}{sh_2\cos\beta_a}\Big[\frac{p_a}{p_2}\Big]^{\frac{1}{k}} \tag{8.65}$$

此外,假设 a 和 2 之间为等熵膨胀过程,并计算等熵焓差:

$$\frac{V_a^2 - V_2^2}{2} = \big[\Delta h_s\big]_a^2 = h_2\Big[1\Big(\frac{p_a}{p_2}\Big)\Big]^{\frac{k1}{k}} - 1 \tag{8.66}$$

引入出口马赫数 $Ma_2 = V_2/c_2$ 和静焓 $h_2 = c_2^2/(k-1)$,其中 c 为出口声速,式(8.66)变为

$$\frac{V_a^2}{V_2^2} = \frac{2}{Ma_2^2(\kappa-1)}\Big[1 - \Big(\frac{P_a}{P_2}\Big)^{\frac{\kappa-1}{\kappa}}\Big] - 1 \tag{8.67}$$

将式(8.63)代入式(8.67),得

$$\frac{\cos^2\beta_2}{\cos^2\beta_a} = \frac{2}{Ma_2^2(\kappa-1)}\Big[1 - \Big(\frac{P_a}{P_2}\Big)^{\frac{\kappa-1}{\kappa}}\Big] - 1 \tag{8.68}$$

式(8.68)对求解的压比为

206

$$\frac{P_a}{P_2} = \left[1 - Ma_2^2\left(\frac{\kappa-1}{\kappa}\right)\left(\frac{\cos^2\beta_2}{\cos^2\beta_a} - 1\right) \right]^{\frac{\kappa}{\kappa-1}} \tag{8.69}$$

联立式(8.69)和式(8.65),得

$$\tan\beta_2 = \frac{a}{s}\frac{h_a}{h_s}\frac{1}{\cos\beta_a}\left\{ 1 - Ma_2^2\left(\frac{\kappa-1}{2}\right)\left[\frac{\cos^2\beta_2}{\cos^2\beta_a} - 1\right] \right\}^{\frac{1}{\kappa-1}} \tag{8.70}$$

对于马赫数接近1且叶片高度恒定 $h_2 = h_a$,出口气流角 β_2 接近 β_a 时,有

$$\tan\beta_2 = \frac{a}{s}\frac{1}{\cos\beta_2}$$

$$\sin\beta_2 = \frac{a}{s} \tag{8.71}$$

对于不可压缩流动,δ_2 可由下式得到:

$$\sin\beta_2 = \frac{a}{s}\frac{\cos\beta_2}{\cos\beta_a} \quad \text{或者} \quad \tan\beta_2 = \frac{a}{s}\frac{1}{\cos\beta_a} \tag{8.72}$$

其中出口气流角 β_2 为

$$\beta_2 = \arctan\left[\frac{a}{s}\frac{1}{\cos\beta_a}\right] \tag{8.73}$$

可得落后角为

$$\delta_2 = \beta_{2c} - \beta_2 \tag{8.74}$$

式中:β_{2c} 为尾缘的几何角。

参 考 文 献

[1] Gostelow,J. P. , 1984, "Cascade Aerodynamics," Pergamon Press.

[2] Scholz,N, 1965, "Aerodynamik der Schaufelgitter," Brwon – Verlag,Karlsruhe.

[3] Betz,A. , 1948, "Konforme Abbildung," Berlin, Göttingen, Springer – Verlag.

[4] Weinig,F. , 1935, "Die Strömung um die Scahufeln von Turbomaschinen," Leipzig, Barth – Verlag.

[5] Eckert, B. , Schnell, E. , 1961, "Axial – und Radialkompressoren," 2. Auflage, Berlin, Göttingen, Heidelberg, Springer – Verlag.

[6] Traupel, W. , "Thermische Turbomaschinen," Bd. I, 1977, Springer – Verlag Berlin.

[7] Lakschminarayana, B. , 1995, "Fluid Dynamics and Heat Transfer of Turbomchinery," John Wiley and Sons, Inc.

[8] Cumpsty, N. A. , 1989, "Compressor Aerodynamics," Longman Group, New York.

[9] Carter,A. D. , 1950,"The Low Speed Performance of Related Airfoils in Cascades, Aeronauti-

207

cal Research Council.

[10] Johnsen, I. A, Bullock, R., O., 1965: "Aerodynamic Design of Axial Flow Compressors, "NASA SP 36.

[11] Wennerström, A., 1965, "Simplified design Theory of highly loaded axial Compressor Rotors and Experimental Study of two Transonic Examples," Diss. ETH – Zürich.

第9章 叶片设计

叶轮机械中的气流偏转由具有规定几何形状的静子和转子叶片建立,其包括入口和出口几何角、安装角、中弧线和厚度分布。叶片几何形状根据特定涡轮或压气机流动设计的级速度三角形而调整。公开的文献中提供了简单的叶片设计方法。发动机制造商开发的更复杂和高效率的叶片设计通常不能向公众开放。文献[1]使用保角变换的方法来获得可以产生升力的弧形叶型。数学上要求保角变换,不允许修改弧形叶型,以产生涡轮或压气机叶片设计所要求和期望的压力分布。下面提出一种简单的方法,其同样适用于设计压气机和涡轮叶片。该方法基于构造叶片中弧线和将预定义的基本叶型叠加在中弧线上。关于生成基本叶型,可以使用保角变换来产生用于叠加目的的可用叶型。简要的描述儒可夫斯基变换解释了对称和非对称(弧形)叶型的方法。这个转换使用复杂分析,其是一个强大的处理一般势流理论的工具,特别是势流流动。几乎每一本流体力学教科书中都有一章涉及势流流动。虽然它们都具有相同的数学基础,但它的描述风格对工程专业学生却有所不同。文献[2]对这一问题有非常简洁和精确的描述。

9.1 保角转换基础

在讨论儒可夫斯基变换之前,下面给出了该方法的简要描述。考虑将圆柱体从 z 平面映射到 ζ 平面上,如图9.1所示。使用映射函数,z 平面中圆柱体外部的区域被映射到 ζ 平面中另一个圆柱体外部的区域。令 P 和 Q 分别为 z 和 ζ – 平面上的对应点。P 点的势为

$$F(z) = \Phi + i\Psi \tag{9.1}$$

点 Q 具有相同的势,可通过代入映射函数获得:

$$F(z) = F(z(\zeta)) = F(\zeta) \tag{9.2}$$

求式(9.2)相对于 ζ 的一阶导数,得到 ζ 平面的复共轭速度 $\bar{V}_\zeta$ 为

$$\bar{V}_\zeta(\zeta) = \frac{dF}{d\zeta} \tag{9.3}$$

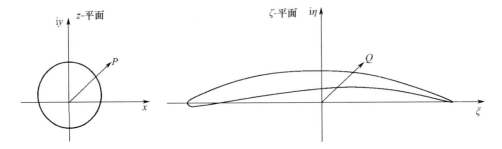

图9.1 圆柱体变换为翼型的保角变换

考虑 z 作为参数,计算点 z 处的势。使用变换函数 $\zeta = f(z)$,定义 ζ 的值对应于 z。在 ζ 这一点上,势具有与点 z 相同的值。确定在 ζ 平面的速度,变换得到:

$$\frac{\mathrm{d}F}{\mathrm{d}\zeta} = \frac{\mathrm{d}F}{\mathrm{d}z}\frac{\mathrm{d}z}{\mathrm{d}\zeta} = \frac{\mathrm{d}F}{\mathrm{d}z}\left(\frac{\mathrm{d}\zeta}{\mathrm{d}z}\right)^{-1} \tag{9.4}$$

将式(9.3)代入式(9.4),并考虑 $\overline{V}_z(z) = \mathrm{d}F/\mathrm{d}z$,式(9.4)被重新排列为

$$\overline{V}_\zeta(\zeta) = \overline{V}_z(z)\left(\frac{\mathrm{d}\zeta}{\mathrm{d}z}\right)^{-1} \tag{9.5}$$

式(9.5)表示 ζ 平面中的速度和 z 平面中的速度之间的关系。因此,为了计算 ζ 平面上的一点处的速度,将 z 平面对应点的速度除以 $\mathrm{d}\zeta/\mathrm{d}z$。微分 $\mathrm{d}F/\mathrm{d}\zeta$ 存在于 $\mathrm{d}\zeta/\mathrm{d}z \neq 0$ 的所有点。在 $\mathrm{d}\zeta/\mathrm{d}z = 0$ 的奇点处,如果在 z 平面的对应点不等于零,则 ζ 平面的复共轭速度 $\overline{V}_\zeta(\zeta) = \mathrm{d}F/\mathrm{d}\zeta$ 变得无限大。

9.1.1 儒可夫斯基变换

由儒可夫斯基引入的保角变换方法允许将未知流动经过圆柱形翼型映射到通过圆柱体的已知流动。采用保角变换的方法,可以获得流过任意截面圆柱体的流动的直接解。虽然解决直接问题的数值方法现在已经取代了保角映射的方法,但它仍然具有其基本重要性。下面将使用儒可夫斯基变换函数验证几个流动案例:

$$\zeta = f(z) = z + \frac{a^2}{z} \tag{9.6}$$

式中:$z = re^{i\theta}$, $\zeta = \xi + i\eta$。

9.1.2 圆－平板变换

将式(9.6)分解成实部和虚部,得

$$\xi = \left(r + \frac{a^2}{z}\right)\cos\Theta, \eta = \left(r - \frac{a^2}{z}\right)\sin\Theta \tag{9.7}$$

210

函数 $f(z)$ 将 z 平面中的半径 $r=a$ 的圆映射到 ζ 平面的狭缝。式(9.7)转换坐标系为

$$\xi = 2a\cos\theta, \eta = 0 \qquad (9.8)$$

用 ξ 作为 ζ 平面中一个实数独立变量。具有角 θ 的 P 点在 z 平面中从 0 变化到 2π，如图9.2 所示，其图像 p' 在 ζ 平面从 $+2a$ 变化到 $-2a$，具有复势 $F(z)$。复势 $F(z)$ 为

$$F(z) = V_\infty\left(z + \frac{R^2}{z}\right) \qquad (9.9)$$

令 $R=a$，儒可夫斯基变换函数直接提供在 ζ 平面上的势为

$$F(\zeta) = V_\infty\zeta \qquad (9.10)$$

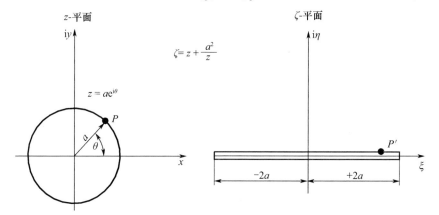

图9.2 将圆转换成狭缝(直线部分)

9.1.3 圆–椭圆变换

对于这种变换，圆心仍处于 z 平面的原点。现在，如果绘制一个半径为 b 的圆，它小于或大于映射常数 a，得到一个椭圆。用 b 替换 $r(b\neq a)$，式(9.7)变为

$$\xi = \left(b + \frac{a^2}{b}\right)\cos\theta, \ \eta = \left(b - \frac{a^2}{b}\right)\sin\theta \qquad (9.11)$$

从式(9.11)消除 θ，得

$$\cos^2\theta = \left(\frac{\xi}{b + a^2/b}\right)^2, \quad \sin^2\eta = \left(\frac{\eta}{b - a^2/b}\right)^2 \qquad (9.12)$$

其中 $\sin^2\theta + \cos^2\theta = 1$，得到椭圆方程：

$$\left(\frac{\xi}{b + a^2/b}\right)^2 + \left(\frac{\eta}{b - a^2/b}\right)^2 = 1 \qquad (9.13)$$

211

式(9.13)描述了一个椭圆,如图9.3所示,主轴和短轴作为式(9.13)中的分母给出。在图9.3中,$b > a$,但是可以通过改变比率 b/a 来构造任何椭圆。

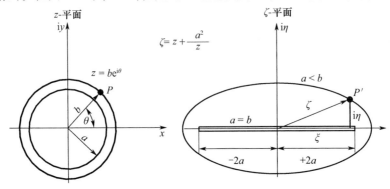

图9.3 圆到椭圆的保角转换

9.1.4 圆 – 对称翼型变换

如图9.4所示,可以通过沿 z 平面上的 x 轴移动半径为 b 的圆的中心 Δx 来构造一组对称翼型。

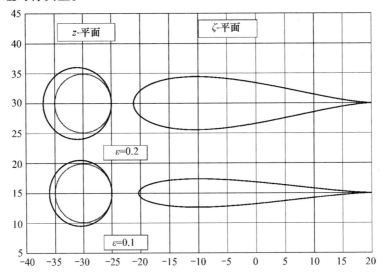

图9.4 将圆转换成对称翼型

定义了偏心距 $\varepsilon = e/a, e = \Delta x$ 决定了翼型的厚度。圆的半径为

$$b = (1 + \varepsilon)a \tag{9.14}$$

因此,偏心的大小限定了翼型的细长程度。对于 $\varepsilon = 0$,圆被映射成狭缝,如

图 9.3 所示。由于零流动偏转,零攻角下的对称翼型不会产生环量,因此不会产生升力。类似的叶型可以用作叠加在中弧线上的压气机和涡轮叶片设计中的基本叶型。由于这些叶型具有尖锐的尾缘(零厚度),在尾缘处应力集中,所以不能在实际应用中使用。这可以通过在尾缘放置一定半径来避免,如图 9.5 所示。

(a)   (b)

图 9.5 通过保角变换构造的对称叶型

(a)具有尖锐的尾缘;(b)具有尾缘半径的相同叶型。

图 9.6 所示为通过改变偏心率 ε 系统生成基本叶型。频繁工作于非设计运行条件下的涡轮叶片通常具有比在设计点运行的涡轮叶片更大的前缘半径。在这种情况下,可以选择 $\varepsilon > 0.15$。

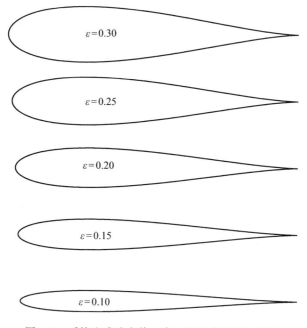

图 9.6 系统生成改变偏心率 ε 的基本叶型的示例

9.1.5 圆 – 弧形叶型变换

为了得到能够产生环量进而得到升力的翼型,叶型必须是弧形的。在这种情况下,半径 b 的圆相对于半径为 a 的圆的原点具有水平位移以及垂直位移。为了生成一组的叶型,需要知道圆 b 相对于圆 a 的原点是如何移动的。只需要

3个参数定义弧形叶型的形状,即偏心率 e、角度 α 和角度 β。利用这3个参数,使用图9.7及以下关系计算要映射到 ζ 平面上的 x 和 y 方向的位移以及圆 b 的半径。

$$a = \overline{OB}, b = \overline{AB} = a\cos\gamma + a\varepsilon\cos(\beta/2)$$

$$\gamma = \arcsin\left(\frac{e}{a}\sin\beta/2\right) = \arcsin(\varepsilon\sin\beta/2)$$

$$b/a = \cos\gamma + \varepsilon\cos(\beta/2)$$

$$\overline{OC} = a\sin\gamma = e\sin(\beta/2)$$

$$\varepsilon = e/a$$

$$\Delta x = \overline{OD} = e\cos(\alpha + \beta/2)$$

$$\Delta y = \overline{DA} = e\sin(\alpha + \beta/2)$$

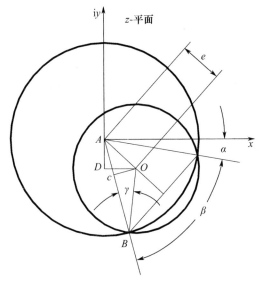

图9.7　弧形翼型的构造

　　图9.7显示了通过改变上述参数生成的一系列叶型。从 $\varepsilon = 10\%$ 的小偏心率开始,设置 $\beta = 0°$ 并改变角度 α 从 $-10°$ 到 $-30°$。所得到的结构表明两个圆在角度 α 处相切。在这种小的偏心率下,产生类似于低亚声速压气机叶片叶型的细长叶型。增加 α 导致叶型弧线增大。如果角度 β 不为零,则两个圆相交,如图9.7所示。图9.8所示为 $\varepsilon = 0.2, \beta = 60°$ 并且 α 从 $-10°$ 变化到 $-30°$ 时的叶型。

　　对于 $\varepsilon > 0.2$,所得到的叶型类似于涡轮叶型,然而,它们不能在实践中使

214

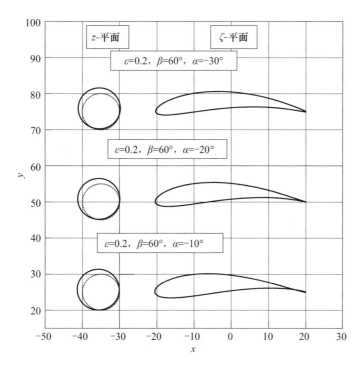

图 9.8　通过保角变换构建的弧形叶型

用,因为所得到的叶栅通道不产生连续的加速。

9.2　压气机叶片设计

　　确定压气机叶片形状的主要参数是马赫数。对于低亚声速到中亚声速马赫数范围($Ma_1 = 0.1 \sim 0.6$),NACA – 65 叶型[3]以相当高的效率提供相对较高的压力。对于中等马赫数,可以使用双圆弧(DCA)和多圆弧(MCA)叶型。文献[4]的表面压力测量结果表明,在设计攻角时,入口马赫数 $Ma_1 = 0.6$,NACA – 65 和 DCA 叶型具有相近的压力分布。然而,由于尖锐的前缘,在非设计条件下运行时,DCA 叶型可能比 NACA – 65 系列具有更高的叶型损失。对于高亚声速马赫数范围($Ma_1 > 0.6$),使用 DCA 或 MCA 叶型。可控扩散叶型 CD 用于跨声速马赫数范围,以减少激波损失。超声速压气机需要具有锋利前缘的 S 形叶片,以避免激波分离。

9.2.1　低亚声速压气机叶片设计

　　在 5.2 节中显示对于无黏流动,升力可表示为

215

$$F = \rho \, V_\infty \times \boldsymbol{\Gamma} \tag{9.15}$$

式中: $\boldsymbol{\Gamma} = \oint \boldsymbol{V} \cdot \mathrm{d}\boldsymbol{c}$。

这种关系表明如果翼型周围存在环量则会产生升力。环量与从叶栅入口到出口的流动偏转直接相关,如图 9.9 所示。

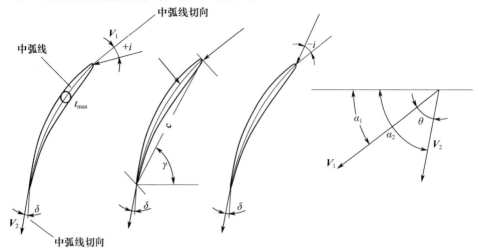

图 9.9 压气机叶栅参数

c—弦长;t_{max}—最大厚度;γ—叶栅安装角;θ—叶栅偏转角;

i—攻角;δ—落后角。对于 $i > 0$,实际偏转 $\theta > \theta_{design}$。

对于无攻角的($i = 0$)流动,入口处的速度矢量与中弧线相切。同样,对于无落后角($\delta = 0$)的出口流动,速度矢量与叶栅出口处的中弧线相切,如图 9.9 所示。一旦构建了压气机级速度三角形,就知道偏转角 θ 以及环量 $\boldsymbol{\Gamma}$。现在的问题是为给定的环量找到相应的叶片叶型。通常对于具有小流动偏转的压气机叶片,环量 $\boldsymbol{\Gamma}$ 可以被认为是具有强度 $\mathrm{d}\boldsymbol{\Gamma}$ 的无穷小涡度的总和。如果沿叶片的弦线分布涡流并考虑任意点 x 处的比环量,有

$$\gamma(x) = \frac{\mathrm{d}\Gamma}{\mathrm{d}x} \tag{9.16}$$

积分式(9.16),得

$$\Gamma = \int_o^c \gamma(x) \, \mathrm{d}x \tag{9.17}$$

位于点 ζ 处的涡流 $\mathrm{d}\Gamma$ 在任意点 x 处诱导一个速度,这可以从 Bio - Sawart 定律计算出。图 9.10 所示为沿弦线(a)的离散涡旋的分布及诱导速度(b)。

y 方向诱导的速度为

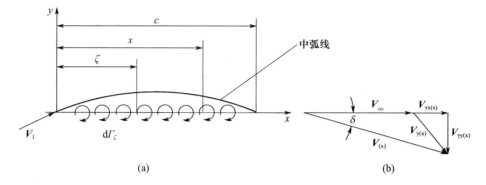

图 9.10 沿叶片弦线分布的旋涡及诱导的速度

$$dV_{\gamma y}(x) = -\frac{d\Gamma_\zeta}{2\pi(x-\zeta)} \tag{9.18}$$

x 方向诱导的速度为

$$V_{\gamma y}(x) = \pm\frac{\gamma(x)}{2}, \quad (\text{在 } x>\zeta \text{ 时取负号}) \tag{9.19}$$

式(9.19)的积分给出了在 ζ 处分布的旋涡在 x 处诱导的总速度：

$$V_{\gamma y}(x) = -\frac{1}{2\pi}\int_0^c \frac{\gamma(\zeta)\,d\zeta}{(x-\zeta)} \tag{9.20}$$

攻角 $i=0$ 诱导的速度如图 9.9 所示。将诱导速度 $V_\gamma(x)$ 叠加在 V_1，得到叶型周围的轮廓速度 $V(x)$。该速度的方向必须与中弧线的斜率相同，即

$$\tan\delta = \frac{dy(x)}{dx} = \frac{V_{\gamma y}(x)}{V_1 + V_{\gamma y}(x)} \tag{9.21}$$

并且由于诱导的速度分量 $V_{\gamma x}(x) \ll V_1$，得

$$\frac{dy(x)}{dx} = \frac{V_{\gamma x}(x)}{V_1} \tag{9.22}$$

将式(9.18)代入式(9.22)，得

$$\frac{dy(x)}{dx} = -\frac{1}{2\pi V_1}\int_0^c \frac{\gamma(\zeta)\,d\zeta}{x-\zeta} \tag{9.23}$$

式中：$i=0$。为了考虑小的攻角 i，发现：

$$i + \frac{dy(x)}{dx} = -\frac{1}{2\pi V_1}\int_0^c \frac{\gamma(\zeta)\,d\zeta}{x-\zeta} \tag{9.24}$$

下面介绍中弧线的升力系数，并用上标 $*$ 标注：

$$C_L^* = \frac{F^*}{\frac{\rho}{2}V_1^2 c} = \frac{\rho \Gamma V_1}{\frac{\rho}{2}V_1^2} = \frac{2\Gamma}{V_1 c} \tag{9.25}$$

假设离散涡流引起的升力与叶片升力成线性比例,这种均匀升力分布假设导致

$$\frac{\mathrm{d}\Gamma_\zeta}{\mathrm{d}\zeta} = \frac{\Gamma}{c} \tag{9.26}$$

所以

$$\frac{\mathrm{d}\Gamma_\zeta}{\mathrm{d}\zeta} = \gamma(\zeta) = \frac{C_L^*}{2}V_1 \tag{9.27}$$

将式(9.27)代入式(9.24),并令 $i = 0$,有

$$\frac{\mathrm{d}y(x)}{\mathrm{d}x} = \frac{C_L^*}{4\pi}\int_0^c \frac{\mathrm{d}\zeta}{x - \zeta} \tag{9.28}$$

式(9.28)第一次积分,得

$$\frac{\mathrm{d}y(x)}{\mathrm{d}x} = \frac{C_L^*}{4\pi}\ln\left(\frac{1 - \frac{x}{c}}{\frac{x}{c}}\right) \tag{9.29}$$

第二次积分决定了中弧线的坐标:

$$\frac{y(x)}{c} = -\frac{C_L^*}{4\pi}\left[\left(1 - \frac{x}{c}\right)\ln\left(1 - \frac{x}{c}\right) + \frac{x}{c}\ln\left(\frac{x}{c}\right)\right] \tag{9.30}$$

这是 NACA – 压气机叶片的中弧线方程。最大弧度为 $x/c = 0.5$,

$$\frac{y_{\max}}{c} = \frac{C_L^*}{4\pi}\ln 2 \tag{9.31}$$

叠加基本叶型:使用式(9.30),能够在已经计算升力系数的特定位置设计压气机叶片中弧线。要构造叶型,需要一个基本叶型来叠加在中弧线上。NACA – 65 系列给出了基本叶型。对于具有弦长 c 的叶型的中弧线坐标为

$$x_c = \frac{x}{c}c$$

$$y_c = \frac{y}{c}c \tag{9.32}$$

式中:下标 c 表示中弧线。下一步是将 9.1.4 节或表 9.1 中的基本叶型叠加在中弧线上。

218

如果实际叶片的最大厚度$(t/c)_{max}$与基准叶型的参考最大厚度$(t/c)_{maxref}$不同,则实际叶型的厚度分布可以通过以下方式确定:

$$\frac{t}{c} = \left(\frac{t}{c}\right)_{ref} \frac{\left(\frac{t}{c}\right)_{max}}{\left(\frac{t}{c}\right)_{maxref}} \tag{9.33}$$

叠加过程如图 9.11 所示,其中显示了在中弧线上叠加厚度分布。

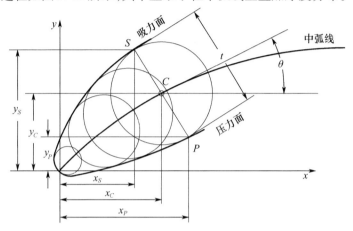

图 9.11　基本叶型在中弧线上的叠加

对于吸力边,$\overline{SC} = t/2$。

$$\begin{cases} x = x_c - \left(\dfrac{t}{2}\right)\sin\theta \\ y = y_c + \left(\dfrac{t}{2}\right)\cos\theta \end{cases} \tag{9.34}$$

对于压力边,$\overline{CP} = t/2$。

$$\begin{cases} x = x_c + \left(\dfrac{t}{2}\right)\sin\theta \\ y = y_c - \left(\dfrac{t}{2}\right)\cos\theta \end{cases} \tag{9.35}$$

角度 θ 由式(9.29)计算:

$$\frac{dy(x)}{dx} = \tan\theta = \frac{C_L^*}{4\pi}\ln\left(\frac{1 - \dfrac{x_c}{c}}{\dfrac{x_c}{c}}\right) \tag{9.36}$$

219

除了9.1.4节中列出的基本叶型外,在工业实践和研究中使用的亚声速压气机 NACA 基础叶型和亚声速涡轮的基本叶型列在表9.1 和表9.2 中,其中的命名如图9.12 所示。压气机的最大厚度约为 $t_{max}/c = 10\%$,而对于涡轮,其最大厚度可能在 15% ~18% 之间变化。

表9.1　NACA −65 压气机基本叶型的厚度分布

ξ	0.00	0.50	0.75	1.25	2.5	5.0	7.5	10	15
$f(\xi)$	0.00	0.772	0.932	1.690	1.574	2.177	2.641	3.040	3.666
ξ	20	25	30	35	40	45	50	55	60
$f(\xi)$	4.143	4.503	4.760	4.924	4.996	4.963	4.812	4.530	4.146
ξ	65	70	75	80	85	90	95	100	
$f(\xi)$	3.682	3.156	2.584	1.987	1.385	0.810	0.306	0	

表9.2　涡轮基本叶型的厚度分布

ξ	0.00	5.0	10.00	15.00	20.00	25.00	30.00	35.00	40.00
$f(\xi)$	0.00	8.40	11.11	13.00	14.40	14.90	15.00	14.40	13.50
ξ	45.00	50.00	55.00	60.00	65.00	70.00	75.00	85.00	90.00
$f(\xi)$	12.40	11.20	10.10	8.90	7.70	6.70	5.70	3.80	3.00
ξ	95.00	100.0	$r_{L}/c = 0.030$		$t_{max}/c = 0.009$				
$f(\xi)$	2.10	0.00	$r_{T}/c = 0.009$						

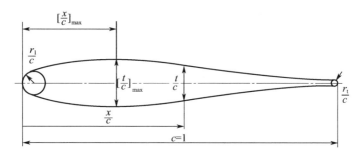

图9.12　叠加在中弧线上的基本叶型示意图,$\xi = x/c, t/c = f(\xi)$

应该注意的是,图9.6 所示的具有较低偏心度的基本叶型也可用于亚声速压气机设计。

简单的压气机叶片设计步骤总结:

(1) 使用式(9.25)从速度三角形计算 C_{L}^{*} ;

(2) 为了得到 (y/c) ,从式(9.30)计算 $y(x)/c$;

(3) 从式(9.25)和式(9.36)中计算 θ ;

（4）如果$(t/c)_{max}$与$(t/c)_{maxref}$不同,则将新的$(t/c)_{max}$代入式(9.33),并使用参考基准叶型的数据;

（5）用实际的t计算式(9.34)的吸力面坐标和式(9.35)的压力面坐标;

（6）平滑叶型,确保表面没有不连续性和波纹。这可以通过采取表面函数的一阶导数来完成。任何 CAD 系统都有能力执行此任务。

上述程序同样适用于涡轮叶型设计。

9.2.2　高亚声速马赫数压气机叶片

双圆弧(DCA)和多圆弧(MCA)型线特别适用于在中等和高亚声速进口马赫数($Ma>0.6$)下运行的压气机。考虑到图 9.13 所示的通过压气机叶栅的特定横截面,DCA 型线的吸力和压力表面由两个圆弧组成。然而,MCA 型线的吸力和压力面可能由几个圆弧组成。弧线在相切处必须具有相同的斜率,以避免表面的不连续。这可以通过绘制一阶表面微分来确定。

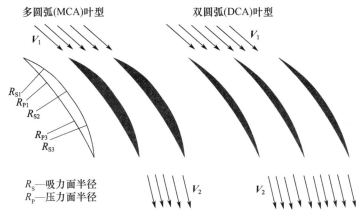

图 9.13　用于高亚声速马赫数的 DCA 和 MCA 型线

以下标准规定了高亚声速压缩应用的特定型线的选择:

（1）入口马赫数;

（2）叶型损失的攻角容差;

（3）决定升力系数的压力分布;

（4）决定叶片叶型损失的阻力。

（1）和(4)可以组合起来达到在第 5 章中讨论的最佳升/阻比。

9.2.3　跨声速、超声速压气机叶片

对于在跨声速和超声速马赫数下运行的压气机,叶片设计工作集中在将激

221

波损失保持在最低水平,这里重要的是准确地确定激波角度。其将在第 15 章中进行广泛讨论。图 9.14 所示为进口马赫数 $Ma_\infty > 1$ 的超声速压气机叶栅。超声速来流冲击到锋利的前缘形成一个弱斜激波,接着是一个膨胀波。流动通过激波前沿马赫数降低,但仍然是超声速流动。沿着叶片吸力面(凸面)从前缘 L 到点 e 形成膨胀波,其中点 e 后的马赫波与相邻的叶片前缘相互作用。

关于跨声速压气机研究了可控扩散叶片的设计几乎消除了激波损失,见文献[5-7]。

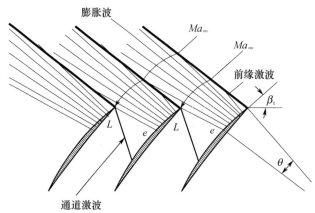

图 9.14 超声速压气机叶栅、超声速入口马赫数、膨胀波和通道激波示意图

对于在超声速马赫数范围内运行的压气机,使用具有尖锐前缘的 S 型线。压力和吸力面由具有非常小的曲率(大半径)的多圆弧组成。必须特别注意激波损失,如第 6 章和文献[8]所述。斜激波后会形成正激波,流动在收敛部分内减速,通过扩散部分内的扩散可以实现进一步的减速。如图 9.14 所示,这些叶型具有相对于喉部稍微收敛的入口切线段,其后是稍微发散的通道。

9.3 涡轮叶片设计

文献[9-13]中讨论了不同的涡轮叶片设计方法。给定具有流速矢量和角度的级速度三角形,构造相应的叶片叶型,实现入口和出口处的气流角。这包括将设计的攻角和落后角纳入设计过程,如第 8 章所述。图 9.15 示意性地显示了速度三角形和相应的静子和转子叶片。类似于 9.2 节,这里的任务是设计一个中弧线并将基本叶型叠加在其上。考虑到第 8 章中讨论的攻角和落后角的情况下,可以通过入口和出口流角构建中弧线,这可以用图形或数字化方式完成,这两种方法将在以下部分中讨论。

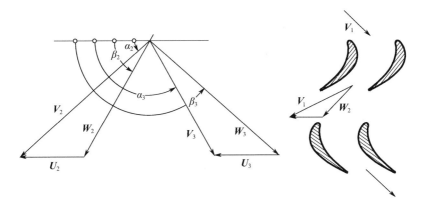

图 9.15　静子和转子叶片和速度三角形

9.3.1　设计中弧线的步骤

步骤 I a:此步骤以图形方式确定安装角 γ。给定进出口速度矢量 V_1、V_2 和静子叶片角度 α_1、α_2 及转子叶片的气流角度 β_2、β_3,首先必须确定安装角度 γ。为此,基本叶型 $(x/c)_{max}$ 的最大厚度 $(t/c)_{max}$ 的位置是确定 γ 的适当准则。例如,选择如图 9.16 所示的轴向弦长 $c_{\alpha x} = c\sin\gamma = a$,并假设平行于叶栅前端的位置 $(x/c)_{max} = c$ 画一条线。然后将入口速度向量的延长线与该线相交。在交点处画出与出口速度矢量平行的线,可以立即找到安装角 γ,如图 9.16 所示。

安装角的几何形状

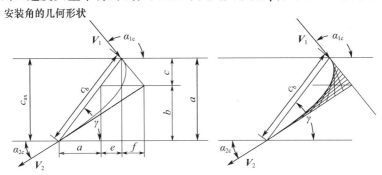

图 9.16　用于计算安装角的几何关系

步骤 I b:这个步骤计算确定安装角。利用图 9.16 的几何形状,可以计算安装角。利用与静子排的中弧线前缘和尾缘相切的流角 α_{1c}、α_{2c},转子排的 β_{2c}、β_{3c},轴向弦长 a,最大弧度与前缘距离 c 和尾缘厚度 b,及 $b = a - c$,安装角计算如下:

$$\tan\gamma = \frac{a}{\dfrac{a-c}{\tan\alpha_2} - \dfrac{c}{\tan(\pi-\alpha_1)}} \tag{9.37}$$

在式(9.37)中,距离 a 和 c 是有量纲参数。其可以通过将式(9.37)中的分子和分母除以 a 无量纲化,并将比 c/a 定义为轴向弦长的分数 $F = c/a$,得到:

$$\tan\gamma = \frac{1}{\dfrac{1-F}{\tan\alpha_2} - \dfrac{F}{\tan(\pi-\alpha_1)}} \tag{9.38}$$

可以计算安装角 γ。

步骤Ⅱ:图9.17和图9.18详细描述的几何形状用于构造中弧线。给定弦长 c 和前一步的安装角 γ,要确定的中弧线的前缘和尾缘的切线由入口和出口叶片几何角度构成,如图9.17所示。从考虑到攻角和落后角的速度三角形中可以得到几何角 α_{1c} 和 α_{2c},第8章已详细介绍。切线在点 P_1 处彼此相交,如图9.18所示,被细分为 $n-1$ 个等距离。从前缘(LE)切线处的第一个点1开始,绘制一条线,以在 n 点与后沿(TE)切线相交。下一条线从 LE – 切线的第二个点开始,并在 $n-1$ 处与 TE – 切线相交,依此类推。连接线的内部区域的包络线就是中弧线。

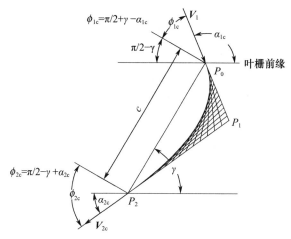

图9.17　几何角定义

α_{1c},α_{2c}—叶栅入口和出口处的几何角;Φ_{1c},Φ_{2c}—中弧线构造所需的辅助角。

步骤Ⅲ:准备中弧线以便将基本叶型叠加在其上。该步骤需要将弦 c 逆时针转动一个将轴向弦线作为参考线的角度 $180° - \gamma$。重要的是保持整个角度结构,如图9.17和图9.18所示,同时转动叶栅。如图9.19所示,将基础叶型叠加在中弧线上产生涡轮叶型。

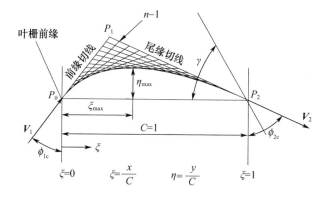

图 9.18 逆时针旋转一个角度 $180° - \gamma$

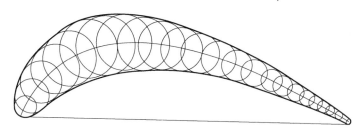

图 9.19 基本叶型在中弧线上的叠加

9.3.2 使用 Bezier 函数的中弧线坐标

在文献[14]中,使用 Bezier 多项式构建了类似的中弧线。一般 Bezier 多项式为

$$\boldsymbol{B}(t) = \sum_{i=0}^{n} \binom{n}{i} (1-t)^{n-i} t^i \boldsymbol{P}_i \tag{9.39}$$

式中:$\boldsymbol{P}_i$ 为图 9.19 中的给定点;$t \in [0, 1]$ 为曲线参数;$\boldsymbol{B}(t)$ 为曲线参数为 t 时的 Bezier 曲线的位置矢量。

为了设计中弧线,二次 Bezier 曲线非常适合传统的涡轮叶片设计,写为

$$\boldsymbol{B}(t) = (1-t)^2 \boldsymbol{P}_0 + 2(1-t)t \boldsymbol{P}_1 + t^2 \boldsymbol{P}_2 \tag{9.40}$$

在根据我们的命名重写 Bezier 公式之前,采用图 9.18,其中显示了中弧线和 Bezier 变量。因此,式(9.40)写为

$$\boldsymbol{B}_\xi(\xi) = (1-\xi)^2 \boldsymbol{P}_{0_\xi} + 2(1-\xi)\xi \boldsymbol{P}_{1_\xi} + \xi^2 \boldsymbol{P}_{2_\xi}$$
$$\boldsymbol{B}_\eta(\xi) = (1-\xi)^2 \boldsymbol{P}_{0_\eta} + 2(1-\xi)\xi \boldsymbol{P}_{1_\eta} + \xi^2 \boldsymbol{P}_{2_\eta} \tag{9.41}$$

考虑到图 9.18 中的命名,边界条件如下:

$$\begin{cases} 对于\ P_0:\xi=0,P_{0_\xi}=0, \quad P_{0_\eta}=0 \\[2mm] 对于\ P_1:P_{1_\xi}=\dfrac{1}{1+\dfrac{\cot\varPhi_{1c}}{\cot\varPhi_{2c}}}, \quad P_{1_\eta}=\dfrac{\cot\varPhi_{1c}}{1+\dfrac{\cot\varPhi_{1c}}{\cot\varPhi_{2c}}} \\[4mm] 对于\ P_2:\xi=1, \quad P_{2_\xi}=1, \quad P_{2_\eta}=0 \end{cases} \qquad (9.42)$$

在式(9.41)和式(9.42)中,通过改变无量纲变量 ξ 从 0 到 1 来计算中弧线的坐标。通过引入小增量 $\xi=0.01$ 或者更小的量获得平滑的中弧线。

图 9.20 所示为使用 α_{1c}、α_{2c} 及式(9.38)的安装角和 Bezier 函数构造静子排的涡轮叶片叶型。为了设计转子叶片,需要使用相对转子角度,β_{2c}、β_{3c} 及安装角方程式(9.38)。在这两种情况下,坐标转换有利于将叶片旋转到如图 9.20 和图 9.21 所示的静子和转子叶片的正确位置。

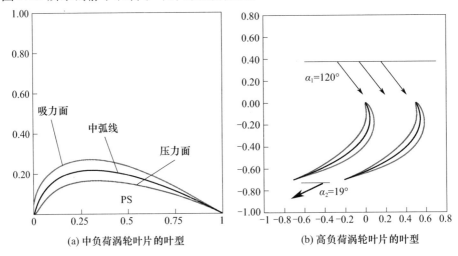

(a) 中负荷涡轮叶片的叶型   (b) 高负荷涡轮叶片的叶型

图 9.20　使用 Bezier 函数建立中弧线生成涡轮静子叶片叶型,安装角 $\gamma=45°$

如图所示,叶片具有非常锋利的尾缘。这是通过叠加基本叶型的结果,其从具有零尾缘厚度的保角变换获得。具有尖锐尾缘的叶片受到高度集中的应力。过度的应力集中导致从叶片轮毂传播到叶尖的裂纹,从而导致叶片的机械故障。为了避免高的应力集中,半径为 0.5~1.2mm(基于叶片弦长)的圆可以被用到与叶片尾缘的吸力和压力表面相切。这可以在叠加基本叶型之前完成。

基础叶型,是从具有零后缘厚度的保形变换获得的。具有尖锐后缘的叶片受到高应力集中,过度的应力集中导致裂缝从叶片轮毂传播到尖端,导致叶片的机械故障。为了避免高强度的应力集中,可以绘制半径为 0.5~1.2mm(基于叶片弦长)的圆,与叶片后缘的吸力和压力表面相切。这可以在叠加基本叶型之

226

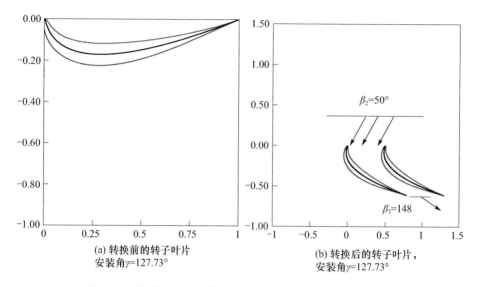

(a) 转换前的转子叶片
安装角 γ=127.73°

(b) 转换后的转子叶片，
安装角 γ=127.73°

图 9.21 使用 Bezier 函数建立中弧线生成涡轮转子叶片叶型

前完成。

9.3.3 替代计算方法

尽管 Bezier 曲线为中弧线设计提供了一个合理的解决方案,但最大厚度 (ξ_{max}, η_{max}) 的位置可能不准确。在这种情况下,以下简单的方法提供了适当的替代方案。中弧线可以用多项式描述:

$$\eta = \sum_{\nu=0}^{n} a_\nu \xi^\nu \qquad (9.43)$$

系数 a_ν 从以下边界条件获得:

$$\text{当}\ \xi = \frac{x}{c} = 0 \quad \Rightarrow \quad \eta = 0, \text{并且} \frac{\mathrm{d}\eta}{\mathrm{d}\xi} = \tan(\pi/2 - \Phi_{1c}) \qquad (\text{BC1})$$

$$\text{当}\ \xi = \frac{x}{c} = 1 \quad \Rightarrow \quad \eta = 0, \text{并且} \frac{\mathrm{d}\eta}{\mathrm{d}\xi} = \tan(\pi/2 - \Phi_{2c}) \qquad (\text{BC2})$$

$$\text{当}\ \xi = \xi_{max} \quad \Rightarrow \quad \frac{\partial \eta}{\partial \xi} = 0 \qquad (\text{BC3})$$

其中 ξ_{max} 和 η_{max} 是给定的。利用边界条件 BC1 ~ BC3,可以确定 5 个系数。相应的多项式为四阶:

$$\eta = \sum_{\nu=0}^{4} a_\nu \xi^\nu \qquad (9.44)$$

或者

$$\eta = a_0 + a_1 \xi + a_2 \xi^2 + a_3 \xi^3 + a_4 \xi^4 \tag{9.45}$$

从 BC1,遵循 $a_0 = 0$,确保叶型曲面上没有不连续性很重要。为此,最终的叶型应该在数学上平滑。对于高偏转的涡轮叶栅,上述过程的应用可能导致拐点。为了防止这种情况,可以将中弧线细分成两个或更多个相同斜率相切的较低阶多项式。应该指出的是,对于 $r > 0.0\%$ 的亚声速涡轮叶片,两个相邻叶片之间的面积必须不断地收缩,使得流动能够连续加速。对于零反动度设计,叶片通道面积必须始终不变。一旦构建了中弧线,就可以叠加涡轮基本型线并生成叶型,如图 9.19 所示。

在应用上述方法时,叶片叶型可以设计用于不同的流动偏转。中等流动偏转叶片用于汽轮机设计,以尽可能降低叶型损失。相比之下,燃气轮机,特别是飞机发动机,使用高偏转叶片来减少级数,从而尽可能降低重量/推力比。

9.4 叶片空气动力学设计质量评估

涡轮静子或转子叶片设计的目的是实现每级产生规定量的功率所需的一定的流动偏转。给定入口和出口气流角度可以确定流动偏转,可以构造出无数个具有不同形状的叶片实现上述流动偏转。然而,这些叶片在吸力和压力面上将具有不同的边界层分布,因此具有不同的叶型损失系数。在这些可能的设计中,只有一个具有最低的损失系数,即仅在设计工作点具有最佳效率。图 9.22 所示为在设计点具有高效率的涡轮叶片的吸力和压力面压力分布,这种叶片类型对由偏离设计工况引起的攻角变化敏感。

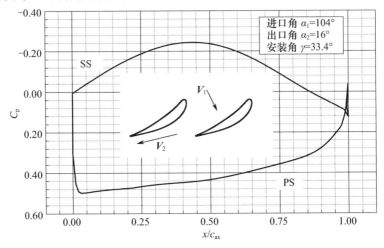

图 9.22 高效率涡轮叶片的吸力和压力表面的压力分布,TPFL 类项目 209

运行条件的变化导致攻角的变化和叶型损失的增加。因此,涡轮的运行状况在设计叶片方面起关键作用。如果涡轮部件的质量流量或压力比经历频繁变化,那么叶片必须设计成使得它们的叶型损失不会显著增加。雷诺数、马赫数、压力梯度、湍流强度和不稳定入口流量条件等因素通过影响涡轮吸力面和压力表面上边界层发展决定涡轮效率和性能。在上述参数中,叶片几何形状定义了压力梯度,这对于边界层发展、分离和再附是最重要的原因。由于压力分布由几何形状确定,反之亦然,因此出现了如何配置叶片几何以建立所需压力分布的问题。这个问题一直是大量文章讨论叶片反设计的主题,特别是对于亚临界和超临界压气机叶栅[15-17]。在本章的背景下,我们从简单的物理角度来看待压力分布与几何关系的问题,以建立一些标准作为涡轮叶片设计的指导原则。以下示例说明设计在大范围的攻角变化下运行的涡轮叶片时,为了不显著降低其效率,应使用的准则:

(1)除了前缘部分之外,压力和吸力表面上的压力梯度不应在叶片轴向弦的60%~70%的范围内存在符号变化。

(2)在上述范围外,压力梯度应接近零。这意味着两个表面上的流动既不加速也不减速。

(3)在叶片表面的其余30%~40%中,流动应显著加速。

应用与中等厚度的前缘半径相关联的标准(1)~(3)提供了一种涡轮叶片,其在相对较高的效率下对不利的非设计工况不敏感,如图9.23所示。

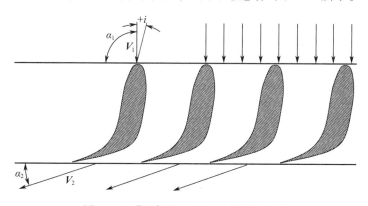

图9.23 满足标准(1)~(3)的涡轮叶栅

图9.24显示了压力系数与无量纲轴向弦的数值计算结果。如图所示,除了前缘部分之外,压力分布在从−15°到+21°的较宽攻角范围内不变化。该数值结果通过试验验证,如图9.25所示。

图9.25显示了图9.24所示数值结果的试验验证。它还显示了叶型损失系

229

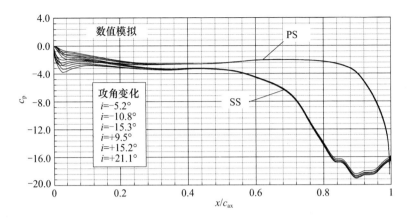

图 9.24　以攻角为参数的压力分布与无量纲轴向弦长的函数关系,TPFL 设计

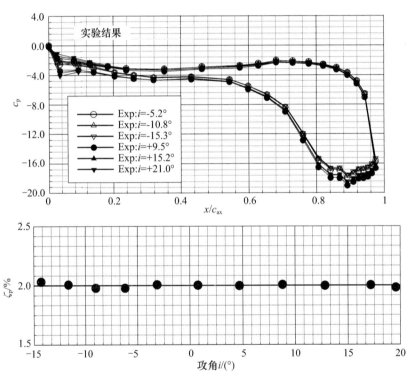

图 9.25　试验压力分布与无量纲表面位置的函数关系,总压力损失系数
与攻角的函数关系,TPFL 试验验证的设计如图 9.24 所示

数 ζ_p 与攻角的函数关系。这里如图 9.24 所示,压力分布在 $-15°$ 到 $+21°$ 的宽
范围内不发生变化。结果与数值结果一致,导致近似恒定的损失系数为 2% 。

参 考 文 献

[1] Joukowsky, N. E., 1918, "Vortex Theory of Screw Propeller," I – IV, I – III, The forth paper published in the Transactions of the Office for Aerodynamic Calculations and Essays of the Superior Technical School of Moscow 1918 (in Russian). Also published in Gauthier – Villars et Cie. (eds). Théorie Tourbillonnaire de l' Hélice Propulsive, Quatrième Mémoire. 123 – 146; Paris, 1929 (in French).

[2] Spurk, J. H., 1997, "Fluid Mechanics," ISBN 3 – 540 – 61651 – 9, Springer Verlag Berlin Heidelberg New York.

[3] NASA SP – 36 NASA Report, 1965.

[4] Cumpsty, N. A., 1989, "Compressor Aerodynamics," Longman Group, New York.

[5] Hobson, D. E., 1979, "Shock Free Transonic Flow in Turbomachinery cascade," Ph. D – Thesis, Cambridge University Report CUED/A Turbo/65.

[6] Schmidt, J. F., et al., 1984, "Redesign and Cascade tests of a Supercritical Controlled Diffusion stator Blade Section," AIAA Paper 84 – 1207.

[7] Lakschminarayana, B., 1995, "Fluid Dynamics and Heat Transfer of Turbomchinery," John Wiley and Sons, Inc.

[8] Schobeiri, M. T., 1998, "A New Shock Loss Model for Transonic and Supersonic Axial Compressors With Curved Blades," AIAA, Journal of Propulsion and Power, Vol. 14, No. 4, pp. 470 – 478.

[9] Teufelberger, A., "Choice of an optimum blade profile for steam turbines," Rev. Brown Boveri, 1976, (2), 126 – 128.

[10] Kobayashi, K., Honjo, M., Tashiro, H. and Nagayama, T., "Verification of flow pattern for three – dimensional – designed blades," ImechE paper C423/015, 1991.

[11] Jansen, M. and Ulm, W., "Modern blade design for improving steam turbine efficiency," VDI Ber., 1995, 1185.

[12] Emunds, R., Jennions, I. K., Bohn, D. and Gier, J., "The computation of adjacent blade – row effects in a 1. 5 stage axial flow turbine," ASME paper 97 – GT – 81, Orlando, Florida, June 1997.

[13] Dunavant, J. C. and Erwin, J. R., 1956, "Investigation of a Related Series of Turbine – blade Profiles in Cascade," NACA TN – 3802, 1956.

[14] Gerald, F., 1997, "Curves and Surfaces for Computer – aided Geometric Design," (4th Ed.), Elsevier Science & Technology Books, Isbn 9780 – 12249054 5.

[15] Bauer, F., Garabedian, P. and Korn., D., 1977, "Supercritical Wing Sections III," Springer – Verlag, New York.

[16] Dang, T., Damle, S., and Qiu, X., 2000, "Euler – Based Inverse Method for Turbomach-

ine Blades: Part II—Three Dimensions," AIAA Journal, 38, no. 11.

[17] Medd, A. J. , 2002, "Enhanced Inverse Design Code and Development of Design Strategies for Transonic Compressor Blading," Ph. D. dissertation, Department of Mechanical Engineering, Syracuse University.

第 10 章　径 向 平 衡

在第 4 章中,简要地描述了确定级参数的径向分布所必需的简单径向平衡条件,如 Φ、λ、r、α_i 和 β_i。假设具有恒定子午速度和总压力分布的轴对称流动,得到自由涡流简单径向平衡条件 rv_u = 常数。在实践中,从空气动力学设计的观点来看,恒定的子午速度分量或恒定的总压力可能是不希望的。作为示例,考虑靠近二次流涡流占优势的级的轮毂或叶尖的流场。如第 4 章所讨论的,这些二次流涡流导致二次流损失的阻力,从而降低了级效率。为了减少二次流损失,可以采取与简单径向平衡条件不兼容的具体措施。在这种情况下,简单的径向平衡方法需要由一般的方法代替。文献[1]提出了叶轮机械三维流动计算的一般理论。其引入了两类流面:叶片到叶片的面称为 S_{1i},轮毂到叶顶的面称为 S_{2j}。利用 S_{1i} 和 S_{2j} 流面,文献[1]提出了一种迭代法来求解叶轮机械级的三维无黏流场。然而,耦合两个流面会产生计算不稳定性,完整的欧拉或 Navier – Stokes 求解器替代了该技术[2]。求解流场更稳定的计算方法是流线曲率技术。这种方法在叶轮机械行业得到了广泛应用,是开展 CFD 应用所需的生成基本设计结构的必备工具。流线曲率法可用于设计及非设计工况和分析。文献[3]介绍了可用于推导流线曲率方程的叶轮机械中无黏轴对称流动的理论结构。在文献[2, 4 – 6]中对流线曲率法进行全面的综述。文献[7]介绍了这一技术原始形式的简明描述。用于叶轮机械行业的快速计算程序可以确定假设为稳态绝热和轴对称流动的叶轮机械内的流动特性分布。这些程序越复杂,包括的叶片排内的计算点越多,也更容易处理叶片内部、前缘和尾缘处的计算。叶片区域中轴对称的假设意味着无限数量的叶片。通过运动方程中的体积力来考虑作用在叶片和流体之间的叶片力。流线假设不是直线。它们通常具有一定的曲率,并且如果施加在流体质点上的力处于由平衡方程描述的平衡状态将会继续保持。该平衡方程包括子午平面中不同的导数,并沿垂直于平均子午线流动方向的计算点在该平面中求解。完整形式的平衡方程不能求得解析解,因此需要数值计算方法。为了将平衡方程应用于具有流线曲率的级流动中,文献[8]开发了一种综合的计算机程序,在叶轮机械工业中成功应用于先进压气机和涡轮的设计。由于这个方程求解相关的数值方法的讨论在文献[7]中给出,本章讨论计算方法的基本物理描述。流线曲率法可以用作设计工具和后期设计分析。下面介绍先进的压气机设计,随后简要讨论一些特殊情况。

10.1　平衡方程的推导

推导的出发点是沿流线的固定在空间中的固有坐标中的轴对称流的运动方程的公式,如图 10.1 所示。

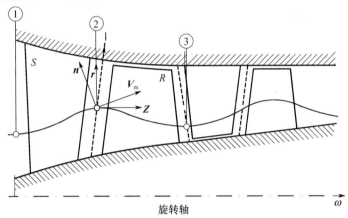

图 10.1　通过轴流压气机的流动及流线

n—法向;m—子午方向;r—径向;z—轴向;l—计算点。

子午流线方向动量方程为

$$V_{\mathrm{m}}\frac{\partial V_{\mathrm{m}}}{\partial m} - \frac{V_{\mathrm{u}}^2}{r}\sin\varPhi = -\frac{1}{\rho}\frac{\partial P}{\partial m} + F_{\mathrm{m}} \qquad (10.1)$$

流面法线方向为

$$\frac{V_{\mathrm{m}}^2}{r_{\mathrm{c}}} - \frac{V_{\mathrm{u}}^2}{r}\cos\varPhi = -\frac{1}{\rho}\frac{\partial P}{\partial n} + F_{\mathrm{n}} \qquad (10.2)$$

圆周方向为

$$\frac{V_{\mathrm{m}}}{r}\frac{\partial(rVu)}{\partial m} = F_{\mathrm{u}} \qquad (10.3)$$

式中:F_{m}、F_{n}、F_{u} 为子午方向、法向方向和圆周方向上的场力的分量,该场力被认为是使得流动从涡轮或压气机的前缘到尾缘偏转的实际叶片力。所需的热力学方程是稳定绝热流动的能量方程:

$$H = h + \frac{V^2}{2} \qquad (10.4)$$

克劳修斯熵关系：

$$\frac{1}{\rho}\mathrm{d}p = \mathrm{d}h - T\mathrm{d}s \qquad (10.5)$$

因为在绝对坐标中，在 n 方向（根据定义）没有速度分量，即

$$V^2 = V_\mathrm{m}^2 + V_\mathrm{u}^2 \qquad (10.6)$$

联立式(10.4)~式(10.6)，得

$$\frac{1}{\rho}\mathrm{d}p = \mathrm{d}H - T\mathrm{d}s - V_\mathrm{m}\mathrm{d}V_\mathrm{m} - V_\mathrm{u}\mathrm{d}V_\mathrm{u} \qquad (10.7)$$

由于计算点位于静叶和动叶之间的空间，通常不是垂直于子午流面，所以必须定义沿着计算点相对于 l 方向的导数，如图 10.2 所示。

$$\frac{\mathrm{d}}{\mathrm{d}l} = \frac{\mathrm{d}n}{\mathrm{d}l}\frac{\partial}{\partial n} + \frac{\mathrm{d}m}{\mathrm{d}l}\frac{\partial}{\partial m} = \cos(\Phi - \gamma)\frac{\partial}{\partial n} + \sin(\Phi - \gamma)\frac{\partial}{\partial m} \qquad (10.8)$$

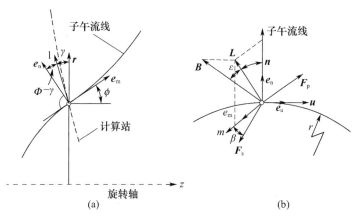

图 10.2　(a)子午平面的坐标方向及(b)矢量相对于 m、u、n 正交坐标系的方位，基于文献[6]重绘

整理式(10.8)以消除相对于法线方向的导数，有

$$\frac{\partial}{\partial n} = \sec(\Phi - \gamma)\frac{\mathrm{d}}{\mathrm{d}l} - \tan(\Phi - \gamma)\frac{\partial}{\partial m} \qquad (10.9)$$

将式(10.7)代入式(10.1)和式(10.2)，消除式(10.9)相对于 n 的导数，联立方程消除

$$\frac{\partial H}{\partial m} - T\frac{\partial s}{\partial m} \qquad (10.10)$$

代数重排和三角替代后获得的方程为

$$V_m \frac{\mathrm{d}V_m}{\mathrm{d}l} = \sin(\Phi - \gamma) V_m \frac{\partial V_m}{\partial m} + \cos(\Phi - \gamma) \frac{V_m}{r_c} - \frac{V_u}{r} \frac{\mathrm{d}(rV_u)}{\mathrm{d}l} +$$

$$\frac{\mathrm{d}H}{\mathrm{d}l} - T \frac{\mathrm{d}s}{\mathrm{d}l} - \sin(\Phi - \gamma) F_m - \cos(\Phi - \gamma) F_n \qquad (10.11)$$

在一些情况下,相对于旋转叶片排的静叶相似的坐标系更方便。如第4章所示,式(10.11)很容易通过引入替代来转化为旋转参考系:

$$V_u = W_u + \omega r \qquad (10.12)$$

对于圆周速度分量,从式(4.3)中得出相应的相对总焓[①] H_r 为

$$H_r = h + \frac{W^2}{2} - \frac{U^2}{2} \qquad (10.13)$$

将式(10.12)和式(10.14)代入式(10.11),相应的径向平衡方程为

$$H = H_r + \omega r (W_u + \omega r) \qquad (10.14)$$

$$V_m \frac{\mathrm{d}V_m}{\mathrm{d}l} = \sin(\Phi - \gamma) V_m \frac{\partial V_m}{\partial m} + \cos(\Phi - \gamma) \frac{V_m^2}{r_c} - \frac{W_u}{r} \frac{\mathrm{d}(rW_u)}{\mathrm{d}l} +$$

$$\frac{\mathrm{d}H_r}{\mathrm{d}l} - T \frac{\mathrm{d}s}{\mathrm{d}l} - 2\omega W_u \cos\gamma - \sin(\Phi - \gamma) F_m - \cos(\Phi - \gamma) F_n$$

$$(10.15)$$

式(10.11)和式(10.15)表示径向平衡条件。这个推导的主要兴趣点是处理质量力 F_m 和 F_n。注意,完整的质量力场包含的第三个分量 F_u 与其他两个相互正交的分量 F_m 和 F_n 正交,并且可以从式(10.3)直接计算得出。该推导的其余部分旨在获得与叶片几何特性相关的 F_m 和 F_n 的表达式。联立式(10.1)和式(10.7),得

$$T \frac{\partial s}{\partial m} = \frac{\partial H}{\partial m} - \frac{V_u^2}{r} \sin\Phi - V_u \frac{\partial V_u}{\partial m} - F_m \qquad (10.16)$$

或

$$T \frac{\partial s}{\partial m} = \frac{\partial H}{\partial m} - \frac{V_u}{r} \frac{\partial (rV_u)}{\partial m} - F_m \qquad (10.17)$$

联立式(10.3)和热力学功的定义(应用于叶轮机械)可以给出

---

① 文献[6]称这个变量为转焓,其是由文献[1]引入,命名静焓和相对流动动能 $h_r = h + W^2/2$ 和为相对总焓(也可见文献[2])。旋转参考坐标系中,h_R 的表达式沿流线和径向方向是变化的。相反,相对总焓保持恒定,一般对转坐标系也是有效的,流线在径向方向可能改变(也可见文献[3])。

$$\frac{\partial H}{\partial m} = \frac{U}{r} \frac{\partial (rV_u)}{\partial m} \qquad (10.18)$$

为叶轮机械欧拉方程的微分形式。结合式(10.17)和式(10.18),从速度三角形中注意到:

$$\tan\beta = \frac{W_u}{V_m} \qquad (10.19)$$

并再次代入式(10.3),得

$$F_m = -F_u \tan\beta - T\frac{\partial s}{\partial m} \qquad (10.20)$$

式(10.20)足以求解无叶片情况下的式(10.11)或式(10.15),但是为了解决有叶片区域内的方程,需要更多关于力分量方向和性质的信息。为此,使用矢量分析很方便地得出各种力分量和坐标方向。图10.2(b)给出了在下面讨论中描述的向量,变量 m、n、u 是流线右手坐标系中的主正交轴。在该系统中,F_s 是作用于流体运动反向的体力矢量;体力产生不可逆熵增。它位于 $m-u$ 平面,与子午方向的角度为 β(相对气流角)。矢量 L 与 l-方向一致,并且位于 $n-m$ 平面上,与 n 方向成角度 $(\Phi-\gamma)$。矢量 B 与平均叶片表面相切,并且位于与 l 方向成一定角度 ε 的 $l-u$ 平面内。诸如 $m-u$ 平面和 $l-u$ 平面的平面被理解为与曲面相切的平面,由所讨论点处的相应坐标描述。F_s 方向的单位矢量方程为

$$\frac{F_s}{F_s} = \cos\beta e_m + \sin\beta e_u + (0)e_n \qquad (10.21)$$

单位矢量 B 的方程为

$$B = \cos\varepsilon\sin(\Phi-\gamma)e_m - \sin\varepsilon e_u + \cos\varepsilon\cos(\Phi-\gamma)e_n \qquad (10.22)$$

由于通过叶片的压力差引起的力作用在垂直于两个矢量 F_s 和 B 的方向上,这两个矢量 F_s 和 B 一起限定了平均叶片表面在某一点的局部平面。因此,压力矢量可以通过 F_s 和 B 的叉乘来定义。由于 F_s 和 B 通常不是垂直的,而是彼此存在一个角度 $(\pi/2 - (\Phi-\gamma))$,这些矢量的乘积不同于单位矢量 $\cos(\Phi-\gamma)$。因此,为了获得由于通过叶片的压力而产生的力的单位矢量,因为 F_p 必须处于正的旋转方向,所以写为

$$\frac{F_p}{F_p} = \frac{1}{\cos(\Phi-\gamma)}\left(\frac{B \times F}{F_s}\right)$$

$$\frac{F_p}{F_p} = -\sin\beta\cos\varepsilon e_m + \cos\beta\cos\varepsilon e_u + \left(\frac{\cos\beta\sin e}{\cos(\Phi-\gamma)} + \sin\beta\cos e\tan(\Phi-\gamma)\right)e_n$$

$$(10.23)$$

从图10.2(b)可以看出,$\boldsymbol{F}_\mathrm{m}$由$\boldsymbol{F}_\mathrm{s}$和$\boldsymbol{F}_\mathrm{p}$的$m$-分量组成。因此,从式(10.21)和式(10.23),得

$$F_\mathrm{m} = F_\mathrm{s}\cos\beta - F_\mathrm{p}\sin\beta\cos\varepsilon \qquad (10.24)$$

类似地,F_u和F_n分别由F_s和F_p的u和n分量组成:

$$F_\mathrm{u} = F_\mathrm{s}\sin\beta + F_\mathrm{p}\cos\beta\cos\varepsilon \qquad (10.25)$$

$$F_\mathrm{n} = F_\mathrm{p}\left[\cos\beta\sin\varepsilon\sec(\varPhi-\gamma) + \sin\beta\cos\varepsilon\tan(\varPhi-\gamma)\right] \qquad (10.26)$$

由于力场的正交分量是根据沿着相对流动方向并且垂直于相对流动方向的分量来定义的,可以求解这两个分量。通过将式(10.24)和式(10.25)代入式(10.20)并化简,得

$$F_\mathrm{s} = -\cos\beta T\frac{\partial s}{\partial m} \qquad (10.27)$$

然后,联立式(10.25)和式(10.27),得

$$F_\mathrm{p} = \frac{F_\mathrm{u}}{\cos\beta\cos\varepsilon} + \frac{\sin\beta}{\cos\varepsilon}T\frac{\partial s}{\partial m} \qquad (10.28)$$

如果将式(10.27)和式(10.28)代入式(10.24)和式(10.26)中,则适合于固有坐标系定义参数的体力可以很容易计算。径向平衡方程中最有用的形式是相对坐标系中的式(10.15)形式,因为当坐标的角速度设置为零时,它与绝对系统中的式(10.11)相同。结合式(10.24)、式(10.26)、式(10.27)和式(10.28)代入式(10.15)中,径向平衡方程形式为

$$V_\mathrm{m}\frac{\mathrm{d}V_\mathrm{m}}{\mathrm{d}l} = \sin(\varPhi-\gamma)V_\mathrm{m}\frac{\partial V_\mathrm{m}}{\partial m} + \cos(\varPhi-\gamma)\frac{V_\mathrm{m}^2}{r_\mathrm{c}} -$$

$$\frac{W_\mathrm{u}}{r}\frac{\mathrm{d}(rW_\mathrm{u})}{\mathrm{d}l} + \frac{\mathrm{d}H_\mathrm{r}}{\mathrm{d}l} - T\frac{\mathrm{d}s}{\mathrm{d}l} - 2\omega W_\mathrm{u}\cos\gamma - \tan\varepsilon F_\mathrm{u} +$$

$$\left[\sin(\varPhi-\gamma)\cos^2\beta - \tan\varepsilon\sin\beta\cos\beta\right]T\frac{\partial s}{\partial m} \qquad (10.29)$$

力F_u可以从式(10.3)或从下式得到:

$$F_\mathrm{u} = \frac{V_\mathrm{m}}{r}\frac{\partial(rW_\mathrm{u})}{\partial m} + 2\omega V_\mathrm{m}\sin\varPhi \qquad (10.30)$$

其适用于相对坐标系。如果在具有指定流角的相对坐标系中工作,可以很方便地使用式(10.19)来消除W_u。这种替代的结果包括在式(10.29)和式(10.30)的组合形式中:

$$V_\mathrm{m}\frac{\mathrm{d}V_\mathrm{m}}{\mathrm{d}l} = \cos^2\beta\left[(\sin(\varPhi-\gamma) - \tan\varepsilon\tan\beta)V_\mathrm{m}\frac{\partial V_\mathrm{m}}{\partial m} + \cos(\varPhi-\gamma)\frac{V_\mathrm{m}}{r_\mathrm{c}}\right] -$$

$$\cos^2\beta\left[V_{\mathrm{m}}^2\frac{\tan\beta}{r}\frac{\mathrm{d}(r\tan\beta)}{\mathrm{d}l} - 2\omega V_{\mathrm{m}}(\tan\varepsilon\sin\Phi + \tan\beta\cos\gamma)\right] +$$

$$\cos^2\beta\left[(\sin(\Phi-\gamma)\cos^2\beta - \tan\varepsilon\sin\beta\cos\beta)T\frac{\partial s}{\partial m}\right] +$$

$$\cos^2\beta\left[\frac{\mathrm{d}H_{\mathrm{r}}}{\mathrm{d}l} - T\frac{\mathrm{d}s}{\mathrm{d}l} - V_{\mathrm{m}}^2\frac{\tan\varepsilon}{r}\frac{\partial(r\tan\beta)}{\partial m}\right] \qquad (10.31)$$

最适合特定计算的径向平衡方程的形式取决于许多因素。其中最重要的是分析数值方案的性质和要确定的参数选择。该推导的目的是指导将结果应用于流线曲率类型的计算程序,其中子午速度是寻求解决方案的主要变量。在这种类型的程序中,径向平衡方程是沿着假设流线的每个计算点求解的。然后加密流线,并重复该过程直到获得满意的收敛程度。这种计算方法在叶轮机械行业成功应用于先进压气机和涡轮的设计。

在讨论叶轮机械叶片区域的应用之前,先考虑无叶片空间的应用。由于叶片上的压力差导致的体力由式(10.23)中的矢量 $\boldsymbol{F}_{\mathrm{p}}$ 定义。在无叶片区域中,该分量为零。与熵增相关的剩下的体力 F_{s} 由式(10.27)定义。因此,描述固有坐标系的3个正交体力的方程式(10.24)、式(10.25)和式(10.26)化简为

$$F_{\mathrm{m}} = -\cos^2\beta T\frac{\partial s}{\partial m} \qquad (10.32)$$

$$F_{\mathrm{u}} = \sin\beta\cos\beta T\frac{\partial s}{\partial m} \qquad (10.33)$$

$$F_{\mathrm{n}} = 0 \qquad (10.34)$$

此外,涉及叶片倾斜角度 ε 的所有术语都从径向平衡式中推导得来。式(10.29)化简为

$$V_{\mathrm{m}}\frac{\mathrm{d}V_{\mathrm{m}}}{\mathrm{d}l} = \sin(\Phi-\gamma)V_{\mathrm{m}}\frac{\partial V_{\mathrm{m}}}{\partial m} + \cos(\Phi-\gamma)\frac{V_{\mathrm{m}}^2}{r_{\mathrm{c}}} -$$

$$\frac{W_{\mathrm{u}}}{r}\frac{\mathrm{d}(rW_{\mathrm{u}})}{\mathrm{d}l} + \frac{\mathrm{d}H_{\mathrm{r}}}{\mathrm{d}l} - T\frac{\mathrm{d}s}{\mathrm{d}l} - 2\omega W_{\mathrm{u}}\cos\gamma + \sin(\Phi-\gamma)\cos^2\beta T\frac{\partial s}{\partial m}$$

$$(10.35)$$

有趣的是,在旋流中根据式(10.32)和式(10.33),流动方向上的熵上升总是导致在 u – 方向上的体力项。这对于无叶扩压器和径流叶轮机械是显而易见的,其中大部分熵升高来自壁面摩擦。对于高展弦比的轴流涡轮来说不是很明显,由于尾流混合引起的损失相对于环形壁面摩擦力可能忽略不计。然而,如果假设在流动方向上熵增加,则在两种情况下都会发生角动量的变化。

考虑叶片区域,最初规定的参数选择通常分为两类:第一种是指定总温或圆

周速度分量的情况。实际上,这些变量是对于所有的实际目的可以互换,只是通过式(10.18)相关联。对于这些情况,最方便的解决方案通常是在式(10.29)中使用 $\omega = 0$、$W_u = V_u$ 和 $H_r = H$ 的绝对坐标系得到。在每个计算过程中,式(10.29)中通常仅 V_m 和 β 是变量,因为沿着 l - 方向分布的所有其他参数是输入数据或者是过程参数。叶片区域内的第二种重要计算类别涉及指定的相对流动角度。为此,最为方便的是在参考相对坐标系下求解,在动叶内指定 ω,在其他地方为零。最方便的径向平衡方程是式(10.31)。在这种情况下,计算过程中式(10.31)中唯一的变量是 V_m,而且 l - 方向上的所有其他变量都是输入数据,或仅是计算过程的中间参数。

10.2　流线曲率法的应用

利用 10.1 节中推导的方程,文献[7]开发了一种可用于叶轮机械设计和分析的计算工具。本节总结文献[7]的流线曲率计算方面的技术。

如前一节所述,流线曲率算法提供了一种确定通过叶轮机械的轴对称流的欧拉解的简便方法。计算网格包括如在子午视图流动路径和看到的流线,以及准法向方向流动中的重要位置的流线,如图 10.1 所示。一些计算点通常放置在叶轮机械进气道上游的合适位置,更多的计算点通常放置在下游。在叶轮机械中,准法线或"计算点"的最小数量是每对相邻的叶片排之间只有一个,其将代表从前一排的入口条件和下一排的出口条件。更好的选择在每个叶片排的每个边缘都有一个点。对于一些计算,在叶片排中添加了额外的计算点。这是一个比较粗糙的网格(与用于 CFD 计算的网格相比),使得计算通常只需几秒钟即可完成(在 2003 年典型的计算机上运行)。

对于一个轴对称流动的欧拉解,基本方法不能预测熵增,即压力损失和效率。这可以通过调用叶栅性能预测方法来估计损失,并且在某些情况下叶片出口气流角也是采用同样的方法。在叶轮机械流动路径内壁和外壁上会形成复杂的边界层,导致"堵塞"和二次流。特别是对于多级轴流压气机,为了准确地预测级间匹配需要很好地估计堵塞。

方程组广泛地适用于两种情况:当沿计算点的绝对切向速度分量的变化已知和相对气流角分布已知的情况。前者通常出现在"设计"计算中,后者在"分析"或外特性预测中出现。因此,流线曲率程序可用于设计计算、非设计性能预测和测试数据分析。这种多功能性,结合解决方案的速度,使该方法成为一种有效的工具。许多设计只使用流线曲率法就可以完成,即使现在一些 CFD 计算提供设计能力,但通常一个良好的候选设计需要一个好的开始点。

虽然欧拉方程是该方法的基础,但适当地考虑从计算点到计算点化的熵变化,在流动方向上需要谨慎处理。这在文献[9]中有强调,其中验证了一些之前公布的方程组,发现它们通常忽略的是一个小项。

对于已知切线速度的情况,合适的方程为式(10.29)。当已知相对气流角时使用式(10.31)。结合这些方程,需要连续性方程和能量方程。流体性质也是需要的;这些最好在子程序中谨慎地计算,以便于替换。连续性方程式的形式如下:

$$\dot{m} = \int_{r_h}^{r_t} V_m \rho \cos(\Phi - \gamma) 2\pi r \mathrm{d}l \qquad (10.36)$$

还需要具有子午速度的流量变化率。这是由下式得出:

$$\frac{\mathrm{d}\dot{m}}{\mathrm{d}V_m} = \int_{r_h}^{r_t} (1 - M_m^2) \frac{\mathrm{d}\dot{m}}{V_m} \qquad (10.37)$$

当指定切向速度分量时,有

$$\frac{\mathrm{d}\dot{m}}{\mathrm{d}V_m} = \int_{r_h}^{r_t} \left[1 - M_{m_{rel}}^2 \left(1 + \frac{\zeta \kappa p/P_{rel}}{1 + \zeta(1 - p/P_{rel})} \right) \right] \frac{\mathrm{d}\dot{m}}{V_m} \qquad (10.38)$$

当给出相对气流角时,包括在式(10.38)中的损失系数 ζ 是通过出口动压归一化的总压损失系数。如果不使用,则在式(10.38)中将其设置为零。叶轮机械的欧拉方程使得总焓变与角动量变化相关:

$$\Delta H = H_3 - H_2 = \omega(r_3 V_{u3} - r_2 V_{u2}) \qquad (10.39)$$

10.2.1 逐步求解步骤

给出这些方程式,逐步求解的步骤如下:

(1)对流线形式进行初步估计。一个明显的选择是将流动路径在每个计算点划分为相等的面积。通过将入口(或其他一些)计算点分成相等的增量可以实现略微更均匀(最终的)流线间距,然后使用得到的区域分数来指导剩余的估计。

(2)对式(10.29)和式(10.31)中的流向梯度进行初步估计。这些都是二阶项,通常初始估计为零。

(3)在所有网格点计算流线的斜率和曲率(但是这可以通过逐个点计算完成)。第一个和最后一个计算点的曲率设置为零。

(4)在第一计算点,用户需要指定沿着计算点的总焓、熵和角动量或气流角的变化。熵和焓通常由用户输入数据中的总压和温度中隐含,然后可以使用流体程序包来获得每条流线上的焓和熵。

241

（5）从入口流和第一计算点区域对一条流线上的子午速度进行第一次估计。建议定义中间流线的值。不需要高精度（首次计算后不需要）。

（6）根据输入数据中是否给出角动量或气流角，式（10.29）或式（10.31）从中间流线到内壁或者从中间流线到外壁积分。这产生了与动量方程、假设的流线特性和估计的中线速度估计一致的子午速度分布。虽然这不太可能发生在计算站1，极值可能导致负速度或大于声速的值。必须对这种情况作出规定。

（7）式（10.36）和式（10.37）或式（10.38）在所有流线上积分获得流量及其与子午速度的变化率。

（8）流量的符号表示当前速度曲线位于连续性方程的哪一个分支，正值表示亚声速分支，负值表示超声速分支。如果指定了切向速度，则只有亚声速分支对于流线曲率解是有效的，但如果指定了气流角，则用户必须指定需要哪个分支，两者都可能有效（有效解的标准实际上是子午速度小于声速，因此，如果规定了零或较小的气流角，则超声速解无效）。如果曲线位于正确的分支上，并且实现的流量在指定流量的期望公差内，则控制转到步骤（9），否则，需要对中线子午速度进行重新估计。如果曲线位于错误的分支上，则进行中线子午速度估计的半任意变化，并且控制返回到步骤（6）（受允许迭代次数限制）。否则，通过以下方式重新估计中线子午速度：

$$V_{m_{new}} = V_{m_{old}} + \frac{(\dot{m}_{specified} - \dot{m}_{achieved})}{\dfrac{d\dot{m}}{dV_m}} \tag{10.40}$$

并且再次控制返回到步骤（6）（受允许迭代次数限制）。应用式（10.40）时存在几个潜在的困难。随着连续性方程的两个分支之间的连接接近，梯度 $d\dot{m}/dV_m$ 变得越来越小。因此，可以计算中线的 V_m 变化非常大（尽管通常不在计算点1处，但在计算点处将使用相同的过程）。因此，应采用一些逻辑来确保应用式（10.39）的结果是合理的。

（9）过程进入下一计算点。虽然计算点2通常在入口段中，但是将给出适用于第一计算点之后的所有计算点的一般描述。

（10）如果计算点后是无叶片空间，则总焓、熵和角动量沿着流线与前一计算点是关联的（如果式（10.29）或式（10.31）使用相对坐标系，则这些量需要在前一个计算点计算获得后续位置的变量的值）。式（10.29）被应用于当绝对角动量给定由用户输入数据给隐含的情况。式（10.39）通常用于由角动量确定总焓，反之亦然。熵是根据效率或压力损失确定的。在某些情况下，例如当给出相对于出口动压的总压力损失系数时，只能估计熵，因为损失取决于尚未知的速度

242

分布。然后,需要对所有流线的子午速度进行初步估计;这可以通过假设前一计算点确定该值来进行。请注意,这只是在第一次通过所有计算点时完成。有许多可能的数据组合。来自前一计算点的总温度、总焓、总温度或焓变,也可能是前一计算点的总压力或压比。结合这些,可以规定各种效率或损失系数。对于测试数据分析,下游为动叶,总温度和总压力将是输入值。需要大量的编程逻辑来指导选择。当给出或使用了相对气流角时应使用式(10.31)。设计计算可以确定静叶出口计算站的气流角而不是角动量,其中测试数据通常将是总压和气流角(如果还测量了总温,可以在联系前缘计算点的温度或放弃它们进行新的温度测量之间选择,然后需要注意整体热力学的计算)。当叶片几何形状为输入数据时,任何非设计性能计算都将得到相对气流角,这将需要通过叶栅性能预测方法估计损失和出口气流角。根据所选择的方案,损失和/(或)流动角度可能取决于未知的子午速度。积分式(10.29)或式(10.31),如步骤(6)中所做的那样。式(10.29)或式(10.31)需要的任何数据只能估计,应该执行一个迭代循环以获得与性能模拟一致的子午速度分布,尽管已经执行了几次循环,差异仍然应该变得非常小。

(11)如步骤(7)和(8)中那样应用连续性方程,其中控制过程返回到步骤(10),直到达到指定的流量(或已执行所有允许的迭代)。稍后将需要每个流线上的流函数。

(12)控制过程重复返回到步骤(9),直到通过最后一个计算点。

(13)检查计算的总体收敛,除非在第一次完成时已经达到标准。应该应用以下两个标准:

① 沿着每条流线的流函数应该是常数。

② 在每个网格点处计算的子午速度从一个点传递到下一个点不应该发生变化。

如果已经达到收敛,则可以生成期望的输出数据(容差在下面讨论)。如果没有达到收敛,并且经过允许的最大计算次数,则控制过程转到步骤(14)。

(14)更新整个发动机的估计流线型,其意图是始终保持在计算站1建立的流函数。使用计算站1流函数在每个计算点的简单流线坐标插值,提供新的原始流线坐标。为了确保稳定的收敛过程,必须对插值提供的坐标变化应用松弛因子。这在下面进一步讨论。

(15)更新所有流向梯度。

(16)控制过程返回到步骤(3),开始另一计算。

(17)改变流线所需的松弛因子为

$$RF = \frac{1}{1 + \frac{A}{6}\left(\frac{h}{\Delta m}\right)^2} \tag{10.41}$$

式中:$h/\Delta m$ 为计算站长度与最近邻计算站的子午距离比值,如果给出切向速度分量,则 $A = (1 - M_m^2)$,如果给定相对气流角,则 $A = \cos^2\beta(1 - M_m^2)$。有时候,式(10.41)中的常数 6 需要设置为 4。这通常发生在当许多计算点相对靠近放置时,例如当多个计算站位于叶片排内时会发生这种情况。虽然没有理论支持,但将马赫数最大值限制为 0.7 似乎合理的。这些方程基于文献[10]。

求解程序需要嵌套迭代计算,需要适当的容差来判断每个循环的收敛。主要的容差应由输入数据定义,这可以用于最外层循环,即流线位置和子午速度收敛检查。对于正常的工程目的的,在其中容差 1×10^{-4} 或 2×10^{-4} 是足够且容易达到的。如果要在基于梯度的优化方法中使用结果,可能需要将容差降低到 10^{-7} 或更小。

对于每个连续的嵌套容差应降低 5 倍或 10 倍。在上述过程中可以集成一些额外的计算。放气流动可通过设置在第一计算站处进行模拟,期望的放气流动被包含在最外面流管中。然后沿着流动路径在适当的计算站移除一条或多条流线。可以通过估计相应的流量,然后随着求解进行对估计进行细化来确定非设计计算的总压比。需要逻辑来处理可能发生的各种失败情况,例如当估计的流量太大时,发动机喘振。获得收敛解后可以嵌入损失模型,包括与设计和非设计计算的流动一致的损失。在设计计算期间,也可以同时生成叶片几何形状。

基本流线曲率法的一个主要缺点在于其使用欧拉方程:横向方向上不会发生动量或热量的转移。这与 Navier – Stokes 方程的 CFD 解和实际流动相反。结果是,通过多级叶轮机械不能确定实际展向的损失变化。这可以通过在基本流线曲率计算上叠加"混合"计算来克服这个缺点。虽然有证据表明轴流压气机中的一些横向效应,如轴流压气机的径向尾流运动不是随机的(文献[11]),但如文献[12]所建议的简单的湍流混合计算似乎捕获了大部分重要的影响。通过流量模型的补充,可以执行非设计工况计算,其中包括实际的展向变化的损失,从而产生实际的性质分布曲线。

文献[13]给出了一个与式(10.29)和式(10.31)不同形式的动量方程。这里通过使用连续性方程和流线特性来消除子午方向的子午速度梯度。这比较美观(至少),因为它消除了从一个步骤到另一个步骤必须更新的流向梯度。此外,对于具有较少计算站的情况,例如当仅有叶片排边缘的计算站时,直观地看来,通过流线模式似乎可以比从叶片排以外的点处速度更好地估计局部流向速度梯度。对于在所有叶片排内有许多计算站的情况,差异应该非常小。正如所

244

呈现的那样,文献[13]方程式不太适用,因为它是以径向而不是任意方向构建的。

10.3　压气机例子

在本节中,给出了使用流线曲率程序的一些代表性示例。一个设计旨在实现 NASA UEET 项目四级航空发动机高压压气机的目标,总体压比为12:1。

第一次计算使用程序中包含压气机初步设计(CPD)程序。在这种情况下,流线斜率和曲率假设为零,并且忽略沿计算站方向作用的叶片力。径向计算站位于每个叶片排边缘,使得应用的动量方程形式大大简化。这些简化是为了稳定和加速求解。优化器程序包用于导出满足设计者指定的各种约束的最优效率设计。图 10.3 所示为设计点效率与第一个动叶叶尖速度的变化。589m/s 的最佳修正叶尖速度源于过高的项目目标。为了这个颇为学术的研究,选择 548m/s 的叶尖速度是叶轮机械和空气动力学之间的折中考虑。图 10.4 所示为相应的流动路径。

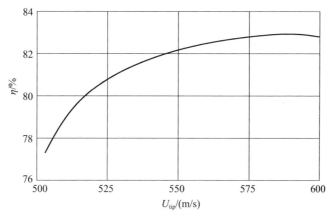

图 10.3　压比为 12:1 的 NASA – UEET 四级压气机的效率与叶尖速度关系

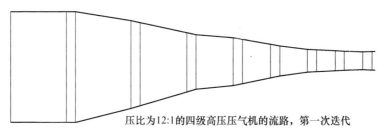

压比为12:1的四级高压压气机的流路,第一次迭代

图 10.4　NASA – UEFT 压气机级的初步流动路径图

下一次计算是"第一个细节设计"。对于 CPD,在动叶出口处给定总压力,并且在静叶出口处指定切向速度分量。而对于 CPD,损失仅基于气流角和马赫数来估计,详细的设计叶片是通用的,由设计程序导出。去除用于 CPD 的流动模型简化。图 10.5 显示了计算的流线型式。第一个详细设计假设通用叶片(DCA 叶型),但是第一个动叶叶尖马赫数接近 1.5,需要更复杂的设计。这通过在叶片排内添加计算站,然后在计算站间隔中分布叶对片排的效果来实现。

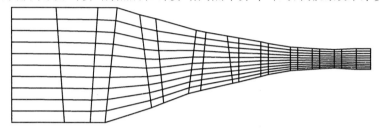

图 10.5 压比为 12:1 的 NASA – UEET 四级高压压气机的第二次迭代流动路径

图 10.6 所示为计算出的流线型式,给定计算创建的叶片规范,现在可以执行非设计计算,图 10.7 显示了最终的性能图。

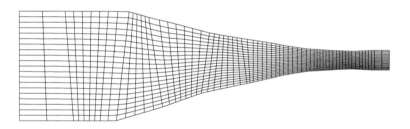

图 10.6 压比为 12:1 的 NASA – UEET 四级高压压气机精细的最终流路

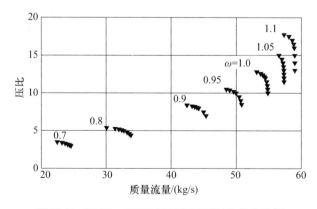

图 10.7 NASA – UEET 四级高压压气机的性能图

图 10.8 所示为从下游看的两个相邻叶片的实体模型。所描述的程序可以用于产生最终设计,但是现在通常将使用它来创建用于使用 CFD 进一步分析的"第一候选"。

图 10.8　两个相邻叶片的实体模型

10.4　涡轮例子——复合倾斜设计

流线曲率法在涡轮设计与分析中得到最广泛的应用。涡轮应用领域涵盖蒸汽轮机、发电燃气轮机和飞机喷气发动机的高压、中压和低压部分。在中压和低压涡轮设计的情况下,径向平衡条件基于计算站的绝对切向速度分量的规定变化来获得。计算结果允许使用流线曲率法设计跟随计算气流角的三维叶片。一旦设计过程完成并且相对角度分布是已知的,则可以使用流线曲率法在常规基础上执行非设计工况计算。正如在第 6 章讨论的那样,精确的非设计性能预测的条件是采用适当的损失计算模型。

与中压和低压涡轮相比,高压涡轮具有相对较小的展弦比,这导致轮毂和叶顶二次流动区域占据叶片高度的主要部分。由轮毂和叶顶旋涡系统引起的二次流动区域诱导阻力,导致二次流动损失增加到整级总压损失的 40% ~50% 。在高压涡轮中减少二次流的最有效的方法是通过改变倾斜角的复合倾斜叶片设计。近年来,发动机制造商广泛使用倾斜叶片用于新的涡轮,以及改造现有的高压涡轮。复合倾斜设计对静叶和动叶叶片的应用已被证明是二次流控制的有效措施。使用流线曲率法,优化倾斜角度,采用适当的轮廓到叶顶涡轮的叶型,高压涡轮叶片的设计级效率比圆柱形叶片高出 1.5% 以上。三维倾斜设计抑制二次流动的效果在文献[14 - 15]三级高效涡轮的效率和性能研究中得到体现。随后的比较研究见文献[16],使用具有相同叶片高度,轮毂和叶尖直径以及入口条件的圆柱形叶片,与具有圆柱形的叶片相比,具有三维复合倾斜叶片的动叶效率提高 $\Delta\eta\approx2\%$ 。文献[17]对两个叶片进行了类似的研究。他们报告说,与圆柱形叶片相比,复合倾斜叶片在叶栅效率方面具有 1% ~1.5% 的明显的性能优势。虽然已经证明组合的静叶 – 动叶倾斜可以提高效率,但是如文献[18]中所报导的,静叶排仅有的倾斜似乎没有显著的效率提高效果。在讨论最近的一些试验和数值结果之前,先介绍以下基础的叶片倾斜命名。

10.4.1　叶片倾斜几何

图 10.9 所示为具有不同倾斜结构的三组静叶叶片:(a)传统上用于高压涡轮的常规圆柱形叶片;(b)具有恒定倾斜的叶片;(c)具有对称倾斜结构也称为复合倾斜的叶片。复合倾斜叶片的特征在于叶型从轮毂到叶尖的周向位移,导致叶片表面弯特征。如图 10.19(上部)所示,压力表面具有凸形弯曲,而吸力面是凹形弯曲。相应的尾缘倾斜分布如图 10.19(下部)所示。复合倾斜叶片可以具有对称的倾斜角分布,在轮毂处具有 $+\varepsilon$,在叶顶具有 $-\varepsilon$。它也可能具有不对称的 ε – 分布,在轮毂处具有 $+\varepsilon_1$,在叶顶具有 $-\varepsilon_2$,如图 10.19(c)和(d)所示。复合倾斜也可以仅限于轮毂和叶尖区域,如图 10.19(e)所示。

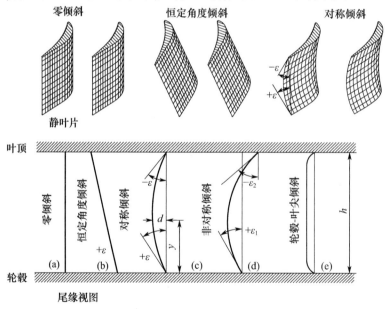

图 10.9　具有不同倾斜几何的叶片

10.4.2　复合倾斜角度分布的计算

复合倾斜非对称倾斜的一般情况如图 10.9(d)所示,无量纲圆周位移分布(弧线)$\delta = d/h$ 可以用无量纲高度 $\eta = y/h$ 的函数的二阶多项式表示为

248

$$\delta = a_0 + a_1\eta + a_2\eta^2 \tag{10.42}$$

利用以下边界条件:

$$\eta = 0 \Rightarrow \delta = 0, \eta = 0 \Rightarrow \frac{\mathrm{d}\delta}{\mathrm{d}\eta} = \tan\varepsilon_1$$

$$\eta = 1 \Rightarrow \frac{\mathrm{d}\delta}{\mathrm{d}\eta} = \tan(-\varepsilon_2) \tag{10.43}$$

得到系数:

$$a_0 = 0, a_1 = \tan\varepsilon_1, a_2 = -\frac{1}{2}(\tan\varepsilon_1 + \tan\varepsilon_2) \tag{10.44}$$

式(10.42)变为

$$\delta = \tan\varepsilon_1\eta - \frac{1}{2}(\tan\varepsilon_1 + \tan\varepsilon_2)\eta^2 \tag{10.45}$$

最大弧度的位置可以从中计算:

$$\eta_{\mathrm{max}} = \frac{\tan\varepsilon_1}{\tan\varepsilon_1 + \tan\varepsilon_2}, \delta_{\mathrm{max}} = \frac{1}{2}\left(\frac{\tan^2\varepsilon_1}{\tan\varepsilon_1 + \tan\varepsilon_2}\right) \tag{10.46}$$

图 10.10 所示为 3 个不同的 ε_1、ε_2 作为参数的无量纲圆周位移 δ(弧线)与无量纲变量 η 的函数关系。

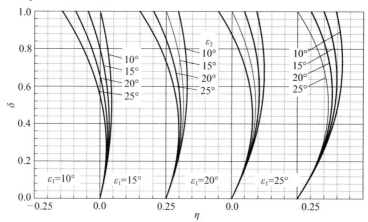

图 10.10　恒定倾斜角 ε_1 与 ε_2 作为参数的无量纲弧线 δ 与无量纲叶片高度 η 的函数关系(注:横坐标偏移 0.25)

保持 ε_1 为与时间无关的常数并变化,ε_2 从 $10°$ 到 $25°$ 改变弧线曲率。如图 10.10 所示,对于 $|\varepsilon_2| = |\varepsilon_1|$,弧线是对称的;对于 $|\varepsilon_2| > |\varepsilon_1|$,弧线曲率会逐渐增加,而 $|\varepsilon_2| < |\varepsilon_1|$ 则会下降。在实际的设计过程中,这两个角度也作为除

了在第 4 章讨论的级参数之外的设计参数。以效率为目标的优化过程,可与流线曲率法结合使用达到最佳效率。

10.4.3 实例:三级涡轮设计

采用流线曲率法,多级高压、中压和低压涡轮可进行优化设计。以三级高压涡轮三维复合倾斜叶片为例进行说明,如图 10.11 所示,表 10.1 给出了相关的参数。

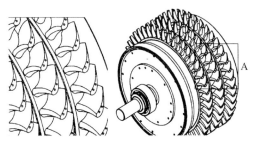

图 10.11　三级高效高压涡轮三维倾斜叶片及放大细节图 A,TPFL

表 10.1　涡轮研究设施数据

名称	规格	名称	规格	
级数	$N=3$	流量	$m_s = 3.728 \text{kg/s}$	
叶尖直径	$D_t = 685.8 \text{mm}$	转速范围	$n = 1800 \sim 2800 \text{r/min}$	
轮毂直径	$D_h = 58.8 \text{mm}$	进口压力	$p_{in} = 101.356 \text{kPa}$	
叶片高度	$H_b = 63.5 \text{mm}$	出口压力	$p_{ex} = 71.708 \text{kPa}$	
叶片数量	静叶排 1 = 58	静叶排 2 = 52	静叶排 3 = 56	
叶片数量	动叶排 1 = 46	动叶排 2 = 40	动叶排 3 = 44	

如图 10.11 可见,叶片上有一个不对称的倾斜 $|\varepsilon_2| < |\varepsilon_1|$。

图 10.12 说明了复合倾斜减少二次流的有效性,它显示了第二个静叶上游的总压分布云图。

图 10.12 显示了第二个静叶(第一个动叶的下游)上游的总压分布。二次流区域通过图 10.12 较低的云图水平(暗区)来表达。由前面动叶片产生的尾流导致总压降低。为了便于比较,第二个静叶的总压分布与相同叶片数和边界条件的第二个动叶相同,但圆柱形叶片的总压分布如图 10.13 所示。如图所示,在轮毂处主要的总压降为圆柱形叶片。这两种类型叶片的比较表明,静叶和动叶的复合倾斜设计可以大大降低总压损失。图 10.14 中无量纲损失系数表明在圆柱叶片中存在的典型的大区域的二次流已经被复合倾斜设计所削弱。

250

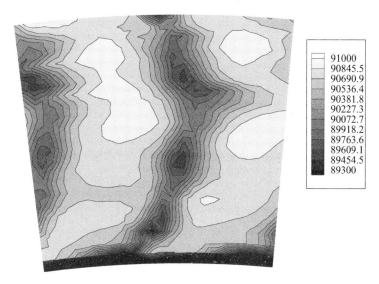

图 10.12 第二个静叶上游的总压分布云图，
复合倾斜的动叶，转速 2600r/min，TPFL

	91000
	90845.5
	90690.9
	90536.4
	90381.8
	90227.3
	90072.7
	89918.2
	89763.6
	89609.1
	89454.5
	89300

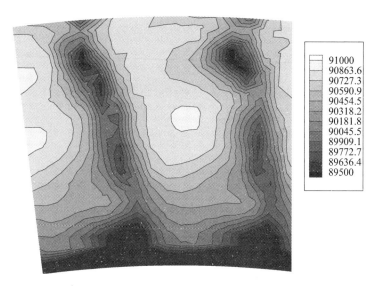

图 10.13 第二个静叶的总压分布云图，动叶为圆柱叶片，
转速为 2600r/min

	91000
	90863.6
	90727.3
	90590.9
	90454.5
	90318.2
	90181.8
	90045.5
	89909.1
	89772.7
	89636.4
	89500

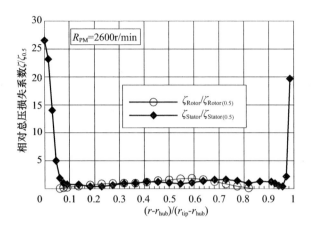

图 10.14　复方倾斜静叶和动叶的 TPFL – 转子的静叶和
动叶排的相对总压损失系数的径向分布

10.5　特　殊　情　况

采用数值计算程序将 10.3 节推导出的径向平衡计算方法应用于设计压气机级。该方法也适用于在 10.4 节中看到的涡轮级。对于少数特例,可以找到分析解决方案。为此,需要简化以获得分析解决方案。

10.5.1　自由涡流动

考虑的流动假设满足条件:等熵,$\nabla s = 0$,等焓,$\nabla H = 0$,以及恒定子午速度,$\mathrm{d}V_{\mathrm{m}} = 0$。有了这些条件,并且假设流线没有曲率(柱状流表面),式(10.11)对于一个没有叶片的通道可以化简,其中 $F_{\mathrm{m}} = F_{\mathrm{n}} = 0$,$(\varPhi - \gamma) = 0$,得

$$\mathrm{d}(rV_{\mathrm{u}}) = 0, rV_{\mathrm{u}} = 常数 \tag{10.47}$$

式(10.47)是自由涡旋流动的径向平衡方程,称为 Beltrami 自由涡流动。图 10.15 所示为环形通道内不同圆周马赫数的径向压力分布。

10.5.2　强制涡流动

这类流动假设满足以下条件:等熵,$\nabla s = 0$,等焓,$\nabla H = 0$。圆周速度与半径成正比:$V_{\mathrm{u}} \propto r$ 或 $V_{\mathrm{u}} = Kr$,其中 K 是一个常数。利用这些条件并假设的流线没有曲率(圆柱流面),式(10.11)对于无叶片通道可以化简,其中 $F_{\mathrm{m}} = F_{\mathrm{n}} = 0$,$(\varPhi - \gamma) = 0$,得

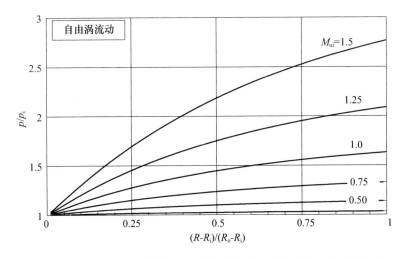

图 10.15　以轮毂周向马赫数 Ma_u 为参数的自由涡流动的径向压力分布

$$V_m \frac{dV_m}{dr} = - \frac{Krd(Kr^2)}{rdr} = -2K^2 \frac{rdr}{dr} \tag{10.48}$$

积分式(10.48)，得

$$V_m^2 = 2K^2(r_i^2 - r^2) + V_{mi}^2 \tag{10.49}$$

常数 K 为

$$K = \frac{V_u}{r} = \frac{V_{ui}}{r_i} \tag{10.50}$$

利用在图 10.3 中的角度定义，用 β 替代 α，并且 $V_{ui} = V_{mi}\tan\alpha_i$，将式(10.50)代入式(10.49)中，有

$$\left[\frac{V_m}{V_{mi}}\right]^2 = 1 - 2\tan^2\alpha_i \left[\left(\frac{r}{r_i}\right)^2 - 1\right] \tag{10.51}$$

图 10.16 给出了径向压力分布。

10.5.3　具有恒定气流角的流动

考虑的流动假设满足条件：等熵，$\nabla s = 0$，等焓，$\nabla H = 0$，恒定入口气流角，$d\alpha_1 = 0$。在这些条件下，假设流线没有曲率(圆柱形流面)，式(10.11)对于无叶片通道可以化简，其中 $F_m = F_n = 0$ 和 $(\Phi - \gamma) = 0$，得

$$V_m \frac{dV_m}{dr} = - \frac{V_u}{r} \frac{d(rV_u)}{dr} \tag{10.52}$$

因为

253

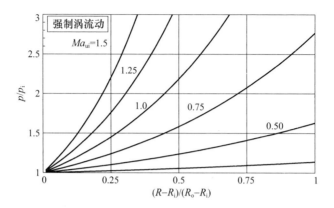

图 10.16 轮毂圆周马赫数 Ma_u 作为参数的强制涡流动的压力分布

$$V_u = V_m \tan\alpha_1 \tag{10.53}$$

将式(10.52)代入式(10.53),导致

$$\frac{\mathrm{d}V_m}{V_m} = -\sin^2\alpha_1 \frac{\mathrm{d}r}{r} \tag{10.54}$$

积分式(10.54),得

$$\frac{V_m}{V_{mi}} = \left(\frac{r_i}{r}\right)^{\sin^2\alpha_1} \tag{10.55}$$

图 10.17 描述了以 α_1 为参数的半径比与轴向速度比的函数关系。

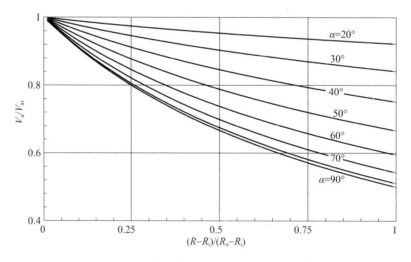

图 10.17 以入口角为参数的轴向速度比与无量纲叶片高度的函数关系

254

参 考 文 献

[1] Wu, Chung-Hua, 1952, "A general Theory of Three-Dimensional Flow in Subsonic and Supersonic Turbomachines of Axial-, Radial, and mixed-Flow Types," NACA technical Note 2604, Washington, D. C., January 1952.

[2] Lakshminarayana, B., 1996, "Fluid Dynamics and Heat Transfer of Turbomachinery," John Wiley & Sons.

[3] Vavra, M. H., 1960, "Aero-Thermodynamics and Flow in Turbomachines," John Wiley & Sons, Inc.

[4] Schobeiri, M. T., 2012 "Turbomchinery Flow Physics and Dynamic Performance, Second Edition, Springer-Verlag.

[5] Novak, R. A., and Hearsey, R. M., "A Nearly Three Dimensional Intra blade Computing System for Turbomachinery, Part I & II," *Journal of Fluid Engineering*, Vol 99, pp. 154-166.

[6] Wilkinson, D. H., 1972, "Calculation of Blade-to-Blade Flow in Turbomachine by Stream-line Curvature," British ARC R&M 3704.

[7] Wennerstrom, A. J., 1974, "On the Treatment of body Forces in the radial Equilibrium Equation of Turbomachinery," Traupel-Festschrift, Juris-Verlag, Zürich.

[8] Hearsey, R. M., 2003, "Computer Program HT 0300 version 2.0," Hearsey technology, Bellevue, Washington.

[9] Horlock, J. H., 1971, "On Entropy Production in Adiabatic Flow in Turbomachines," *ASME Journal of Basic Engineering*, pp. 587-593.

[10] Wilkinson, D. H., 1969, Stability, Convergence and Accuracy of 2-Dimensional Streamline Curvature Methods Using Quasi-Orthogonals, Proceedings of the Institution of Mechanical Engineers, Volume 184, 1979-1970.

[11] Adkins, G. G., Smith L. H., 1982, "Spanwise Mixing in Axial-Flow Turbomachines," *ASME Journal of Engineering for Gas Turbines and Power*, Vol. 104, pp. 97-110.

[12] Gallimore, S. J., 1986, "Spanwise mixing in Multistage Axial Flow Compressors: Part II - Throughflow Calculations Including Mixing," ASME Journal of Turbomachinery, Vol. 108, pp. 10-16.

[13] Smith, L. H. Jr., 1966, "The Radial-Equilibrium Equation of Turbomachinery," *ASME Journal of Engineering for Power*, January, 1966, pp. 1-12.

[14] Schobeiri, M. T., Gilarranz, J., and Johansen, E., "Final Report on: Efficiency, Performance, and Interstage Flow Field Measurement of Siemens-Westinghouse HP-Turbine Blade Series 9600 and 5600," September, 1999.

[15] Schobeiri M. T., Gillaranz, J. L., and Johansen E. S., 2000, "Aerodynamic and Perform-

ance Studies of a Three Stage High Pressure Research Turbine with 3 – D Blades, Design Point and Off – Design Experimental Investigations," Proceedings of ASME Turbo Expo 2000, 2000 – GT – 484.

[16] Schobeiri, M. T. , Suryanaryanan, A. , Jerman, C. , and Neuenschwander, T. ,2004, "A Comparative Aerodynamic and performance study of a three – stagehigh pressure turbine with 3 – D bowed blades and cylindrical blades,"Proceedings of ASME Turbo Expo 2004 Power of Land Air and Sea, June 14 – 17, 2004, Vienna, Austria, paper GT2004 – 53650.

[17] Treiber, M. , Abhari, R. S. , and Sell, M. , 2002, "Flow Physics and Vortex Evolution in Annular Turbine Cascades," ASME, GT – 2002 – 30540, Proceedings of ASME TURBO EXPO 2002, June 3 – 6, 2002, Amsterdam, The Netherlands.

[18] Rosic, B. and Xu, L . , 2008, " Blade Lean and Shroud Leakage Flows in Low Aspect Ratio Turbines," Proceedings of ASME Turbo Expo 2008: Power for Land, Sea and Air, June 9 – 13, 2008, Berlin, Germany, GT2008 – 50565.

第11章 叶轮机械部件和系统的非线性动态仿真

接下来的章节论述叶轮机械系统的非线性瞬态仿真。发电蒸汽轮机和燃气轮机,联合循环系统和航空燃气轮机,从单轴发动机到以超声速飞行带加力燃烧室的多轴高压核心机,火箭推进系统和用于输送天然气管道系统网络的压缩系统等,都是包含叶轮机械部件的例子。

考虑在稳态运行的发电燃气轮机作为一种叶轮机械系统,其在常规启动、停车和工作负荷显著变化等工况的性能明显偏离稳态设计点。航空燃气轮机必须覆盖一个相对宽广的工作范围,包括起飞、低空和高空工作条件以及着陆等。在这些操作中,各部件存在于相互连续的动态相互作用中,其气动热力学和机械载荷条件随时间变化。举一个例子,加速/减速过程会导致涡轮和压气机功率的动态失配,从而导致轴的速度随时间变化。

在上述情况下,叶轮机械系统受到系统操作模式的影响。除了这些可预见的影响因素外,还有在设计系统时没有考虑到的不可预见的系统故障,例如,在常规操作期间的叶片损失、通过涡轮冷却叶片的冷却工质的损失、影响压气机喘振的不利操作条件以及控制系统的故障都是不利的工作条件的实例。在所有这些操作中,系统经历流体和热力学过程的不利变化,导致更大的气动损失、热损失和机械应力变化。

过去几十年燃气轮机技术的发展趋势表明燃气轮机的效率、性能和比负荷能力在不断提高。这种趋势本质上与气动、热和机械应力增加有关。在这种情况下,每个部件在其气体动力、热应力和机械应力极限附近工作。由于空气动力、热应力和结构应力的增加的不利操作条件,会导致某一个组件运行超出其限度引起结构损伤。为了避免这种情况,必须在新叶轮机械系统的设计和开发阶段掌握系统的总响应,包括气动、热和机械响应。

本章描述了燃气轮机部件和系统的非线性动态仿真的物理基础,对求解的数值方法作了简要的解释。将后面章节中对几个部件进行详细的动态仿真。

11.1 理 论 背 景

叶轮机械部件和系统的动态性能一般可以用流体力学和热力学守恒定律来描述[1-4]。在惯性系统中发生的流体力学过程通常是非稳态的,而稳定状态是一个特殊情况,其源于一个不稳定的条件,即其瞬态参数基本不随时间变化。考虑到这一状况,必须重新推导流体力学和热力学的守恒定律,使得热流体动态变量的时间变化以空间变化的形式来表示。相关方程参考文献[5]。对于非稳态流动,质量守恒方程由文献[5]中式(3.4)得出,有

$$\frac{\partial \rho}{\partial t} = -\nabla \cdot (\rho V) \tag{11.1}$$

式(11.1)表示比质量流由于空间变化引起密度随时间的变化。忽略重力后,可由文献中式(3.22)推导出柯西运动方程,即

$$\frac{\partial V}{\partial t} + V \cdot \nabla V = \frac{1}{\rho} \nabla \cdot \mathbf{II} \tag{11.2}$$

通过文献[5]中式(3.4)将式(11.2)重新整理,使其包括密度的时间和空间导数,有

$$\frac{\partial (\rho V)}{\partial t} + \nabla \cdot (\rho V V) = \nabla \cdot \mathbf{II} \tag{11.3}$$

式中:应力张量 $\mathbf{II}$ 可以分解为压力和剪应力张量。

$$\mathbf{II} = I p + \mathbf{T} \tag{11.4}$$

式中:$I p$ 为正应力,$\mathbf{T}$ 为剪应力张量。

将式(11.4)代入式(11.3),得

$$\frac{\partial (\rho V)}{\partial t} + \nabla \cdot (\rho V V) = -\nabla p + \nabla \cdot \mathbf{T} \tag{11.5}$$

式(11.5)直接将比质量流量的时间变化与速度、压力和剪切应力的空间变化联系起来。对于非稳态流动过程的完整描述,包括机械和热能平衡的总能量方程。参考文献[5]中式(3.58),并忽略重力影响,发现机械能为

$$\rho \frac{\mathrm{D}}{\mathrm{D}t}\left(\frac{V^2}{2}\right) = -V \cdot \nabla p + \nabla \cdot (\mathbf{T} V) - \mathbf{T}{:}\mathbf{D} \tag{11.6}$$

式(11.6)为微分形式的机械能守恒方程。方程右边第一项表示由于压力梯度引起的机械能变化,第二项是剪应力做功的影响,第三项表示由于剪切应力导致的机械能的耗散,其耗散为热量并增加系统的内能。在重新整理式(11.6)

并对其进行微分之前,回到热能平衡方程(文献[5]中式(3.66)):

$$\rho \frac{\mathrm{D}u}{\mathrm{D}t} = - \nabla \cdot \dot{\boldsymbol{q}} - p \nabla \cdot \boldsymbol{V} + \boldsymbol{T}{:}\boldsymbol{D} \tag{11.7}$$

机械和热能守恒的组合,由式(11.6)和式(11.7)可得

$$\rho \frac{\mathrm{D}}{\mathrm{D}t}\left(u + \frac{V^2}{2} \right) = - \nabla \cdot \dot{\boldsymbol{q}} + \nabla \cdot (\boldsymbol{II} \cdot \boldsymbol{V}) \tag{11.8}$$

由于叶轮机械系统的所有部件都被认为是开口系统,所以应该使用焓 h 而不是内部能量 u 更合适。状态参数 h 和 u 可以表示为其他状态参数的函数,如 T、ν、p 等。

$$u = u(T,\nu) , \mathrm{d}u = \left(\frac{\partial u}{\partial t} \right)_\nu \mathrm{d}T + \left(\frac{\partial u}{\partial \nu} \right)_T \mathrm{d}\nu \tag{11.9}$$

$$h = h(T,p) , \mathrm{d}h = \left(\frac{\partial h}{\partial T} \right)_p \mathrm{d}T + \left(\frac{\partial h}{\partial p} \right)_T \mathrm{d}p \tag{11.10}$$

式中:T 和 h 分别为绝对静温和焓。定义如下:

$$c_\nu = \left(\frac{\partial u}{\partial T} \right)_\nu , c_p = \left(\frac{\partial h}{\partial T} \right)_p \tag{11.11}$$

并应用第一定律,建立了 c_p 与 c_ν 之间的对应关系:

$$c_p = c_\nu + \left[\left(\frac{\partial u}{\partial \nu} \right)_T + p \right] \left(\frac{\partial \nu}{\partial T} \right)_p \tag{11.12}$$

对于开式循环燃气轮机和具有中等压比的喷气发动机,其工质空气和燃气实际上表现为理想气体,其内部能量仅是温度的函数。考虑到理想气体状态方程,可以在很大程度上简化不同热力学参数间的关系:

$$p\nu = RT \tag{11.13}$$

引入吉布斯焓函数:

$$h = u + p\nu \tag{11.14}$$

微分后得到:

$$\mathrm{d}h = \frac{\kappa}{\kappa - 1}\mathrm{d}(p\nu) , \mathrm{d}h = \kappa \mathrm{d}u \tag{11.15}$$

式中:

$$c_p - c_\nu = R , \frac{c_p}{c_\nu} = \kappa \tag{11.16}$$

因此,对于理想气体,有

259

$$\left(\frac{\partial v}{\partial T}\right)_p = \frac{R}{p} \tag{11.17}$$

因此,状态参数 u 和 h,以及比热容 c_p 和 c_v 及其比值 κ 都仅是温度的函数,这对具有近似理想行为的燃气也是有效的。对于燃气,上述状态和燃空比之间存在参数依赖性。此时,用 h 和 p 表示式(11.7),可写为

$$\rho \frac{\mathrm{D}h}{\mathrm{D}t} = - \nabla \cdot \dot{\boldsymbol{q}} + \frac{\mathrm{D}p}{\mathrm{D}t} + \boldsymbol{T} : \boldsymbol{D} \tag{11.18}$$

利用式(11.15)并考虑到连续性方程式(11.54),静压的变化为

$$\frac{\mathrm{D}p}{\mathrm{D}t} = \frac{\kappa - 1}{\kappa} \rho \frac{\mathrm{D}h}{\mathrm{D}t} - p \ \nabla \cdot \boldsymbol{V} \tag{11.19}$$

将式(11.19)代入式(11.18),有

$$\frac{\rho}{\kappa} \frac{\mathrm{D}h}{\mathrm{D}t} = - \nabla \cdot \dot{\boldsymbol{q}} - p \ \nabla \cdot \boldsymbol{V} + \boldsymbol{T} : \boldsymbol{D} \tag{11.20}$$

联立热能方程式(11.20)和机械能方程式(11.6),得

$$\frac{\partial H}{\partial t} = - k\boldsymbol{V} \cdot \ \nabla H - (\kappa - 1)\left(\frac{1}{\rho} \ \nabla \cdot (\rho \boldsymbol{V})(H + K) + \frac{\boldsymbol{V} \cdot \partial(\rho \boldsymbol{V})}{\rho \partial t}\right)$$
$$+ \left(-\frac{\kappa \ \nabla \cdot \boldsymbol{q}}{\rho} + \frac{\kappa}{\rho} \ \nabla \cdot (\boldsymbol{V} \cdot \boldsymbol{T})\right) \tag{11.21}$$

式中:$H = h + V^2/2$ 为总焓;$K = V^2/2$ 为动能。式(11.21)也可以通过将压力和焓之间的关系代入式(11.21)来获得。总焓可以用总温表示:

$$c_p \frac{\partial T_0}{\partial t} = - k\boldsymbol{V} \cdot \ \nabla(c_p T_0) - (\kappa - 1)\left(\frac{1}{\rho} \ \nabla \cdot (\rho \boldsymbol{V})(c_p T_0 + K) + \frac{\boldsymbol{V} \cdot \partial(\rho \boldsymbol{V})}{\rho \partial t}\right)$$
$$+ \left(-\frac{\kappa \ \nabla \cdot \dot{\boldsymbol{q}}}{\rho} + \frac{\kappa}{\rho} \ \nabla \cdot (\boldsymbol{V} \cdot \boldsymbol{T})\right) \tag{11.22}$$

最后,通过将式(11.14)和式(11.16)代入到式(11.8)来建立总压表示的总能量方程。

$$\frac{\partial P}{\partial t} = - k \ \nabla \cdot (VP) + (\kappa - 1)\left[- \nabla \cdot (\dot{\boldsymbol{q}}) + \nabla \cdot (\boldsymbol{V} \cdot \boldsymbol{T})\right]$$
$$- (\kappa - 2) \left[\frac{\partial(\rho K)}{\partial t} + \nabla \cdot (\rho K \boldsymbol{V})\right] + \rho \boldsymbol{g} \boldsymbol{V} \tag{11.23}$$

式中:$P = p + \rho V^2/2$ 为总压。式(11.21)~式(11.23)表达了同样的物理原理,即能量守恒定律。在物理上它们是完全等效的,数学上是可以相互转换的。如下面的章节所示,这些方程中的一个或另一个与其他定律一起被用来处理各种动态问题。例如,在处理能量和推力的不稳定交换时,可以将微分方程应用于总

温。如果一个问题的主要目的是求压力的不稳定变化,则应使用总压方程。这些方程在表 11.1 中给出总结。

表 11.1   热流体力学方程的总结

物质导数 D/Dt 表示的方程	方程编号
连续性方程 $$\frac{\mathrm{D}\rho}{\mathrm{D}t} = -\rho \ \nabla \cdot \boldsymbol{V}$$	(11.1)
运动方程 $$\rho\frac{\mathrm{D}\boldsymbol{V}}{\mathrm{D}t} = \nabla \cdot \boldsymbol{\varPi} + gz$$	(11.2)
机械能方程 $$\rho \ \frac{\mathrm{D}}{\mathrm{D}t}\left(\frac{V^2}{2}\right) = -\boldsymbol{V} \cdot \ \nabla p + \nabla \cdot (\boldsymbol{T} \cdot \boldsymbol{V}) - \boldsymbol{T} \!:\! \boldsymbol{D} + \rho \boldsymbol{V} \cdot \boldsymbol{g}$$	(11.6)
以 u 表示的热能方程 $$\rho \ \frac{\mathrm{D}u}{\mathrm{D}t} = -\ \nabla \cdot \dot{\boldsymbol{q}} - p \ \nabla \cdot \boldsymbol{V} + \boldsymbol{T}\!:\!\boldsymbol{D}$$	(11.7)
理想气体以 u 表示的热量方程 $$\rho \ \frac{\mathrm{D}h}{\mathrm{D}t} = -\ \nabla \cdot \dot{\boldsymbol{q}} + \frac{\mathrm{D}p}{\mathrm{D}t} + \boldsymbol{T}\!:\!\boldsymbol{D}$$	(11.18)
总焓方程 $$\rho \ \frac{\mathrm{D}H}{\mathrm{D}t} = \rho \ \frac{\mathrm{D}}{\mathrm{D}t}\left(h + \frac{V^2}{2}\right) = \frac{\partial p}{\partial t} + -\ \nabla \cdot \dot{\boldsymbol{q}} + \nabla \cdot (\boldsymbol{T} \cdot \boldsymbol{V}) + \rho \boldsymbol{V} \cdot \boldsymbol{g}$$	(11.21)
理想气体 c_v 和 T 表示的热能方程 $$\rho c_v \frac{\mathrm{D}T}{\mathrm{D}t} = -\ \nabla \cdot \dot{\boldsymbol{q}} - p \ \nabla \cdot \boldsymbol{V} + \boldsymbol{T}\!:\!\boldsymbol{D}$$	(11.7)
理想气体 c_ρ 和 T 表示的热能方程 $$\rho c_\rho \frac{\mathrm{D}T}{\mathrm{D}t} = -\ \nabla \cdot \dot{\boldsymbol{q}} + \frac{\mathrm{D}p}{\mathrm{D}t} + \boldsymbol{T}\!:\!\boldsymbol{D}$$	(11.7)
连续性方程 $$\frac{\partial \boldsymbol{\rho}}{\partial t} = -\ \nabla \cdot (\rho \boldsymbol{V})$$	(11.1)
总应力张量形式的运动方程 $$\frac{\partial(\rho\boldsymbol{V})}{\partial t} + \nabla \cdot (\rho \boldsymbol{V}\boldsymbol{V}) = \nabla \cdot \boldsymbol{\varPi}$$	(11.2)
应力张量分解的运动方程 $$\frac{\partial(\rho\boldsymbol{V})}{\partial t} + \nabla \cdot (\rho \boldsymbol{V}\boldsymbol{V}) = -\ \nabla p + \nabla \cdot \boldsymbol{T}$$	(11.5)
包括密度的机械能方程 $$\frac{\partial(\rho K)}{\partial t} = -\ \nabla \cdot (\rho K \boldsymbol{V}) - \boldsymbol{V} \cdot \ \nabla p + \nabla \cdot (\boldsymbol{T} \cdot \boldsymbol{V}) + \rho \boldsymbol{V} \cdot \boldsymbol{g}$$	(11.6)

物质导数 D/Dt 表示的方程	方程编号
以 u 表示的理想气体热能方程 $\dfrac{\partial \rho u}{\partial t} = - \nabla \cdot (\rho u \mathbf{V}) - \nabla \cdot \dot{\mathbf{q}} - p \ \nabla \cdot \mathbf{V} + \mathbf{T} : \nabla \mathbf{V}$	(11.7) 重新排列
以 h 表示的理想气体热能方程 $\dfrac{\partial \rho h}{\partial t} = - \nabla \cdot (\rho h \mathbf{V}) - \nabla \cdot \dot{\mathbf{q}} + \dfrac{\mathrm{D}p}{\mathrm{D}t} + \mathbf{T} : \nabla \mathbf{V}$	(11.7) 重新排列
c_v 和 T 表示的理想气体热能方程 $\dfrac{\partial (\rho c_v T)}{\partial t} = - \nabla \cdot (\rho u \mathbf{V}) - \nabla \cdot \dot{\mathbf{q}} - p \ \nabla \cdot \mathbf{V} + \mathbf{T} : \nabla \mathbf{V}$	(11.7) 重新排列
h 表示的理想气体静态能量方程 $\dfrac{\partial (\rho c_p T)}{\partial t} = - \nabla \cdot (\rho h \mathbf{V}) - \nabla \cdot \dot{\mathbf{q}} + \dfrac{\mathrm{D}p}{\mathrm{D}t} + \mathbf{T} : \nabla \mathbf{V}$	(11.7) 重新排列
以总焓表示的能量方程 $\dfrac{\partial H}{\partial t} = -k \mathbf{V} \cdot \nabla H - (\kappa - 1)\left(\dfrac{1}{\rho} \ \nabla \cdot (\rho \mathbf{V})(H + K) + \dfrac{\mathbf{V} \cdot \partial(\rho \mathbf{V})}{\rho \partial t} \right)$ $\qquad\qquad + \left(-\dfrac{\kappa \ \nabla \cdot \mathbf{q}}{\rho} + \dfrac{\kappa}{\rho} \ \nabla \cdot (\mathbf{V} \cdot \mathbf{T}) \right)$	(11.21)
以温度表示的能量方程 $c_p \dfrac{\partial T_0}{\partial t} = -k\mathbf{V} \cdot \nabla (c_p T_0) - (\kappa - 1)\left(\dfrac{1}{\rho} \ \nabla \cdot (\rho \mathbf{V})(c_p T_0 + K) + \dfrac{\mathbf{V} \cdot \partial(\rho \mathbf{V})}{\rho \partial t} \right)$ $\qquad\qquad + \left(-\dfrac{\kappa \ \nabla \cdot \dot{\mathbf{q}}}{\rho} + \dfrac{\kappa}{\rho} \ \nabla \cdot (\mathbf{V} \cdot \mathbf{T}) \right)$	(11.22)
以总压表示的能量方程 $\dfrac{\partial P}{\partial t} = -k \ \nabla \cdot (\mathbf{V}P) - (\kappa - 1)\left[\ \nabla \cdot (\dot{\mathbf{q}}) + \nabla \cdot (\mathbf{V} \cdot \mathbf{T}) \right]$ $\qquad\qquad - (\kappa - 2)\left[\dfrac{\partial(\rho K)}{\partial t} + \nabla \cdot (\rho K \mathbf{V}) \right]$	(11.23)

11.2 数值求解的准备工作

上面讨论的热流体力学方程构成了描述叶轮机械部件在瞬态工作期间发生的动态过程的理论基础。对于四维时空进行处理,涉及 Navier – Stokes 方程的求解,至少暂时来说是遥不可及的。为了模拟由多个部件组成的叶轮机械的动态特性,详细地计算非稳态三维流动过程并不重要。然而,准确预测每个单独部件的响应对于模拟动态工作条件的结果是至关重要的。一维时间相关的计算程序可以提供足够精确的结果。守恒方程在表 11.1 中给出。对于一维时间相关方程,首先通过在式(11.24) ～ 式(11.27)中设置时间参数 $i = 1$ 来推导基本方程。

11.3 一维近似

上面讨论的热流体力学方程构成了描述叶轮机械部件在瞬态工作期间发生的动态过程的理论基础。对于四维时空进行处理,涉及 Navier – Stokes 方程的求解,至少暂时来说是遥不可及的。为了模拟由多个部件组成的叶轮机械的动态特性,详细地计算非稳态三维流动过程并不重要。然而,准确预测每个单独部件的响应对于模拟动态工作条件的结果是至关重要的。一维时间相关的计算程序可以提供足够精确的结果。因此,首先准备一维计算的基本方程。

11.3.1 时间相关的连续方程

在笛卡儿坐标系中,连续性方程式(11.1)可表述为

$$\frac{\partial \rho}{\partial t} = -\frac{\partial}{\partial x_t}(\rho V_i) \tag{11.24}$$

将 $\rho V_1 = \dot{m}/S$ 代入式(11.24),得:

$$\frac{\partial \rho}{\partial t} = -\frac{\partial}{\partial x_1}\left(\frac{\dot{m}}{S}\right) \tag{11.25}$$

式中:$x_1 \equiv x$ 为流向方向的长度;$S = S(x)$ 为研究组件的横截面积。

式(11.25)表示密度随时间的变化是由部件内的比质量流的空间变化确定的。偏微分方程式(11.25)可以通过转换成差分方程而近似为常微分方程。常微分方程可以通过给定的初始条件和边界条件求得数值解。因此,将流场等距地划分为多个离散区域,如图 11.1 所示,其长度为 Δx、入口横截面积为 S_i、出口横截面积 S_{i+1}。与入口和出口横截面有关的量代表入口和出口高度上的平均值。对于环形喷嘴和扩压器,默认是在圆周方向和径向方向上取平均值。根据图 11.1 中的术语,式(11.25)可写为

$$\frac{\partial \rho_k}{\partial t} = -\frac{1}{\Delta x}\left(\frac{\dot{m}_{i+1}}{S_{i+1}} - \frac{\dot{m}_i}{S_i}\right) \tag{11.26}$$

式中:$\dot{m}_i$,$\dot{m}_{i+1}$ 为 i 和 $i+1$ 计算站的相应横截面的质量流量。

对于恒定的横截面积,式(11.26)化简为

$$\frac{\partial \rho_k}{\partial t} = -\frac{1}{\Delta x S}(\dot{m}_{i+1} - \dot{m}_i) = -\frac{1}{\Delta V}(\dot{m}_{i+1} - \dot{m}_i) \tag{11.27}$$

式中：$\Delta V = \Delta x S$ 为截面 i 和 $i+1$ 之间的闭合单元 k 的体积；k 是指图 11.1 中的 $\Delta x/2$ 位置。

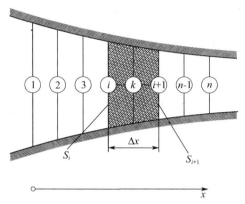

图 11.1　具有可变截面 $S = S(x)$ 的任意流动路径的离散化

11.3.2　时间相关的运动方程

动量方程式(11.5)的索引记号为

$$\frac{\partial(\rho V_i)}{\partial t} = -\frac{\partial}{\partial x_j}(\rho V_i V_j) - \frac{\partial p}{\partial x_i} + \frac{\partial T_{ij}}{\partial x_j} \tag{11.28}$$

在式(11.28)中的剪切应力张量的散度，$\boldsymbol{\nabla} \cdot \boldsymbol{T} = \boldsymbol{e}_i \partial T_{ij} / \partial x_j$ 代表了作用于部件表面的剪切力。对于一维流动，唯一的非零项是 $\partial \tau_{21} / \partial x_2$。它与壁面剪应力 τ_w 有关，是摩擦因数 c_f 的函数。

$$\tau_w = c_f \frac{\rho}{2} V^2 \tag{11.29}$$

在近壁面，剪切应力的变化可以近似为壁面剪应力 τ_w 与边界层边缘剪应力的差值，可以看作是 $\tau_e \approx 0$：

$$\left(\frac{\partial \tau_{12}}{\partial x_2}\right)_{x_2 = 0} = \frac{\tau_e - \tau_w}{\Delta x_2} = -\frac{\tau_w}{\Delta x_2} \tag{11.30}$$

距离 Δx_2 可以使用特征长度代替，例如液压直径 D_h。式(11.30)中的壁面切应力可由表面摩擦因数表示：

$$\left(\frac{\partial \tau_{12}}{\partial x_2}\right)_{x_2 = 0} = -c_f \frac{\rho}{D_h} \frac{V^2}{2} = -c_f \frac{\dot{m}^2}{2 D_h \rho S^2} \tag{11.31}$$

并将式(11.31)代入到一维方程式(11.28)中，得

264

$$\frac{\partial \dot{m}}{\partial t} = -\frac{\partial}{\partial x_1}(\dot{m}V_1 + pS) + (\dot{m}V_1 + pS)\frac{1}{S}\frac{\partial S}{\partial x_1} - c_f \frac{\dot{m}^2}{2D_h \rho S} \quad (11.32)$$

式(11.32)将质量流量的时间变化与速度、压力和剪切应力动量的空间变化联系起来,正如将在下面的章节中看到的,质量流量瞬变可以用式(11.32)精确地确定。使用图11.1中的命名,可以近似式(11.32)为

$$\frac{\partial \dot{m}_k}{\partial t} = -\frac{1}{\Delta x}(\dot{m}_{i+1}V_{i+1} - \dot{m}_i V_i + p_{i+1}S_{i+1} - p_i S_i)$$
$$+ \left(\frac{\dot{m}_k V_k + P_k S_k}{S_k}\right)\left(\frac{S_{i+1} - S_i}{\Delta x}\right) - c_f \frac{\dot{m}_k^2}{2D_{h_k} \rho_k S_k} \quad (11.33)$$

对于恒定横截面,式(11.33)可改为

$$\frac{\partial \dot{m}_k}{\partial t} = -\frac{1}{\Delta x}\left[\dot{m}_{i+1}V_{i+1} - \dot{m}_i V_i + (p_{i+1} - p_i)S\right] - c_f \frac{\dot{m}_k^2}{2D_{h_k} \rho_k S_k} \quad (11.34)$$

11.3.3　时间相关的总能方程

以总焓表示的式(11.21)中的能量方程为

$$\frac{\partial H}{\partial t} = -kV_i \frac{\partial H}{\partial x_i} - \frac{\kappa-1}{\rho}\left[(H+K)\frac{\partial(\rho V_i)}{\partial x_i} + \frac{V_i \cdot \partial(\rho V_i)}{\partial t}\right]$$
$$- \frac{\kappa}{\rho}\left[\frac{\partial \dot{q}_i}{\partial x_i} - \frac{\partial(V_j T_{ij})}{\partial x_i}\right] \quad (11.35)$$

用总温表示总焓方程式(11.35),有

$$\frac{\partial(c_p T_0)}{\partial t} = -kV_i \frac{\partial(c_p T_0)}{\partial x_i} - \frac{\kappa-1}{\rho}\left[(c_p T_0 + K)\frac{\partial(\rho V_i)}{\partial x_i} + \frac{V_i \cdot \partial(\rho V_i)}{\partial t}\right]$$
$$- \frac{\kappa}{\rho}\left[\frac{\partial \dot{q}_i}{\partial x_i} - \frac{\partial(V_j T_{ij})}{\partial x_i}\right] \quad (11.36)$$

对于总压计算,式(11.23)已经推导了以总压表示的总能方程,笛卡儿坐标系表示为

$$\frac{\partial P}{\partial t} = -k\frac{\partial}{\partial x_i}(PV_i) - (\kappa-1)\left(\frac{\partial \dot{q}_i}{\partial x_i} - \frac{\partial}{\partial x_i}(V_j T_{ij})\right)$$
$$- (\kappa-2)\left(\frac{\partial(\rho K V_i)}{\partial x_i} + \frac{\partial(\rho K)}{\partial t}\right) \quad (11.37)$$

在处理能量方程之前,需要对剪切应力进行计算:

$$\nabla \cdot (\boldsymbol{TV}) = \delta_{ij}\delta_{km}\frac{\partial(\tau_{jk}V_m)}{\partial x_i} = \frac{\partial(\tau_{jk}V_j)}{\partial x_i} \quad (11.38)$$

265

对于二维流动,式(11.38)给出:

$$\nabla \cdot (TV) = \frac{\partial(\tau_{jk}V_j)}{\partial x_i} = \frac{\partial(\tau_{11}V_1 + \tau_{12}V_2)}{\partial x_1} + \frac{\partial(\tau_{21}V_1 + \tau_{22}V_2)}{\partial x_2} \quad (11.39)$$

假设一个一维流动的 $V_2 = 0$,剪切应力功的式(11.39)简化为

$$\nabla \cdot (TV) = \frac{\partial(\tau_{11}V_1)}{\partial x_1} \approx \frac{\partial(\tau_{11\mathrm{inlet}}V_{\mathrm{inlet}} + \tau_{\mathrm{exit}}V_{1\mathrm{exit}})}{\Delta x_1} \quad (11.40)$$

模拟结果表明进出口处的速度变形导致的部件进出口 τ_{11} 的差异与能量方程中的焓项相比,影响可以忽略不计。因此,总能方程式(11.35)的一维近似为

$$\frac{\partial H}{\partial t} = -\frac{\kappa \dot{m}}{\rho S}\frac{\partial H}{\partial x_i} - \frac{\kappa - 1}{\rho}\left[(H+K)\frac{\partial}{\partial x_i}\left(\frac{\dot{m}}{S}\right) + \frac{1}{2\rho S^2}\frac{\partial \dot{m}^2}{\partial t}\right] - \frac{\kappa}{\rho}\frac{\partial}{\partial} \quad (11.41)$$

对于没有比质量变化 $\dot{m}/S$ 的稳态情况,式(11.41)变为

$$\frac{\partial H}{\partial x_i} = -\frac{S}{\dot{m}}\frac{\partial \dot{q}_i}{\partial x_i} \quad (11.42)$$

假设恒定的截面和质量流量,式(11.42)给出

$$\frac{\partial H}{\partial x_i} = -\frac{\partial}{\partial x_i}\left(\frac{S\dot{q}_i}{\dot{m}}\right) \quad (11.43)$$

对式(11.43)在流向方向上积分,有

$$H_{\mathrm{out}} - H_{\mathrm{in}} = -\left(\frac{S}{\dot{m}}\right)\Delta \dot{q}_i \quad (11.44)$$

为了使式(11.44)与能量方程兼容,提出了对式(4.75)的改进:

$$H_{\mathrm{out}} - H_{\mathrm{in}} = q + w_{\mathrm{Shaft}} \quad (11.45)$$

式(11.44)和式(11.45)在没有比轴功率的情况下,其热通量矢量与交换的热量之间的关系为

$$q = -\left(\frac{S}{\dot{m}}\right)\Delta \dot{q} \quad (11.46)$$

从式(11.46)可得到:

$$\Delta \dot{q} = -\frac{q\dot{m}}{S} = -\frac{\dot{Q}}{S} \quad (11.47)$$

式中:$\dot{Q}$ 为部件添加或排出的热流量。

存在轴功率的情况下,式(11.47)的比热容可由比热容和比轴功率之和代替,即

266

$$\Delta \dot{q} = -\frac{\dot{m}q + \dot{m}l_{\mathrm{m}}}{S} = -\left(\frac{\dot{Q}+L}{S}\right) \qquad (11.48)$$

以 $\dot{Q}$ 和 L 表示的微分形式的式(11.48)为

$$\frac{\partial \dot{q}}{\partial x} = -\frac{\partial}{\partial x}\left(\frac{\dot{m}q + \dot{q}l_{\mathrm{m}}}{S}\right) = -\frac{\partial}{\partial x}\left(\frac{\dot{Q}+L}{S}\right) \qquad (11.49)$$

对于式(11.49),有

$$\frac{\partial H}{\partial t} = -\frac{\kappa \dot{m}}{\rho S}\frac{\partial H}{\partial x_i} - \frac{\kappa-1}{\rho}\left[(H+K)\frac{\partial}{\partial x_i}\left(\frac{\dot{m}}{S}\right) + \frac{1}{2\rho S^2}\frac{\partial \dot{m}^2}{\partial t}\right]$$

$$-\frac{\kappa}{\rho}\frac{\partial}{\partial x}\left(\frac{\dot{Q}+L}{S}\right) \qquad (11.50)$$

根据图 11.1 中使用的符号,式(11.50)可写为

$$\frac{\partial H}{\partial t} = -\kappa_k \frac{\dot{m}_k}{\rho_k S_k}\frac{H_{i+1}-H_i}{\Delta x} -$$

$$\left(\frac{\kappa-1}{\rho}\right)_k\left[\left(\frac{H_k+K_k}{\Delta x}\right)\left(\frac{\dot{m}_{i+1}}{S_{i+1}} - \frac{\dot{m}_i}{S_i}\right) + \frac{\dot{m}_k}{\rho_k S_k^2}\frac{\partial \dot{m}_{i+1}}{\partial t}\right] -$$

$$\frac{\kappa_k}{\rho_k}\frac{\partial}{\partial x}\left(\frac{\Delta\dot{Q}+\Delta L}{\Delta V}\right) \qquad (11.51)$$

以总温形式表示,式(11.51)可整理为

$$\frac{\partial c_p T_0}{\partial t} = -\kappa_k \frac{\dot{m}_k}{\rho_k S_k}\frac{c_p T_{0_{i+1}} - c_p T_{0_i}}{\Delta x}$$

$$-\left(\frac{\kappa-1}{\rho}\right)_k\left[\left(\frac{c_p T_{0_k}+K_k}{\Delta x}\right)\left(\frac{\dot{m}_{i+1}}{S_{i+1}} - \frac{\dot{m}_i}{S_i}\right) + \frac{\dot{m}_k}{\rho_k S_k^2}\frac{\partial \dot{m}_{i+1}}{\partial t}\right]$$

$$-\frac{\kappa_k}{\rho_k}\left(\frac{\Delta\dot{Q}+\Delta L}{\Delta V}\right) \qquad (11.52)$$

以总压形式表示,式(11.37)可写为

$$\frac{\partial P}{\partial t} = -k\frac{\partial}{\partial x_1}(PV_1) - (\kappa-1)\left(\frac{\partial \dot{q}_1}{\partial x_1} - \frac{\partial}{\partial x_1}(V_j T_{1j})\right) -$$

$$(\kappa-2)\left(\frac{\partial(\rho K V_1)}{\partial x_1} + \frac{\partial(\rho K)}{\partial t}\right) \qquad (11.53)$$

近似为

$$\frac{\partial P_k}{\partial t} = -\frac{\kappa_k}{\Delta x_i}\left(\frac{\dot{m}_{i+1}p_{i+1}}{\rho_{i+1}S_{i+1}} - \frac{\dot{m}_i p_i}{\rho_i S_i}\right) - (\kappa_k-1)\left(\frac{\dot{m}_k \dot{q}_k}{\Delta V} + c_{fk}\frac{\dot{m}_{i+1}\dot{m}_k^2}{2D_{h_{i+1}}\rho S_{i+1}}\right) -$$

$$\left(\kappa_k - 2\right)\frac{\dot{m}_k}{\rho_k S_k^2}\left[\frac{1}{2}\frac{\dot{m}_k}{\rho_k}\frac{1}{\Delta x}\left(\frac{\dot{m}_{i+1}}{S_{i+1}} - \frac{\dot{m}_i}{S_i}\right) + \frac{\partial \dot{m}_{i+1}}{\partial t}\right] -$$

$$\frac{\left(\kappa_k - 2\right)}{2\Delta x}\left(\frac{\dot{m}_{i+1}^3}{\rho_{i+1}^2 S_{i+1}^3} - \frac{\dot{m}_i^3}{\rho_i^2 S_i^3}\right) \tag{11.54}$$

其中:

$$\rho_k = \frac{1}{R}\left(\frac{p_{i+1} + p_i}{T_{i+1} + T_i}\right), c_{pk} = \frac{H_{i+1} - H_i}{T_{i+1}^* - T_i^*}, \kappa_k = \frac{c_{pk}}{c_{pk} - R} \tag{11.55}$$

11.4　数　值　求　解

上述偏微分方程可以简化为一维近似的常微分方程组。一个完整的燃气轮机系统的模拟是通过组合单个组件的数学建模来完成的,其结果是一个可以用数值方法求解的常微分方程组。对于弱瞬变,可以使用龙格库塔(Runge - Kutta)或预估校正程序求解。对于强瞬态过程模拟,微分方程系统的时间常数有很大的差别,因此必须用积分方法来保证稳定性和收敛性。隐式方法避免了这个问题。数学模拟中产生的常微分方程组可以表示为

$$\frac{\mathrm{d}X}{\mathrm{d}t} = G(X,t) \tag{11.56}$$

式中:X 为状态矢量。

如果状态矢量 X 在时间 t 是已知的,可以根据梯形规则,求得 $t + \mathrm{d}t$ 的近似值,即

$$X_{t+\Delta t} = X_t + \frac{1}{2}\Delta t\left(G_{t+\Delta t} + G_t\right) \tag{11.57}$$

由于矢量 X 和函数 G 在 t 时已知,也就是说,X_t 和 G_t 已知,则式(11.57)可以表示为

$$X_{t+\Delta t} - X_t - \frac{1}{2}\Delta t\left(G_{t+\Delta t} + G_t\right) = F(X_{t+\Delta t}) \tag{11.58}$$

通常,函数 F 是非线性的。当 X_t 已知时,可以通过迭代由 F 来确定 $X_{t+\mathrm{d}t}$。在满足收敛准则的情况下,求出时间 $t + \mathrm{d}t$ 的迭代过程。

$$\frac{X_t^{(k+1)} - X_t^{(k)}}{X_t^{(k+1)}} < \varepsilon \tag{11.59}$$

如果在不满足收敛准则的情况下达到最大迭代次数 $k = k_{\max}$,则时间间隔 Δt 减半,重复迭代过程直到满足收敛准则。这种基于文献[6]描述的隐式一步法

的积分过程对于求解刚性微分方程是可靠的。所需的计算时间首先取决于系统中组件的数量,其次取决于瞬态过程的性质。如果瞬变非常强,由于时间间隔减半,计算时间可以比实际时间大 10 倍。对于弱瞬变,这个比率小于 1。

参 考 文 献

[1] Schobeiri, M. T. , 1985, " Aero – Thermodynamics of Unsteady Flows in Gas Turbine Systems," Brown Boveri Company, Gas Turbine Division Baden Switzerland, BBC – TCG – 51.

[2] Schobeiri, T. , 1985b, "COTRAN, the Computer Code for Simulation of Unsteady Behavior of Gas Turbines," Brown Boveri Company, Gas Turbine Division Baden Switzerland, BBC – TCG – 53.

[3] Schobeiri, T. , 1986:"A General Computational Method for Simulation and Prediction of Transient Behavior of Gas Turbines," ASME – 86 – GT – 180.

[4] Schobeiri, M. T. , Abouelkheir, M. , Lippke, C. , 1994, "GETRAN:A Generic, Modularly Structured Computer Code for Simulation of Dynamic Behavior of Aero – and Power Generation Gas Turbine Engines," an honor paper, ASME Transactions, *Journal of Gas Turbine and Power*, Vol. 1, pp. 483 – 494.

[5] Schobeiri, M. ,T. , 2012, "Turbomachinery Flow Physics and Dynamic Performance," ISBN 978 – 3 – 642 – 2467 – 6, Springer Heidelberg, New York.

[6] Liniger, W. , Willoughby, R. , 1970, "Efficient integration methods for stiff systems of ordinary differential equations," SIAM. Numerical Analysis Vol. 7, No. 1.

第12章　叶轮机械部件和系统的通用建模

　　叶轮机械系统,如发电燃气轮机、产生推力的航空发动机、火箭推进装置或小型涡轮增压器,由几个称为部件的子系统组成[1-4]。每个组件都是一个单独的个体且具有特性的功能,如进口喷嘴、出口扩压器、燃烧室、压气机和涡轮都是一些组件的实例。一个组件可以有几个子组件。涡轮或压气机级就是这样的子组件。组件的数学模型称为模块。

　　图12.1 所示的燃气轮机由进气喷嘴、带有冷却空气抽出和旁路系统的多级压气机部件组成。抽出部分冷却空气为轴、高压涡轮提供冷却,混合空气用以降低燃烧室出口温度。旁路系统防止压气机在启动和停车过程中进入旋转失速和喘振(参见第15章)。为了降低压气机出口流速和动能,剩余的压气机质量流在进入燃烧室之前要通过扩压器。在后面的燃烧室组件中添加燃料达到所需的涡轮入口温度。后面的多级涡轮部件与压气机置于同一轴上,驱动压气机和发电机。位于同一轴上的压气机和涡轮部件的结构称为一个转子,如图12.1 所示,转子轴与发电机轴耦合在一起,将涡轮净功率转换为电功率。

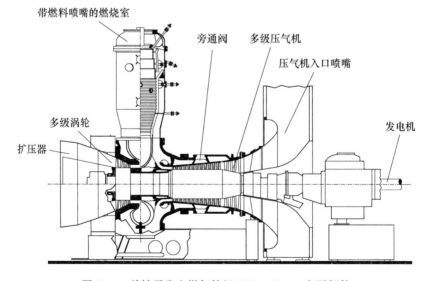

图12.1　单转子发电燃气轮机 BBC – GT – 9 主要部件

图 12.2 将双轴发动机分解成其主要部件,包括:①一个高压转子,所谓的燃气发生器包括多级高压压气机、燃烧室部件和一个高压涡轮;②低压转子轴连接的低压压气机与低压涡轮组件;③燃烧室;④入口扩压器和出口喷嘴。两个轴只有气体动力学上的连接。具有较高动能的流体离开高压涡轮的末级后,撞击低压涡轮的第一级静叶,并在低压部件和后面的推力喷嘴内进一步膨胀,其为推力产生提供所需的动能。除了图 12.1 和图 12.2 所示的主要部件外,还有其他几个部件,如用于将流体从压气机输送到涡轮以用于冷却目的管道、阀门、控制系统、润滑系统、轴承以及启动电动机等。

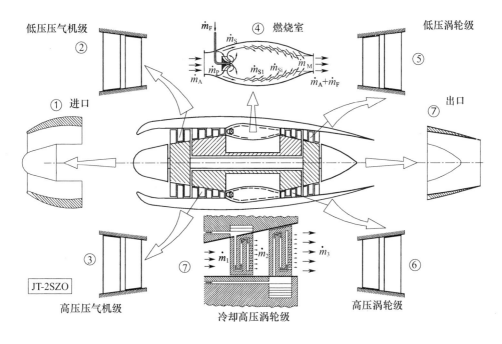

图 12.2 双转子航空燃气轮机的主要部件

$\dot{m}_A$—空气质量流量;$\dot{m}_P$——次空气质量流量;$\dot{m}$—燃料质量流量;$\dot{m}$—二次空气质量流量。

12.1 通用组件——模块化结构

图 12.1 和图 12.2 中所示的这些组件在小型或大型燃气涡轮发动机中是常见的,无论是发电发动机、产生推力还是作为涡轮增压器的发动机。它们可以作为模块来组装一个完整的系统,从单轴发电燃气轮机到最复杂的火箭推进系统。组件根据功能可以分为 3 种。这些组件的代表如下所述。

12.1.1 容积耦合模块

在详细描述第 13 章至第 18 章中的各个部件建模之前,首先从数学上描述连接叶轮机械中各个部件的容积模块。容积模块是两个或多个连续部件之间的耦合模块,如图 12.3 所示,它的主要功能是将输入和输出组件的动态信息耦合起来。容积模块的体积是进入和排出容积模块所有体积总和的 1/2。入口部件将质量流量 $\dot{m}_t$、总压 P、总温度 T_0、燃料空气比 f、水/空气比 w 的信息传递到容积模块。进入容积模块后,发生混合过程,其中上述量达到平衡值。这些值对于离开容积模块的所有出口部件都是相同的。由模块表示的每个组件有其唯一定义的名称、入口和出口容积模块。

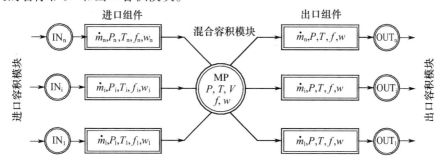

图 12.3　作为组件之间的耦合的容积模块

焓、温度和压力瞬变可从以下各项获得,忽略质量流中的动能和时间变化相对于其他项的影响,则

焓方程:

$$\frac{\partial H}{\partial t} = -\kappa \boldsymbol{V} \cdot \nabla H - (\kappa - 1)\frac{H}{\rho}(\rho \boldsymbol{V}) \tag{12.1}$$

将微分链式法则应用于式(12.1),得:

$$\frac{\partial H}{\partial t} = -\frac{\kappa}{\rho} \nabla \cdot (\rho \boldsymbol{V} H) + \frac{H}{\rho} \nabla \cdot (\rho \boldsymbol{V}) \tag{12.2}$$

式(12.2)可以通过用总焓 $H = c_p T_0$ 表达成总温的形式,即

$$\frac{\partial c_p T_0}{\partial t} = -\frac{\kappa}{\rho} \nabla \cdot (\rho \boldsymbol{V} c_p T_0) + \frac{c_p T_0}{\rho} \nabla \cdot (\rho \boldsymbol{V}) \tag{12.3}$$

将总压方程式(11.23)应用于容积模块,其中没有热量添加,动能和摩擦的时间和空间变化相比于焓项可以忽略,有

$$\frac{\partial P}{\partial t} = -\kappa \nabla \cdot (\dot{\boldsymbol{V}} P) \tag{12.4}$$

272

式(12.3)可写为

$$\frac{\partial c_p T_0}{\partial t} = -\frac{k}{\rho} \frac{\partial(\rho V_i c_p T_0)}{\partial x_i} + \frac{1}{\rho}\left(c_p T_0 \frac{\partial(\rho V_i)}{\partial x_i}\right) \tag{12.5}$$

对于一维时变流动,式(12.5)可近似为

$$\frac{\partial c_p T_0}{\partial t} = -\frac{k}{\rho} \frac{\partial(\rho V_1 c_p T_0)}{\partial x_1} + \frac{1}{\rho}\left(c_p T_0 \frac{\partial(\rho V_1)}{\partial x_i}\right) \tag{12.6}$$

在式(12.6)中代入质量流量,得

$$\frac{\partial c_p T_0}{\partial t} = -\frac{k}{\rho S} \frac{\partial(\dot{m} c_p T_0)}{\partial x_1} + \frac{c_p T_0}{\rho S} \frac{\partial \dot{m}}{\partial x_i} \tag{12.7}$$

通过差分近似微分,式(12.7)变为

$$\frac{\partial c_p T_0}{\partial t} = -\frac{k}{\rho S \Delta x_1}\left[(\dot{m} c_p T_0)_{\text{out}} - (\dot{m} c_p T_0)_{\text{in}}\right] + \frac{c_p T_0}{\rho S \Delta x_1}(\dot{m}_{\text{out}} - \dot{m}_{\text{in}}) \tag{12.8}$$

在式(12.8)中,带有下标 in 和 out 的变量分别是指入口和出口。如果容积模块有 m 个入口和 n 个出口部件,那么式(12.8)将被写为

$$\frac{\partial T_0}{\partial t} = \frac{R T_{pl}}{V_{pl} P_{pl}}\left[\sum_{i=1}^{m} \dot{m}_{I_i}\left(\kappa \frac{c_{pl_i}}{c_p} T_{0_{I_i}} - T_{pl}\right) - (\kappa - 1)\sum_{j=1}^{n} \dot{m}_{O_j} T_{pl}\right] \tag{12.9}$$

式中:变量 $T_0 = T_{pl}$、P_{pl} 和 $V_{pl} = S\Delta x$ 分别指总温、总压和体积。

如图12.3所示,进入容积模块部件的质量流可能包含一定量的燃烧产物和水蒸气,分别由燃料/空气比 f 和水/空气比 w 确定。这些信息已经包含在相应的比热容 c_{pl} 和每个组件的气体常数中。一旦这些质量流在容积模块中混合,导致出口质量流的 f 和 w 与进口的质量流不同。这是考虑了出口比热容 $c_p = c_{p_{pl}}$。使用式(12.4)应用类似的步骤获得容积模块压力:

$$\frac{\partial P}{\partial t} = -k\frac{\partial(V_i P)}{\partial x_i} = -\frac{k}{S}\frac{\partial\left(\dot{m}\dfrac{P}{\rho}\right)}{\partial x_i} = -\frac{kR}{S}\frac{\partial(\dot{m} T_0)}{\partial x_i} \tag{12.10}$$

结果:

$$\frac{\partial P}{\partial t} = \frac{\kappa R}{V_{pl}}\left[\sum_{i=1}^{n} \dot{m}_{I_i} T_{0_{I_i}} - \sum_{j=1}^{m} \dot{m}_{O_j} T_{pl}\right] \tag{12.11}$$

利用式(12.9)和式(12.11),完全定义了作为连接模块的容积模块的温度和压力信息。从式(12.11)可以看出,容积模块压力包括了容积模块的温度。11.4节中描述的隐式积分方法利用式(12.9)和式(12.11)中变量的初始值,并执行迭代直到满足收敛准则。

12.1.2 第1组模块:进气、排气、管道

模块1包括那些没有与周围环境发生热量传递的组件。它们的功能包括运

输质量、加速喷嘴的质量流量、减小通过扩压器的动能。图 12.4 展示了喷嘴、管道和扩压器的物理和模块化表示。每个模块都被进口和出口压力通风系统包围。连接器用作两个或更多模块之间的耦合元件。第 13 章详细介绍了这些模块的物理和数学模型。

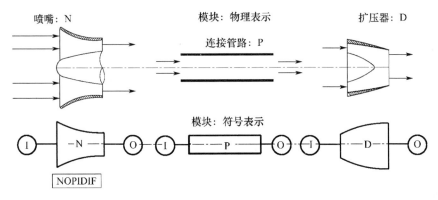

图 12.4　入口喷嘴 N、连接管 P 和扩压器 D 的组件和模块化表示

第 1 组包括不与周围环境发生热能传递的部件。它们的功能包括传输质量，通过喷嘴使流体加速，以及通过扩压器降低动能。每个模块都由一个入口和一个出口容积元件组成。这些容积元件用作两个或更多模块之间的耦合元件。第 13 章将介绍这些模块的详细物理和数学建模。

12.1.3　第 2 组模块：换热器、燃烧室及加力燃烧室

第 2 组包括了热能交换和产生热量的组件。换热器有多种不同的形式，如回热器、再热器、中间冷却器和后冷却器。燃烧室和加力燃烧室具有相同的作用，它们将燃料的化学能转化成热能。例如，图 12.5 显示了回热器和中间冷却器的组件和模块化表示。回热器用于提高小型发电燃气轮机的热效率。来自排气系统的热气进入回热器的低压侧（热侧），压气机中的空气进入高压侧（冷侧）。在通过多个换热表面后，热量从回热器热侧传递给回热器冷侧的压缩空气。空气经过回热器预热后进入燃烧室。

图 12.6 所示为燃烧室组件。它一般由主燃烧区、二次燃烧区和混合区组成。主燃烧区由多排陶瓷片段包围并将主燃烧区域与二次燃烧区域分开，并保护燃烧室壳体免于暴露于高温辐射。实际的燃烧过程发生在主燃区域。二次空气通过混合喷嘴和孔的混合，使混合区内的气体温度降低到燃气轮机可接受的范围。由于直接受到火焰辐射，燃烧区中的多排区受到严重的热负荷，使空气和两侧气体的气膜冷却和对流冷却冷却这些部分。冷却这些热段所需的空气质量

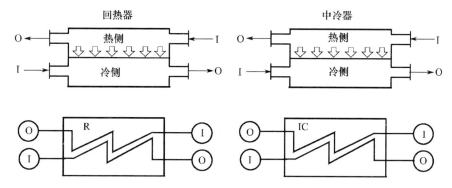

图 12.5　带入口和出口容积模块的回热器和中冷器的组件和模块化表示

流量通过翅片冷却通道,从而促进空气侧的对流冷却。从第 j 段排出的冷却空气质量流量,在下一行段边界层内的气侧上产生气膜冷却过程。在该过程结束时,冷却空气质量流量与主要空气质量流量混合,因此,降低了出口温度。

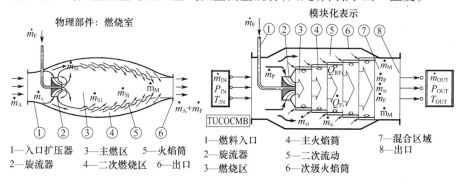

图 12.6　典型燃烧室的组件和模块化表示

加力燃烧室(AF)部件应用于需要超声速出口速度的超声速航空发动机。图 12.7 所示为典型的加力燃烧室部件及其模块化表示。燃气离开低压涡轮后,将燃料添加到加力燃烧室内的质量流中导致温度升高。燃气在加力燃烧室后的 Laval 喷嘴中从亚声速加速到超声速。从燃烧过程来看,加力燃烧室组件的主要功能及其模块化模拟与讨论过的燃烧室非常相似。

12.1.4　第 3 组模块:绝热压气机、涡轮

该组包括与周围环境交换机械能(轴功率)的部件,该组的代表是压气机和涡轮。图 12.8(a)、(b)所示为一个压气机和涡轮机级速度三角形和模块化表示。该模块代表多级环境中的一级。这些级分解成定子排和转子排,它们由相应的容积模块连接。逐排绝热压缩和膨胀过程由守恒定律结合第 4 章讨论的已

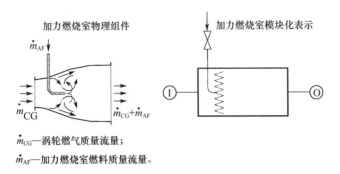

图 12.7　典型加力燃烧室的组件和模块化表示

$\dot{m}_{CG}$—涡轮燃气质量流量；$\dot{m}_{AF}$—加力燃烧室燃料质量流量。

知级特征参数描述。这些组件在第 15 章和第 16 章中将进行深入的讨论。

12.1.5　第 4 组模块：非绝热涡轮和压气机部件

与 12.1.4 节中讨论的绝热涡轮和压气机部件不同,该组包括的涡轮和压气机部件不仅与周围环境发生机械能(轴功率)交换,而且还与工作介质发生热能交换。该组包括冷却涡轮和压气机以及无冷却的涡轮和压气机。图 12.9 所示为具有相应模块化表示的冷却涡轮级。它被认为是一种特殊的模块,通常用于燃气轮机发动机高压部分的前三排。其模块化表示将级分解为定子排和转子排,由相应的容积模块 2 分开。

如图 12.9 所示,从高压压气机中提取的空气质量流的一部分 $\dot{m}_{cS}$ 被输送到第一个定子排并进入可能具有多个柱肋和肋式湍流器的冷却通道。热量从叶片表面传递到冷却空气,冷却空气可以从气膜冷却孔、尾缘槽和其他孔排出。在离开叶片表面之后,冷却质量流排入涡轮主质量流,在随后的转子和定子排中可以重复相同的过程,如图 12.9 所示。图 12.9 中的模块展示了涡轮级中的冷却和混合过程。具有一定燃料/空气比和湿度/空气比的主质量流进入上游站 1,该上游站 1 对应于容积模块(1)并且通过定子排膨胀。来自容积模块(I1),具有一定的水/空气比,但零燃料/空气比的冷却质量流气流通过冷却通道并与容积模块(2)中的主流燃气混合。混合过程改变燃料/空气比和湿度/空气比,这可以通过精确计算得出。在转子排内发生类似的传热和混合过程,转子冷却质量流 $\dot{m}_{cR}$ 在(I2)处进入容积模块。由上述模块表示的冷却涡轮机级的非线性动态特性,由气体侧的 3 个微分方程、冷却空气侧的 3 个微分方程以及作为闭合条件的涡轮材料热传导的 1 个微分方程来描述。转子排产生相同数量的微分方程。非绝热膨胀不一定限于冷却涡轮部件。当工作介质和涡轮叶片材料之间存在温

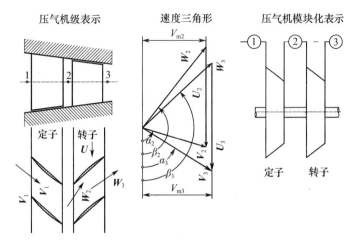

（a）绝热压气机级及模块（该级分解为通过2号容积模块连接的两排）

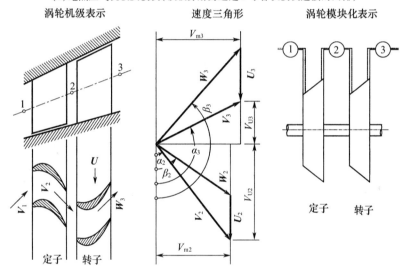

（b）绝热涡轮机级及模块

图12.8　压气机级和涡轮机级

差时,无冷却叶片也经历非绝热过程。在发电燃气轮机系统稳定运行时,燃气和叶片材料之间存在温度平衡。改变发动机负载条件从而破坏了这种平衡,导致涡轮质量流和叶片材料之间的温差。在增加负载的情况下,打开燃料阀会导致瞬时燃气温度升高。由于金属叶片温度响应明显滞后于气体温度的响应,热量从气体传递到涡轮材料中。通过关闭燃料阀减小负载,使涡轮叶片材料中存储的热能部分转移到工作介质中,从而降低涡轮叶片金属温度。航空燃气涡轮发动机,加速和减速是常规操作程序,涡轮在非绝热条件下运行。在非冷却压气机部件中有类似的非绝热过程,但是,温差明显较低。

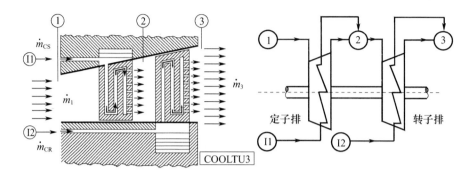

图 12.9　冷却涡轮级的示意图及其模块化表示

相同的冷却和仿真原理可应用于压气机级。然而,压气机组由多个压气机部件组成,高压比需要中间冷却质量流。中间冷却过程显著降低了工作介质的温度。图 12.10 所示为中压压气机(IP－C)、中冷器(IC)和高压压气机(HP－C)的模块化结构,h—s 图显示了具有中间冷却的两级压缩过程。

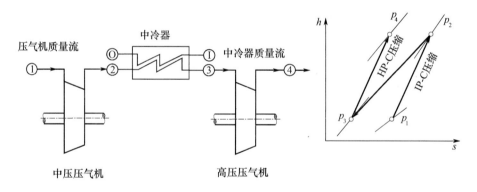

图 12.10　中压压气机、中冷器和高压压气机的模块化结构以及中间冷却过程的 h—s 图

在中压压气机中压缩后,将工作介质中间冷却至初始温度并在高压压气机中压缩到最终压力。通常,中间冷却过程适用于需要压缩比 $\pi > 30$ 的工业过程。为了获得更高的压缩比,有必要使用多个中冷器,在这种情况下,重复压缩冷却过程。应该注意的是,在没有中间冷却的情况下,压缩到高压比会导致效率显著下降。中间冷却也适用于压缩空气储能装置(CAES,见第 18 章),其中工作介质空气被压缩至接近 70 巴并存储在地下洞穴中。高压空气允许 CAES 燃气轮机在高电力消耗需求期间运行。

12.1.6　第5组模块:控制系统、阀门、轴、传感器

如图 12.11 所示,这组模块由轴、传感器、控制系统以及燃料和负载控制阀门组成。

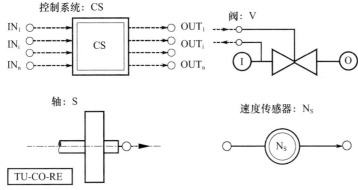

图 12.11　控制系统、阀门、轴和传感器模块示意图

控制系统是控制整个发动机的主要模块。输入信息可包含由速度传感器传递的转子速度、涡轮入口温度、压力和压气机进出口压力和温度。该信息可以触发燃料阀和多个旁通阀的关闭或打开,并且可以执行其他控制功能,例如调节压气机定子叶片以执行主动喘振保护。

12.2　系统结构/非线性动态仿真

从概念动态仿真的角度来看,先前的研究已经得出实际结论,任意飞机或发电燃气涡轮发动机及其衍生产品,无论结构(转子和部件的数量)如何,都可以根据感兴趣的发动机模块进行仿真模拟。本章和后续章节中讨论的非线性动态仿真方法基于这种模块化结构概念,是一种通用的模块化结构的计算程序,可模拟各个组件、燃气涡轮发动机及其衍生产品的瞬态性能。这些模块由它们的名称、转子数和入口及出口容积模块确定。

这些信息对于自动生成代表各个模块的微分方程组至关重要。然后将模块组合成一个与系统结构相对应的完整系统。每个模块都通过热流体力学的守恒定律进行物理描述,得到一系列非线性偏微分方程或代数方程组。由于发动机由许多部件组成,其模块化布置导致系统包含许多方程组。上述概念可以系统地应用于任何飞机或发电燃气涡轮发动机。模块化概念允许生成各种模拟案例的选择,从单轴、发电发动机到双轴、多轴推力或组合推力发电发动机。以下 3个示例说明了模块化设计和仿真的功能。为了模拟图 12.1 中所示的燃气涡轮

发动机,首先构造模块化表示,以便模块寻址和容积模块分配。图 12.12 表示该发动机的模拟方案原理图。第一个容积模块 1 号通向大气,是发动机的入口。入口喷嘴 N_1 代表压气机的入口。压缩系统分为 3 个压气机,低压压气机级组 C_1(其被指定为容积模块 2 作为进气口,容积模块 3 作为出气口)、中压级组 C_2 和高压级组 C_3。离开第一个压气机时,一部分流体通过发动机系统的第二管道 P_2 排出,并且被指定容积模块 3 作为其进气容积模块,而容积模块 7 作为其出气容积模块。此时的流动温度相对较低,第二管道质量流量用于涡轮叶片内部冷却。一部分流体在离开高压压气机 C_3 时通过第二管道 P_2 被移除,并且在不通过燃烧室的情况下流入涡轮入口。燃料以输入数据中给出的速率喷射到燃烧室中。然后燃气离开燃烧室,与来自第三管道 P_2 的排出流体混合,用于控制温度,并进入位于容积模块 6 和 10 之间的涡轮。出口扩压器 D_1 通向容积模块 11,容积模块 11 也通向大气。

BBC-GT-9发电燃气轮机的仿真原理图,模块寻址

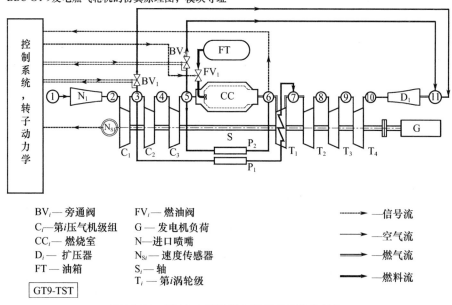

BV$_i$—旁通阀	FV$_i$—燃油阀	------▶ —信号流
C$_i$—第i压气机级组	G—发电机负荷	──────▶ —空气流
CC$_i$—燃烧室	N—进口喷嘴	══════▶ —燃气流
D$_i$—扩压器	N$_{Si}$—速度传感器	━━━━━▶ —燃料流
FT—油箱	S$_i$—轴	
	T$_i$—第i涡轮级	

GT9-TST

图 12.12　图 12.1 所示燃气轮机的模块化结构

控制系统输入的变量是轴的旋转速度和涡轮入口温度,控制系统的输出是燃料阀的打开和关闭,以控制燃料流入燃烧室(图 12.12)。每个组件都对应一个仿真模块,该仿真模块由一个主程序和几个子程序组成,这些子程序确定瞬态过程中组件的完整热流体动力学性能。

图 12.13 所示为一个双轴飞机发动机及其衍生产品。对基础发动机(中)进行修改以构建一个涵道旁路发动机(其出口射流不混合(左上))和一个非涵道

旁路发动机(左下)。相同的基础发动机还用于发电和涡轮螺旋桨发动机。虽然在发电情况下添加了第三个轴,但在涡轮螺旋桨发动机中,低压涡轮驱动螺旋桨。

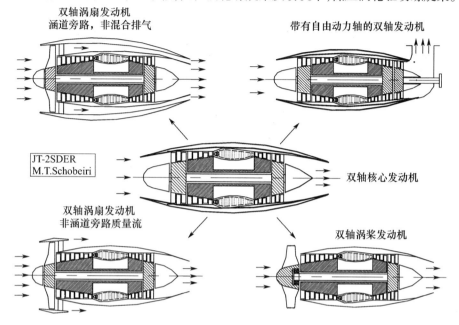

图 12.13　具有不同衍生类型的双轴发动机(中间)

图 12.13 给出了一个通用的、模型化的、组件和系统建模的适当示例。基础发动机的原理图如图 12.14 所示。两个轴定义为 S_1 和 S_2。流动以下列方式通过发动机:首先,在容积模块 1 和 2 之间的入口扩压器(D_1)中流体的速度降低,压力增加。然后低压压气机组($C_{11} \sim C_{15}$)将进一步增加流体压力。接下来,位于第二个轴 S_2 上的高压压气机组($C_{21} \sim C_{25}$)进一步增加压力。燃料被喷射到燃烧室(CC_1)中,燃烧室位于容积模块 13 和 14 之间,从而提高燃气温度。高温高压气体在高压涡轮组($T_{21} \sim T_{23}$)中膨胀,该涡轮组位于驱动高压压气机的第二个轴(S_2)上。由于叶片上的高热负荷,需要冷却高压涡轮。燃气进一步在低压涡轮组($T_{11} \sim T_{13}$)中膨胀,在通过出口喷嘴(N_1)排出到大气之前,驱动低压压气机,该出口喷嘴位于容积模块 21 和 22 之间。

如图 12.14 所示,从每个模块到控制系统的信号流用虚线表示,空气流用单线表示,气流用双线表示,燃料流用粗单线表示。

图 12.15 所示由波转子增压的直升机燃气涡轮发动机的模块化结构。与单轴发动机相比,图 12.15 展示了两个新特性:①波转子安装在压气机和燃烧室之间,进一步提高了压缩比,从而提高了热效率;②螺旋桨由转子轴驱动,转速通过

281

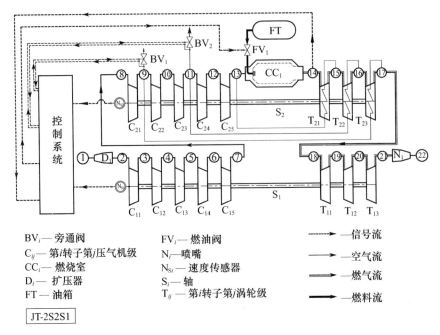

图 12.14　图 12.12 双轴核心发动机的模块化结构

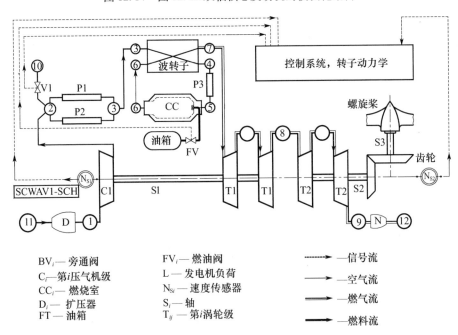

图 12.15　由波转子增压的直升机燃气涡轮发动机的模块化结构

齿轮传动减小。

12.3 非线性偏微分方程系统的结构

上述模块化系统结构的每个组件由一组偏微分方程和代数方程完全表述。这些模块通过容积模块连接,由两个微分方程描述。因此,模块化系统结构由一组微分方程系统组成。这些方程的求解取决于触发非线性动态问题的初始条件和边界条件。该问题和其他相关问题将在以下章节中进行全面讨论。

参 考 文 献

[1] Schobeiri, M. T. , Abouelkheir, M. , Lippke, C. , 1994, "GETRAN: A Generic, Modularly Structured Computer Code for Simulation of Dynamic Behavior of Aero – and Power Generation Gas Turbine Engines," an honor paper, ASME Transactions, Journal of Gas Turbine and Power, Vol. 1, pp. 483 –494.

[2] Schobeiri T. , 1986: "A General Computational Method for Simulation and Prediction of Transient Behavior of Gas Turbines. "ASME – 86 – GT – 180.

[3] Schobeiri M. T. , 1985 "Aero – Thermodynamics of Unsteady Flows in Gas Turbine Systems. " Brown Boveri Company, Gas Turbine Division Baden Switzerland, BBC – TCG – 51.

[4] Schobeiri M. T. , 1985b "COTRAN, the Computer Code for Simulation of Unsteady Behavior of Gas Turbines. " Brown Boveri Company, Gas Turbine Division Baden Switzerland, BBC – TCG – 53 – Technical Report.

第13章 进气、排气和管道系统建模

13.1 统一模块化处理

本章涉及与第1组有关的组件的数值建模。与此相关的组件是连接管道、入口和排气系统,如图13.1所示。

该组的作用包括质量流量的输送,以及将动能转换为势能,反之亦然。它们的几何形状仅在流向横截面的梯度符号$\partial S/\partial x$有所不同。因此,当$\partial S/\partial x < 0$时,对于亚声速气流是加速的,而对于超声速气流是减速的。而另一方面,当$\partial S/\partial x > 0$时,对于亚声速气流是减速的,而对于超声速气流是加速的。

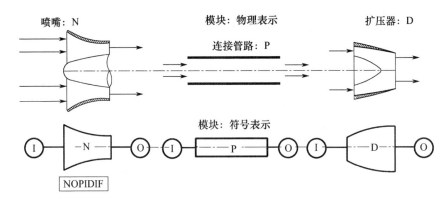

图13.1 入口喷嘴N、连接管P和扩压器D的组件和模块表示

13.2 模块的物理和数学建模

为了对具有不同横截面的管道进行建模,应用第11章[1-4]推导的守恒定律。如图13.2所示,位置k处的密度随时间的变化由式(11.26)确定,即

$$\frac{\partial \rho_k}{\partial t} = -\frac{1}{\Delta x}\left(\frac{\dot{m}_{i+1}}{S_{i+1}} - \frac{\dot{m}_i}{S_i}\right) \tag{13.1}$$

i和$i+1$站的质量流量$\dot{m}_i$和$\dot{m}_{i+1}$由动量方程式(11.33)确定:

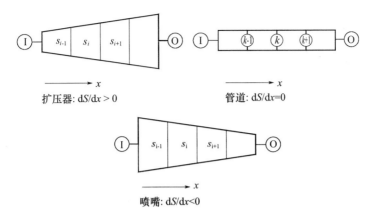

扩压器: dS/dx > 0

管道: dS/dx=0

喷嘴: dS/dx<0

图 13.2 扩压器∂S/∂x > 0、管道∂S/∂x = 0 和喷嘴∂S/∂x < 0 的部件建模

$$\frac{\partial \dot{m}_k}{\partial t} = -\frac{1}{\Delta x}(\dot{m}_{i+1} V_{i+1} - \dot{m}_i V_i + p_{i+1} S_{i+1} - p_i S_i) +$$

$$\left(\frac{\dot{m}_k V_k + P_k S_k}{S_k}\right)\left(\frac{S_{i+1} - S_i}{\Delta x}\right) - c_f \frac{\dot{m}_k^2}{2D_{h_k} \rho_k S_k} \qquad (13.2)$$

在不加热的情况下,以总压表示的能量方程式(11.54)被修改如下:

$$\frac{\partial P_k}{\partial t} = -\frac{\kappa_k}{\Delta x_i}\left(\frac{\dot{m}_{i+1} p_{i+1}}{\rho_{i+1} S_{i+1}} - \frac{\dot{m}_i p_i}{\rho_i S_i}\right) - (\kappa_k - 1)\left(\frac{\dot{m}_k \dot{q}_k}{\Delta V} + c_{fk}\frac{\dot{m}_{i+1} \dot{m}_k^2}{2D_{h_{i+1}} \rho^2 S_{i+1}}\right) -$$

$$(\kappa_k - 2)\frac{\dot{m}_k}{\rho_k S_k^2}\left[\frac{1}{2}\frac{\dot{m}_k}{\rho_k}\frac{1}{\Delta x}\left(\frac{\dot{m}_{i+1}}{S_{i+1}} - \frac{\dot{m}_i}{S_i}\right) + \frac{\partial \dot{m}_{i+1}}{\partial t}\right] -$$

$$\frac{(\kappa_k - 2)}{2\Delta x}\left(\frac{\dot{m}_{i+1}^3}{\rho_{i+1}^2 S_{i+1}^3} - \frac{\dot{m}_i^3}{\rho_i^2 S_i^3}\right) \qquad (13.3)$$

对于一个恒定的横截面,连续性方程式(13.1)和运动方程式(13.2)分别写为

$$\frac{\partial \rho}{\partial t} = -\frac{1}{\Delta x S}(\dot{m}_{i+1} - \dot{m}_i) \qquad (13.4)$$

$$\frac{\partial \dot{m}_k}{\partial t} = -\frac{1}{\Delta x}\left[\frac{\dot{m}_{i+1}^2}{\rho_{i+1} S} - \frac{\dot{m}_i^2}{\rho_i S} + S(p_{i+1} - p_i)\right] - c_f\frac{\dot{m}_k^2}{2D_h \rho_k S} \qquad (13.5)$$

同样地,以总压表示的能量方程被简化为

$$\frac{\partial P_k}{\partial t} = -\frac{\kappa_k}{\Delta x_i}\left(\frac{\dot{m}_{i+1} p_{i+1}}{\rho_{i+1}} - \frac{\dot{m}_i p_i}{\rho_i}\right) - (\kappa_k - 1)\left(\frac{\dot{m}_k \dot{q}_k}{\Delta V} + c_{fk}\frac{\dot{m}_{i+1} \dot{m}_k^2}{2D_{h_{i+1}} \rho_k^2 S^3}\right) -$$

$$(\kappa_k - 2)\frac{\dot{m}_k}{\rho_k S_k^2}\left[\frac{1}{2}\frac{\dot{m}_k}{\rho_k}\frac{1}{\Delta x S}(\dot{m}_{i+1} - \dot{m}_i) + \frac{\partial \dot{m}_{i+1}}{\partial t}\right] -$$

$$\frac{(\kappa_k - 2)}{2\Delta x S^3}\left(\frac{\dot{m}_{i+1}^3}{\rho_{i+1}^2} - \frac{\dot{m}_i^3}{\rho_i^2}\right) \tag{13.6}$$

式(13.4)~式(13.6)描述了在一个恒定截面的管道内可压缩流动的瞬态过程。对于不可压缩流动,式(13.5)可以简化为一个简单的微分方程,即

$$\frac{\partial \dot{m}}{\partial t} = \frac{R\dot{m}^2}{LS}\left(\frac{T_1}{P_1} - \frac{T_n}{P_n}\right) + \frac{S}{L}(P_1 - P_n) - c_f\frac{\dot{m}^2}{D_h\rho S} \tag{13.7}$$

摩擦因数 c_f 可以从已知的稳态条件确定,其中质量流量的时间变化被设置为等于零。下标 1 和 n 是部件的第一个和最后一个截面。式(13.1)和式(13.4)~式(13.7)可以使用后面讨论的隐式积分方法来求解。但是,如果研究的组件被细分为几个通过容积模块相互连接的子部分,则可以达到相当大的计算速度。在这种情况下,对于每个离散部分,质量流量可以被认为是空间独立的,导致上述等式的进一步简化。

13.3　实例:激波管动态特性

激波管内高频压缩膨胀过程的模拟是显示上述部件的非线性动态特性的合适示例。几十年来,激波管内的激波膨胀过程一直是经典气体动力学的主题[5-8]。随着快速响应表面安装传感器的引入,激波管已经获得了校准高频响应压力和温度探头的实用性。在经典气体动力学中,使用特征线方法处理激波膨胀过程。文献[9]中提出的研究结果表明,使用特征线方法和试验计算之间存在很大差别。在本章和后续章节中,使用计算代码 GETRAN[2] 模拟每个单独组件的动态特性。在 GETRAN 中,使用第 12 章中描述的隐式求解方法求解非线性微分方程组。

研究的激波管的长度 $L = 1\mathrm{m}$,其直径恒定 $D = 0.5\mathrm{m}$。管由膜片分为两个长度相等的隔室。左边隔室的压强 $p_L = 100\mathrm{bar}$,右边隔室的压强 $p_R = 50\mathrm{bar}$,而两边隔室的温度均为 $T_L = T_R = 400\mathrm{K}$。工作介质是干空气,其热力学特性、比热容、绝对黏度和其他变量在过程中的变化使用集成在 GETRAN 中的气体性质表进行计算。压力为 2∶1,大于临界压比,能够以声速传播。两种等效方案可以用来预测通过管的压缩膨胀过程,如图 13.3 所示。图(a)所示每个半管被细分为 10 个相等的部分。其相应的耦合平面为 1~11,并且左半管的压力为 100bar,而右半管的压力为 50bar,耦合面分别为 12~21。

膜片是由一个节流阀模型模拟的,膜片显示了节流阀的横截面面积。膜片的突然破裂通过阀门的突然跳跃来模拟。原理图提供了一种更简单的替代方案。这里,激波管被细分成 20 块,通过容积模块 1~21 连接。

286

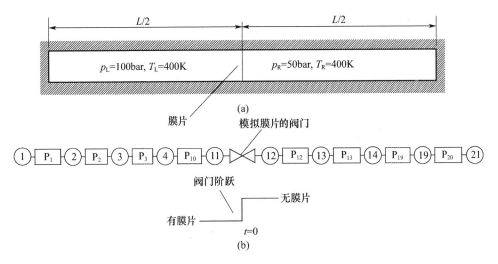

图 13.3　激波管的模拟原理图:物理管(a)和模拟原理图(b)

13.3.1　激波管动态特性

压力瞬变:膨胀和压缩过程通过突然破裂膜片开始。在时间 $t=0$ 时,膜片破裂,导致强烈的压力、温度和质量流量瞬变。由于动态过程主要由压力、温度和质量流量瞬变决定,因此这里只讨论了几个有代表性的结果,如图 13.4 ~ 图 13.9 所示。

图 13.4 所示为左侧区域 1 ~ 9 内的压力瞬变。如曲线 9 所示,靠近膜片的管道部分呈现陡峭的膨胀波。另一方面,如图 13.5 中曲线 11,激波前的管段内的压力随着激波通过该部分而增加。当激波强度减小时,振荡行为被捕捉到。远离膜片的管段(由左侧的曲线 7、5、3 和 1 表示,右侧的曲线 13、15、17 和 19 表示)具有一定时间滞后的压力瞬变。一旦波面到达管壁的末端,它们就会被反射为压缩波。非周期性压缩膨胀过程与相应的声速传播速度相关联。膨胀和压缩波导致最初静止的空气产生非周期性振荡运动。通过引入摩擦因数来考虑黏度和表面粗糙度影响,瞬态过程具有耗散性质。这种压力上升之后是一个阻尼的振荡波,它撞击对面的壁面并以最初增加的压力反射回来,然后是阻尼振荡。

温度瞬变:图 13.6 所示为左侧 1 ~ 9 区域内的温度瞬变。如曲线 9 所示,靠近膜片的管段发生陡峭的温度降低。远离膜片的管段(由左侧的曲线 7、5、3 和 1 表示,右侧的曲线 13、15、17 和 19 表示)具有一定时间滞后的温度瞬变。一旦激波到达管的端壁边缘,它们就被反射为压缩波,其中温度连续增加。

右侧部分的温度瞬态特性略有不同,如图 13.7 所示。与左侧部分的温度瞬变相比,右侧部分的温度瞬变似乎不一致。然而,仔细地观察压力瞬变趋势,就

287

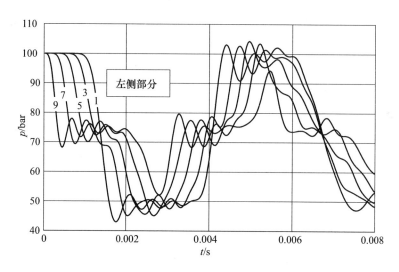

图 13.4　激波管内部的压力瞬变

（左边部分包括所有最初压力为 100bar 的管段,右边部分包括最初压力为 50bar 的管段）

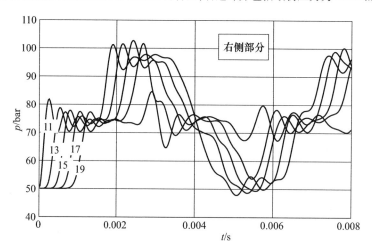

图 13.5　激波管内部的压力瞬变

（右边部分包括所有最初压力为 50bar 的管段,左边部分则包括最初压力为 100bar 管段）

可以解释温度瞬变的物理原理。因此,考虑图 13.5 的压力瞬变曲线 11。该压力瞬变的位置在膜片的右侧附近,压力为 50bar。由于阀门模拟的膜片突然破裂（图 13.2）,导致压力从 50bar 急剧上升到略高于 80bar。压力瞬变反映在温度分布中,其中压力升高导致温度升高,反之亦然。下游位置 12~20 的温度瞬变遵循相同的趋势。

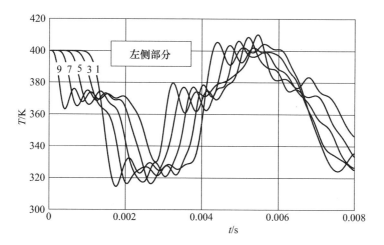

图 13.6　管左侧部分内的温度瞬变,左侧和右侧部分包括最初温度为 400K 的所有管段

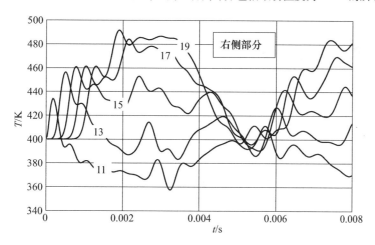

图 13.7　管右侧部分内的温度瞬变,左侧和右侧部分包括最初温度为 400K 的所有管段

　　质量流量瞬变:图 13.8 和图 13.9 所示为管子左侧和右侧的质量流量瞬变。陡峭的负压梯度导致管内质量流量的非周期性振荡。在膨胀过程中,曲线 1,质量在正 x 方向上流动。只要管道中各个部分压力高于最小值,质量流会继续保持为 x 轴的正方向。这意味着激波面还没有到达右侧壁面。一旦激波面撞击右壁,它就会被反射,引发压缩过程,导致质量流流向负 x 方向。图 13.8、图 13.9 清楚地显示了压缩和膨胀过程的耗散性质,导致波幅减小和频率衰减。阻尼程度取决于摩擦因数 c_f 的大小,包括雷诺数和表面粗糙度的影响。在足够长的计算时间内,压力、温度和质量流的振荡都将会衰减。当 $c_f = 0$ 时,非周期振荡运动不会衰减。

289

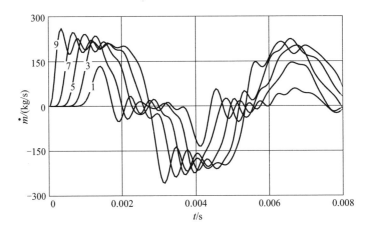

图 13.8 激波管左侧部分内的质量流量瞬变

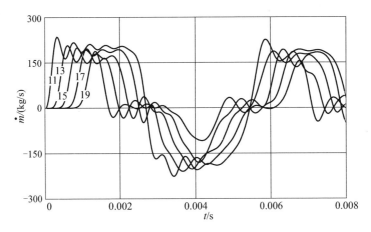

图 13.9 激波管内的质量流量瞬变,右侧部分包括最初压力 50bar 的所有管段,
左侧部分包括最初压力 100bar 的管段

参 考 文 献

[1] Schobeiri T. , 1986: "A General Computational Method for Simulation and Prediction of Transient Behavior of Gas Turbines," ASME – 86 – GT – 180.

[2] Schobeiri, M. T. , Abouelkheir, M. , Lippke, C. , 1994, "GETRAN: A Generic, Modularly Structured Computer Code for Simulation of Dynamic Behavior of Aero – and Power Generation Gas Turbine Engines," an honor paper, ASME Transactions, Journal of Gas Turbine and Power, Vol. 1, pp. 483 – 494.

[3] Schobeiri, M. T. , Attia, M, Lippke, C. , 1994, "Nonlinear Dynamic Simulation of Single

and Multi – spool Core Engines, Part I: Theoretical Method," AIAA, Journal of Propulsion and Power, Volume 10, Number 6, pp. 855 – 862, 1994.

[4] Schobeiri, M. T. , Attia, M, Lippke, C. , 1994, "Nonlinear Dynamic Simulation of Single and Multi – spool Core Engines, Part II: Modeling and Simulation Cases," AIAA Journal of Propulsion and Power, Volume 10, Number 6, pp. 863 – 867, 1994.

[5] Prandtl, L. , Oswatisch, K. , Wiegarhd, K. , 1984, "Führer durch die Strömunglehre," 8. Auflage, Branschweig, Vieweg Verlag.

[6] Shapiro, A. H. , 1954, "The Dynamics and Thermodynamics of Compressible Fluid Flow," Vol. I, Ronald Press Company, New York, 1954.

[7] Spurk, J, 1997, "Fluid mechanics," Springer – Verlag, berlin, Heidelberg, New York.

[8] Becker, E. , 1969, "Gasdynamik, Stuttgart, Teubner Studienbücher Mechanik, Leitfaden der angewandten Mathematik und Mechanik.

[9] Kentfield, J. A. C. , 1993, " Nonsteady, One – Dimensional, Internal, Compressible Flows, Theory and Applications,"Oxford University Press.

第14章　回热器、燃烧室与加力燃烧室建模

　　这类部件包括回热器、预热器、再热器、中间冷却器和后冷却器等,如图14.1所示,热交换过程发生在这些部件的高温侧和低温侧之间。这些部件的工作原理是相同的[1-3],只是传热过程中所涉及的工作介质不同。最近,中小型燃气轮机常应用回热器来提高其热效率,即用排气余热对压气机出口气流在其进入燃烧室之前进行预热。典型的回热器由低压热侧流路、高压冷侧流路和分隔两侧流路的壁面组成,通常采用各种设计概念来改善传热系数,以最大限度地提高热侧和冷侧间的热交换。冷侧流路由大量管路构成,这些管路带有紊流器、翅片柱肋以及其他可增强传热系数的结构特征。基于单独的回热器设计概念,热气体以横流或逆流方式撞击管壁表面。通常,进入和流出回热器的工作介质中,燃气经由扩压器(热侧)流出,空气经由压气机(冷侧)流出。

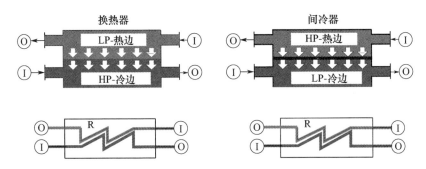

图14.1　回热器和中间冷却器原理图及其模块化表示,回热器热交换
发生在排气装置低压热燃气与压气机高压冷空气之间

　　中间冷却器用于对压气机内的气流在其进入下一级压缩前进行中间冷却。相比于回热器,中间冷却器热侧的工作介质是流出中压压气机尚未进入高压压气机的空气。而低压侧的工作介质是水,可将进入高压压气机之前的压缩空气的热量带走,以便进一步压缩。后冷却器作用是冷却高压工作介质,以减小其比体积,从而增加总的空气质量,这种措施常用于压缩空气储能设施。图14.1展示了回热器和中间冷却器原理图及其模块化表示。

14.1 回热器建模

在回热器中,热交换发生在高温低压燃气和低温高压空气之间,图14.2中给出了这种逆流式换热器的示意图。如图所示,在热侧与冷侧的入口腔和出口腔之间的热交换区被分成$(n-1)$段。图14.2中给出了气流流动方向和热流流动方向。

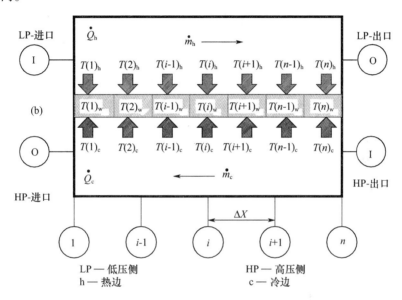

图 14.2　换热器内热传递、温度分布、入口面和出口面

由于冷气流和热气流均为低亚声速,此时气体可认为是不可压缩的,则$\mathrm{D}\rho/\mathrm{D}t=0$。为方便统一处理,在描述壁面传热时,方程中热量均采用正号。此外,横截面没有变化,即$\nabla S=0$。这些规定可使式(11.33)和式(11.52)显著简化,两方程分别描述热侧的质量和温度瞬态过程。

14.1.1　回热器热侧瞬态过程

由运动方程,通过上述简化得到热侧的质量流和温度的瞬态关系式。式(11.34)通过变换得到质量流动力学方程式为

$$\frac{\partial \dot{m}_\mathrm{h}}{\partial t}=\frac{R_\mathrm{h}\dot{m}_\mathrm{h}^2}{L_\mathrm{h}S_\mathrm{h}}\left(\frac{T_\mathrm{h1}}{P_\mathrm{h1}}-\frac{T_\mathrm{h\mathit{n}}}{P_\mathrm{h\mathit{n}}}\right)+\frac{S_\mathrm{h}}{L_\mathrm{h}}(P_\mathrm{h1}-P_\mathrm{h\mathit{n}})-c_{fh}\frac{\dot{m}_\mathrm{h}^2}{2\rho_\mathrm{h\mathit{n}}S_\mathrm{h}D_\mathrm{h\mathit{n}}} \tag{14.1}$$

而温度瞬态方程可通过变换方程式(11.52)得到:

$$\frac{\partial T_{o,h,i+1}}{\partial t} = \frac{-\kappa_{hk}}{c_{p,h,i+1}\rho_{hk}\Delta V_h}[\dot{m}_h(c_{p,h,i}T_{o,h,i} - c_{p,h,i+1}T_{o,h,i+1}) - \dot{Q}_{h_k}] -$$

$$\left(\frac{\kappa_{hk}-1}{c_{p,h,i+1}}\right)\frac{\dot{m}_h}{\rho_{hk}^2 S_h^2}\frac{\partial \dot{m}_h}{\partial t} \tag{14.2}$$

式(14.2)中变量的下角标 k 如式(11.55)中指的是平均值。

14.1.2 回热器冷侧瞬态过程

回热器冷侧的动态特性由运动方程和能量方程确定,采用与热侧流动相同的简化过程。冷侧质量流量瞬态过程通过变换方程(11.34)计算得到:

$$\frac{\partial \dot{m}_c}{\partial t} = \frac{R_c \dot{m}_c^2}{L_c S_c}\left(\frac{T_{c1}}{P_{c1}} - \frac{T_{cn}}{P_{cn}}\right) + \frac{S_h}{L_c}(P_{c1} - P_{cn}) - c_{fc}\frac{\dot{m}_c^2}{2\rho_{cn}S_c D_{cn}} \tag{14.3}$$

而温度瞬态方程可通过变换方程式(11.52)得到:

$$\frac{\partial T_{o,c,i+1}}{\partial t} = \frac{-\kappa_{ck}}{c_{p,c,i+1}\rho_{ck}\Delta V_h}[\dot{m}_h(c_{p,c,i}T_{o,c,i} - c_{p,c,i+1}T_{o,c,i+1}) - \dot{Q}_{c_k}] -$$

$$\left(\frac{\kappa_{ck}-1}{c_{p,c,i+1}}\right)\frac{\dot{m}_c}{\rho_{ck}^2 S_c^2}\frac{\partial \dot{m}_c}{\partial t} \tag{14.4}$$

式(14.1)~式(14.4)中的下角标 h 和 c 分别指热侧和冷侧;下标 $i, i+1$ 指图 14.2 中的计算站的标号。带有下标 k 的变量取 i 和 $i+1$ 之间的平均值。式(14.1)~式(14.4)描述了长度为 Δx 的体积单元内的质量流瞬态过程和温度瞬态过程。热流部分 $\dot{Q}_{h_k}$ 和 $\dot{Q}_{c_k}$ 基于与其所属个体体积单元的热流方向来假设为正值(加热)或为负值(放热),其值可利用传热系数和温差计算得到:

$$\dot{Q}_c = \bar{\alpha}_c A_c \Delta \bar{T}_c, \dot{Q}_h = \bar{\alpha}_h A_h \Delta \bar{T}_h \tag{14.5}$$

式中: $\bar{\alpha}_c, \bar{\alpha}_h$ 分别为冷侧和热侧的平均传热系数; $\Delta \bar{T}_c, \Delta \bar{T}_h$ 分别为冷侧和热侧的平均温度; A_c, A_h 分别为冷侧和热侧的接触面积。平均温度为

$$\Delta \bar{T}_h = \bar{T}_{S_h} - \bar{T}_{\infty_h}, \Delta \bar{T}_c = \bar{T}_{S_c} - \bar{T}_{\infty_c} \tag{14.6}$$

式中:下标 S 和 ∞ 分别为表面温度和边界层外的温度。

14.1.3 热侧与冷侧的耦合条件

冷侧和热侧之间的耦合条件由材料温度的微分方程求得,有

$$\frac{dT_w}{dt} = \frac{1}{\rho_w c_w \Delta v_w}(\dot{Q}_c + \dot{Q}_h) \tag{14.7}$$

294

此处,如果 $\dot{Q}_c$ 和 $\dot{Q}_h$ 为放热,则其值就假设为负值。对于特殊的稳态情况,式(14.7)可简化为

$$\dot{Q}_c + \dot{Q}_h = 0 \qquad (14.8)$$

14.1.4　回热器传热系数

两侧的传热系数可通过 Nusselt 关系式来确定,即

$$Nu = 0.023 Re^{0.8} Pr^{0.4} \qquad (14.9)$$

文献[4]对不同几何形状的回热器的经验关联式进行了总结。文献[5]对不同换热器内的传热过程进行了更详细的解释。式(14.9)中的 Re 数由各侧的质量流量和水力直径来确定,且对每侧必须单独给出。

$$Re = \frac{V D_{hyd}}{v} = \frac{\dot{m} D_{hyd}}{S \mu} \qquad (14.10)$$

通过式(14.9)和式(14.10),可求得 Statnon 数,其决定传热系数:

$$St = \frac{Nu}{ReP} = \frac{\alpha}{\rho c_p V} \qquad (14.11)$$

给热系数 α 为

$$\alpha = St \rho c_p V = \frac{St c_p \dot{m}}{S} \qquad (14.12)$$

式中:c_p 为定压比热容;S 为截面积。

为考虑回热器冷侧与热侧的热阻,式(14.5)和式(14.6)中的表面温度必须用壁面平均温度代替,这通过在式(14.5)中引入组合热阻来实现。

$$\dot{Q}_c = \frac{A_c (\overline{T}_{S_c} - \overline{T}_{\infty_c})}{R_{W_c} + \dfrac{1}{\alpha_c}}, \quad \dot{Q}_h = \frac{A_h (\overline{T}_{S_h} - \overline{T}_{\infty_h})}{R_{W_h} + \dfrac{1}{\alpha_h}} \qquad (14.13)$$

$$\begin{array}{llll} P_{h1} = P_{Ih} & P_{hn} = P_{Oh} & T_{o,h1} = T_{o,Ih} & T_{o,h1} = T_{o,Ih} \\ P_{c1} = P_{Oc} & P_{cn} = P_{Ic} & T_{o,c1} = T_{o,Oh} & T_{o,cn} = T_{o,Ic} \end{array} \qquad (14.14)$$

在多数回热器的高压侧,工作介质会流经许多管道,用等效的柱状管的阻力来近似 R_{W_c} 和 R_{W_h} 的热阻是合理的。为了确定材料的温度瞬态过程,将式(14.13)代入到式(14.7)中,由上述方程和边界条件式(14.14)可充分描述回热器的瞬态过程。

14.2　燃烧室建模

图 14.3 所示为航空和发电燃气轮机燃烧室的 3 种不同类型的通用形式。

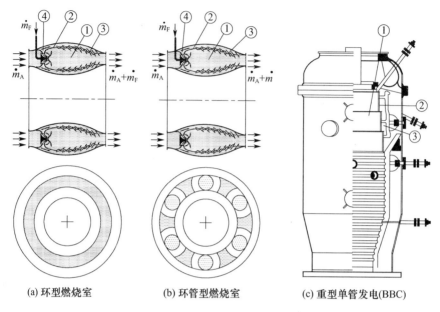

(a) 环型燃烧室   (b) 环管型燃烧室   (c) 重型单管发电(BBC)

图 14.3   航空和发电燃气轮机使用的 3 种不同类型的燃烧室

文献[6]给出了燃气轮机燃烧室的主要设计特点。环型燃烧室(a)和环管型燃烧室(b)常用于航空和发电燃气轮机中,而单管筒型燃烧室(c)仅在发电燃气轮机中使用。3 种类型无论其大小和应用领域,都具有以下特征:①主燃烧区;②二次空气区用于保护燃烧室壳体免受过高的火焰辐射温度;③混合区,在此热燃气和二次空气其余部分混合;④燃料/空气入口喷嘴。由于这些特征对于上述和几乎所有其他类型的燃烧室都是通用的,因此可以设计一种具有上述特征的通用模块。图 14.4 所示为对燃气轮机部件的模块化表示通用模块。

它由一个主燃烧区或一个 n 段包围的主区域、二次空气区和混合区组成。实际燃烧过程发生在主区域。二次空气区将炽热的主燃烧区与燃烧室壳体分隔开。由于火焰的直接辐射,燃烧区中的分段承受严重的热负荷。空气和燃气侧的气膜和(或)对流冷却可对这些分段进行冷却。冷却热分段所需的空气流经翅片冷却通道,从而有助于空气侧分段的对流冷却。从第 j 分段排出的冷却空气流影响下一分段的燃气侧的边界层内的气膜冷却过程。在该过程结束时,冷却空气与一次空气完全混合。主流区、冷却区和混合区的质量流量关系代入已建立的能量方程中,其影响是显著的,尤其是在能量平衡的情况下,因为各个燃烧室计算站的温度分布由它们确定。因此,首先确定质量流关系,然后求解能量平衡。

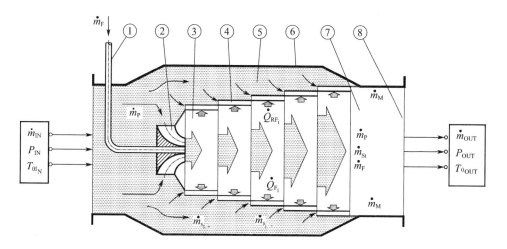

1—燃料进口　4—段　　　　7—混合区

2—旋流器　5—二次流区　　8—出口

3—燃烧区　6—壳体

$\dot{m}_F$ —燃料质量流量　　　　$\dot{m}_{S_t}$ —二次空气总质量流量

$\dot{m}_M$ —混合质量流量　　　　$\dot{Q}_{RF_i}$ —燃料燃烧产生的热量

$\dot{m}_P$ —主燃区空气质量流量　$\dot{Q}_{F_i}$ —火焰辐射产生的热量

图 14.4　燃烧室通用模块表示

14.2.1　质量流量瞬态过程

燃烧室质量流量分为一次质量流量、二次(冷却)质量流量和混合质量流量,如图 14.4 所示。

$$\dot{m}_P = \mu_P \dot{m}, \quad \dot{m}_S = \mu_S \dot{m}, \quad \dot{m}_M = \mu_M \dot{m} (\mu_P + \mu_S + \mu_M = 1) \qquad (14.15)$$

式中:μ_P,μ_S,μ_M 分别为一次、二次和混合质量流率。若一次空气区由 n 分段组成,则第 j 段的冷却质量流为

$$\dot{m}_{S_j} = \mu_j \dot{m}_S = \mu_j \mu_S \dot{m} \qquad (14.16)$$

考虑到燃料/空气比 $\mu_F = \dot{m}_F/\dot{m}$,第 j 分段质量流量为

$$\dot{m}_j = \sigma_j \dot{m}, \quad \sigma_j = \mu_F + \mu_P + \mu_S \sum_{v=1}^{j} \mu_v \qquad (14.17)$$

为了确定所设计的燃烧室的瞬态特性,有必要从给定的比率 μ_P、μ_S、μ_M 和 σ_j 开始。而对于新的设计,可通过改变这些比率,直到达成所需的解决方案,且满足由局部传热决定的材料温度条件。燃烧室中的质量流量通过求解修正的方

程式(11.34)获得,有

$$\frac{\partial \dot{m}}{\partial t} = \frac{R\dot{m}^2 (1 + \mu_F)^2}{L_c S}\left[\left(\frac{T}{P}\right)_I - \left(\frac{T}{P}\right)_O\right] +$$

$$\frac{S}{L_c x}\left(\frac{p_I - p_O}{1 + \mu_F}\right) - c_f \frac{\dot{m}^2 (1 + \mu_F)^2}{2\rho S D_h} \tag{14.18}$$

式中:下标 I 和 O 分别为入口腔和出口腔。

燃烧室的体积由一个等效体积替换,这是一个恒定截面 S 和特征长度 L_c 的乘积。因此,式(14.18)中的压力和温度表示入口量和出口量,这必须在设计点给出。

14.2.2 温度瞬态过程

为了确定主燃烧区内的燃气和二次区内的空气的温度瞬态过程变化,从式(11.52)开始,考虑到空气、燃料,并最终以水为主要燃烧组分,式(11.52)需要重写如下:

$$\frac{\partial T_{o_{i+1}}}{\partial t} = \frac{1}{V\rho_{i+1} c_{p_{i+1}}}\left\{\sum_{k=1}^{K} \dot{m}_{ik}\left[\kappa_{i+1}(c_{pi}T_{o_i})_k - c_{p_{i+1}}T_{o_{i+1}}\right]\right\} +$$

$$\frac{1}{V\rho_{i+1} c_{p_{i+1}}}\left[(1 - \kappa_{i+1})\dot{m}_{i+1} c_{p_{i+1}} T_{o_{i+1}} - \kappa_{i+1}\dot{Q}_G\right] -$$

$$\left(\frac{1 - \kappa_{i+1}}{c_{p_{i+1}}}\right)\left(\frac{\dot{m}}{\rho^2 S^2}\right)_{i+1} \frac{\partial \dot{m}_{i+1}}{\partial t} \tag{14.19}$$

式中: $\dot{Q}_G = v\Delta\dot{Q}$ 为燃气侧热流;下标中的 i 为问题中的计算站。混合成分用序贯指数 k 来确定,上限求和极限中 K 表示混合和燃烧过程中所涉及的成分的数量。入口站的混合组分是来自二次区域的冷却空气、燃气和燃料。

对于冷却区,式(11.52)得到:

$$\frac{\partial T_{o_{i+1}}}{\partial t} = \frac{\kappa}{V\rho c_p}\left[\dot{m}c_p(T_{o_i} - T_{o_{i+1}}) - \dot{Q}_A\right] + \frac{1 - \kappa}{c_p}\left(\frac{\dot{m}}{\rho^2 S^2}\right)\frac{\partial \dot{m}}{\partial t} \tag{14.20}$$

$\dot{Q}_A = v\Delta\dot{Q}$ 为空气侧热流。该分段的材料温度分布可以用热传导方程来确定如下:

$$\frac{\partial \bar{T}_w}{\partial t} = \frac{1}{\rho_w c_w v_w}\left[\dot{Q}_h - \dot{Q}_c\right] \tag{14.21}$$

式中: $\dot{Q}_c, \dot{Q}_h$ 作为热流由燃烧室分段供给和携带。对由一排分段包围而成的主区域, $\dot{Q}_G$ 是由燃料热流 $\dot{Q}_F$ 、火焰辐射热流 $\dot{Q}_{RF}$ 和对流热流 $\dot{Q}_{CG}$ 组成的,在燃气侧(或热侧),则为

$$\dot{Q}_G = \dot{Q}_F + \dot{Q}_{RF} + \dot{Q}_{CG} \qquad (14.22)$$

通过燃气侧的强化气膜冷却和空气侧的对流换热,可将从各分段直接火焰热辐射产生的温度升高水平降低到可接受的水平。因此,这些分段在燃气侧(或热侧)承受以下热负荷:

$$\dot{Q}_h = \dot{Q}_{RF} + \dot{Q}_{FI} \qquad (14.23)$$

式中:$\dot{Q}_{FI}$为由气膜冷却带走的热流量。在空气侧(冷侧)带走的热流量 $\dot{Q}_c$ 由对流组分和辐射组分组成。后者是由于冷气外壳衬垫和散热片热表面之间的温差产生的。因此发现:

$$\dot{Q}_A = \dot{Q}_c = \dot{Q}_{CA} + \dot{Q}_{RA} \qquad (14.24)$$

对气膜冷却:

$$\dot{Q}_{FI} = \bar{\alpha}_{FI} S_G (\bar{T}_{FI} - \bar{T}_w) \qquad (14.25)$$

式中:$\bar{\alpha}_{FI}$为平均传热系数;$\bar{T}_{FI}$为平均气膜温度。

在空气侧的对流热流量为

$$\dot{Q}_{CA} = \bar{\alpha}_A S_A (\bar{T}_w - \bar{T}_A) \qquad (14.26)$$

下面章节中将对辐射热流 $\dot{Q}_{RA}$ 和 $\dot{Q}_{RF}$ 的计算进行解释。

14.2.3 燃烧室传热

燃烧室内的传热过程涉及多种机理。为了辨别这些机理,考虑图 14.3 给出的重型燃烧室,其相应的通用模块如图 14.4 所示,不同的传热机理如图 14.5 所示。

如图 14.5 所示,考虑到将主燃烧区与二次流动区分开的分段的热侧(或燃气侧)燃烧区,有如下传热类型:①$\dot{Q}_{RF_i}$为通过火焰辐射加入的热量;②$\dot{Q}_{C_{gasi}}$为通过对流加入到分段中的热量;③$\dot{Q}_{FI_i}$为通过燃气侧的气膜射流排出的热量;④$\dot{Q}_{Calr_i}$为通过空气侧(冷侧)对流排出的热量;⑤通过分段壁面两侧的热传导。对流和传导传热类型已在 14.1 节中讨论。对于射流气膜冷却传热,可以使用文献[7]给出的关系式。在一次燃烧侧,火焰辐射是迄今为止辐射热传递的主要因素,在分段材料、封闭二次空气侧和外壳之间也有辐射,但它们的贡献与火焰辐射相比小得可以忽略不计。辐射热传递的基础是普朗克理想辐射体的辐射光谱分布,称为黑体,给出如下:

$$E_{\lambda,b}(T) = \frac{C_1}{\lambda^5 (\exp(C_2/\lambda T) - 1)} (W/(m^2 \cdot \mu m)) \qquad (14.27)$$

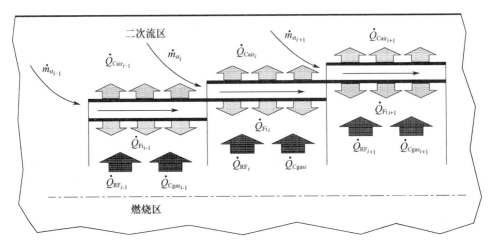

图 14.5　沿着燃气轮机燃烧室通用段的辐射传热、热传导和对流传热的细节

式中:$E_{\lambda,b}(T)$ 为一个黑体的光谱发射功率,是发射表面的波长和温度的函数;波长 λ 单位为 μm(或 m);T 为物体的绝对温度;下标 b 代表黑色理想体;常数 $C_1 = 3.742 \times 10^8 W \cdot \mu m^4/m^2$ 和 $C_2 = 1.49 \times 10^4 \mu m \cdot K$。式(14.27)是由真空中的发射表面推导出的,其中折射率是统一的,该指数被定义为真空中的光速与非真空环境中光速的比率。图 14.6 是式(14.27)描述的以物体温度作为参数绘制光谱分布图。式(14.27)描述了每一个给定波长 $\lambda = c/\nu$ 的辐射功率,式中 c 为光速,ν 为波频率。对于燃烧室的应用,有必要求出由物体发出的总能量,这可以通过积分方程式(14.27)求得:

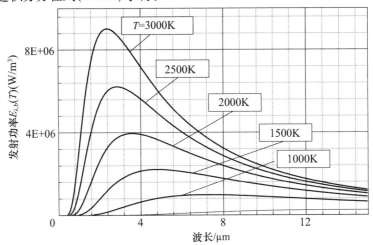

图 14.6　普朗克方程式(14.27)所描述的以物体温度为参数的
光谱发射功率与波长的函数

$$E_b(T) = \int_0^\infty E_{\lambda,b}(T)\,\mathrm{d}\lambda = \sigma T^4 \tag{14.28}$$

式中:σ 为斯蒂芬 – 玻耳兹曼常数。

式(14.28)可应用于两个或多个辐射相互作用的物体。考虑最简单的不同温度下两个平行黑色表面的情况,这两个表面之间的净传热率为

$$\dot{Q} = \sigma(T_1^4 A_1 - T_2^4 A_2) \tag{14.29}$$

对于辐射传热,火焰形状可以近似为圆柱体。

14.3 实例:燃烧室预热器系统的启动和关闭

该示例涉及由一个燃烧室、管道和预热器组成的通用系统的启动和关闭过程,如图 14.7 所示。

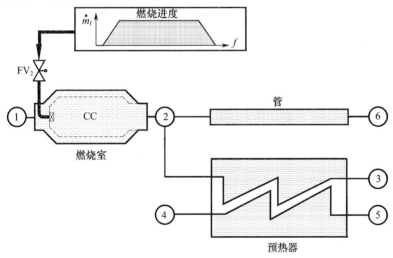

图 14.7 由燃烧室、预热器和管道组成的系统

这些部件是 18.5.1.1 节中讨论的压缩空气储能(CAES)装置的一部分。燃烧室连接到在恒定的压力和温度下工作的腔室①。恒定的空气流进入燃烧室,燃烧室连接到腔室②。燃气的主要部分通过管道并在腔室⑥离开系统。燃气的一小部分进入预热器的热侧,并在腔室③离开。预热器的冷侧连续地从腔室④接收恒压和室温的冷空气,并在腔室⑤处离开预热器冷侧。通过编程,使燃料阀为燃烧室提供燃料规律 $\dot{m} = \dot{m}(t)$。如图 14.8 所示,燃料图示显示启动,正常运行和燃烧室关闭的过程。

类似于前面讨论的情况,上述系统相应的模块表示的每个组件由微分方程

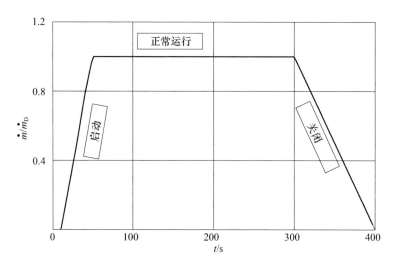

图 14.8　由 GETRAN 计算的燃烧室燃料图示:启动、正常运行、关闭

组描述。规定下列边界条件:

$$P_1,\quad P_3,\quad P_4,\quad P_5,\quad P_6 均为常数$$
$$T_{01},\quad T_{03},\quad T_{04},\quad T_{05},\quad T_{06} 均为常数 \tag{14.30}$$

相应的微分方程组可以用合适的刚性微分方程[1-2]求解器求解。

燃烧室启动。使用边界条件式(14.30),首先模拟燃烧室的冷启动,然后是其设计点操作和随后的关闭。这一过程是由图 14.8 所示的燃料规律控制的,$\dot{m}$ 和 $\dot{m}_D$ 分别为实际和设计点的燃料质量流量。从冷的燃烧室和预热器开始,冷空气流过整个系统大约 10s。在 $t = 10s$ 时,燃料阀开始连续地打开添加燃料,直到达到设计燃料质量流量。在燃料添加过程中,整个系统的温度开始升高。如图 14.9 所示,燃烧室气体温度相应升高。

曲线 1 显示出主燃烧区内的核心燃气流的温度。燃气与二次空气混合后温度显著降低,使得出口温度水平略高于 1100K,即曲线 2。

预热器温度瞬态过程。图 14.10 所示为预热器温度瞬态过程:燃气进入预热器的热侧,并使其温度增加。

曲线 1 表示预热器后部的燃气温度。对流和热传导使得预热器金属材料温度提高,热量从热燃气传递给预热器的冷侧空气。曲线 2 给出金属温度瞬态过程。热量从预热器金属材料传递到空气侧,使冷侧空气温度上升,如曲线 3 所示。

本章讨论的组件的设计工况和非设计工况的动态行为的准确预测需要采用适当的传热系数。针对设计目的,可参考包括文献[4-5]在内的可用关系式。

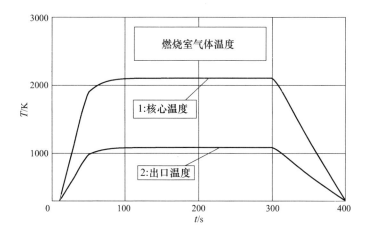

图 14.9 由 GETRAN 计算的燃烧室燃气温度:启动、设计操作、停机

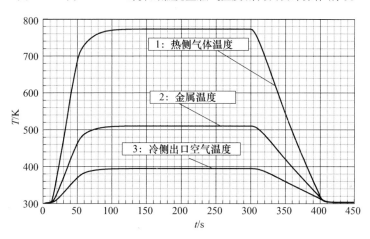

图 14.10 预热器出口部分的气体、金属和空气温度发生变化

传热系数 α 可结合表面摩擦因数进行动态计算,有望提供这些部件内所需的温度和压力分布。如果不是这种情况,则可以使用稳态条件计算,其中式(14.19)和式(14.20)中腔室温度的时间变化设置为等于零。由此,准确地计算了传热量,从而准确地计算了传热系数,这允许对最初用于动态计算的传热系数进行校正。

14.4 加力燃烧室建模

从建模的角度来看,这个组件显示的是在 14.3 节中讨论的燃烧室的简化版本。图 14.11 所示为该组件及其模块化表示。该组件的建模遵循与燃烧室相同的过程。但由于不存在二次流,质量流量比 μ_p、μ_s 和 μ_M 具有以下值:$\mu_p = 1$,$\mu_s = 0$,$\mu_M = 0$。

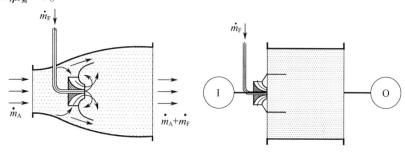

图 14.11   力燃烧室模块示意图

参 考 文 献

[1] Schobeiri T. , 1986: "A General Computational Method for Simulation and Prediction of Transient Behavior of Gas Turbines," ASME – 86 – GT – 180.

[2] Schobeiri, M. T. , Abouelkheir, M. , Lippke, C. , 1994, "GETRAN: A Generic, Modularly Structured Computer Code for Simulation of Dynamic Behavior of Aero – and Power Generation Gas Turbine Engines," an honor paper, ASME Transactions, Journal of Gas Turbine and Power, Vol. 1, pp. 483 – 494.

[3] Schobeiri, M. T. , Attia, M, Lippke, C. , 1994, "Nonlinear Dynamic Simulation of Single and Multi – spool Core Engines, Part I, II: Theoretical Method, Simulation Cases " AIAA, Journal of Propulsion and Power, Volume 10, Number 6, pp. 855 – 867, 1994.

[4] Kays, W. M, London, A. L. , 1984, "Compact Heat Exchangers," McGraw – Hill Book Company, third Edition.

[5] Hansen, H. , 1976, "Wärmeübertragung im Gegenstrom, Gleichstrom und Kreuzstrom, 2. Auflage, ISBN 3ß540ß07552ß6 Springer – Verlag, Berlin Heidelberg New York.

[6] Lefebvre, AS. H. , 1983, "Gas Turbine Combustion,"Hemisphere Publishing Corporation.

[7] Marek, C. J. , and Huhasz, A. J. , 1974, "Simulataneous Film and Convection Cooling of a Plate inserted in the Exhaust Stream of a Gas Turbine Combustor, NASA TND – 7689.

[8] Planck, M. , 1959, "Theory of Heat Radiation," Dover Publication, Inc, New York.

第15章 压气机组件设计和非设计工况建模

如第1章所述,压气机的功能是增加流体工质的总压。根据能量守恒定律,总压的增加需要从外部能量输入,该能量以机械能的形式增加到系统中。压气机转子叶片对工作介质施加力的作用,从而增加了工质的总压。基于效率和性能的要求,有3种不同类型的压气机得到应用:轴流式压气机、径向或离心压气机,以及混流式压气机。轴流式压气机的特征在于沿轴向流线方向的半径变化可忽略不计。因此,周向动能差$(U_3^2 - U_2^2)/2$对总压的提高是微不足道的。相比之下,离心压气机的周向动能差有助于显著提高总压,这一点已经在第4章中讨论过。

在压缩过程中,流体质点处于正压力梯度环境,这将导致沿压气机叶片表面的边界层分离。为了避免分离,各级的流动偏转以及级压比应保持在一定限度内,这将在下一节讨论。与轴流级相比,在相对适中的流动偏转下,离心压气机级的压力比可达到$\pi_{\rm rad} > 4$或更高。然而,在大型发电燃气轮机和航空飞机发动机应用上,离心压气机在几何形状、质量流量、效率和材料方面有一定限制。当设计高压比和质量流量差不多的轴流式压气机和离心压气机时,离心压气机的出口直径更大。这种设计在工业应用上可以接受,但不适用于燃气涡轮发动机。此外,对于燃气轮机上的应用,需要较高压气机效率来保证热效率。先进的轴流式压气机的效率已经超过91.5%,而离心压气机仍然在90%以下。10MW及以上的发电燃气轮机以及中型大型航空发动机都采用轴流式压气机。小型燃气轮机,用于小型和大型柴油发动机的涡轮增压器都具有径向叶轮,其产生如上所述的高压比。用于涡轮螺旋桨飞机的紧凑型发动机可以将轴流式压气机和离心压气机结合。在这种情况下,相对高效的多级轴流式压气机之后是低效离心压气机,以在较小的级数下实现所需的发动机压比。

通过增加进口相对马赫数$Ma_{\rm 2rel} = W_2/c_2$实现进一步增加级压力。在$Ma_{\rm 2rel} < 1$的亚声速轴流压气机情况下,压缩过程主要通过扩散和流动偏转来建立。然而,在整个压气机叶片(从轮毂到尖端)的相对马赫数$Ma_{\rm 2rel} > 1$的情况下,如本章所述形成倾激波后紧跟正激波,有助于提高压力。然而,由于压缩波导致的级压比的增加与额外的激波损失相关联,这降低了级效率。为了在可接受的损耗水平下实现更高的级压比,压气机级可以设计为跨声速压气机级。对于跨声速压气机级,轮毂处的相对马赫数是亚声速的,尖端是超声速的,两者之间是跨声速马赫数。跨声速压气机级设计应用于具有相对低展弦比的高性能燃气涡轮发动机的第一压气机级。

在本章中,首先研究了压气机组件特有的几种损失机制和关联式。利用这些关联式,首先提出了逐级绝热计算方法的基本概念,该方法准确地预测了单级和多级压气机的设计和非设计工况性能。借助这种方法,可以轻松地得到效率和性能图。然后介绍了非绝热压缩过程的计算,其中叶片排与工作介质交换热能,反之亦然。上述方法提供了3种用于动态模拟压气机组件不同的选择:第一种选择是利用与动态耦合相关的稳态压气机性能图;第二种选择考虑逐级绝热计算;第三种选择使用非绝热压缩过程。

15.1　压气机损失

第5章从统一的角度,阐述了加速和减速叶栅的不同损失机制的基本物理性质。本节介绍压气机中遇到的特定损耗机制。由于其对飞机燃气涡轮发动机非常重要,制造商和研究中心一直致力于开发具有更高效率的压气机部件。为了准确地预测压气机级效率,压气机设计者经常使用反映压气机级流场内不同损耗机制的损耗相关关系式。文献[1-5]对压气机叶栅和级空气动力学特性进行了基础研究,他们以文献[6]作为指南。文献[7-9]对跨声速压气机的激波损失进行了基础研究。文献[10-16]的试验研究集中在单级高马赫数压气机级,还包括对几个转子的性能评估。文献[17]对单级高马赫数压气机进行了类似的研究。文献[18]提出了一种计算多级压气机的设计点效率的方法。文献[19]研究了发生在先进压气机的各种损失机制,并开发了一种新的激波损失模型,引入了修正扩散因子并重新评估了 NASA 发布的相关试验数据。文献[20]研究了跨声速叶片的损失和落后角。

在先进压气机级中发生的总压损失有以下几种情况:①a由壁面剪切应力产生的叶片原发损失。其与局部速度变形成比例,由于叶片中间部分不受来自轮毂和机匣二次流的影响,因此原发损失占主导地位。①b尾缘混合损失。该损失由尾缘的厚度、吸力表面和压力表面的边界层厚度所产生的尾流损失、尾流混合,以及因此产生的额外熵增导致的。从试验的观点来看,这两个损失是不可分离的,因为总压测量在尾缘平面下游一定距离处进行,因此包括尾流总压损失。这两种损失的组合通常称为叶型损失。②当压气机级入口具有从高跨声速到超声速的相对流动条件时,压气机存在激波损失。基于攻角和激波位置,这些损失可能导致相当大的熵增,从而导致级效率显著降低。该激波损失与叶型损失具有相同的数量级。③由于端壁边界层的发展和叶片尖端间隙引起的二次流损失。④带有冠的压气机叶片也存在二次流动损失。在文献[19,21-24]的研究中,都对压气机损失进行了综合处理。

本章关注3个问题:①一种新的修正扩散系数,它描述了直叶栅和环形叶栅以及整个压气机级的叶片负载,这种包括压缩效应的新扩散因子允许损失参数与扩压因子系统地相关。②提出了一种新的激波损失模型,克服了文献[25-27]描述的现有损失模型的缺点。③对现有公布的数据进行重新评估,并结合损失计算提供详细的相关性。应该提到的是,目前可用的商业数值计算代码,如雷诺平均 Navier - Stokes(RANS)代码,能够计算总压损失,从而计算压气机级和整个压气机的效率。使用 RANS 求解器来预测损失和效率时,使用 RANS 求解器来预测损失和效率时与两个因素有关:①大量计算时间;②数值结果与压气机效率和性能测试结果之间的差异。这是在压气机设计过程中引入损失关联式的原因。

15.1.1 叶型损失

文献[3]推导出叶型损失系数是叶栅几何、气流角和边界层参数的函数,即

$$\zeta_p = \sigma \left(\frac{\delta_2}{c} \right) \left(\frac{\sin\beta_1}{\sin\beta_2} \right)^2 \left(\frac{1 + H_{32}}{\left(1 - \frac{\delta_2}{c} \sigma H_{12} \right)^3} \right) \tag{15.1}$$

式中:$H_{32} = f(H_{12})$ 为形状因子。

在式(15.1)的边界层参数中,动量厚度 δ_2 是最重要的。它给出了分离点和自由流速度梯度(或压力梯度)之间的直接关系,由 Von Kàrmàn 对不可压缩流体提出的积分方程确定:

$$\frac{\tau_w}{\rho V^2} = \frac{d\delta_2}{dx} + (2 + H_{12}) \frac{\delta_2}{V} \frac{dV}{dx} \tag{15.2}$$

式中:τ_w 为壁面剪应力;H_{12} 为形状因子。

对于高负荷压气机叶片,可能会发生流动分离,其中速度分布在拐点处开始分离。因此,该点处的壁面剪切应力消失,式(15.2)化简为

$$\frac{d\delta_2}{dx} = - (2 + H_{12}) \frac{\delta_2}{V} \frac{dV}{dx} \tag{15.3}$$

式(15.3)显示了叶片速度梯度和动量厚度之间的直接关系。作为对速度梯度的合适的度量,文献[1]引入等效扩散因子:

$$D_{eq} = \frac{V_{max}}{V_2} = \frac{V_1}{V_2}\frac{V_{max}}{V_1} \tag{15.4}$$

式中:V_{max}为吸力面上的最大速度,如图15.1所示。该速度比通过改变速度三角形给出的流动偏转而变化,从而恰当地反映叶片负荷情况。然而,它需要明确不同流动偏转下的最大速度,而此参数并不总是已知的。从压气机设计者的角度来看,将叶片负载与实际速度三角形相关联是最合适的。

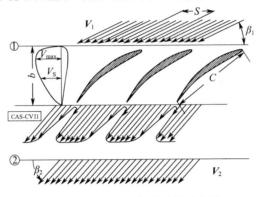

图15.1 压气机叶栅流动的示意图

15.1.2 扩散因子

利用图15.1,通过多项式引入无量纲参数 $\eta = V_S/V_1$、$\xi = x/b$ 和近似无量纲速度分布 η:

$$\eta = \sum_{n=0}^{N} a_n \xi^n = a_0 + a_1\xi + a_2\xi^2 + \cdots + a_N\xi^N \tag{15.5}$$

在近 ξ_{max} 处进行泰勒展开,有

$$\eta = \eta_{max} + \frac{d\eta}{d\xi}\Delta\xi + \frac{1}{2}\frac{d^2\eta}{d\xi^2}\Delta\xi^2 + \cdots \tag{15.6}$$

式中:$\Delta\xi = \xi - \xi_{max}$,忽略高阶项,式(15.6)可以化简为

$$\eta = \eta_{max} + \left(\frac{d\eta}{d\xi}\right)_{\xi_{max}} (\xi - \xi_{max}) \tag{15.7}$$

速度斜率由式(15.5),得

$$\left(\frac{d\eta}{d\xi}\right)_{\xi_{max}} = a_1 + 2a_2\xi_{max} \tag{15.8}$$

将式(15.8)与式(15.7)相结合,得

$$\eta = \eta_{\max} + C_1\xi + C_2 \qquad (15.9)$$

其中常数 $C_1 = a_1 + 2a_2\xi_{\max}$，$C_2 = -C_1\xi_{\max}$。通过伯努利方程对沿叶片吸力面和压力面的压力分布进行积分，来计算作用在图 15.1 中的叶片上力的周向分量，有

$$T = T_{\mathrm{P}} - T_{\mathrm{S}} = \int_o^b (P_{\mathrm{p}} - P_{\mathrm{S}})\,\mathrm{d}x = \frac{1}{2}\rho\int_o^b (V_{\mathrm{S}}^2 - V_{\mathrm{P}}^2)\,\mathrm{d}x \qquad (15.10)$$

由于仅考虑吸力面的作用来估计扩散因子，因此被积函数中的第二项可被设置为等于零。结合式(15.9)和式(15.10)，得：

$$\frac{T}{\frac{1}{2}\rho V_1^2 b} = \eta_{\max}^2 + (C_1 + 2C_2)\eta_{\max} + \frac{1}{3}C_1^2 + C_1 C_2 + C_2^2 \qquad (15.11)$$

力分量 T 也可以使用圆周方向的动量方程来计算：

$$T = s\rho V_{\mathrm{m}}(V_{\mathrm{u1}} - V_{\mathrm{u2}}) \qquad (15.12)$$

式中：s、ρ 为叶片间距和密度；V_{m}、V_{u} 为子午和圆周速度分量。

将图 15.1 中定义的速度分量代入式(15.12)，得：

$$\frac{T}{\frac{1}{2}\rho V_1^2 b} = 2\frac{s}{b}\sin^2\beta_1(\cot\beta_1 - \cot\beta_2) \qquad (15.13)$$

由式(15.11)和式(15.13)相等，得：

$$\eta_{\max}^2 + D_1\eta_{\max} + D_3 = 0 \qquad (15.14)$$

其中系数 D_i 为

$$D_1 = C_1 + 2C_2$$

$$D_2 = C_1 C_2 + C_2^2 + \frac{1}{3}C_1^2 \qquad (15.15)$$

$$D_3 = D_2 - \frac{2s}{b}\sin^2\beta_1(\cot\beta_1 - \cot\beta_2)$$

式(15.14)在忽略 D_3 中的高阶项后，得：

$$\eta_{\max} = \frac{V_{\max}}{V_1} = K_1\left[\frac{\sin^2\beta_1}{\sigma}(\cot\beta_1 - \cot\beta_2)\right] + K_2 = K_1 G + K_2 \qquad (15.16)$$

式(15.16)显示了式(15.14)的特殊情况，并给出了最大速度 $V_{\max}$ 和叶栅环量函数 $G = \dfrac{\sin^2\beta_1}{\sigma}(\cot\beta_1 - \cot\beta_2)$ 之间的显示关系。使用 NACA-65(A10)系列叶片和圆弧 C.4 型叶片，用(∗)来表示具有最小流动损失的最佳流动条件，通

过试验,文献[5]确定式(15.16)的常量 $K_1 = 0.6, K_2 = 1.12$:

$$\eta_{max}^* = \left(\frac{V_{max}}{V_1}\right)^* = K_1 G^* + K_2 = 1.12 + 0.6 \frac{\sin^2\beta_1}{\sigma}(\cot\beta_1 - \cot\beta_2) \quad (15.17)$$

式(15.17)通常适用于包括非设计攻角的任意进口气流角,然而,如图15.2所示,压气机设计者倾向于将非设计点 $\eta_{max} = V_{max}/V_1$ 与设计点 η_{max}^* 相关联。为此,文献[4]引入了如图15.2所定义的正攻角 $i = \beta - \beta^*$ 经验关联式 η_{max}:

$$\eta_{max} = \left(\frac{V_{max}}{V_1}\right) = 1.12 + 0.61 G^* + a(\beta_1 - \beta_1^*)^{1.42} \quad (15.18)$$

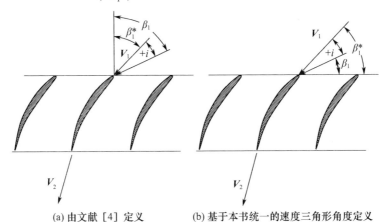

(a) 由文献 [4] 定义   (b) 基于本书统一的速度三角形角度定义

图15.2   正攻角

对于 NACA65(A10) 型叶片,$a = 0.0117$;对于 C.4 圆弧叶片,$a = 0.0070$。式(15.18)准确地估计了正攻角的最大速比。然而,由于 $i = \beta_1 - \beta_1^*$ 合理的指数争议,其不能用于负攻角。为了弥补这个缺陷,用以下多项式代替式(15.18):

$$\eta_{max} = \eta_{max}^* + \sum_{n=1}^{N} a_n(\beta_1 - \beta_1^*)^n \quad (15.19)$$

并忽略 $n > 2$ 的项,式(15.19)变为

$$\eta_{max} = \left(\frac{V_{max}}{V_1}\right) = \left(\frac{V_{max}}{V_1}\right)^* + a_1(\beta_1 - \beta_1^*) + a_2(\beta_1 - \beta_1^*)^2 \quad (15.20)$$

重新评估由文献[4]得到的试验结果,得出 $a_1 = 0.746$ 和 $a_2 = 6.5$。式(15.20)可以计算任何非设计工况的速比和扩散因子。图15.3 显示出了式(15.20)的结果,其中绘制了以攻角 $i = \beta_1 - \beta_1^*$ 为参数的速度比与环量函数 G 之间的关系。与文献[4]关联式方程(15.18)相比,新的关联式(15.20)有更准确的结果,对于图15.3 也是如此。

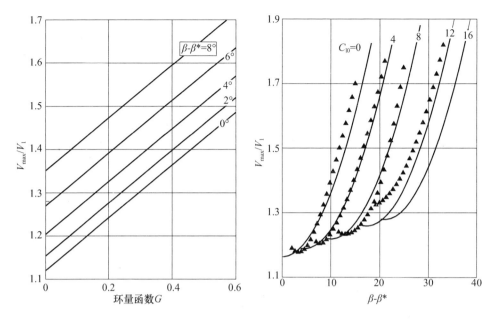

图 15.3 以攻角 $\beta-\beta^*$ 为参数(a)和以升力系数 C_{10} 为参数(b)时的函数关系

15.1.3 静子和转子的广义最大速比

文献[4]最大速比的关联式及其试验验证完全基于二维不可压缩叶栅流动情况。没有考虑可压缩性和三维性等的重要影响。此外,忽略了现代压气机中始终存在的轴向速度分量和流线曲率的变化,并且忽略了旋转运动对环量的影响。本节包括上述提到的影响最大速度比的因素,通过引入广义环量概念得到改进的扩散因子。从 Kutta – Joukowski 升力方程(升力/单位展向高度)开始,有

$$A = \rho_\infty V_\infty \times \Gamma \qquad (15.21)$$

式中:ρ_∞、V_∞、Γ 分别为自由流密度、速度和环量。

环形压气机叶栅的环量如图 15.4 所示。

使用图 15.4 中的定义,环量表示为

$$\Gamma = \oint V \cdot \mathrm{d}s = \Gamma_{12} + \Gamma_{23} + \Gamma_{34} + \Gamma_{41} = V_{u1}s_1 - V_{u2}s_2 \qquad (15.22)$$

式中:V_{u1}、V_{u2} 为进口和出口处的圆周速度分量,且 $\Gamma_{23} = -\Gamma_{41}$。

对于具有恒定高度的直叶栅或具有恒定半径圆柱形流线的静子叶栅,进口处和出口处的间距相等,$s_1 = s_2 = s$。对于具有如第 5 章所述的锥形流线的静子叶栅,进口处和出口处的间距不等,其通过流线曲率的半径 $s_1 = \Delta\theta r_1$、$s_2 = \Delta\theta r_2$ 相互关联。如图 15.4 所示,静子和转子排具有相同的站号,与第 4 章中定义的站

311

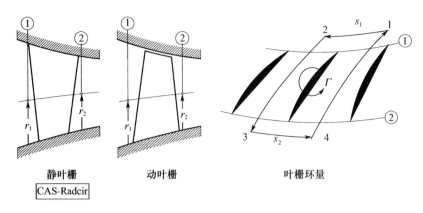

图 15.4　压气机叶栅环量的统一位置定义

号相反。角度 β 对于两者都适用。根据上述规定可以整理出统一的扩散因子方程,可以通过代入第 4 章中定义的绝对和相对气流角来应用于静子排以及转子排。使用以下速比:

$$\Phi = \frac{V_{m2}}{V_2}, \nu = \frac{U_1}{U_2} = \frac{r_1}{r_2} = \frac{s_1}{s_2}, \mu = \frac{V_{m1}}{V_{m2}} = \frac{W_{m1}}{W_{m2}} \tag{15.23}$$

并定义比环量函数 γ,得到静子 γ_S 和转子 γ_R 的关系为

$$\gamma_S = \frac{A_S}{\rho_\infty V_\infty V_{m1} s_1} = \left(V_{u1} - V_{u2}\frac{r_2}{r_1} \right)\frac{1}{V_{m1}} = \cot\beta_1 - \frac{1}{\nu\mu}\cot\beta_2 \tag{15.24}$$

式中: β_1、β_2 为通用的静子进口和出口气流角。在式(15.22)中用相对速度和相同流线处的旋转速度替换绝对速度圆周分量,得到适用于转子排的方程:

$$\begin{cases} \gamma_R = -\dfrac{U_1}{V_{m1}} + \dfrac{W_{u1}}{V_{m1}} + \dfrac{r_2}{r_1}\dfrac{U_2}{V_{m1}} - \dfrac{r_2}{r_1}\dfrac{W_{u2}}{V_{m1}} \\[2mm] \gamma_R = \dfrac{1}{\nu\phi\mu}(1 - \nu^2) + \cot\beta_1 - \dfrac{1}{\nu\mu}\cot\beta_2 \end{cases} \tag{15.25}$$

式中: β_1,β_2 为转子进口和出口气流角。

式(15.25)的第一个方程中的比率被相应的无量纲级参数和气流角取代。式(15.25)表示比环量函数的广义关系。使用绝对速度分量 V_{u1} 和 V_{u2} 计算环量,这里的环量指的是绝对环量而不是相对环量。使用式(15.25),得到静子和转子的环量函数为

$$\begin{cases} G_S = \dfrac{\sin^2\beta_1}{\sigma}\gamma_S = \dfrac{\sin^2\beta_1}{\sigma}\left(\cot\beta_1 - \dfrac{1}{\mu\nu}\cot\beta_2 \right) \\[3mm] G_R = \dfrac{\sin^2\beta_1}{\sigma}\gamma_R = \dfrac{\sin^2\beta_1}{\sigma}\left(\dfrac{1}{\mu\nu\phi}(1 - \nu^2) + \cot\beta_1 - \dfrac{1}{\mu\nu}\cot\beta_2 \right) \end{cases} \tag{15.26}$$

312

可以看到,通过在第二方程式中 $U\rightarrow0$ 导致 $\phi\rightarrow\infty$ 来得到式(15.26)中的第一方程式。静子(S)和转子(R)最佳点处的最大速比为

$$\left(\frac{V_{\max}}{V_1}\right)^*_{S,R}=1.2+0.6G_{S,R} \tag{15.27}$$

相应地,通过使用式(15.20)获得非设计工况下的最大速比:

$$\left(\frac{V_{\max}}{V_1}\right)_{S,R}=1.12+0.6G_{S,R}+0.746(\beta_1-\beta_1^*)+6.5(\beta_1-\beta_1^*)^2 \tag{15.28}$$

在式(15.27)和式(15.28)中,用下标 S 和 R 分别表示静子和转子排的各个变量。因此,式(15.4)中定义的 Lieblein 等效扩散因子变为

$$\begin{cases} D_{eq}=\dfrac{V_{\max}}{V_2}=\mu\,\dfrac{\sin\beta_2}{\sin\beta_1}\left(\dfrac{V_{\max}}{V_1}\right) \\[2ex] D_{eq}=\mu\,\dfrac{\sin\beta_2}{\sin\beta_1}\left[1.12+0.6G^*_{C,S,R}+0.764(\beta_1-\beta_1^*)+6.5(\beta_1-\beta_1^*)^2\right] \end{cases}$$

$$\tag{15.29}$$

15.1.4 可压缩性效应

为了考虑压缩性对最大速比和扩散因子的影响,通过引入进口密度 ρ_1 来修改最简单情况下,即线性叶栅情况下的比环量函数:

$$\gamma_{C_c}=\frac{A_c}{\rho_1 V_\infty V_{m1}s}=\frac{\rho_\infty}{\rho_1}(V_{u1}-V_{u2})\frac{1}{V_{m1}} \tag{15.30}$$

第二个下标 c 是指可压缩流。自由流体密度 ρ_∞ 可以用入口密度 ρ_1 和有限增量 $\Delta\rho$ 的形式来表示,即 $\rho_\infty=\rho_1+\Delta\rho$。该假设是对边界层以外的流体可接受的近似,假设边界层以外的流体为势流,有了这个假设,可以应用欧拉方程与声速的结合:

$$VdV=-C^2\frac{d\rho}{\rho} \tag{15.31}$$

式中:C 为声速。

对于微小的变化,流动变量与入口处变量有关:

$$\begin{cases} V=V_1+\Delta V;C=C_1+\Delta C \\ \rho=\rho_1+\Delta\rho;d\rho\approx\Delta\rho \end{cases} \tag{15.32}$$

将上述关系代入式(15.31),并通过差分近似微分,忽略较高阶项。经过一些重新排列,得到密度变化:

$$\frac{\Delta\rho}{\rho_1} = -Ma_1^2\left(\frac{V_2}{V_1}\right)\left(\frac{V_2}{V_1}-1\right) \tag{15.33}$$

将式(15.33)代入到 $\rho_\infty = \rho_1 + \Delta\rho$ 中,有

$$\frac{\rho_\infty}{\rho_1} = \left[1 - Ma_1^2\left(\frac{\sin\beta_1}{\sin\beta_2}\right)\left(\frac{\sin\beta_1}{\sin\beta_2}-1\right)\right] \tag{15.34}$$

将式(15.34)代入式(15.30),得到具有圆柱形流线的线性叶栅和静子排的比环量函数:

$$\gamma_{C_c} = \left[1 - Ma_1^2\left(\frac{\sin\beta_1}{\sin\beta_2}\right)\left(\frac{\sin\beta_1}{\sin\beta_2}-1\right)\right]\left[\cot\beta_1 - \cot\beta_2\right] \tag{15.35}$$

上述括号中的表达式反映了马赫数对比环量函数的影响。考虑到压缩效应并使用与上述相同的推导过程,得到转子的广义环量函数:

$$\gamma_{R_c} = \left[1 - Ma_1^2\left(\frac{1}{\mu}\frac{\sin\beta_1}{\sin\beta_2}\right)\left(\frac{1}{\mu}\frac{\sin\beta_1}{\sin\beta_2}-1\right)\right] \times$$

$$\left[\frac{1}{\mu\nu\phi}(1-\nu^2) + \cot\beta_1 - \frac{1}{\mu\nu}\cot\beta_2\right] \tag{15.36}$$

从式(15.35)和式(15.36),并与式(15.24)和式(15.26)进行比较,可知,可压缩和不可压缩流动的比环量通过密度比和马赫数相互关联。考虑最简单的情况,即式(15.35)描述的线性叶栅,由于压缩过程中 $V_2 < V_1$,式(15.35)括号中表示压缩效应的值总是大于1。对于式(15.35),考虑压缩效应时,静子和转子的环量函数为

$$(G_{C,S,R})_c = \frac{\sin^2\beta_1}{\sigma}(\gamma_{S,R})_c \tag{15.37}$$

对最佳条件使用式(15.37),可压缩流动速比可从以下公式获得:

$$\left(\frac{V_{\max}}{V_1}\right)_{(S,R)_c} = a_1(\beta_1 - \beta_1^*) + a_2(\beta_1 - \beta_1^*)^2 + b_1 + b_2 G_{(S,R)_c}^* \tag{15.38}$$

将式(15.38)代入转子等效扩散因子的关系式中作为一般化情况,得

$$D_{eq} = \left\{a_1(\beta_1 - \beta_1^*) + a_2(\beta_1 - \beta_1^*)^2 + b_1 + b_2\frac{\sin^2\beta_1}{\sigma}\left[\frac{1}{\mu\nu\phi}(1-\nu^2) + \cot\beta_1 - \right.\right.$$

$$\left.\left.\frac{1}{\mu\nu}\cot\beta_2\right] \times \left[1 - \frac{1}{\mu}\frac{\sin\beta_1^*}{\sin\beta_2}Ma_1^2\left(\frac{1}{\mu}\frac{\sin\beta_1^*}{\sin\beta_2}-1\right)\right]\right\}\frac{\sin\beta_2}{\sin\beta_1}\mu \tag{15.39}$$

上述方程中使用的角度对应于图 15.1 和图 15.5 所定义的角度。式(15.38)和式(15.39)表示最大速比和比环量函数之间的直接关系。式(15.39)包括了可压缩效应和实际最佳气流角。文献[28]首先提出的替代扩散因子为

$$D = 1 - \frac{W_2}{W_1} + \frac{1}{\sigma} \frac{r_2 V_{u2} - r_1 V_{u1}}{(r_1 + r_2) W_1} \qquad (15.40)$$

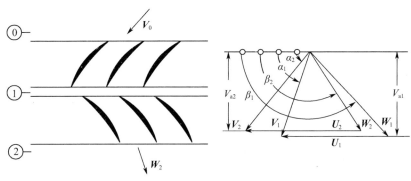

图 15.5 压气机的速度三角形及角度定义

该关系式已被压气机空气动力学研究者所接受并且广泛使用,式中第三项包含了旋转的影响。

使用图 15.5 中的角度定义和先前定义的无量纲参数,式(15.40)的变为

$$D = 1 - \frac{1}{\mu} \frac{\sin\beta_1}{\sin\beta_2} + \frac{v\sin\beta_1}{\sigma(v+1)} \left[\frac{1}{\mu v \phi}(1 - v^2) - \cot\beta_1 + \frac{1}{\mu v}\cot\beta_2 \right] \quad (15.41)$$

这个方程的关键部分是括号中的表达式,与式(15.26)中的比环量函数相同。考虑压缩效应重新整理式(15.41),有

$$D_m = 1 - \frac{1}{\mu} \frac{\sin\beta_1}{\sin\beta_2} + \frac{v\sin\beta_1}{\sigma(v+1)} \left[\frac{1}{\mu v \phi}(1 - v^2) - \cot\beta_1 + \frac{1}{\mu v}\cot\beta_2 \right] \times$$

$$\left[1 - \frac{1}{\mu} \frac{\sin\beta_1}{\sin\beta_2} Ma_1^2 \left(\frac{1}{\mu} \frac{\sin\beta_1}{\sin\beta_2} - 1 \right) \right] \qquad (15.42)$$

上述扩散因子用于建立压气机总压损失的关联式。理论背景和上述的讨论显示了叶型损失与边界层变量之间的直接相关性,特别是边界层动量厚度。NACA 的研究总结报告 NASA SP - 36[6] 在本章给出了简要回顾,表明通过试验测量总压损失可以确定动量厚度。文献[10 - 11,14,29 - 31]提出的进一步研究涉及总压和总压损失系数沿展向分布。对于单级压气机的空气动力学设计,文献[31]使用文献[32]的试验数据,提出了叶型损失参数和扩散因子之间的相关性。文献[31]提出的损失关联式经常用作设计具有文献[30]中描述的相似叶型压气机的指南。虽然试验数据显示出一定的系统性趋势,但并没有尝试发展关联式来系统地描述损失情况。这些因素有助于在现在的分析中考虑上述试验数据。

15.1.5 激波损失

一些研究已经讨论了试验和理论上的激波损失。如前所述,文献[7-9]对跨声速压气机进行了有关激波损失的基础研究。文献[9]使用 Prandtl - Meyer 膨胀考虑了叶栅入口区域的正激波。文献[33-35]通过估计激波位置来计算激波损失。他们提出的方法,特别是文献[33,35]提出的方法已经在压气机设计中得到了应用。与文献[9]类似,文献[33-35]的方法也包括正激波假设。文献[33,35]通过使用连续性和 Prandtl - Meyer 膨胀考虑了吸力表面上的流体加速,而文献[34]完全忽略了膨胀,只应用了连续性要求。现有方法的不足之处可概括为:①无法准确计算激波位置,而准确的激波位置是准确预测激波损失的前提条件。②利用 Prandtl - Meyer 膨胀计算的吸力面上的马赫数不表示沿通道宽方向上的激波马赫数。文献[35]通过建立平均马赫数来部分修正这种不足。③物理过程的描述不完整:Prandtl - Meyer 膨胀结合连续性的要求不足以描述其物理机理。以上缺陷促进产生了以下的新的激波损失模型[36]。对于这种模型的发展,假设通道激波为斜激波,其位置根据工作点而变化,可能包括作为特殊情况的正激波。此外,假设叶片具有足够尖锐的前缘,保证至少在设计点处没有分离的弓形激波。图 15.6 所示为入口气流角为 β_1、几何角为 β_1'(弧形角)和攻角为 i 时的激波情况。使用连续性方程,Prandtl - Meyer 膨胀和动量方程确定激波位置。

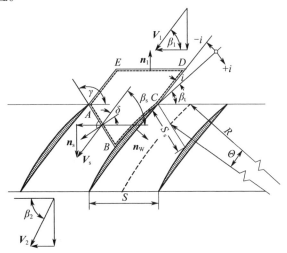

图 15.6 激波位置和角度定义,n_1、n_s、n_w
分别为入口、激波位置及壁面处的单位法向量(来自 Schobeiri[21])

对于图 15.6 中的控制体积,均匀流动的连续性要求为

$$\rho_1 V_1 S_1 \sin\beta_1 = \rho_s V_s S_s \cos\delta \frac{h_s}{h_1} \qquad (15.43)$$

式中:h_1,h_s 为流管在入口处和激波位置的高度。

利用气体动力学关系,式(15.43)写为

$$\frac{h_1}{h_s} \frac{S_1 \sin\beta_1}{S_s \cos\delta} = \frac{\rho_s}{\rho_1} \frac{V_s}{V_1} = \frac{Ma_s}{Ma_1} \left(\frac{1 + \frac{\kappa-1}{2}Ma_1^2}{1 + \frac{\kappa-1}{2}Ma_s^2} \right)^{\frac{1}{2}\frac{\kappa+1}{\kappa-1}} \qquad (15.44)$$

利用几何关系:

$$\delta = \frac{\pi}{2} + \beta_s - \gamma \qquad (15.45)$$

攻角和膨胀角通过以下方式耦合:

$$i = \theta - v_s + v_1 \qquad (15.46)$$

其中 v 通过 Prandtl – Meyer 膨胀确定:

$$v = \left(\frac{k+1}{k-1} \right)^{\frac{1}{2}} \arctan\left[\frac{k-1}{k+1} (Ma^2 - 1) \right]^{\frac{1}{2}} - \arctan(Ma^2 - 1)^{\frac{1}{2}} \qquad (15.47)$$

圆周方向的动量方程为

$$\int_{S_1} V_1 \cos\beta_1 \mathrm{d}\dot{m}_1 - \int_{S_s} V_s \cos\beta_s \mathrm{d}\dot{m}_s - \int_{S_s} P_s \cos(\beta_s - \delta) \mathrm{d}S_s -$$

$$\int_{S_W} P_W \cos\alpha_W \mathrm{d}S_W = 0 \qquad (15.48)$$

式中:S_1 为入口表面;S_s 为用 AB 表示的激波面;S_W 为用 BC 表示的叶片吸力面的一部分;α_W 为单位法向量 $\boldsymbol{n}_W$ 与圆周方向之间的可变夹角(图 15.6)。

如图 15.6 所示,由于叶栅周期性,A 点的压力与 C 点的压力相同。此外,吸力面上的 B 点代表 AB 和 CB 两个距离的公共终点。这意味着沿 AB 和 CB 的压力分布具有完全相同的初值和终值,但是 AB 和 CB 之间的点可能具有不同的分布。假设沿激波前沿 AB 和叶片轮廓部分 CB 的压力积分近似相等,它们在圆周方向上的投影可以相互抵消,从而式(15.48)简化为

$$\frac{V_1}{V_s} = \frac{\cos\beta_s}{\cos\beta_1} = \frac{Ma_1}{Ma_s} \left(\frac{1 + \frac{\kappa-1}{2}Ma_s^2}{1 + \frac{\kappa-1}{2}Ma_1^2} \right)^{\frac{1}{2}} \qquad (15.49)$$

最后,得到一个几何闭合条件,其假设平均流线与半径为 R 的叶片的平均弧线相等,如图 15.7 所示。从图 15.7 可以看出:

$$R[\cos\beta_t - \cos(\beta_t + \theta)] = \frac{S_s}{2}\sin\gamma \tag{15.50}$$

$$R[-\sin\beta_t + \sin(\beta_t + \theta)] = \frac{S_s}{2}\cos\gamma + \frac{S_1}{2} \tag{15.51}$$

激波角为

$$\tan\gamma = \frac{\cos\beta_t - \cos(\beta_t + \theta)}{-\sin\beta_t + \sin(\beta_t + \theta) - \frac{1}{2}\frac{S_1}{R}} \tag{15.52}$$

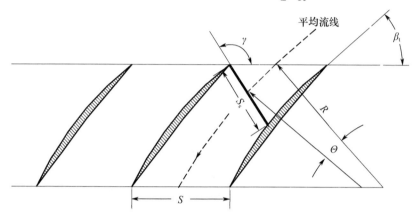

图 15.7   有曲率半径的平均流线介绍

考虑到上述过程,连续性方程为

$$\frac{h_1}{h_s}\frac{\sin(\beta_t + i)\sin\gamma}{2\frac{R}{S_1}[\cos\beta_t - \cos(\beta_t + \theta)]\sin(\gamma - \beta_s)} = \frac{Ma_s}{Ma_1}\left(\frac{1 + \frac{\kappa - 1}{2}Ma_1^2}{1 + \frac{\kappa - 1}{2}Ma_s^2}\right)^{\frac{1}{2}\frac{\kappa+1}{\kappa-1}}$$

$$\tag{15.53}$$

式(15.45)、式(15.46)、式(15.49)和式(15.53)组成一个方程组,可以求解 4 个未知数 δ、β_s、γ 和 Ma_s。激波损失为

$$\zeta_S = \frac{P_b - P_a}{P_b}$$

$$\zeta_S = 1 - \left[\frac{(\kappa + 1)Ma_s^2\cos^2\delta}{2 + (\kappa - 1)Ma_s^2\cos^2\delta}\right]^{\frac{\kappa}{\kappa-1}}\left[1 + \frac{2\kappa}{\kappa + 1}(Ma_s^2\cos^2\delta - 1)\right]^{\frac{-1}{\kappa-1}} \tag{15.54}$$

式中:P_b 和 P_a 代表激波前后的总压。对于 $\beta_t = 30°$,攻角 $i = 0°$,上述方程组用

318

于计算激波马赫数、膨胀角 θ、激波位置 γ、总压比和激波损失。图 15.8 所示为以入口马赫数 Ma_1 为参数的激波马赫数与间隔比 S/R 的函数。该图表明增加间距比会导致激波马赫数持续增加并接近渐近值。这些结果与文献[37]提出的结果相似,其差异是由文献[37]简化假设引起的。如图 15.9 所示,保持入口马赫数恒定,间距比的增加会导致膨胀角 θ 增加。然而,当间隔比 S/R 为常数时,增加入口马赫数将导致膨胀角减小。

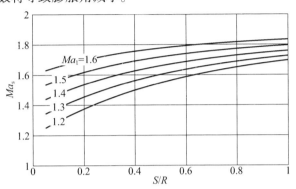

图 15.8　入口马赫数 Ma_1 为参数的激波马赫数与间距比 S/R 的函数, $\beta_t = 30°$,攻角 $i = 0°$

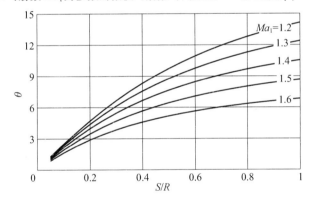

图 15.9　入口马赫数 Ma_1 为参数的膨胀角 θ 与间距比 S/R 的函数, $\beta_2 = 30°$,攻角 $i = 0°$

从文献[7]图表中可以看出同样的趋势。对于入口马赫数 $Ma_1 = 1.2$ 和 $S/R = 0.5$,文献[7]方法给出的膨胀角 $\theta = 8°$,而这里提出的方法计算得到 $\theta = 9.7°$。图 15.10 所示为激波角与间隔比 S/R 的函数关系。该图显示了入口马赫数对激波位置的显著影响。在设计点计算了激波角,它可能会在非设计工况中发生变化。非设计工况对激波角的范围有一定的限制,如图 15.11 所示。以设计点转速线(用表示 ω_a)开始(图 15.11(a)),工作点ⓐ由入口马赫数 Ma_1 给出,该马赫数具有唯一分配的入口气流角 β_1 且满足唯一的激波角准则。增加设计

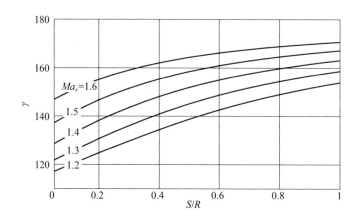

图 15.10　激波马赫数为参数的激波角 γ 与间距比 S/R 的函数

点背压到更高的水平ⓑ导致激波角 γ 增加($\gamma_b > \gamma_a$)。因此,通道激波的终点移向叶栅入口。将背压进一步从ⓑ增加到ⓒ,此时产生正激波且未分离,相应的激波角 γ 为 $\gamma_{lim} = \gamma_{at}$。这个特殊的激波角称为特殊激波角,其对应一个入口气流角,就是经常所指的特殊攻角。如图 15.11(d)所示,增加背压来降低质量流量超过该点,这会导致激波与前缘分离。降低旋转速度改变攻角,并可能导致激波从前缘进一步移动,如图 15.11(d)所示。这些工作点在图 15.11(e)所示的压气机性能图中进行了示意性的绘制。

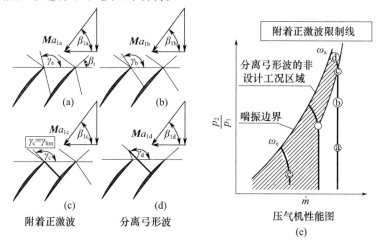

图 15.11　在 4 种不同运行条件下图 15.8 所述的激波角变化对压气机性能的影响

为了建立损失关联式,现有的可用试验数据被重新评估,特别是文献[10,15－16]的试验数据,其使用了具有多圆弧叶型的 4 台单级压气机。可以在他们的报告中看到压气机设备和级的详细说明。数据分析使用以下信息:①展向方向上总压损失与扩展因子的函数;②入口、出口和攻角;③马赫数;④速度;⑤几何尺寸。为了考虑之前讨论的压缩效应,使用前面提到文献[10]报告的信息获得修正扩散因子 D_m。

图 15.12 和图 15.13 显示了结果。从叶顶浸深比 $H_R = (R_t - R)/(R_t - R_h)$ =0 开始,图 15.12(a) 显示了总损失与修正扩散因子的函数。由图可知,叶顶区域的最大总压损失包括激波损失、叶型损失和二次流损失,其中激波损失和二次流动损失为主要损失。从总损失系数中减去激波损失系数,得到包含原发损失和二次流损失系数。将得到的损失系数绘制在图 15.13(b),可以看出其比总压损失系数小约 30%。

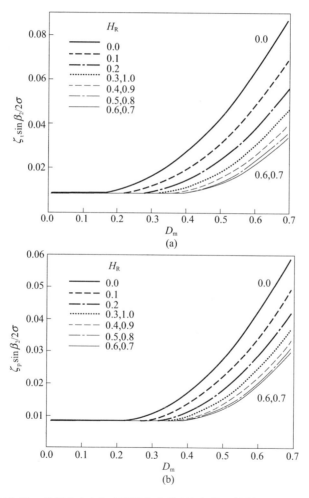

图 15.12 总损失(a)和叶型损失参数(b)与修正扩散因子的函数

图 15.13(a)给出了以浸深比作为参数的激波损失与修正扩散因子的函数。最大的激波损失发生在叶顶区域,该区域相对马赫数高于 1,并沿着轮毂方向减小。在原发损失和二次流动损失之和最小范围为 $H_{Rmin} = 0.5 \sim 0.7$,其中二次流动影响减小,因此压气机设计者能够估计二次流损失。这可以通过从不同的展向位置处的损失分布中减去 H_{Rmin} 处的损失来完成。结果得到的二次流损失包括与壁面边界层发展和间隙涡旋相关的二次流动影响。图 15.13(b)显示了二次损失与修正扩散因子的函数。可以看出以沉浸比为参数的二次流损失与修正扩散因子呈线性关系。由于扩散因子与升力直接相关,因此可以认为二次流损失与升力系数($C_L c/s$)成线性关系,这与文献[38]的测量结果一致,与文献[39]早先提出的包括($C_L c/s$)^{2}项的关联式相反,该关系式已经被许多研究人员采用。

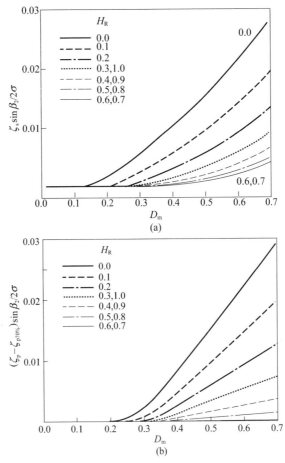

图 15.13   以浸深比为参数的激波损失与随修正扩散因子的函数(a),以浸深比为参数叶型损失和最小叶型损失的差值与修正扩散因子的函数(b)

对于 $H_R = 50\%$、70% 和 90% 具有类似的趋势,其中最小损失发生在 $H_R = 60\% \sim 70\%$ 处。进一步沿轮毂方向移动到 $H_R = 90\%$ 时,较高的摩擦损失和由轮毂上的二次涡流引起的二次流导致总压损失持续增加。图 15.13(a) 中绘制的损失参数的比较表明,叶顶区域($H_R = 10\%$)的总压损失远高于轮毂区域($H_R = 90\%$),因为叶顶处的间隙涡流增强了二次流影响。

15.1.6 边界层动量厚度的关联式

叶型损失系数和边界层动量厚度通过下式相互关联:

$$\zeta_p = \sigma \left(\frac{\delta_2}{c}\right)\left(\frac{\sin\beta_1}{\sin\beta_2}\right)^2 F(H_{12}, H_{32}, \delta_2, \sigma, c) \tag{15.55}$$

式(15.55)中的动量厚度是吸力表面和压力表面动量厚度的投影,即

$$\delta_2 \sin\beta_2 \equiv \delta_{2SP} = \delta_{2S} + \delta_{2P} \tag{15.56}$$

式中:下标 S 和 P 分别指吸力和压力表面;函数 F 为

$$F = \frac{1 + H_{32}}{\left(1 - \frac{\delta_2}{c}\sigma H_{12}\right)^3} \tag{15.57}$$

其中:H_{12},H_{32} 分别为位移和能量形状因子;δ_2 为边界层动量厚度;σ 为稠度;c 作为叶片弦长。在文献[40 – 41]中,函数 F 通常近似为常数 2。对于实际的速度分布,文献[19]表明 F 的值可能与 2 不同。为了更好地估计 F 的值,边界层速度分布由几个简单的函数近似,如线性函数、幂律、正弦函数和指数函数。对结果的仔细分析及与试验结果的比较表明,速度分布近似为幂函数能得到更好的结果。然而,在靠近分离处将速度分布近似为指数函数更精确。使用幂律函数近似,可以得到:

$$H_{32} = \frac{H_{12} + 1}{3H_{12} - 1} \tag{15.58}$$

将式(15.58)代入式(15.57),将结果代入式(15.55),得

$$\zeta_P = \sigma \left(\frac{\delta_2}{c}\right)\left(\frac{\sin\beta_1}{\sin\beta_2}\right)^2 \left[\frac{\dfrac{4H_{12}}{3H_{12} - 1}}{\left(1 - \dfrac{\delta_2}{c}\sigma H_{12}\right)}\right] \tag{15.59}$$

利用式(15.59)和式(15.57),动量厚度由下式确定:

$$\frac{\delta_2}{c} = \frac{\zeta_p \sin\beta_2}{\sigma}\left(\frac{\sin\beta_2}{\sin\beta_1}\right)^2 \frac{1}{F} \tag{15.60}$$

利用如前所述的叶型损失,将以浸深比为参数的动量厚度与修正等效扩散因子的函数关系绘制在图 15.13 中。由于黏度和二次流动的影响,动量厚度在叶顶附近达到最大值。类似于叶型损失,当越来越接近叶片中间部分直到 $H_R = 0.6$ 时,动量厚度越来越小。假设最小值在 $H_R = 0.7$ 处,在该半径处,二次流动影响完全消失,此时动量厚度仅与由叶片表面摩擦产生的损失相对应。当浸深比大于 0.7 时,动量厚度再次开始增加,这表明二次流产生了强烈影响。

15.1.7 不同参数对叶型损失的影响

上述关联式是基于典型高性能压气机的试验结果得出的,该压气机具有特定的流动特性和类似于前述讨论的几何形状叶片。这些关联式可以应用于具有相似几何形状的其他压气机,但要考虑以下各个不同流动条件参数的影响。

1. 马赫数的影响

估计马赫数的影响需要计算临界马赫数。当马赫数在压气机叶栅的局部位置达到 1 时,相应的进口马赫数达到临界马赫数。文献[42]假设在低于临界马赫数时,总压损失和转折角基本上为常数,之后压力损失迅速增加超过该值。利用气体动力学关系,文献[42]通过以下隐式关系确定了当地临界马赫数:

$$\left(\frac{V_{\max}}{V_1}\right)^2 - 1 = \frac{1 - \left(\frac{2}{k+1} + \frac{k-1}{k+1}Ma_{1cr}^2\right)^{\frac{k}{(k-1)}}}{-1 + \left(1 + \frac{k-1}{2}Ma_{1cr}^2\right)^{\frac{k}{(k-1)}}} \tag{15.61}$$

为了直接估计马赫数,文献[43]提出了以下显式关系:

$$Ma_{1cr} = 2.925 - 2.948\left(\frac{V_{\max}}{V_1}\right) + 1.17\left(\frac{V_{\max}}{V_1}\right)^2 - 0.1614\left(\frac{V_{\max}}{V_1}\right)^3 \tag{15.62}$$

如第一部分所示,速度比 $V_{\max}/V_1$ 与环量函数和扩散因子直接相关。利用式(15.7)或式(15.8)的临界马赫数,叶型损失系数可以修正为

$$\zeta_{pcor} = \zeta_p\left[A(Ma_1 - Ma_{1cr}) + 1.0\right] \tag{15.63}$$

其中,$A = 1.8 \sim 2.0$(参见文献[42,43]。对于 DCA 叶型,文献[44]发现式(15.9)低估了修正并建议了以下改进近似方程:

$$\zeta_{pcor} = \zeta_p\left\{14.0\left[Ma_1 - (Ma_{1cr} - 0.4)^3\right] + 1.0\right\} \tag{15.64}$$

2. 雷诺数的影响

这种影响仅在低雷诺数范围内具有实际意义。对于高性能压气机,因其雷诺数非常大,所以改变雷诺数不会影响叶型损失。以下的叶型损失修正公式,建议在 $Re < 2.5 \times 10^5$ 的范围使用:

$$\zeta_{\text{pcor}} = \zeta_{\text{p}} \left(\frac{Re}{Re_{\text{cor}}} \right)^{0.2} \tag{15.65}$$

3. 叶片厚度的影响

为了考虑厚度比 t/c 的影响,可以使用文献[45]的关联式来校正边界层动量厚度:

$$\left(\frac{\delta_2}{c} \right)_{\text{cor}} = \frac{\delta_2}{c} \left(6.6 \frac{t}{c} + 0.34 \right) \tag{15.66}$$

15.2　压气机设计和非设计工况性能

模拟一个压气机动态性能的先决条件是详细了解设计点特性以及整体性能特征。这里讨论 3 个层次的模拟:第一层次是稳态性能图。该图提供了有关压气机设计和非设计工况效率和性能的全局信息。它不包含有关各个级参数的任何详细信息,如级流量、载荷系数、反动度、绝对和相对气流角。但是,这些信息是构建压气机性能图所必需的。通过逐级或逐排压缩计算程序可以生成性能图,压缩过程视为完全绝热,忽略向/从叶片材料的热传递。下面的逐排绝热压缩计算方法为第二层次仿真提供了基础。其后将是第三层次综合动态仿真所必需的非绝热压缩过程。

15.2.1　逐级和逐排绝热压缩过程

本章介绍的逐级和逐排方法用于计算多级压气机内的压缩过程,如图 15.14 所示,该方法同样适用于第 6 章所述的轴流或径流涡轮和压气机。这些方法使用一组无量纲级或排特性参数对压缩或膨胀过程进行一维计算。这些特征参数以及 15.1 节讨论的损失关联式,描述了所考虑的压气机或涡轮部件的设计和非设计工况性能。下面将讨论和评估两种方法。逐级计算方法得出的方程式遵循图 15.14 中的命名。

1. 压缩过程的逐级计算

压气机级的性能完全由级特性参数描述。典型压气机的子午视图、叶片结构、压缩过程图和速度三角形如图 15.14 所示。采用第 5 章中介绍的下面的无量纲变量,并结合逐级排列(图 15.14(a)、(b))、压缩过程图(图 15.14(c))和速度图(图 15.14(d))进行逐级分析。

$$\mu = \frac{V_{\text{m2}}}{V_{\text{m3}}}, v = \frac{U_2}{U_3}, \phi = \frac{V_{\text{m3}}}{U_3}, \lambda = \frac{l_{\text{m}}}{U_3^2}, r = \frac{\Delta h''}{\Delta h'' + \Delta h'} \tag{15.67}$$

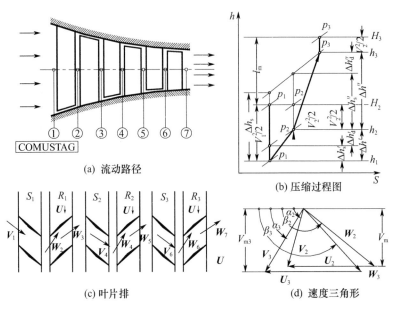

(a) 流动路径

(b) 压缩过程图

(c) 叶片排

(d) 速度三角形

图 15.14　多级压气机的流动路径(a)、压缩过程图(b)、叶片排(c)和速度三角形(d)

如第 4 章所示,将这些无量纲变量代入到质量、动量、动量矩和能量方程中,得出式(15.68)~式(15.71)的关系式:

$$\cot\alpha_2 - \cot\beta_2 = \frac{v}{\mu\phi} \tag{15.68}$$

$$\cot\alpha_3 - \cot\beta_3 = \frac{1}{\phi} \tag{15.69}$$

$$\lambda = \phi(\mu v\cot\alpha_2 - \cot\alpha_3) - 1 \tag{15.70}$$

$$r = \frac{1}{2}\frac{\mu^2\phi^2\cot^2\alpha_2(v^2-1) - 2\mu v\phi\lambda\cot\alpha_2 + \lambda^2 + 2\lambda - \phi(\mu^2-1)}{\lambda} \tag{15.71}$$

使用上述的一组级特征参数并和第 6 章讨论的级损失系数结合可以精确计算压缩过程。但是这个计算过程需要一些假设和迭代。式(15.68)~式(15.71)的 4 个方程式包含 9 个未知数。假设以下变量是已知的:①压气机质量流量;②压气机压比;③叶片的类型,每级的出口气流角 α_2 和 β_3,以及它们在不同反动度时的结构。此外,假设第一级的绝对入口气流角和最后一级的出口气流角为 90°。通过这些假设,在第一次迭代步骤中估计了所有的 9 个级特征参数,第一次迭代通常不提供所需的压缩比和出口焓。迭代过程一直持续到焓和压力收敛为止。这种逐级压缩计算方法能提供准确的结果,但是,它需要一些经验来猜测未知特征参数的初始值。作为替代方案,逐排计算将在以下部分中更详细地讨论。它的计算效率更高,不需要大量的迭代。

2. 逐排绝热压缩

第 4 章中所述的静子排和转子排中的压缩过程如图 15.15 所示,总结如下:

$$
\begin{cases}
\Delta h' = h_1 - h_2 = \dfrac{1}{2}(V_2^2 - V_1^2) \\[2mm]
\Delta h'_s = h_1 - h_{2s} = \dfrac{1}{2}(V_{2s}^2 - V_1^2) \\[2mm]
\Delta h'' = h_2 - h_3 = \dfrac{1}{2}(W_3^2 - W_2^2 + U_2^2 - U_3^2) \\[2mm]
\Delta h''_s = h_2 - h_{3s} = \dfrac{1}{2}(W_{3s}^2 - W_2^2 + U_2^2 - U_3^2)
\end{cases}
\tag{15.72}
$$

图 15.15 给出了式(15.72)中的变量、压气机级静子和转子排的分解图、压缩过程图。在式(15.72)和以下章节中,所有上标"′"和"″"的变量分别表示静子排和转子排。对于静子排,压缩过程图显示了绝热压缩的细节,其中绝对总焓保持不变。下面的转子排及其相应的压缩图显示了相对参考系中能量平衡的细节,其中相对总焓保持不变。

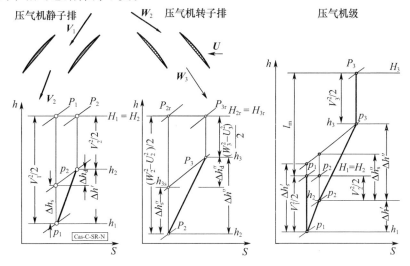

图 15.15　静子、转子、级压缩图

P—总压;p—静压;"′""″"分别标记静子和转子。

整个级的压缩过程图显示了静子排和转子排内能量守恒的复合图。下面分别介绍静子排和转子排的效率的定义式:

$$
\eta' = \frac{\Delta h'_s}{\Delta h'}, \quad \eta'' = \frac{\Delta h''_s}{\Delta h''}
\tag{15.73}
$$

将式(15.73)代入式(15.72),则静子排和转子排的等熵焓差分别为

$$
\begin{cases}
\Delta h'_s = \dfrac{\eta'}{2}(V_2^2 - V_3^2) \\
\Delta h''_s = \dfrac{\eta''}{2}(W_3^2 - V_2^2 + 2V_{u2}U_2 - U_3^2)
\end{cases}
\tag{15.74}
$$

通过将式(15.74)除以级出口处的周向动能获得无量纲等熵焓差的表达式。将无量纲等熵焓差写为式(15.67)中级参数的形式为

$$
\begin{cases}
x' = \dfrac{\Delta h'_s}{U_3^2} = \dfrac{\eta'}{2}\left(\dfrac{\phi^2\mu^2}{\sin^2\alpha_2} - \dfrac{\phi^2}{\sin^2\beta_3} - 2\phi\cot\beta_3 - 1 \right) \\
x'' = \dfrac{\Delta h''_s}{U_3^2} = \dfrac{\eta''}{2}\left(\dfrac{\phi^2}{\sin^2\beta_3} - \dfrac{\mu^2\phi^2}{\sin^2\alpha_2} + 2\phi\mu v\cot\alpha_2 - 1 \right)
\end{cases}
\tag{15.75}
$$

对式(15.75)的进一步分析表明,需要知道全部级参数来确定级的等熵焓差,这与上一节中讨论的逐级过程类似,需要很多次迭代。为了避免多次迭代,将级比多变机械能 l 以及等熵机械能 l_s 细分为 l' 和 l'' 两项,并分配给静子排和转子排,如图 15.15 所示。这个假设并不意味着静子排可以输出轴功率,因为这违反能量平衡。当计算压缩过程时,它仅提供从静子排到转子排的平滑过渡。通过这种假设,得到分配给静子排和转子排的机械能分别为

$$
\begin{cases}
l' = \dfrac{1}{2}V_2^2 - \dfrac{1}{2}W_2^2 \\
l'' = \dfrac{1}{2}(W_3^2 - U_3^2 + U_2^2 - V_3^2)
\end{cases}
\tag{15.76}
$$

类似地发现:

$$
\begin{cases}
l'_s = \dfrac{1}{2}V_{2s}^2 - \dfrac{1}{2}W_2^2 \\
l''_s = \dfrac{1}{2}(W_{3s}^2 - U_3^2 + U_2^2 - V_3^2)
\end{cases}
\tag{15.77}
$$

可知,分配给静子和转子的能量总和为级的比机械能。使用式(15.77)中给出的多变过程的比机械能表达式除以级出口处的周向动能,得到静子和转子排的无量纲多变载荷系数为

$$
\begin{cases}
\lambda' = \dfrac{l'}{U_2^2} = \phi'\cot\alpha_2 - \dfrac{1}{2} \\
\lambda'' = \dfrac{l''}{U_3^2} = -\phi''\cot\beta_3 - 1 + \dfrac{v^2}{2}
\end{cases}
\tag{15.78}
$$

328

式中：$\phi' = V_{\alpha x2}/U_2$，$\phi'' = V_{\alpha x3}/U_3$。

结合式(15.78)与静子排和转子排效率的定义式(15.73)，可以获得以下效率表达式：

$$\begin{cases} \eta' = \dfrac{2l'_s - 2l' + V_2^2 - V_1^2}{V_2^2 - V_1^2} \\[3mm] \eta'' = \dfrac{2l''_s - 2l'' + W_3^2 - W_2^2}{W_3^2 - W_2^2} \end{cases} \qquad (15.79)$$

将等熵排载荷系数 ψ 定义为该级的无量纲比等熵机械能。通过式(15.79)的效率表达式，可以得到静子和转子排的等熵排载荷系数：

$$\psi' = \frac{l'_s}{U_2^2} = \lambda' + \frac{\phi'^2}{2}\left(\frac{1}{\sin^2\alpha_2} - \frac{1}{\mu^2\sin^2\alpha_3}\right)(\eta' - 1) \qquad (15.80)$$

$$\psi'' = \frac{l''_s}{U_3^2} = \lambda'' + \frac{\phi''^2}{2}\left(\frac{1}{\sin^2\beta_3} - \frac{\mu^2}{\sin^2\beta_2}\right)(\eta'' - 1) \qquad (15.81)$$

从 h—s 图上可以得到压缩过程所需的所有信息，并具有足够的精度和可靠性。给定入口处的压力和温度，其他的热力学参数可通过工作介质的物性表来计算，该物性表可以作为计算过程中的子程序来实现。叶片排的流量系数 ϕ'、ϕ'' 由连续性方程计算：

$$\phi = \frac{V_{\alpha x}}{U} = \frac{\dot{m}}{\rho A U} = \frac{\dot{m}}{\rho A \omega R} \qquad (15.82)$$

给定静子和转子叶片的出口气流角 α_2、β_3，并作为描述几何形状和上述流量系数所需的输入数据，可以分别确定静子和转子排的气流角 α_3、β_2：

$$\begin{cases} \beta_2 = \arctan \dfrac{\phi'}{\phi'\cot\alpha_2 - 1} \\[3mm] \alpha_3 = \arctan \dfrac{\phi''}{\phi''\cot\beta_3 + 1} \end{cases} \qquad (15.83)$$

根据第 8 章所述的程序计算攻角和落后角。一旦确定了速度图中涉及的角度后，速度及速度分量便完全已知。叶片排出口处的速度三角形和流动特性可以由速度三角形完全确定。流量系数 ϕ'、ϕ'' 和气流角 α_3、β_2、α_2、β_3 是确定叶片排入口和出口之间的多变和等熵焓差的必需参数。流动所消耗的机械能使得系统的总压升高，由以上所述多变负载系数 λ'、λ'' 和等熵载荷系数 ψ'、ψ'' 来表示。最后，从能量平衡关系出发，级的完整压缩过程由以下方程确定：

$$\begin{cases} h_2 = h_1 - l' - \dfrac{1}{2}(W_2^2 - V_1^2) \\[3mm] h_3 = h_2 - l'' - \dfrac{1}{2}(V_3^2 - W_2^2) \end{cases} \qquad (15.84)$$

329

$$\begin{cases} h_{2s} = h_1 - l'_s - \dfrac{1}{2}(W_2^2 - V_1^2) \\ h_{3s} = h_2 - l''_s - \dfrac{1}{2}(V_3^2 - W_2^2) \end{cases} \tag{15.85}$$

对于所有的压气机级问题,上述过程都很容易重复。但是,应该指出,上述分析完全依赖于确定非设计效率的准确可靠的方法,这也是下一节的主题。

3. 非设计工况的效率计算

非设计工况效率的计算基础是对扩散因子的分析。式(15.44)中的修正扩散因子考虑了压缩性的影响,因此能够处理高可压缩性的流动,如跨声速压气机。为了将扩散因子定义单独应用于静子和转子,根据已知的级和排变量推导出单独的表达式。静子排的表达式为

$$D'_m = 1 - \frac{\sin\alpha_1}{\mu\sin\alpha_2} + \frac{v\sin\alpha_1}{\sigma(v+1)}\left(\cot\alpha_1 - \frac{\cot\alpha_2}{\mu v}\right) \times$$
$$\left[1 - Ma_1^2\left(\frac{\sin\alpha_1}{\mu\sin\alpha_2}\right)\left(\frac{\sin\alpha_1}{\mu\sin\alpha_2} - 1\right)\right] \tag{15.86}$$

对于转子排:

$$D''_m = 1 - \frac{\sin\beta_2}{\mu\sin\beta_3} + \frac{v\sin\beta_2}{\sigma(v+1)}\left(\frac{1-v^2}{\mu v\phi''} - \cot\beta_2 + \frac{\cot\beta_3}{\mu v}\right) \times$$
$$\left[1 - Ma_2^2\left(\frac{\sin\beta_2}{\mu\sin\beta_3}\right)\left(\frac{\sin\beta_2}{\mu\sin\beta_3} - 1\right)\right] \tag{15.87}$$

式(15.86)和式(15.88)中的参数 μ、v 和 σ 属于单独的排参数。使用上述的修正扩散因子,总损失参数可以看作图15.16中以浸深比为参数的修正扩散因子的函数。

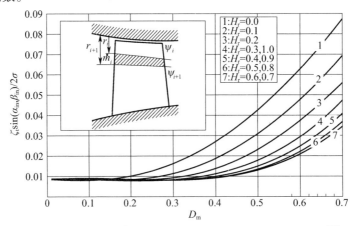

图 15.16　浸深比为参数的总损失参数与修正扩散因子的函数[21]

如图所示,绘制了一组表示叶片总损失参数 $\zeta_{t}\sin(\alpha_{in},\beta_{in})/2\sigma$ 的曲线,α_{in},β_{in} 为静子或转子排的入口气流角,σ 为叶片的稠度。这些曲线以拟合多项式的形式嵌入到计算程序中。最大损失发生在叶顶区域浸深比 $H_{r}=0.0$ 处,此处二次流和叶顶间隙损失占损失的主导地位。这些损失随着浸深比接近叶片中间高度而降低。然而,对于特定的压气机叶片,最低损失位于 $H_{r}=0.6\sim0.7$ 处。接近轮毂处,二次流损失占主导地位导致较高的总损失。应该指出的是,图 15.16 给出的损失参数仅代表某特定压气机的损失情况,其效率和性能已在本节计算给出。如前所述,压气机效率性能图生成需要知道静子排和转子排的单独损失。图 15.16 的损失曲线不对称,因此必须将损失参数以与叶片展向方向分布相适应的方式应用于叶片。为此,将能量平衡应用于叶片,结果如下:

$$\sum_{j=1}^{n}\dot{m}_{j}\left(\frac{\Delta h_{sj}}{\eta_{j}}\right) = \dot{m}\left(\frac{\Delta_{s}}{\eta}\right) \tag{15.88}$$

式中:指标 J 为从叶顶到轮毂的叶片展向位置,其效率是根据第 6 章中引入的排损失系数 Z 来定义的,其中 Z 是 ζ_{t} 的函数,可分别写出针对静子和转子的形式:

$$Z_{t}' = \frac{\zeta_{t}'V_{1}^{2}}{2l'}, Z_{t}'' = \frac{\zeta_{t}''W_{2}^{2}}{2l''} \tag{15.89}$$

利用式(15.89),排效率可以表示为

$$\eta' = 1 - Z_{t}', \eta'' = 1 - Z_{t}'' \tag{15.90}$$

结合总损失定义,式(15.90)可以简化为

$$Z_{t} = \frac{1}{\Delta h_{s}A_{t}}\left(\sum_{j=1}^{n}\Delta h_{sj}A_{j}Z_{j}\right) \tag{15.91}$$

式(15.91)代表沿展向方向损失分布的表达式。

计算效率的另一种方法是使用熵变作为逐排压缩的结果。设计和非设计工况的效率由损失计算的结果确定,这种方法可以减少迭代次数。将式(4.103)应用于静子排,与熵变直接相关的结果为

$$s_{2} - s_{1} = R\ln\left(\frac{p_{01}}{p_{02}}\right) \tag{15.92}$$

其中给定初始熵 s_{1} 和总压 p_{01},通过使用排损失系数来计算排的出口熵。对于静子排,其表示为

$$\zeta' = \frac{p_{01} - p_{02}}{\frac{1}{2}\rho_{1}V_{1}^{2}} = \frac{p_{01}}{\frac{1}{2}\rho_{1}V_{1}^{2}} \cdot \left[1 - \left(\frac{p_{02}}{p_{01}}\right)\right] \tag{15.93}$$

将式(15.93)代入式(15.92),重新整理后得到排出口熵:

$$s_2 = s_1 - R\ln\left[1 - \frac{\zeta'\rho_1 V_1^2}{2p_{01}}\right] \qquad (15.94)$$

其中出口熵和相应的焓及静子排出口热力学条件可以完全确定。考虑到相对参考系用类似的方法处理转子排。得到熵增与相对总压的变化有关,表达式如下:

$$s_3 - s_2 = R\ln\left(\frac{p_{02r}}{p_{03r}}\right) \qquad (15.95)$$

与静子类似,给定初始熵 s_1 和相对总压 p_{01r},通过使用转子排损失系数计算出排出口熵。对于转子排可表示为

$$\zeta' = \frac{p_{02r} - p_{03r}}{\frac{1}{2}\rho_2 W_2^2} = \frac{p_{02r}}{\frac{1}{2}\rho_2 W_2^2} \cdot \left[1 - \left(\frac{p_{03r}}{p_{02r}}\right)\right] \qquad (15.96)$$

将式(15.89)代入式(15.88),得

$$s_3 = s_2 - R\ln\left[1 - \frac{\zeta''\rho_2 W_2^2}{2P_{02rl}}\right] \qquad (15.97)$$

其中出口熵和相应的焓及转子排出口热力学条件可以完全确定。逐排计算持续进行直到整个压气机的压缩过程完成。

15.3   稳态性能图的生成

使用上述逐排计算方法可以精确地计算设计和非设计工况的压缩过程。因此,计算程序可以提供单级轴向、径向和多级轴向压气机的效率和性能图。准确的效率和性能预测的先决条件是了解压气机叶片的损失特性。给定 9 级亚声速轴流压气机的几何形状,通过改变转速和压气机质量流量来进行稳态计算。图 15.17 和图 15.18 显示了 3 级亚声速压气机在其设计和非设计工况点的性能和效率特性。旋转速度以设计角速度无量纲化。图 15.17 显示了压气机压比与无量纲质量流量比的变化。从设计转速比 $\omega/\omega_D = 1.1$ 开始,首先减少质量流量。

这反过来改变了级的速度三角形和叶片的攻角,导致较高的流动偏转、较大的级载荷系数和更高的压比。质量流量减少可以由某些特定情况引起,如关闭压缩系统的阀门或增加燃气轮机系统的压气机的背压。对于恒定速度下的质量流量进一步减小的情况,其入口攻角的增加将导致流动部分或全部分离,导致压气机喘振。另一方面,如果在恒定的转速下减小压气机背压,其攻角呈现负值将

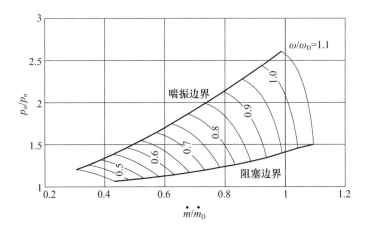

图 15.17　压气机相对角速度为参数的压比与相对质量流量的函数

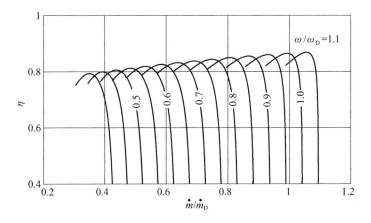

图 15.18　相对角速度为参数的效率与相对质量流量的函数

导致轴向速度分量增加。进一步降低背压将导致其速度可能接近声速。在这种情况下压气机处于阻塞状态。因此,压气机的运行范围受到图 15.17 和图 15.19 中绘制的喘振边界和阻塞边界的限制。

15.3.1　旋转失速的开始

性能图的详细情况如图 15.20 所示。在通过设计点 D 后进一步降低压气机质量流量,压比会首先达到最大值然后持续减小。再进一步减少质量流量可能会触发一系列情况,如图 15.20 所示。首先,如图 15.20(a)所示,在一些叶片上可能开始发生边界层分离。此时这些叶片流道被低能量的失速单元占据,其余的叶片在正常流动条件下工作,但是攻角不同,如图 15.20(b)所示。由于失

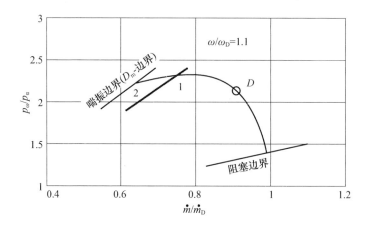

图 15.19　喘振边界和阻塞边界的构建,D 点是指设计点,点 2 对应于
最大扩散因子、1 - 2 是由压气机设计者设定的喘振裕度

速单元阻塞了一部分横截面积,因此质量流在圆周方向上开始重新分布,导致攻角也重新分布。基于分离程度,失速单元可能部分地占据叶顶和轮毂区域,或者占据从轮毂到叶顶的整个叶片通道,如图 15.20(c)所示。

　　如果这些失速单元位于转子叶片内,则它们以相应的频率旋转,导致压气机在失速模式下运行。该工作模式的特征在于质量流量的暂时波动。进一步降低质量流量可能导致压气机的完全工作故障,这种现象称为压气机喘振。在这种情况下,压气机质量流量周期性地在正和负之间振荡。压气机与燃烧室连接,压气机喘振可能吸入热气并将其以逆流方向喷出。为了防止压气机进入喘振工作状态,压气机设计师在性能图上设置喘振边界限制。这个限制可以通过试验确定或经验估计(通过设定一定的流动偏移极限,扩散因子极限,甚至边界层分离标准)。对于图 15.19 所示的性能图,将扩散因子设置为 $D_m = 0.65$ 作为旋转失速开始的极限值。在图 15.20 中,喘振极限与压力曲线在点 2 相交。压气机空气动力学研究人员希望具有一定的裕度再到这个极限,并可能构成第二喘振极限。如图 15.19 所示,其中扩散因子极限设置在 $D_m = 0.45$ 处(用点 1 表示)。

15.3.2　旋转失速到喘振的恶化

　　图 15.21 所示为对喘振过程进行的图解说明,其中轴流压气机与储气罐相连接。压气机由一个以恒定频率工作的电动机驱动。在时间 $t = 0$ 时,假设储气罐完全是空的,压气机开始对储气罐进行加压,如图 15.21(a)所示。加压过程持续到储气罐压力等于压气机出口设计压力为止。进一步的加压会使叶片攻角大于设计攻角,从而导致压气机级流动偏转的不利增加。因此,压气机出口压力

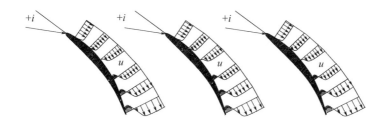

(a) 由于正攻角的增加，开始失速的单元和边界层分离

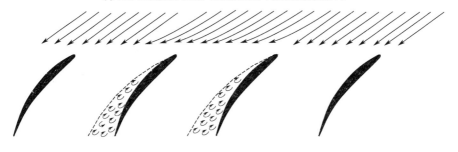

(b) 失速单元的表现形式和由失速单元引起的速度方向偏转

(c) 失速单元到喘振的发展

图 15.20 旋转失速和喘振的开始

和存储压力将升高,会首先引起旋转失速,然后是图 15.21(b)所示逆流方向的稳定喘振。

喘振过程的细节由图 15.22(a)中压力性能曲线、喘振和阻塞边界定性地显示。从设计点下方的任意点 D 开始,压气机从环境中连续吸入空气并将其泵入储存器中以提高储存压力,使储存压力接近设计点的压力 DP。在此过程中,叶片边界层完全附着,如图 15.22(b)所示,压气机以正常压缩模式运行。当超过设计点并接近喘振极限点 A 时,一些叶片会发生旋转失速,叶片吸力面会产生部分分离,如图 15.22(c)所示。随着压气机持续工作,流动偏转增大,发生旋转失速的叶片数量增加,储存压力超过压气机喘振极限。此时,会产生反向流动,质量流量从正向变为负值导致存储罐压力降低。压气机叶片受到反向流动的影响变为能量消散器,其定性特性如图 15.22(a)中的曲线 BC 所示。一旦存储罐

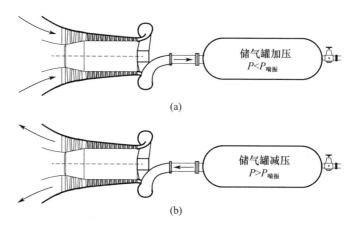

图 15.21　压气机喘振现象的解释

的压力降低到压气机设计点压力 DP 以下(例如 D 点压力),则压气机恢复正常运行。如果压缩过程以相同的转速持续,则喘振过程将由于自身重复导致滞后模式。这种非线性动态运行导致叶片遭受严重的周期性力,如果不立即采取行动,则可能导致压气机级叶片的完全破坏。

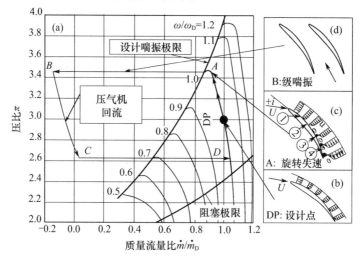

图 15.22　压气机的动态运行

15.4　压气机分层次建模

本节介绍了 3 个层次的压气机建模:第一层次使用稳定性能图;第二层次利

用逐排绝热压缩过程;第三层次采用非绝热逐排计算方法。第一层次展现了动态运行条件下压缩系统的全局性能;第二层次提供了任意动态运行条件下绝热压缩过程的详细计算;除了第二层次提供的信息外,第三层次还提供了有关叶片温度和热传递对工作范围影响的详细信息,包括性能、喘振和阻塞极限。

15.4.1 第一层次模块:使用性能图

前面生成的效率和性能图可以用于压气机的第一层次模拟。这种仿真层次显然不能提供关于压气机级内的动态工作的细节,但是它能够在动态工作期间全局地反映压气机的状态。全局压气机模块通过一组代数方程建立数学建模,它从入口腔室接收动态信息,执行非设计计算,并将结果传递到出口腔室。这种布置允许压气机组件的准动态模拟。代数方程组确定非设计工况的质量流量 $\dot{m}$、总温 T_o、耗功 P_C、效率和体积流量 $\dot{V}$ 与效率、压比、进口温度和角速度 ω 的函数,如下:

$$\begin{cases} P_C = \dot{m}\bar{c}_p(T_{oO} - T_{oI}) \\ T_{oD} = T_{oD}(\pi, \eta, T_{oI}, \omega) \\ \dot{m} = \dot{m}(\pi, \eta, T_{oI}, \omega) \\ \dot{V} = \dot{V}(\pi, T_{oI}, \omega) \\ P_C = P_C(\pi, \eta, T_{oI}, \omega) \end{cases} \quad (15.98)$$

为了考虑温度对性能图所得性能图的影响,引入了无量纲相对体积流量 $\dot{V}_R$

$$\frac{\partial P}{\partial t} = \frac{kR}{V}\left[\sum_{i=1}^n \dot{m}_{I_i}\frac{c_{pIi}}{c_p}T_{0I_i} - \sum_{j=1}^n \dot{m}_{o_j}T_0\right] \quad (15.99)$$

相对转速:

$$\omega_R = \frac{\omega}{\omega_D}\sqrt{\frac{T_D}{T}} \quad (15.100)$$

相对压比:

$$\pi_R = \frac{\pi}{\pi_D} - 1 \quad (15.101)$$

式中:下标 R, D 分别表示相对和设计点值。

通过将上述无量纲参数引入式(15.98),得到效率和体积流量的两个函数关系为

$$\eta = \eta(\pi_R, \omega_R) \quad (15.102)$$

$$\dot{V}_R = \dot{V}_R(\pi_R, \omega_R) \quad (15.103)$$

337

从式(15.102)和式(15.103)可以看出,参数数量减少了一个,因此可以用关于 π_R 和 ω_R 的简单二维多项式来代替,如下所示:

$$\dot{V}_R = \Pi_R \cdot A \cdot \Omega = \Pi_i A_{ij} \Omega_j \quad (15.104)$$

$$\eta = \Pi_R \cdot C \cdot \Omega = \Pi_i C_{ij} \Omega_j \quad (15.105)$$

式中: $\Pi_i = \pi_R^{i-1}$, $\Omega_j = \omega_R^{j-1}$。矩阵 $(A) = A_{ij}$, $(C) = C_{ij}$, 分别表示描述体积流量和效率的二维多项式系数,是给定压比和角速度的函数。考虑到无量纲式(15.103)~式(15.105),矩阵 A 和 C 的第一个元素由性能图确定,$A_{11} = \dot{V}_{RD}$,$C_{11} = \eta_D$。展开式(15.104)和式(15.105),得到相对体积流量 $\dot{V}_R$ 为

$$\begin{aligned}
\dot{V}_R = \Pi_1 A_{11} \Omega_1 + \Pi_1 A_{12} \Omega_2 + \cdots + \Pi_1 A_{1n} \Omega_n + \\
\Pi_2 A_{21} \Omega_1 + \Pi_2 A_{22} \Omega_2 + \cdots + \Pi_2 A_{2n} \Omega_n + \\
\Pi_m A_{m1} \Omega_1 + \Pi_m A_{m2} \Omega_m + \cdots + \Pi_m A_{mn} \Omega_n
\end{aligned} \quad (15.106)$$

效率为

$$\begin{aligned}
\eta = \Pi_1 C_{11} \Omega_1 + \Pi_1 C_{12} \Omega_2 + \cdots + \Pi_1 C_{1n} \Omega_n + \\
\Pi_2 C_{21} \Omega_1 + \Pi_2 C_{22} \Omega_2 + \cdots + \Pi_2 C_{2n} \Omega_n + \\
\Pi_m A_{m1} \Omega_1 + \Pi_m C_{m2} \Omega_m + \cdots + \Pi_m C_{mn} \Omega_n
\end{aligned} \quad (15.107)$$

各个元素为

$$\Pi_1 = \pi_R, \Pi_2 = \pi_R^1, \Pi_3 = \pi_R^2, \Pi_i = \pi_R^{i-1}$$
$$\Omega_1 = \omega_R, \Omega_2 = \omega_R^1, \Omega_3 = \omega_R^2, \Omega_j = \omega_R^{j-1} \quad (15.108)$$

利用式(15.106)~式(15.108),得到非设计工况的质量流量为

$$\dot{m} = \rho \dot{V} \quad (15.109)$$

出口总温为

$$T_{oO} = T_{oI} \pi^{\frac{\kappa-1}{\kappa}} \frac{1}{\eta} \quad (15.110)$$

耗功 P_C 为

$$P_C = \dot{m} \bar{c}_p (T_{oO} - T_{oI}) \quad (15.111)$$

式中: $\dot{V}$ 为体积流量; T_{oI} 为入口滞止温度; T_{oO} 为出口滞止温度; $\bar{c}_p$ 为平均定压比热容; η 为压气机效率。

1. 使用性能图的准动态建模

压气机组件使用稳态性能图进行准动态建模,如图15.23所示,压气机在两个腔室之间运行。对于具有多达3级的压气机,单个性能图足以计算压气机的

全局瞬态性能。但是,如果压气机为3级以上,则可能需要2个或多个性能图来获得足够精确的压气机瞬态特性。稳态性能图显然无法处理瞬态工作。但是,如果压气机在两个腔室之间运行,且腔室能为稳态性能图提供连续的非稳态数据,则稳态性能图可以提供合理的动态结果。入口腔室将与时间相关的压力和温度传递到全局性能图,该图可计算压气机性能并将信息传输到出口腔室。为此,使用以下微分和代数方程组:入口和出口腔室由式(12.9)和(12.11)描述。为了完整起见,这些方程式如下:

$$\frac{\partial T_0}{\partial t} = \frac{1}{\rho V}\Big[\sum_{i=1}^{n} \dot{m}_{I_i}\Big(k\,\frac{c_{pli}}{c_p}T_{0_{I_i}} - T_0\Big) - (\kappa - 1)\sum_{j=1}^{m} \dot{m}_{o_j}T_0\Big] \qquad (15.112)$$

$$\frac{\partial P}{\partial t} = \frac{\kappa R}{V}\Big[\sum_{i=1}^{n} \dot{m}_{I_i}\,\frac{c_{pli}}{c_p}T_{0_{I_i}} - \sum_{j=1}^{m} \dot{m}_{o_j}T_0\Big] \qquad (15.113)$$

其中,式(15.112)、式(15.113)和性能图由式(15.106)、式(15.107)、式(15.109)、式(15.110)和式(15.111)描述,现在可以对压气机组件进行准动态模拟。

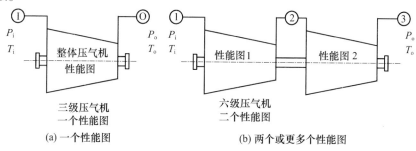

图15.23　多级压气机的动态性能模拟

2. 模拟示例

作为示例,定量研究3级压气机的全局动态性能。如图15.24所示,压气机以恒定的转速运行,并与类似于图15.21所示的大型储气设备连接,该设备不断地向储气室泵入空气。

如图15.24所示,该系统包括一个电动机驱动一个性能,如图15.17和图15.18所示的3级压气机,一个管道连接压气机出口和储气室。吸入常温常压空气的过程在腔室1中模拟。腔室3代表储气室。

从一个大气压的绝对储存压力开始,泵入空气使压力升高。当压力接近图15.25中的喘振极限A点时,压气机运行立刻发生故障,引起相反方向的流动(B点)。

此时,压气机具有能量消散器的功能,其特性曲线为图15.25中的BC曲

339

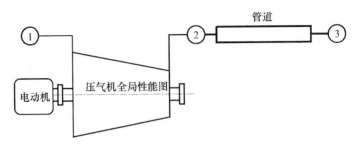

图 15.24　使用压气机性能图的仿真示意图

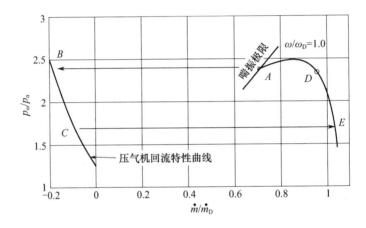

图 15.25　性能图中的压缩、喘振和回流

线。空气储存系统的压力开始快速降低到压气机设计点 D 以下的 C 点。这种减压使压气机返回其正常压缩模式。质量流量流向右侧,经过设计点 D,达到喘振极限并重复喘振循环,同时电动机继续驱动压气机。应该指出的是,压气机回流特性曲线不是可以被准确预测性能图的一部分。这仅仅是一个近似,假设压气机通道为带有叶片的环形管路,其处在具有反向流动的流体中。叶片用于消散旋转轴的机械能(没有被转化为势能)。图 15.26 反映了喘振循环的细节,包括从 A 到 B 的排气以及从 B 到 E 的填充过程。

15.4.2　第二层次模块:逐排绝热计算程序

该压气机模块提供了动态运行期间的压气机性能的详细信息。可以使用两种方法来描述该模块:第一种方法利用时间相关的守恒定律,即在第 14 章中推导的连续性方程、动量和能量方程式(14.26)、式(14.33)和式(14.51)。对于绝热级的压缩计算,式(14.51)化简为

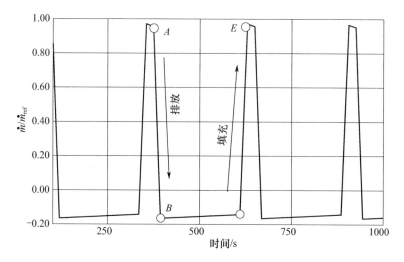

图 15.26 喘振循环的定量细节

$$\frac{\partial H}{\partial t} = -\kappa_k \frac{\dot{m}_k}{\rho_k S_k}\left(\frac{H_{i+1}-H_i}{\Delta x}\right) + \frac{\kappa_k}{\rho_k}\left(\frac{\dot{L}}{\Delta V}\right) -$$

$$\left(\frac{\kappa-1}{\rho_k}\right)_k\left[\left(\frac{H_k+K_k}{\Delta x}\right)\left(\frac{\dot{m}_{i+1}}{S_{i+1}}-\frac{\dot{m}_i}{S_i}\right) + \frac{\dot{m}_k}{\rho_k S_k^2}\frac{\partial \dot{m}_{i+1}}{\partial t}\right] \quad (15.114)$$

式(15.114)中的级功率 $\dot{L}$ 与级的比机械能 $\dot{L}=\dot{m}l_m$ 和 $l_m=\lambda U_3^2$ 直接相关。对于逐排动态计算,式(15.114)可以使用第 15.2.1 节中讨论的排参数进行分解。此方法允许对排性能进行详细的动态计算。第二种方法基于 15.2.1 节中概述的逐排绝热计算,利用腔室对式(15.112)和式(15.113)进行动态耦合。两级压气机的 3 种可选耦合结构如图 15.27 所示。在图(a)中,每一排都有一个入口和一个出口腔室,而在图(b)中,每一级都由一个出口和一个入口腔室包围。在图(c)中,整个压气机置于入口和出口腔室之间。这种结构为小型压气机提供了满意的结果,如图 15.27 所示的直升机燃气轮机。为了准确地考虑多级压气机的体积动态变化,将压气机分解成几个级组是更合适的,其中每个组可以包括两到三级,具有图(b)的结构。

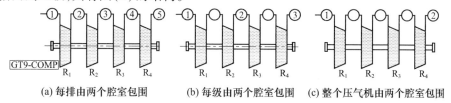

(a) 每排由两个腔室包围　　(b) 每级由两个腔室包围　　(c) 整个压气机由两个腔室包围

图 15.27　逐排腔室结构

图 15.28 所示为 6 级压气机分解为 2 个 3 级组,每组由 2 个腔室包围。

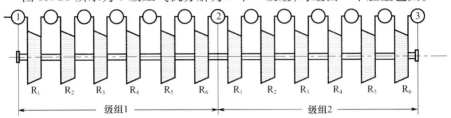

图 15.28 6 级压气机分解为 2 个 3 级组,每组由 2 个腔室包围

15.4.3 可调静子叶片主动防喘

逐排计算程序不仅提供各排和整个压气机压缩过程的详细信息,而且可以通过调节静子排的安装角来主动控制压气机的不稳定性和喘振,这可能是最有效的主动空气动力学控制方法。具有可调静叶片排的多级压气机的结构如图 15.29 所示,根据由多重变量控制系统控制的 γ 方案可以改变每个静子排的安装角 γ_{Si},出口压力为其输入变量之一。调节静叶对级速度三角形所产生的影响如图 15.30(a)的所示。该图显示了与压气机压比增加相关的不利运行条件下,静子排在其设计安装角位置的速度三角形。这个由偏转角 θ 建立的压比可能引起静子和转子叶片上的边界层分离,从而导致旋转失速和喘振。为了防止这种情况,调整安装角 γ,使 θ 减小,如图 15.30(b)所示。

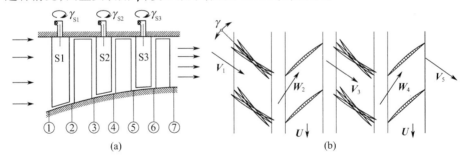

图 15.29 (a)具有可调静子叶片的多级压气机以及(b)安装角调整

15.4.4 第三个层次模块:逐排非绝热压缩

在启动、关机、变负载或任何其他瞬态工作期间,压气机叶片、轮毂、机匣、轮盘和压气机工作介质之间存在温差。该温差导致从工作介质到叶片的热传递,反之亦然。对于工业中使用的高压压气机组,工作介质离开中压压气机后通过中冷器,所以在进入高压压气机之前其温度大大降低。此外,未来一代高性能燃

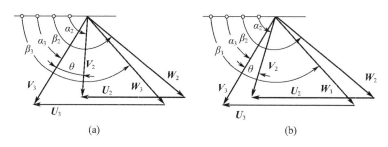

(a)   (b)

图 15.30 （a）不利动态运行产生的流动偏角 θ 增加时的速度三角形以及（b）
调节静子叶片导致流动偏转减小,从而防止旋转失速和喘振

气涡轮发动机的发展趋势是具有更高的压比,这导致更高的温度,因此需要冷却后面级。在这种情况下,压缩过程不再是绝热的,它被称为非绝热压缩。图 15.31 所示为非绝热压气机级在瞬态工作期间相应的瞬时速度图,其中较高温度工作介质的热量传递给静子和转子叶片,因此叶片温度升高。添加到级的总热量是传递到静子和转子热量的总和。当压气机需要提高压比时,热量从工作介质传递到压气机结构,如叶片、轮毂和机匣。当压气机停机时会发生叶片的排热。本节中描述的传热过程自动捕获两个方向的传热。

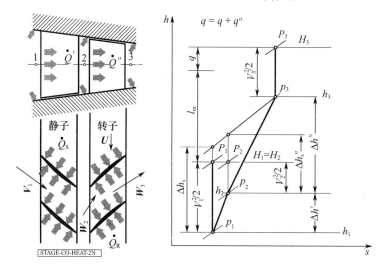

图 15.31 非绝热压缩过程及 $h-s$ 图

1. 非绝热压气机模块的描述

该压气机模块提供关于瞬态工作期间压气机的详细信息,瞬态工作引起叶片热量的传递。与 15.4.2 节讨论的绝热情况类似。描述该模块方法如下:将时间相关的守恒定律应用于第 11 章中导出的连续性方程,动量和能量方程式

343

(11.26)、式(11.33)和式(11.51)。对于非绝热级压缩计算,式(11.51)为

$$\frac{\partial H}{\partial t} = -\kappa_k \frac{\dot{m}_k}{\rho_k S_k}\left(\frac{H_{i+1}-H_i}{\Delta x}\right) - \left(\frac{k-1}{\rho k}\right)_k \times$$

$$\left[\left(\frac{H_k+K_k}{\Delta x}\right)\left(\frac{\dot{m}_{i+1}}{S_{i+1}}-\frac{\dot{m}_i}{S_i}\right) + \frac{\dot{m}_k}{\rho_k S_k^2}\frac{\partial \dot{m}_{i+1}}{\partial t}\right] + \kappa_k\left(\frac{\dot{Q}+\dot{L}}{\Delta V}\right) \quad (15.115)$$

式(15.115)中的级功率 $\dot{L}$ 与级的比机械能 $\dot{L}=\dot{m}l_m(l_m=\lambda U_3^2)$ 直接相关。传递到叶片上的热量为 $\dot{Q}=\dot{m}q$,q 为添加到或排放到级的比热容(kJ/kg)。根据第4章的符号规定,对于压气机,功率输入 $\dot{L}$ 默认为正。然而,基于以下瞬态工作的讨论,$\dot{Q}$ 的符号可能为正也可能为负。对于具有恒定质量流量的稳态情况,式(15.115)满足能量守恒 $q+l_m=H_3-H_1$。因此,能量方程改写为

$$\frac{\partial H}{\partial t} = -\kappa_k \frac{\dot{m}_k}{\rho_k}\left(\frac{H_{i+1}-H_i}{\Delta V}\right) - \frac{\kappa_k \dot{m}_k}{\rho_k}\left(\frac{q+l_m}{\Delta V}\right) -$$

$$\left(\frac{\kappa-1}{\rho_k}\right)_k\left[\left(\frac{H_k+K_k}{\Delta x}\right)\left(\frac{\dot{m}_{i+1}}{S_{i+1}}-\frac{\dot{m}_i}{S_i}\right) + \frac{\dot{m}_k}{\rho_k S_k^2}\frac{\partial \dot{m}_{i+1}}{\partial t}\right] \quad (15.116)$$

式(15.116)结合连续性方程、动量方程,以及关于传热系数的附加信息,描述了非绝热压气机级的动态特性。对于逐排分析,它可以分解为分别描述各个静子排和转子排的两个方程。对于静子排 $q_S=q'$,发现:

$$\frac{\partial c_{pi+1}T_{0_{i+1}}}{\partial t} = -\kappa_k \frac{\dot{m}_k}{\rho_k}\left(\frac{c_{pi+1}T_{0_{i+1}}-c_{pi+1}T_{0_i}}{\Delta V}\right) + \frac{\kappa_k \dot{m}_k}{\rho_k}\left(\frac{q'}{\Delta V}\right) -$$

$$\left(\frac{k+1}{\rho_k}\right)_k\left[\left(\frac{c_{pk}T_{0_k}+K_k}{\Delta x}\right)\left(\frac{\dot{m}_{i+1}}{S_{i+1}}-\frac{\dot{m}_i}{S_i}\right) + \frac{\dot{m}_k}{\rho_k S_k^2}\frac{\partial \dot{m}_{i+1}}{\partial t}\right]$$

$$(15.117)$$

对于转子排,因为 $l_R=l_m$,$q_R=q''$,发现:

$$\frac{\partial c_{pi+1}T_{0_{i+1}}}{\partial t} = -\kappa_k \frac{\dot{m}_k}{\rho_k}\left(\frac{c_{pi+1}T_{0_{i+1}}-c_{pi+1}T_{0_i}}{\Delta V}\right) + \frac{\kappa_k \dot{m}_k}{\rho_k}\left(\frac{q''+l_m}{\Delta V}\right) -$$

$$\left(\frac{\kappa-1}{\rho_k}\right)_k\left[\left(\frac{c_{pk}T_{0_k}+K_k}{\Delta x}\right)\left(\frac{\dot{m}_{i+1}}{S_{i+1}}-\frac{\dot{m}_i}{S_i}\right) + \frac{\dot{m}_k}{\rho_k S_k^2}\frac{\partial \dot{m}_{i+1}}{\partial t}\right]$$

$$(15.118)$$

式中:l_m 为级的比机械能。

为了完整描述静子排和转子排的非绝热压缩过程,将传热方程以及叶片材料温度方程加到式(15.117)、式(15.118)、式(11.26)和式(12.33)中。式

344

（15.117）和式（15.118）中括号中的项是二阶的,因此可以忽略不计。结果获得了适用于静子的方程:

$$
\frac{\partial c_{pi+1} T_{0_{i+1}}}{\partial t} = -\frac{\kappa_k}{\rho_k \Delta V}(\dot{m}_k c_{pi+1} T_{0_{i+1}} - \dot{m}_k c_{pi} T_{0_i} + \dot{Q}'') -
$$
$$
\left(\frac{\kappa-1}{\rho_k}\right)_k \frac{\dot{m}_k}{\rho_k S_k^2} \frac{\partial \dot{m}_{i+1}}{\partial t} \tag{15.119}
$$

以及适用于转子排的方程:

$$
\frac{\partial c_{pi+1} T_{0_{i+1}}}{\partial t} = -\frac{\kappa_k}{\rho_k \Delta V}(\dot{m}_k c_{pi+1} T_{0_{i+1}} - \dot{m}_k c_{pi} T_{0_i} + \dot{L} + \dot{Q}'') -
$$
$$
\left(\frac{\kappa-1}{\rho_k}\right)_k \frac{\dot{m}_k}{\rho_k S_k^2} \frac{\partial \dot{m}_{i+1}}{\partial t} \tag{15.120}
$$

式中:ΔV 为工作介质占用的叶片排空间的净容积。

在式（15.119）和式（15.120）中,从工作介质中加入或排出的热量被传递到静子和转子叶片。热传递方面的内容将在后续章节中介绍。

2. 传热封闭方程

以静子叶片为例,传热机理的细节如图15.32所示。在发电燃气涡轮发动机的冷启动或飞机发动机的加速阶段,工作介质的温度迅速达到其多变压缩温度,但叶片材料温度滞后,如图15.32（a）所示。温差 $\Delta \bar{T} = \bar{T}_{gas} - \bar{T}_{wall}$ 导致热量 $\dot{Q}$ 从工作介质（空气）传到叶片材料。在减速和关机过程中,如图15.32（b）所示,热量从叶片传递到工作介质。为了完整起见,可以假设压气机叶片采用内部冷却。对于一般的燃气涡轮发动机而言,这个假设在压气机开发的阶段仅仅是假想的,其实现需要远高于当前燃气涡轮发动机中存在的压比。对于如第16章中讨论的具有连续燃烧的下一代高性能燃气轮机,为保证燃气轮机过程的安全性,需要对压比40以上压气机叶片进行冷却。在这种情况下,压气机工作介质将一定量的热能流或热流 $\dot{Q}$ 传递给压气机叶片。

为了保持期望的叶片温度,通过叶片内部通道的冷却质量流必须从叶片中带走热流。在热侧和冷侧传递的热能流为

$$
\begin{cases} \dot{Q}_h = \bar{\alpha}_h A_h (\bar{T}_h - \bar{T}_W) \\ \dot{Q}_c = \bar{\alpha}_c A_c (\bar{T}_W - \bar{T}_c) \end{cases} \tag{15.121}
$$

式中:$\bar{\alpha}_h, \bar{\alpha}_c$ 为叶片外部热侧和内部冷却通道的平均传热系数;$\bar{T}_c, \bar{T}_h, \bar{T}_W$ 分别为冷却流的平均温度、压气机工作介质温度和壁面温度;A_h, A_c 分别为叶片热侧和冷侧的接触面积。

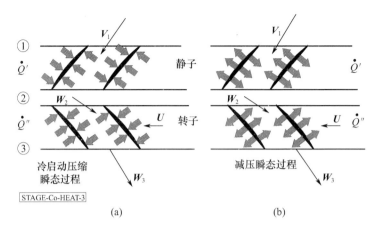

图 15.32 （a）从热的压气机工作介质到冷压气机叶片的
热传递以及（b）从热叶片到压气机工作介质的热传递

冷侧和热侧的耦合条件由材料温度微分方程提供：

$$\frac{\mathrm{d}T_{\mathrm{W}}}{\mathrm{d}t} = \frac{1}{\rho_{\mathrm{W}}c_{\mathrm{W}}\Delta V_{\mathrm{W}}}(\dot{Q}_{\mathrm{c}} + \dot{Q}_{\mathrm{h}}) \tag{15.122}$$

式（15.122）中的热流 $\dot{Q}_{\mathrm{h}}$ 可以为正值或负值，而 $\dot{Q}_{\mathrm{c}}$ 总是为负值，因为热量是被排出的。对于没有冷却的情况 $\dot{Q}_{\mathrm{c}}$ 为零。在动态温度平衡的情况下，叶片温度变化接近零，式（15.122）简化为

$$\dot{Q}_{\mathrm{c}} + \dot{Q}_{\mathrm{h}} = 0 \tag{15.123}$$

为了计算 $\dot{Q}_{\mathrm{h}}$ 和 $\dot{Q}_{\mathrm{c}}$ 并代入式（15.122），使用量纲分析的努塞尔数关联式的结果：

$$Nu = \frac{\bar{\alpha}c}{k} = f(Re, Pr, Ti, Sr, R, Ar) \tag{15.124}$$

式中：$\bar{\alpha}$ 为平均传热系数；c 为叶片弦长；k 为热导率。

影响压气机或涡轮叶片传热的主要参数是雷诺数 Re、普朗特数 Pr、湍流强度 Ti、斯特劳哈尔数 Sr、表面粗糙度 R 和加速比 Ar：

$$Re = \frac{V_{\infty}c}{v}, Pr = \frac{c_p \mu}{k}, Ti = \frac{\sqrt{v^2}}{V_{\infty}}, Sr = \frac{f_{\mathrm{w}}c}{V_{\infty}}, R = \frac{h_{\mathrm{R}}}{c}, Ar = \frac{V_2}{V_1} \tag{15.125}$$

式（15.125）中的无量纲参数包含一组与传热计算相关的流动变量和几何参数。除了 Re 数和 Pr 数，湍流强度是强化传热的主要参数，其大小等于脉动速度除以叶片平均速度 V_{∞}。同样，斯特劳哈尔数包含尾迹通过频率，叶片弦长和

叶片平均速度起着相似的作用。尽管有大量的出版物涉及叶轮机械的传热问题,但是没有发现包含上述所有参数的关联式。简单的关联式如下:

$$Nu = \frac{\bar{\alpha}c}{k} = C_1 Re^m Pr^n \qquad (15.126)$$

式(15.126)中的系数 C_1 以及指数 m 和 n 取决于流动类型、表面粗糙度和传热方向。对于湍流,Dittus - Boelter 提出的经验关联式是可用的。

参 考 文 献

[1] Lieblein, S. , Schwenk, F. , Broderick, R. L. , Diffusions factor for estimating losses and limiting blade loadings in axial flow compressor blade elements,NACA RM E53D01 June 1953.

[2] Lieblein, S. , Review of high performance axial flow compressor blade element theory, NACA RME 53L22 April 1954.

[3] Lieblein, S. , Roudebush, W. H. , Theoretical loss relations for low speed two dimensional cascade flow NACA Technical Note 3662 March 1956.

[4] Lieblein, S. , Analysis of experimental low – speed loss and stall characteristics of two – dimensional compressor blade cascades, NACA RM E57A28 March 1957.

[5] Lieblein, S. , Loss and stall analysis of compressor cascades, ASME Journal of Basic Engineering. Sept. 1959.

[6] NASA SP – 36 NASA Report, 1965.

[7] Miller, G. R. , Hartmann, M. J. , Experimental shock configuration and shock losses in a transonic compressor rotor at design point NACA RM E58A14b, June 1958.

[8] Miller, G. R. , Lewis, G. W. , Hartman, M. J. , Shock losses in transonic compressor blade rows ASME Journal for Engineering and Power July 1961, pp. 235 – 241.

[9] Schwenk, F. C. , Lewis, G. W. , Hartmann, M. J. , A preliminary analysis of the magnitude of shock losses in transonic compressors NACA RM #57A30 March 1957.

[10] Gostelow, J. P. , Krabacher, K. W. , Smith, L. H. , Performance comparisons of the high Mach number compressor rotor blading NASA Washington 1968, NASA CR – 1256.

[11] Gostelow, J. P. , Design performance evaluation of four transonic compressor rotors, ASME-Journal for Engineering and Power, January 1971.

[12] Seylor, D. R. , Smith, L. H. , Single stage experimental evaluation of high Mach number compressor rotor blading, Part I, Design of rotor blading. NASA CR – 54581, GE R66fpd321P, 1967.

[13] Seylor, D. R. , Gostelow, J. P. , Single stage experimental evaluation of high Mach number compressor rotor blading, Part II, Performance of rotor 1B. NASA CR – 54582, GE R67fpd236,1967.

[14] Gostelow, J. P. , Krabacher, K. W. , Single stage experimental evaluation of high Mach number compressor rotor blading, Part III, Performance of rotor 2E. NASA CR – 54583, 1967.

[15] Krabacher, K. W. , Gostelow, J. P. , Single stage experimental evaluation of high Mach number compressor rotor blading, Part IV, Performance of Rotor 2D. NASA CR – 54584, 1967.

[16] Krabacher, K. W. , Gostelow, J. P. , Single stage experimental evaluation of high Mach number compressor rotor blading, Part V, Performance of Rotor 2B. NASA CR – 54585, 1967.

[17] N. T. , Keenan, M. J. , Tramm, P. C. , Design report, Single stage evaluation of high Mach number compressor stages, NASA CR – 72562 PWA – 3546, July 1969.

[18] Koch, C. C. , Smith, L. H. , Loss sources and magnitudes in axial – flow compressors, ASME Journal of Engineering and Power, January 5, Vol. 98, NO. 3, pp. 411 – 424, July 1976.

[19] Schobeiri, M. T. , Verlustkorrelationen für transsonische Kompressoren, BBCStudie, TN – 78/20, 1987.

[20] König, W. M. , Hennecke, D. K. , Fottner, L. , Improved Blade Profile Loss and Deviation Angle Models for Advanced Transonic Compressor Bladings: Part I – A Model for Subsonic Flow, ASME Paper, No. 94 – GT – 335.

[21] Schobeiri, M. T. , 1998, "A New Shock Loss Model for Transonic and Supersonic Axial Compressors With Curved Blades," AIAA, Journal of Propulsion and Power, Vol. 14, No. 4, pp. 470 – 478.

[22] Schobeiri, M. T. , 1997, "Advanced Compressor Loss Correlations, Part I: Theoretical Aspects," International Journal of Rotating Machinery, 1997, Vol. 3, pp. 163 – 177.

[23] Schobeiri, M. T. , 1997, "Advanced Compressor Loss Correlations, Part II: Experimental Verifications," International Journal of Rotating Machinery, 1997, Vol. 3, pp. 179 – 187.

[24] Schobeiri, M. T, Attia, M. 2003, "Active Aerodynamic Control of Multi – stage Axial Compressor Instability and Surge by Dynamically Adjusting the Stator Blades," AIAA – Journal of Propulsion and Power, Vol. 19, No. 2, pp 312 – 317.

[25] Levine, Ph. , Two – dimensional inlet conditions for a supersonic compressor with curved blades, Journal of Applied Mechanics, Vol. 24, No. 2, June 1957.

[26] Balzer, R. L. , A method for predicting compressor cascade total pressure losses when the inletrelative Mach number is greater than unity, ASME Paper 70 – GT – 57.

[27] Swan, W. C. , A practical method of predicting transonic compressor performance, ASME Journalfor Engineering and Power, Vol. 83, pp. 322 – 330, July 1961.

[28] Smith, L. H. , Private communication with the author and the GE – Design Information Memorandum 1954: A Note on The NACA Diffusion Factor, 1995.

[29] Seylor, D. R. , Smith, L. H. , Single stage experimental evaluation of high Mach number compressor rotor blading, Part I, Design of rotor blading. NASA CR – 54581, GE R66fpd321P, 1967.

[30] Seylor, D. R. , Gostelow, J. P. , Single stage experimental evaluation of high Mach number

348

compressor rotor blading, Part II, Performance of rotor 1B. NASA CR – 54582, GE R67fpd236,1967.

[31] N. T. , Keenan, M. J. , Tramm, P. C. , Design report, Single stage evaluation of high Mach number compressor stages, NASA CR – 72562 PWA – 3546, July 1969.

[32] Sulam, D. H. , Keenan, M. J. , Flynn, J. T. , 1970. Single stage evaluation of highly loaded high Mach number compressor stages. II Data and performance of a multi – circular arc rotor. NASA CR – 72694 PWA.

[33] Levine, Ph. , Two – dimensional inlet conditions for a supersonic compressor with curved blades,Journal of Applied Mechanics, Vol. 24, No. 2, June 1957.

[34] Balzer, R. L. , A method for predicting compressor cascade total pressure losses when the inlet relative Mach number is greater than unity, ASME Paper 70 – GT – 57.

[35] Swan, W. C. , A practical method of predicting transonic compressor performance, ASME Journal for Engineering and Power, Vol. 83, pp. 322 – 330, July 1961.

[36] Schobeiri, M. T. , 1998, "A New Shock Loss Model for Transonic and Supersonic Axial Compressors With Curved Blades," AIAA, Journal of Propulsion and Power, Vol. 14, No. 4, pp. 470 – 478.

[37] Levine, Ph. , Two – dimensional inlet conditions for a supersonic compressor with curved blades,Journal of Applied Mechanics, Vol. 24, No. 2, June 1957.

[38] Grieb, H. , Schill, G. , Gumucio, R. , 1975. A semi – empirical method for the determination of multistage axial compressor efficiency. ASME – Paper 75 – GT – 11.

[39] Carter, A. D. S. , 1948. Three – Dimensional flow theories for axial compressors and turbines, Proceedings of the Institution of Mechanical Engineers, Vol. 159, p. 255.

[40] Hirsch, Ch. , 1978. Axial compressor performance prediction, survey of deviation and loss correlations AGARD PEP Working Group 12.

[41] Swan, W. C. , A practical method of predicting transonic compressor performance, ASME Journal for Engineering and Power, Vol. 83, pp. 322 – 330, July 1961.

[42] Jansen, W. , Moffat, W. C. , 1967. The off – design analysis of axial flow compressors ASME, Journal of Eng for Power, pp. 453 – 462.

[43] Davis, W. R. , 1971. A computer program for the analysis and design of turbomachinery, Carleton University Report No. ME/A.

[44] Dettmering, W. , Grahl, K. , 1971. Machzahleinfluß auf Verdichter charakteristik, ZFW 19.

[45] Fottner, L. , 1979. Answer to questionnaire on compressor loss and deviation angle correlations, AGARD – PEP, 1979. Working Group 12.

第16章 涡轮气动设计和非设计工况性能

涡轮部件是燃气轮机系统中的动力产生单元。如第12章所述,在涡轮部件内,发生与周围环境的机械能(轴功)的交换。与压气机相比,工作介质的总能量部分转换为轴功,从而为驱动压气机部件提供必要的动力,补偿轴承损失并提供用于驱动发电机的净功率。

图16.1所示为传统燃气轮机的横截面及其五级涡轮部件。静子和转子叶片采用考虑轮毂和叶顶二次流的全三维设计方法。不同于陆用发电蒸汽涡轮,其涡轮由高压、中压和低压单元组成,每个单元可具有10级以上,而燃气轮机涡轮部件只有4~5级。如图16.1所示,第一级的叶片高度相对较短。在传统的高压蒸汽涡轮设计中,叶片采用二维圆柱形设计。然而,在燃气轮机设计中,所有叶片都采用全三维设计以尽可能减少级总压损失。使用三维设计的主要目的是减少第6章所述的二次流损失。设计结构的差异如图16.2和图16.3所示。

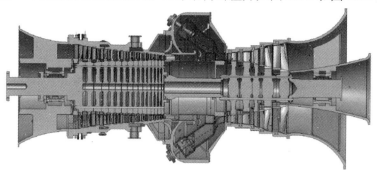

图16.1 燃气轮机截面及其5级涡轮部件

图16.2所示为从轮毂到叶顶的圆柱形叶片(恒定叶型和安装角)的三级涡轮转子。叶片设计为在中截面具有最小叶型损失。圆柱形结构使得气流角从轮毂叶尖发生改变,导致更高的叶型损失并因此降低效率。如第6章中广泛讨论的那样,低展弦比也会导致源自二次流的轮毂和叶尖部分相对较高的二次流损失。从轮毂到叶顶堆叠不同的叶型仅略微提高效率,但它不会抵消二次流产生和影响。因此,过去大多数高压涡轮采用圆柱形叶片设计,承受更高的损失。然而,近年来,第10章中讨论的流线曲率方法结合计算流体动力学(CFD)被用于设

图 16.2　具有圆柱形叶片的涡轮转子

计高效高压涡轮叶片。通过使用三维弯形叶片(也称为复合倾斜)可以将高压单元的设计效率提高至接近 94%,其中压力表面弯曲成凸形如图 16.3 所示[1]。

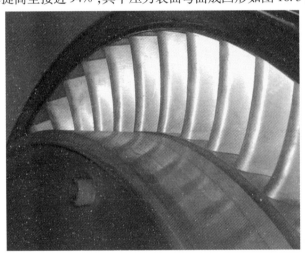

图 16.3　TPFL 研究的涡轮转子的三维复合倾斜

　　在讨论三维叶片设计对涡轮部件效率和性能的影响之前,为一维涡轮设计提供了必要的气动热力学工具,这是任何三维设计过程的先决条件。关于用于动态仿真的涡轮部件建模,类似于在第 15 章中讨论的压气机部件,提出了 3 个仿真层次。首先,讨论一维绝热设计,随后一节讨论整体涡轮性能特征的生成。本章总结了 3 个动态模拟层次,分别为使用简单的性能特征、逐排绝热和逐排非绝热动态性能模拟。

16.1 逐级和逐排绝热设计和非设计工况性能

第 15 章给出的对压气机设计计算程序的统一处理现在扩展到涡轮部件,提出了用于计算多级涡轮部件内膨胀过程的逐级和逐排方法。单级或多级涡轮组件的性能特性由各级特性与第 5 章中广泛讨论的总压损失相结合完全描述。典型多级涡轮机的子午视图、叶片排结构、膨胀和速度图如图 16.4 所示。与第 15章类似,使用图 16.4(c)和(d)中的变量,定义了以下无量纲参数:

$$\phi = \frac{V_{ax3}}{U_3}, \mu = \frac{V_{ax2}}{V_{ax3}}, v = \frac{U_2}{U_3}, r = \frac{\Delta h''}{\Delta h'' + \Delta h'},$$

$$\lambda = \frac{\Delta h}{U_3^2} = \frac{l_m}{U_3^2} = \frac{U_2 V_{u2} + U_3 V_{u3}}{U_3^2}, R = \frac{\rho_2}{\rho_3} = \frac{b_3 D_3}{b_2 \mu D_2} \qquad (16.1)$$

式(16.1)的无量纲参数用于逐级以及逐排设计和非设计工况分析。

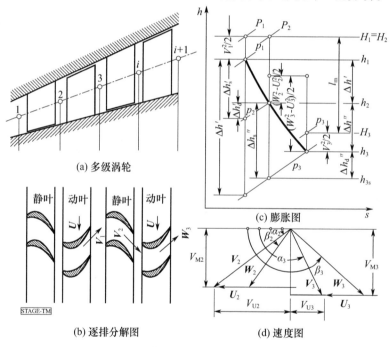

(a) 多级涡轮

(b) 逐排分解图

(c) 膨胀图

(d) 速度图

图 16.4 典型的多级涡轮的子视图、叶排结构及膨胀和速度图

16.1.1 膨胀过程的逐级计算

使用式(16.1)中定义的特征参数与第 6 章讨论的级效率相结合,膨胀过程

可以从以下几个方面精确计算：

$$
\begin{cases}
\cot\alpha_2 - \cot\beta_2 = \dfrac{v}{\mu\phi} \\[2mm]
\cot\alpha_3 - \cot\beta_3 = \dfrac{1}{\phi} \\[2mm]
\lambda = \phi(\mu v\cot\alpha_2 - \cot\alpha_3) - 1 \\[2mm]
r = \dfrac{1}{2}\,\dfrac{\mu^2\phi^2\cot^2\alpha_2(v^2-1) - 2\mu v\phi\lambda\cot\alpha_2 + \lambda^2 + 2\lambda - \phi(\mu^2-1)}{\lambda}
\end{cases}
\tag{16.2}
$$

正如在第 4 章和第 15 章中所看到的,式(16.2)中的 4 个方程包含 9 个未知数。假设以下变量是已知的:①涡轮的质量流量;②涡轮压比;③叶片的类型;④其出口几何角 α_{2m} 和 β_{3m} 对于每级及其结构由反动度表示。此外,可以假设第一级绝对入口气流角和最后一级的出口气流角为 90°。通过这些假设,在第一次迭代步骤中估计所有 9 个级特征,这通常不能在给定条件下(压比、质量流量、入口或出口焓)提供所需的涡轮功率。继续迭代过程直到达到焓和质量流收敛。这种逐级膨胀计算方法提供了准确的结果,但是,它需要一些经验来猜测未知特征的初始值。在下面的逐排计算中,将更详细地讨论如何在计算上更有效率,并且不需要大量的迭代。

16.1.2 逐排绝热膨胀

如第 4 章所述,图 16.5 所示的静子和转子排内的膨胀过程总结如下:

$$
\begin{cases}
\Delta h' = h_1 - h_2 = \dfrac{1}{2}(V_2^2 - V_1^2) \\[2mm]
\Delta h_s' = h_1 - h_{2s} = \dfrac{1}{2}(V_{2s}^2 - V_1^2) \\[2mm]
\Delta h'' = h_2 - h_3 = \dfrac{1}{2}(W_3^2 - W_2^2 + U_2^2 - U_3^2) \\[2mm]
\Delta h_s'' = h_2 - h_{3s} = \dfrac{1}{2}(W_{3s}^2 - W_2^2 + U_2^2 - U_3^2)
\end{cases}
\tag{16.3}
$$

式(16.3)中的变量、涡轮级在其静子和转子排中的分解及膨胀图如图 16.5 所示。图 16.5 中带有上标"′"和"″"的变量分别指静子和转子叶排。对于静子排,膨胀图显示了绝热膨胀的细节,绝对总焓保持不变。下面的转子排和相应的膨胀图显示了相对参考系中能量平衡细节,具有恒定的相对总焓。对于整级的膨胀图来说,展示了静子和转子排内能量平衡的综合图。静子和转子排引入以下效率定义:

353

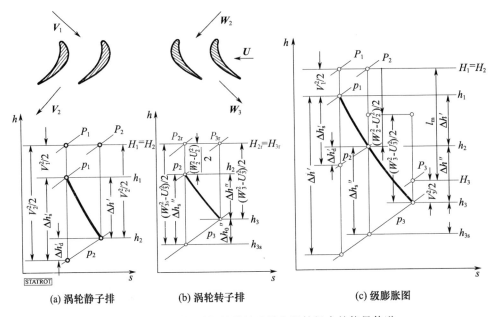

(a) 涡轮静子排　　　　(b) 涡轮转子排　　　　(c) 级膨胀图

图 16.5　涡轮静子排、涡轮转子排和涡轮级内的能量传递

$$\begin{cases} \eta' = \dfrac{\Delta h'}{\Delta h_s} = \dfrac{V_2^2 - V_1^2}{V_{2s}^2 - V_1^2} \\[3mm] \eta'' = \dfrac{\Delta h''}{\Delta h_s} = \dfrac{W_3^2 - W_2^2 + U_2^2 - U_3^2}{W_{3s}^2 - W_2^2 + U_2^2 - U_3^2} \end{cases} \tag{16.4}$$

为了完整性起见,式(16.4)中的转子效率定义包括分母和分子中的圆周动能差 $U_2^2 - U_3^2$。但是,这种差异可能会被忽略而不会引起任何明显的误差。效率定义的选择因文献而异(参见文献[2-4])。发动机空气动力学家和研究人员经常喜欢使用他们自己的效率定义,这可能符合他们的设计目的。无论如何定义效率,都必须在整个计算过程中保持一致。这里选择了式(16.4)中的定义,它与第 15 章中的定义一致。将式(16.4)与式(16.3)相结合,静子和转子排的等熵焓差分别为

$$\Delta h_s' = \frac{1}{2\eta'}(V_2^2 - V_1^2)$$

$$\Delta h = \frac{1}{2\eta''}(W_{3s}^2 - W_2^2 + U_2^2 - U_3^2) \tag{16.5}$$

通过将式(16.5)除以涡轮级出口处的圆周动能并结合级参数等式(16.2)来引入无量纲等熵焓差,无量纲排参数如下:

354

$$\chi' = \frac{1}{2\eta'} \left[\phi \left(\frac{\mu^2}{\sin^2\alpha_2} - \frac{1}{\sin^2\beta_3} \right) - 2\phi\cot\beta_3 - 1 \right] \tag{16.6}$$

$$\chi'' = \frac{1}{2\eta''} \left[\phi^2 \left(\frac{\mu^2}{\sin^2\beta_3} - \frac{1}{\sin^2\alpha_2} \right) + 2\mu v\phi\cot\alpha_2 - 1 \right] \tag{16.7}$$

式(16.6)和式(16.7)分别表示通过静子和转子排膨胀的无量纲等熵焓差。如上面的方程所示,每一排的计算都需要知道整个级的参数且需要一些次迭代。类似于第15章中给出的压缩过程,为了大幅度减少迭代次数,将级的比多变机械能 l_m 及等熵机械能 l_{ms} 细分为 $l_m = l' + l''$ 和 $l_{ms} = l'_s + l''_s$ 两部分,并将其分配给静子排和转子排。该步骤并不意味着定子排将会违反能量平衡产生轴功率。在计算压缩和膨胀过程时,它仅提供从静子排到转子排的平滑过渡。通过这种重新安排,得出分配给静子排和转子排的机械能:

$$\begin{cases} l' = \frac{1}{2}V_2^2 - \frac{1}{2}W_2^2 \\ l'' = \frac{1}{2}(W_3^2 - U_3^2 + U_2^2 - V_3^2) \end{cases} \tag{16.8}$$

同样,等熵部分:

$$\begin{cases} l'_s = \frac{1}{2}V_{2s}^2 - \frac{1}{2}W_2^2 \\ l''_s = \frac{1}{2}(W_{3s}^2 - U_3^2 + U_2^2 - V_3^2) \end{cases} \tag{16.9}$$

可以看到,静子和转子做功总和为级的比机械能。使用式(16.8)中给出的多变比机械能表达式并将其除以各排的出口圆周动能,静子和转子的无量纲排多变负载系数为

$$\begin{cases} \lambda' = \dfrac{l'}{U_2^2} = \phi'\cot\alpha_2 - \dfrac{1}{2} \\ \lambda'' = \dfrac{l''}{U_3^2} = -\phi''\cot\beta_3 - 1 + \dfrac{v^2}{2} \end{cases} \tag{16.10}$$

其中静子和转子的流量系数分别为 $\phi' = V_{ax2}/U_2$ 和 $\phi'' = V_{ax3}/U_3$,结合式(16.10)与静子排和转子排的效率定义式(16.4),获得了效率的以下表达式:

$$\begin{cases} \eta' = \dfrac{V_2^2 - V_1^2}{2l'_s - 2l' + V_2^2 - V_1^2} \\ \eta'' = \dfrac{W_3^2 - W_2^2}{2l_s - 2l'' + W_3^2 - W_2^2} \end{cases} \tag{16.11}$$

355

等熵排载荷系数 ψ 定义为该排的无量纲等熵比机械能。从式(16.11)实现效率表达式,得到静子和转子排的等熵排负载系数:

$$\psi' = \frac{l_s}{U_2^2} = \lambda' + \frac{\phi'^2}{2}\left(\frac{1}{\sin^2\alpha_2} - \frac{1}{\mu^2\sin^2\alpha_3}\right)\left(\frac{1}{\eta'} - 1\right) \qquad (16.12)$$

$$\psi'' = \frac{l_s}{U_3^2} = \lambda'' + \frac{\phi''^2}{2}\left(\frac{1}{\sin^2\beta_3} - \frac{\mu^2}{\sin^2\beta_2}\right)\left(\frac{1}{\eta''} - 1\right) \qquad (16.13)$$

与第 15 章中讨论的压气机组件类似,在 $h-s$ 图上进行膨胀过程所需的所有信息现在都可用于预测涡轮设计点处的性能。同样,存在可靠的非设计工况效率计算方法可以准确地预测非设计工况性能。这种方法将在下一节中介绍。

给定入口处的压力和温度,可以从状态方程以及入口处气体的焓和熵计算密度。利用气体性质表,可以很容易确定 $h-s$ 图上的第一个点。使用连续性方程计算排流量系数(ϕ')和(ϕ''):

$$\phi = \frac{V_{ax}}{U} = \frac{\dot{m}}{\rho A U} = \frac{\dot{m}}{\rho A \omega R} \qquad (16.14)$$

给定静子和转子出口几何角 α_{2m}、β_{3m} 作为描述几何形状所需的输入数据,使用第 8 章给出的落后角计算气流角 α_2、β_3。其他的气流角 β_2、α_3 通过使用式(16.14)中的流量系数来确定:

$$\beta_2 = \arctan\left(\frac{W_{ax2}}{W_{u2}}\right) = \arctan\left(\frac{V_{ax2}}{W_{u2}}\right) \qquad (16.15)$$

从图 16.4 的速度三角形可以得出如下关系:

$$W_{u2} = V_{u2} - U_2 \qquad (16.16)$$

将式(16.16)代入式(16.15)并引入静子流量系数 ϕ',得

$$\beta_2 = \arctan\left(\frac{\phi'}{\phi'\cot\alpha_2 - 1}\right) \qquad (16.17)$$

类似地对于转子,有

$$\alpha_3 = \arctan\left(\frac{\phi''}{\phi''\cot\beta_3 + 1}\right) \qquad (16.18)$$

在确定速度图中涉及的所有角度后,速度及其分量可以被完全描述。流量系数 ϕ' 和 ϕ'' 及气流角 α_2、β_2、α_3、β_3 是确定排入口和出口之间多变和等熵焓差的必要工具。流体做功多少由如前面部分所示的负载系数 λ 和 ψ 完全表示。最后,根据上述能量平衡关系,涡轮级的完整膨胀过程确定如下:

$$\begin{cases} h' = h_1 - l' - \dfrac{1}{2}(W_2^2 - V_1^2) \\[2mm] h_{2s} = h_1 - l_s - \dfrac{1}{2}(W_2^2 - V_1^2) \\[2mm] h_3 = h_2 - l'' - \dfrac{1}{2}(V_3^2 - W_2^2) \\[2mm] h_{3s} = h_2 - l_s - \dfrac{1}{2}(V_3^2 - W_2^2) \end{cases} \qquad (16.19)$$

对涡轮的所有排和级可以容易地重复上述过程。

16.1.3 非设计工况效率计算

准确预测涡轮叶栅非设计工况效率对于计算涡轮级和部件的性能至关重要。对于多级轴流涡轮,原发损失系数是整个级效率的主要部分。文献中给出了非设计工况效率计算的大量关联式,其中非设计工况的原发损失系数与其设计点值有关(参见文献[5-6])。在一项全面而系统的研究中,文献[7-8]研究了具有不同叶片几何形状的单级和多级涡轮的非设计工况性能。根据试验结果,文献[7]为非设计工况原发损失系数建立了以下关系:

$$1 - \zeta_p = (1 - \zeta_p^*)\mathrm{e}^{-a(\Delta\Theta)^b} \qquad (16.20)$$

式中

$$\Delta\Theta = \frac{\theta_i - \theta_i^*}{180 - \theta_i^*}, \quad \Delta\Theta_s = \frac{\alpha_i - \alpha_i^*}{180 - \alpha_i^*}, \quad \Delta\Theta_R = \frac{\beta_i - \beta_i^*}{180 - \beta_i^*} \qquad (16.21)$$

其中:θ_i、θ_i^* 分别为在设计点处的定子/转子入口气流角 α_1、β_2 和非设计点处的 α_1^*、β_2^*。系数 a、b 为文献[7]描述的叶栅特征的函数。一旦计算出非设计工况的原发损失系数,则通过考虑其各个损失(如二次流损失和间隙损失)来计算排效率(参见第6章及文献[7,9]):

$$\eta = 1 - \sum \zeta_i \qquad (16.22)$$

式中:ζ_i 为各个损失系数,如原发损失、尾缘损失、二次流损失及激波损失。

式(16.20)和式(16.21)明确地将非设计工况的原发损失系数与设计点相关联。其余损失不存在类似的关系。这主要是由于二次流现象的复杂性。文献[10]提出了另一种非设计工况效率关联式直接将非设计工况效率与设计效率联系起来如下:

$$\eta' = \eta^{*\prime}(1 - \mathrm{e}^{c'}), \quad \eta'' = \eta^{*\prime\prime}(1 - \mathrm{e}^{c''}) \qquad (16.23)$$

357

式中:指数 c 表示静子,对于转子,有

$$c' = A' \left(\frac{\alpha_1}{\alpha_1^*} \right)^{B'}, \quad c'' = A'' \left(\frac{\beta_2}{\beta_2^*} \right)^{B''} \tag{16.24}$$

其中:A',A'',B',B'' 取决于雷诺数、马赫数和叶片几何形状。对于由 BBC 公司开发的一组特定的涡轮叶片叶型,N-8000,得出以下系数:

$$A' = 0.075\alpha_2 - 7.8460, \quad A'' = 0.075(180 - \beta_3) - 7.8460$$

$$B' = 0.029\alpha_2 + 0.6107, \quad B'' = 0.029(180 - \beta_3) + 0.6107 \tag{16.25}$$

其中,角度以度为单位,角度方向遵循图 16.4 中的约定。式(16.23)、式(16.24)和式(16.25)将典型涡轮叶片的非设计工况效率与设计点效率联系起来。

利用上述过程,可以精确地预测涡轮级的非设计工况效率,只要给定的非设计工况质量流量允许涡轮正常工作。然而,如果质量流量已经减小到涡轮级不再能够产生机械能的程度,则必须以这样的方式重新定义效率,使得其反映能量转换的耗散性质。为了评估耗散程度,引入了以下损失系数和效率:

$$\zeta' = \frac{\Delta h_D'}{V_1^2/2}, \quad \zeta'' = \frac{\Delta h_D''}{W_2^2/2} \tag{16.26}$$

$$\eta' = 1 - \zeta', \quad \eta'' = 1 - \zeta'' \tag{16.27}$$

从图 16.4(c)得到 $\Delta h_D' = h_2 - h_s$ 和 $\Delta h_D'' = h_3 - h_{3s}$。对于极端偏离设计工况的情况,基于如前所述的正常涡轮级工作的级参数之间的关系不再有效。在下一节中,介绍一种可以准确预测涡轮级的极低质量流量下非设计工况性能的方法。

16.1.4 极低质量流量下的性能

在蒸汽轮机或压缩空气存储燃气轮机的关闭过程中,质量流量和涡轮功率持续降低。当流量接近某个确定值 $\dot{m}_{L=0}$,涡轮停止产生功率,多级涡轮的后面级不能产生机械能并充当能量耗散器,如图 16.6 所示。结果,旋转轴的动能消散成热量,导致过高的温度和熵升高。

对于 $\dot{m} < \dot{m}_{L=0}$ 时,涡轮开始进入风车状态并且不再能够移除热量。为了防止涡轮叶片和结构承受过高温度引起损坏,必须将冷却质量流注入流路以去除热量。图 16.6 显示了风车过程的细节。通过用于预测上述设计和普通非设计工况性能的方法不能捕获风车过程。在下一节中将介绍文献[12-13]中讨论的可以准确地预测耗散过程的方法。

考虑在正常条件下运行的涡轮级。由二阶多项式确定的级功率为

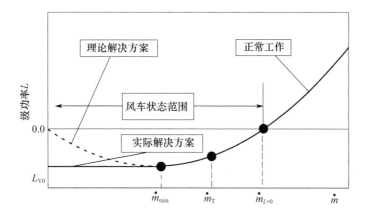

图16.6 低质量流量条件下的涡轮性能

$$\dot{L} = \dot{m}\lambda U_3^2 = \dot{m}\left[\phi\left(\mu\nu\cot\alpha_2 - \cot\beta_3\right) - 1\right]U_3^2 \tag{16.28}$$

式(16.28)中的级流量系数 ϕ 以级质量流量的形式表示如下：

$$\phi = \frac{V_{ax3}}{U_3} = \frac{\dot{m}}{\pi D_{m3}h_{b3}\rho_3 U_3} = \frac{\dot{m}}{\xi} \tag{16.29}$$

其中质量流量参数 ξ 定义如下：

$$\xi = \pi D_{m3}h_{b3}\rho_3 U_3 \tag{16.30}$$

式中：D_{m3}、h_{b3} 分别为级出口处的平均半径和叶片高度。

将式(16.29)和式(16.30)代入式(16.28)，则功率表达式被改为

$$\dot{L} = \frac{\dot{m}^2}{\xi}\left(\mu\nu\cot\alpha_2 - \cot\beta_3\right)U_3^2 - \dot{m}U_3^2 \tag{16.31}$$

式(16.31)准确地表示在正常工作条件下的级功率性能。然而，对于 $\dot{m} < \dot{m}_{min}$，它导致错误的理论解决方案，如图16.6所示的虚线曲线。对于风车条件，级功率的不同表达式将风车分支曲线准确地描述为二阶多项式：

$$\dot{L}_v = C_1\dot{m}^2 + C_2\dot{m} + C_3 \tag{16.32}$$

通过在式(16.32)中设置 $\dot{m} = 0$ 可以立即得到常数 C_3。如图16.6所示，这导致 $C_3 = \dot{L}_{vo}$。为了计算零质量流量下的风车功率，文献[2]建议：

$$\dot{L}_{vo} = C\pi D_{m3}h_{b3}\rho_3 U_3^3 \tag{16.33}$$

其中常数 C 从试验中获得。由于这个常数随着叶片几何形状的变化而变化，所以用叶片几何函数 $g(G)$ 替换它似乎更合适，其中 G 为几何参数：

$$\dot{L}_{vo} = g(G)\xi U^2 \tag{16.34}$$

文献[7]为 G 提出以下考虑叶片几何的关系：

$$G = \frac{f}{s}(\theta\gamma)^{\frac{1}{2}} \tag{16.35}$$

式中：s 为叶片间距；θ 为总流动偏转；γ 为安装角；f 为最大挠度，如图 16.7 所示。

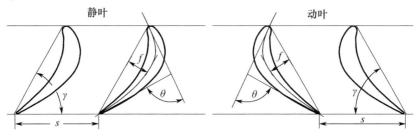

图 16.7　用于定义几何参数 γ 的叶片命名法

γ—安装角；f—最大挠度；θ—叶片偏转角；s—栅距。

对于函数 $g(G)$ 设置：

$$g(G) = C_G G^2 \tag{16.36}$$

式中：$C_G = 0.97121$。为了确定式(16.32)中的常数 C_2，假设最大功耗发生在零质量流量下。这个假设得出的结论是 $C_2 = 0$。式(16.32)中的常数 C_1 根据以下要求计算：L_v 必须遵循由式(16.31)给出的具有相同值的连续路线 L，并且在图 16.6 中所示的 $\dot{m}_T$ 公共切点处具有相同的斜率。令式(16.31)和式(16.32)及其各自的导数与式中在公切点处相等给出下面方程式(16.37)：

$$(\dot{L})_{\dot{m}T} = (\dot{L}_v)_{\dot{m}T}, \quad \left(\frac{\partial \dot{L}}{\partial \dot{m}}\right)_{\dot{m}T} = \left(\frac{\partial \dot{L}_v}{\partial \dot{m}}\right)_{\dot{m}T} \tag{16.37}$$

因此，式(16.37)确定的切点 $\dot{m}_T$ 处的质量流量为

$$\dot{m}_T = \frac{\xi}{2\left(\mu v \cot\alpha_2 - \cot\beta_3 - \dfrac{\xi C_1}{v U_3^2}\right)} \tag{16.38}$$

并且

$$C_1 = \frac{U_3^2}{\xi''}\left(\mu v \cot\alpha_2 - \cot\beta_3 - \frac{\xi U_3^2}{4\dot{L}_{vo}}\right) \tag{16.39}$$

最后，风车过程中的级功率表达式如下：

$$\dot{L}_v = \frac{\dot{m}^2 U_3^4}{4\dot{L}_{vo}}\left(4g(G)\frac{v^3}{\mu}(\mu v \cot\alpha_2 - \cot\beta_3) - 1\right) - \dot{L}_{vo} \qquad (16.40)$$

式（16.40）描述了在风车状态期间涡轮级的性能特征。如前所述，它可以分解成分配给静子排和转子排的部分。

16.1.5　实例：多级涡轮的稳态设计和非设计工况性能

上面讨论的逐排膨胀计算提供了与设计和非设计工作期间的性能和效率预测相关的信息。它还提供与设计可靠性方面相关的基本信息，包括叶片排的热应力和机械应力分析。该分析需要关于沿膨胀路径的温度和压力分布的准确信息。考虑到这些方面，上述方法应用于多级涡轮，可以计算其设计和非设计性能并将结果与测量结果进行比较。作为一个合适的应用实例，选择了 7 级涡轮，对其几何、设计和非设计工况性能进行了广泛的研究，并在文献[7－8,14]中有详细记载。对于该涡轮，计算 3 个不同的非设计点并与测量值进行比较。相应的质量流量和速度比给出为 $\mu = \dot{m}/\dot{m}_D = 0.13, 0.38, 0.83$ 和 $\omega/\omega_D = 1$。图 16.8 所示为以质量流量比为参数的不同计算站的沿膨胀路径的无量纲温度分布。温度增加发生在质量流量比小于 0.4 的后面级，表明与熵和温度增加相关的耗散过程的开始。降低质量流量导致强烈的耗散并且温度升高。图 16.9 中的压力分布显示出类似的趋势。涡轮质量流量比减小到 0.13 导致级速度图和流动偏转大幅度变形，其与机械能的耗散相关联，导致沿着流动路径的压力增加。图 16.8 还包括 $\mu = \dot{m}/\dot{m}_D = 0.20, 0.30, 0.50, 1.00$ 的补充计算。

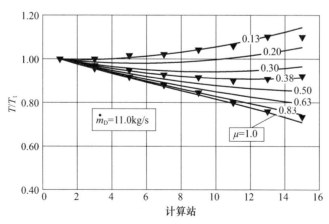

图 16.8　设计和非设计质量流量的 7 级涡轮的温度分布，▼表示文献[7]的试验数据

361

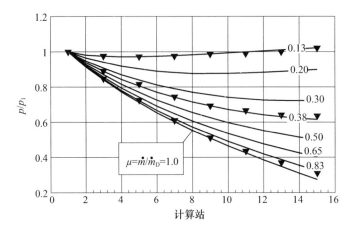

图 16.9　设计和非设计质量流量的 7 级涡轮的压力分布，▼表示文献[7]的试验数据

16.2　使用全局涡轮特征方法的非设计工况计算

由文献[2,11]引入的这种方法用一个喷嘴取代了涡轮部件,该喷嘴可以用一组代数方程来描述,文献[12-14]推导出用于预测多级涡轮的非设计工况性能的微分方程。这些方法需要指导非设计工作期间涡轮的效率特性。文献[11]提出的方法展示了一种计算质量流量的简单方法,但是它没有提供与膨胀过程相关的任何细节。非设计质量流量由以下表达式确定:

$$\dot{m} = \dot{m}^* \frac{p_I}{P_I^*} \left(\frac{T_I^*}{T_I} \right)^{\frac{1}{2}} \left(\frac{1 - \pi^{\frac{n+1}{n}}}{1 - \pi^{*\frac{n+1}{n}}} \right)^{\frac{1}{2}} \tag{16.41}$$

式中:π 为涡轮的压比,由 $\pi = P_{\text{outlet}}/P_{\text{inlet}}$ 定义;n 为由下面表达式给出的多变指数:

$$n = \frac{\kappa}{\kappa - \eta(\kappa - 1)} \tag{16.42}$$

$\kappa = c_p/c_v$ 为等熵指数。使用全局特征方法准确确定多级涡轮的非设计性能特性需要精确计算效率。这可以利用上述逐排计算程序完成,如下定义无量纲速度参数 v:

$$v = \frac{U}{\sqrt{2\Delta h_s}} \tag{16.43}$$

式中:U 为圆周速度;Δh_s 为涡轮部件的等熵焓差。

一旦获得效率与 v,则可以绘制相对效率 η/η^* 与相对速度参数 v/v^* 的关

系,其中上标"*"指的是设计点。图 16.10 定性地显示了相对效率与相对速度参数的关系。式(16.43)中的圆周速度 U 可以使用整个涡轮平均半径处的值来计算。η/η^* 的特征曲线取决于涡轮叶片的几何形状和级特性。针对特定涡轮的计算,可将其表示成多项式:

$$\frac{\eta}{\eta^*} = \sum_{n-1}^{N} a_n \left(\frac{v}{v^*}\right)^n \tag{16.44}$$

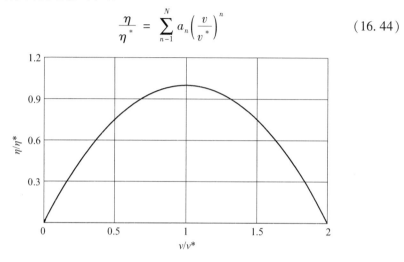

图 16.10 相对速度参数与相对效率的函数关系

系数 a_n 可由最小二乘拟合或从稳态逐排程序计算的数据确定。可以通过以下表达式确定涡轮出口温度:

$$T_o = T_I \pi^{\left(\frac{\kappa-1}{\kappa}\eta\right)} \tag{16.45}$$

最后,净功的计算方法为

$$\dot{L} = \dot{m}\bar{c}_p \Delta T, \quad \dot{L}_{net} = \dot{L}\eta_{mech} \tag{16.46}$$

式中:ΔT 为总温差,由 $\Delta T = T_I - T_o$ 表达;η_{mech} 为机械效率,并考虑了轴承摩擦损失。

16.3 涡轮模块动态特性仿真建模

本节介绍 3 个层次的涡轮建模:第一层次利用 16.2 节讨论的稳定性能特性,展示了在动态工作条件下涡轮部件的通用性能特性;第二层次使用逐排绝热膨胀过程,在任何动态工作条件下提供绝热膨胀过程的详细计算;除了第二层次建模提供的信息之外,第三层次还提供了不同冷却方式下叶片温度的详细信息。

16.3.1　第一层次模块:使用涡轮特性图

16.2 节中生成的效率和性能特性可用于第一层次涡轮仿真。该仿真层次显然没有提供与涡轮级内的空气动力学相关的细节。然而,它能够全面估计动态工作涡轮部件的热力学状态。与压气机模块相比,全局涡轮模块没有每个单独转速下喘振极限的性能图。这是由于涡轮膨胀通道中的加速流动性质。尽管可能在涡轮叶片表面发生局部流动分离,特别是在低压涡轮叶片的吸力表面上,但在正常工作条件下流动分离和反转将永远不会发生。然而,在远低于正常工作范围的极低的质量流量下可能发生强烈的流动分离。通过一组代数方程对全局涡轮模块进行数学建模。从入口腔室接收动态信息,执行设计外计算,并将结果传送到出口容腔。这种布置可以执行涡轮部件的准动态模拟。代数方程式(16.41)~式(16.46)确定了效率、质量流量 $\dot{m}$、总温 T_0 和功率消耗。

图 16.11 所示为包围在两个腔室中的具有稳态性能特性的涡轮部件。对于具有多达 3 级的涡轮,单个性能特性足以计算涡轮的全局瞬态特性。然而,如果涡轮超过 3 级,则可能需要两个或更多的性能特性来预测涡轮的瞬态特性。稳定的性能特征显然无法处理瞬态工况。然而,如果它放置在两个腔室之间并不断地为稳态性能图提供非稳态数据,则也可以得到合理的动态结果。进口腔室将与时间相关的压力和温度传递到全局图,该图可计算涡轮性能并将信息传递到出口腔室。为此,使用微分方程和代数方程式(16.41)~式(16.46)。式(12.9)和式(12.11)描述了入口和出口腔室。为了完整起见,方程式如下:

$$\frac{\partial T_0}{\partial t} = \frac{1}{\rho V}\Big[\sum_{i=1}^{n} \dot{m}_{I_i}\Big(\kappa \frac{c_{pI_i}}{c_p}T_{0_{I_i}} - T_0 \Big) - (\kappa - 1)\sum_{j=1}^{n} \dot{m}_{o_j}T_0 \Big] \qquad (16.47)$$

$$\frac{\partial P}{\partial t} = \frac{\kappa R}{V}\Big[\sum_{i=1}^{n} \dot{m}_{I_i}\frac{c_{pI_i}}{c_p}T_{0_{I_i}} - \sum_{j=1}^{m} \dot{m}_{o_j}T_0 \Big] \qquad (16.48)$$

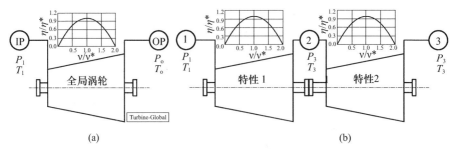

图 16.11　使用一个涡轮特性(a)和两个特性(b)的多级涡轮的全局模拟

利用式(16.47)、式(16.48)和由代数方程式(16.41)~式(16.46)描述的性能特征,现在可以对涡轮组件进行准动态建模。

16.3.2 第二层次模块:逐排绝热膨胀计算

该涡轮模块提供动态工作期间压气机特性的详细信息,可使用两种方法描述此模块:

第一种方法利用第 11 章中导出的时间相关的连续性方程、动量和能量方程(式(11.26)、式(11.33)和式(11.51))。对于绝热级膨胀计算,方程(11.51)化简为

$$\frac{\partial H}{\partial t} = -\kappa_k \frac{\dot{m}_k}{\rho_k S_k}\left(\frac{H_{i+1} - H_i}{\Delta x}\right) + \frac{\kappa_k}{\rho_k}\left(\frac{\dot{L}}{\Delta V}\right) -$$

$$\left(\frac{\kappa - 1}{\rho k}\right)_k \left[\left(\frac{H_k + K_k}{\Delta x}\right)\left(\frac{\dot{m}_{i+1}}{S_{i+1}} - \frac{\dot{m}_i}{S_i}\right) + \frac{\dot{m}_k}{\rho_k S_k^2}\frac{\partial \dot{m}_{i+1}}{\partial t}\right] \qquad (16.49)$$

式(16.49)中的级功率 L 与级的比机械能 $\dot{L} = \dot{m}l_m$ 直接相关,其中 $l_m = \lambda U_3^2$。类似于第 15 章中讨论的压气机模块,对于涡轮部件的逐排动态计算,可以使用 16.1 节讨论的排参数来分解式(16.49)。此方法可以给出详细的动态计算排属性。

第二种方法基于 16.1 节中给出的排间绝热计算过程,该过程使用腔室方程式(16.47)和式(16.48)进行动态耦合。两级涡轮的 3 种可选耦合结构如图 16.12 所示。在结构(a)中,每排都有一个入口和出口腔室,而在(b)中,每级有一个出口和入口腔室。在(c)中,整个涡轮被放置在入口和出口腔室之间。对于级数不超过 4 的燃气涡轮发动机,这种结构能够提供令人满意的结果。它也可以应用于高压蒸汽涡轮单元,其中体积动态变化不大。然而,为了准确地考虑中压或低压涡轮单元的体积动态变化,将涡轮分解成若干级组是更合适的,其中每组可包括具有结构(b)的两到三级涡轮。

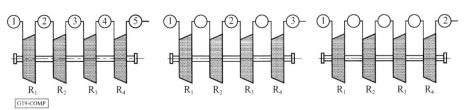

(a) 每排放置在两个腔室之间　　(b) 每级放置在两个腔室之间　　(c) 整个涡轮放置在两个腔室之间

图 16.12　叶片排 – 腔室结构

16.3.3 第三层次模块:逐排非绝热膨胀计算

在燃气涡轮发动机的启动、停机、负载变化或其他瞬态工作期间,涡轮部件的涡轮叶片材料、转子轮毂、机匣以及盘和燃气之间经历不利的温度变化。该温度变化会引起从工作介质到叶片材料的热传递,反之亦然。此外,燃气涡轮发动机的前 3 排涡轮需要冷却。在这些情况下,膨胀过程不再是绝热的。图 16.13所示为冷却(非绝热)涡轮级,其中静子和转子冷却质量流 $\dot{m}_{cS} = \dot{m}_4$ 和 $\dot{m}_{cR} = \dot{m}_5$从静子和转子叶片中带走热量。燃气轮机制造商使用内部、外部或两种结合的冷却方案。在过去的 30 年中,发表了许多论文,讨论了不同的冷却方案,如内部、外部和气膜冷却。每年在国际会议,特别是 ASME 会议上都会提出无数关于传热方面的论文。

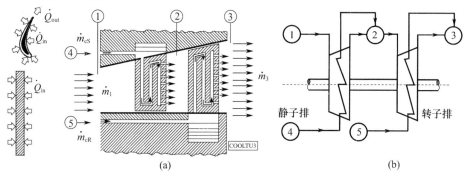

图 16.13 冷却模块组件(a)和仿真示意图(b)

原来的成果都发表在《美国机械工程师协会涡轮机械杂志》(ASME *Journal of Turbomachinery*)、《美国机械工程师协会传热学杂志》(ASME *Journal of Heat Transfer*)上。大多数试验论文讨论了安装在固定叶栅中涡轮叶片周围传热系数的测量,只有少数涉及旋转涡轮的传热。由于旋转涡轮中传热的重要性,本书后面将讨论这个问题。考虑到建模,一般使用主要的冷却技术。具有先进冷却技术的高效燃气涡轮发动机需要从压气机空气中抽取总冷却质量流量的 $\dot{m}_c = 3\%$~6% 以冷却涡轮前面排。该质量流量分布到需要冷却的叶片排中。从压气机不同位置抽出空气并将空气注入静子和转子叶片。压气机抽取点处的冷却质量流量比涡轮喷射点处的压力略高。从压气机抽取质量流量导致发动机热效率降低。但是,较高的涡轮入口温度所获得的热效率抵消了由抽取空气引起的损失。

在内部冷却叶片的情况下,冷却空气质量流量 $\dot{m}_{cS}$ 和 $\dot{m}_{cR}$ 通过具有内部湍流发生器和柱肋的不同通道以强化换热,如图 16.13 所示。冷却质量流 $\dot{m}_{cS}$ 和 $\dot{m}_{cR}$可以在叶片后缘处或在叶片顶部处流入主流。第 6 章讨论了后缘喷射损失及其优化。喷射槽几何形状的优化达到喷射损失最小化。

在外部冷却的情况下,包括喷淋,全覆盖气膜冷却和发散冷却,冷却质量流通过不同的叶片冷却腔并且通过在叶片表面上布置的多个具有一定间距和角度的孔喷出。外部冷却的目的是在叶片表面上构建薄的"冷"缓冲层,以防止热气直接将热量传递给叶片材料。由于孔的离散间距,冷却空气不可能均匀分布,这导致冷却质量流量和主燃气的混合。为了避免这种缺陷,可以使用发散冷却技术。冷却气体通过均匀的多孔材料,在叶片表面上形成均匀分布的保护性冷空气层。尽管发散冷却是最有效的冷却技术,但还未达到成熟运用到燃气轮机的状态。

对于没有内部或外部冷却的涡轮叶片,在非设计工况工作期间,发生叶片材料和主燃气之间的热交换。当在燃烧室中添加燃料使涡轮部件经历瞬时功率增加时,发生从热气体到涡轮叶片和结构的热传递。另一方面,当瞬态工作触发燃料节流以降低涡轮功率时,热量从叶片中排出。如图 16.14 的 $h-s$ 图所示,级中增加的总热量是传递到静子和转子的热量之和 $q=q'+q''$。部分热量可能来自叶片冷却(图 16.14(a)),或来自无冷却叶片的瞬态运行。

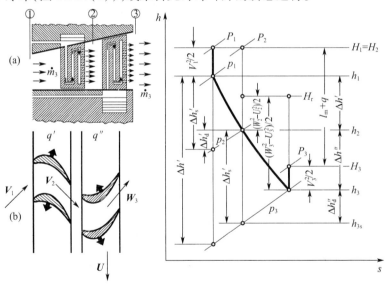

图 16.14　冷却涡轮机部件的膨胀图

1. 非绝热涡轮模块描述的第一种方法

该涡轮模块提供了关于动态工况期间的涡轮特性以及瞬态工况期间传出/传入叶片热量的详细信息。与 16.3.2 节中讨论的绝热涡轮类似,可以使用两种方法描述此模块。第一种方法利用时间相关的连续性方程、动量和能量守恒方

程式(11.26)、式(11.33)和式(11.51)。对于非绝热涡轮级计算,式(11.51)重新写为

$$
\frac{\partial H}{\partial t} = -\kappa_k \frac{\dot{m}_k}{\rho_k S_k}\left(\frac{H_{i+1} - H_i}{\Delta x}\right) -
$$
$$
\left(\frac{\kappa - 1}{\rho k}\right)_k \left[\left(\frac{H_k + K_k}{\Delta x}\right)\left(\frac{\dot{m}_{i+1}}{S_{i+1}} - \frac{\dot{m}_k}{S_i}\right) + \frac{\dot{m}_k}{\rho_k S_k^2}\frac{\partial \dot{m}_{i+1}}{\partial t}\right] +
$$
$$
\frac{\kappa_k}{\rho_k}\left(\frac{\dot{Q} + \dot{L}}{\Delta V}\right) \tag{16.50}
$$

式(16.50)中的级功率 $\dot{L}$ 与级的比机械能 $\dot{L} = \dot{m} l_m$ 直接相关,其中 $l_m = \lambda U_3^2$。增加(+)或排出(-)级的热量为 $\dot{Q} = \dot{m} q$,q 为排入/排出级的比热容(单位质量的热量 kJ/kg)。对于具有恒定质量流量的稳态情况,式(16.50)中的能量守恒为 $q + l_m = H_{out} - H_{in}$。因此,能量方程重新整理为

$$
\frac{\partial H}{\partial t} = -\kappa_k \frac{\dot{m}_k}{\rho_k}\left(\frac{H_{i+1} - H_i}{\Delta V}\right) -
$$
$$
\left(\frac{\kappa - 1}{\rho k}\right)_k \left[\left(\frac{H_k + K_k}{\Delta x}\right)\left(\frac{\dot{m}_{i+1}}{S_{i+1}} - \frac{\dot{m}_i}{S_i}\right) + \frac{\dot{m}_k}{\rho_k S_k^2}\frac{\partial \dot{m}_{i+1}}{\partial t}\right] +
$$
$$
\frac{\kappa_k \dot{m}_k}{\rho_k}\left(\frac{q + l_m}{\Delta V}\right) \tag{16.51}
$$

式(16.51)与连续性方程、动量方程、关于传热系数的附加方程一起描述了非绝热涡轮级的动态特性。对于逐排分析,它可以分解为两个方程分别描述各个静子排和转子排。对于静子排,因为 $l_S = 0$,$q \equiv q_S = q'$,有

$$
\frac{\partial c_{p_{i+1}} T_{0_{i+1}}}{\partial t} = -\kappa_k \frac{\dot{m}_k}{\rho_k}\left(\frac{c_{p_{i+1}} T_{0_{i+1}} - c_{p_i} T_{0_i}}{\Delta V}\right) + \frac{\kappa_k \dot{m}_k}{\rho_k}\left(\frac{q'}{\Delta V}\right) -
$$
$$
\left(\frac{\kappa - 1}{\rho k}\right)_k \left[\left(\frac{c_{pk} T_{0_k} + K_k}{\Delta x}\right)\left(\frac{\dot{m}_{i+1}}{S_{i+1}} - \frac{\dot{m}_i}{S_i}\right) + \frac{\dot{m}_k}{\rho_k S_k^2}\frac{\partial \dot{m}_{i+1}}{\partial t}\right] \tag{16.52}
$$

对于转子排,$l_R = l_m$,$q \equiv q_R = q''$,有

$$
\frac{\partial c_{p_{i+1}} T_{0_{i+1}}}{\partial t} = -\kappa_k \frac{\dot{m}_k}{\rho_k}\left(\frac{c_{p_{i+1}} T_{0_{i+1}} - c_{p_i} T_{0_i}}{\Delta V}\right) + \frac{\kappa_k \dot{m}_k}{\rho_k}\left(\frac{q'' + l_m}{\Delta V}\right) -
$$
$$
\left(\frac{\kappa - 1}{\rho k}\right)_k \left[\left(\frac{c_{pk} T_{0_k} + K_k}{\Delta x}\right)\left(\frac{\dot{m}_{i+1}}{S_{i+1}} - \frac{\dot{m}_i}{S_i}\right) + \frac{\dot{m}_k}{\rho_k S_k^2}\frac{\partial \dot{m}_{i+1}}{\partial t}\right] \tag{16.53}
$$

式中：l_m 为级的机械能。

为了完整地描述静子和转子排内的非绝热膨胀过程,必须将传热方程式和叶片材料温度方程式加到式(16.52)、式(16.53)、式(11.26)和式(11.33)中。式(16.52)和式(16.53)括号中的项是二阶的,可以忽略不计。

因此,对于静子排,有

$$\frac{\partial c_{p_{i+1}} T_{0_{i+1}}}{\partial t} = -\frac{\kappa_k}{\rho_k \Delta V}(\dot{m}_k c_{p_{i+1}} T_{0_{i+1}} - \dot{m}_k c_{p_i} T_{0_i} + \dot{Q}') -$$

$$\left(\frac{\kappa - 1}{\rho k}\right)_k \frac{\dot{m}_k}{\rho_k S_k^2} \frac{\partial \dot{m}_{i+1}}{\partial t} \tag{16.54}$$

对于转子排,有

$$\frac{\partial c_{p_{i+1}} T_{0_{i+1}}}{\partial t} = -\frac{\kappa_k}{\rho_k \Delta V}(\dot{m}_k c_{p_{i+1}} T_{0_{i+1}} - \dot{m}_k c_{p_i} T_{0_i} + \dot{L} + \dot{Q}'') -$$

$$\left(\frac{\kappa - 1}{\rho k}\right)_k \frac{\dot{m}_k}{\rho_k S_k^2} \frac{\partial \dot{m}_{i+1}}{\partial t} \tag{16.55}$$

式中：ΔV 为工作介质占据叶片排空间的净容积。

式(16.54)和式(16.55)中添加到工作介质或从工作介质排出的热量被传递到静子和转子叶片。传热方面问题将在后续章节中介绍。

2. 非绝热涡轮模块描述的第二种方法

第二种方法是基于16.1节中给出的排间计算方法的改进非绝热计算程序。在这种情况下,提供给系统的热能包含在控制方程中。新方程组与式(16.47)和式(16.48)结合用于动态耦合。用级机械能平衡表示提供给级的热量,有

$$l_m + q = \frac{1}{2}\left[(V_2^2 - V_3^2) + (W_3^2 - W_2^2) + (U_2^2 - U_3^2)\right] \tag{16.56}$$

式中：q 为加入或排出级的比热容(单位质量的热量 kJ/kg)。

式(16.8)为了大幅度地减少迭代次数,将级的比多变机械能 l_m 以及比等熵机械能 l_{ms} 分解成分配给静子排和转子排的两个虚拟功率 $l_m = l' + l''$ 和 $l_{ms} = l_s' + l_s''$。这种分解导致式(16.8)和式(16.9)的修改。因此,得到分配给静子和转子排的热能和机械能为

$$\begin{cases} l' + q' = \frac{1}{2}V_2^2 - \frac{1}{2}W_2^2 \\ l'' + q'' = \frac{1}{2}(W_3^2 - U_3^2 + U_2^2 - V_3^2) \end{cases} \tag{16.57}$$

同样,得到等熵部分为

$$\begin{cases} l'_s + q' = \dfrac{1}{2}(V_{2s}^2 - W_2^2) \\[2mm] l''_s + q'' = \dfrac{1}{2}(W_{3s}^2 - U_3^2 + U_2^2 - V_3^2) \end{cases} \tag{16.58}$$

类似于式(16.8)中给出的多变比机械能表达式,将式(16.57)和式(16.58)除以各排出口处的周向动能。具有传热的静子和转子的无量纲排多变负载系数为

$$\begin{cases} \lambda' = \dfrac{l'}{U_2^2} = \phi' \cot\alpha_2 - \dfrac{1}{2} - \varepsilon' \\[3mm] \lambda'' = \dfrac{l''}{U_3^2} = -\phi'' \cot\beta_3 - 1 + \dfrac{v^2}{2} - \varepsilon'' \end{cases} \tag{16.59}$$

式中:无量纲参数 $\varepsilon' = q'/U_2^2$,$\varepsilon'' = q''/U_3^2$。

式(16.59)中的转子排参数定义与16.1.2节相同。对于逐排非绝热计算,式(16.8)的负载系数必须替换为式(16.59)。

3. 闭合传热方程

冷却和无冷却叶片的传热机制如图16.15所示。对于冷却涡轮叶片,高温燃气将一定量的热能流或热流 $\dot{Q}_h$ 传递给静子($\dot{Q}_h \equiv \dot{Q}'_h$)和转子($\dot{Q}_h \equiv \dot{Q}''_h$)。为了维持所需的叶片温度,通过叶片内部通道的冷却质量流必须从叶片带出热流 $\dot{Q}_c$。热侧和冷侧传递的热能为

$$\begin{cases} \dot{Q}_h = \bar{\alpha}_h A_h (\bar{T}_h - \bar{T}_w) \\[2mm] \dot{Q}_c = \bar{\alpha}_c A_c (\bar{T}_w - \bar{T}_c) \end{cases} \tag{16.60}$$

式中:$\bar{\alpha}_c$、$\bar{\alpha}_h$ 为冷侧(内部冷却通道)和热侧(通过叶排的外部流动路径)的平均传热系数;$\bar{T}_c$、$\bar{T}_h$、$\bar{T}_w$ 分别为冷却质量流温度、工作介质温度和壁温;A_c、A_h 分别为冷侧和热侧的接触面积。

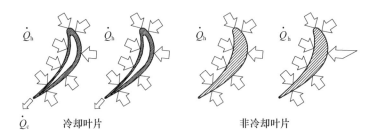

图16.15 从涡轮工作介质转移到涡轮机叶片的热流 $\dot{Q}_h$ 及冷却介质带走的热量 $\dot{Q}_c$

冷热侧的耦合条件由材料温度微分方程给出：

$$\frac{\mathrm{d}T_\mathrm{w}}{\mathrm{d}t} = \frac{1}{\rho_\mathrm{w}c_\mathrm{w}\Delta V_\mathrm{w}}(\dot{Q}_\mathrm{c} + \dot{Q}_\mathrm{h}) \qquad (16.61)$$

式中：热流 $\dot{Q}_\mathrm{h}$ 可以是正值或负值；$\dot{Q}_\mathrm{c} = \dot{m}_\mathrm{c}q_\mathrm{c}$ 总为负值，这是因为放出热量；对于没有冷却的情况，$\dot{Q}_\mathrm{c}$ 为零。

在叶片温度变化趋近零的动态温度平衡的情况下，式（16.61）化简为

$$\dot{Q}_\mathrm{c} + \dot{Q}_\mathrm{h} = 0 \qquad (16.62)$$

计算 $\dot{Q}_\mathrm{h}$ 和 $\dot{Q}_\mathrm{c}$ 代入式（16.61），使用第 15 章讨论的努塞尔数关联式（15.126）。对于没有冷却的叶片，可以使用第 6 章中的通用努塞尔数关联式。为了确定特定冷却方案的传热系数，文献[15]进行了深入的研究。

参 考 文 献

[1] Schobeiri, M. T., Gilarranz, J. L and Johansen, E. S., 2000, "Aerodynamic and Performance Studies of a Three – Stage High Pressure Research Turbine with 3 – D – Blades, Design Point and Off – Design Experimental Investigations," ASMEpaper:2000 – GT – 484.

[2] Traupel, W., 1977, "Thermische Turbomaschinen," 3. Auflage, Springer – Verlag.

[3] Vavra, M. H., 1960, "Aero – Thermodynamics and Flow in Turbomachines," John Wiley & Sons, Inc.

[4] NASA SP – 290, 1975, "Turbine Design and Application," Volume 2.

[5] Kroon, R. P., Tobiasz, H. J., 1971, "Off – Design Performance of Multistage Turbines," Trans. ASME, *Journal of Eng. Power* 93, pp. 21 – 27.

[6] Kochendorfer, F. D., Nettles, J. C., 1948, "An Analytical Method Estimating Turbine Performance," NACA Report 930.

[7] Bammert, K., Zehner, P., 1980, "Measurement of the Four – Quadrant Characteristics on a Multistage Turbine," Trans. ASME, *Journal of Eng. Power*, 102, No. 2.

[8] Zehner, P., 1980, "Vier – Quadranten Charakteristiken mehrstufiger axialer Turbinen," *VDI – Forsch. – Bericht. VDI – 2, Reihe* 6, Nr. 75.

[9] Schobeiri, T., 1990, "Thermo – Fluid Dynamic Design Study of Single and Double Inflow Radial and Single – Stage Axial Steam Turbines for Open – Cycle Ocean Thermal Energy Conversion, Net Power Producing Experiment Facility," ASME Transaction, Journal of Energy Resources, Vol. 112, pp. 41 –50.

[10] Schobeiri, M. T., Abouelkheir, M., 1992, "A Row – by – Row Off – Design Performance Calculation Method for Turbines," AIAA, *Journal of propulsion and Power*, Vol. 8, Number 4, July – August 1992, pp. 823 – 826.

[11] Stodola, A. , 1924, "Dampf – und Gasturbinen," 6. Auflage, Springer – Verlag, Berlin.

[12] Horlock, J. H. , 1973, "Axial Flow Turbines," Robert E. Krieber Publishing Company.

[13] Pfeil, H. , 1975, "Zur Frage des Betriebesverhaltens von Turbinen," VDIZeitschrift, Forschung im Ingenieurwesen, Bd. 41, Nr. 2, Ppg, 33 – 36.

[14] Pfeil, H. , 1975, "Zur Frage des Betriebesverhaltens von Turbinen," VDIZeitschrift, Forschung im Ingenieurwesen, Bd. 41, Nr. 2, Ppg, 33 – 36.

第 17 章　燃气轮机设计的初步考虑

本章的目的是将叶轮机械设计过程介绍给新手工程师和学生作为燃气轮机设计的基础。

在前面的章节中详细说明了燃气轮机部件的设计。对于每个组件来说,推导出了与时间相关的非稳态工况下的守恒定律,稳态工况作为特例只需要将方程式中的所有非稳定项都设置为零。一旦通过一系列偏微分和代数方程组来描述组件,则可将它们组合在一起用来构建燃气轮机系统。本章提供了将组件组合到燃气轮机系统的必要基础。在数学上,该系统将由许多偏微分方程和代数方程组成,需要给定边界条件对其进行求解。一旦建立了偏微分方程和代数方程组,它将具有无限数量的解。如果想在特定的动态情况下模拟燃气轮机的运行,必须给定相应的边界条件。该解是上述无数解中唯一的确定解。下面的例子能更进一步说明这一点:一架飞机处于着陆位置并且正在接近一个机场。它在相同高度遇到了大量反方向飞行的鸟类。发动机吸进了几只大鸟。这种情况会产生不利的动态运行工作,可能影响发动机部件并损害其完整性。另一个例子:压缩空气储能燃气轮机驱动连接到电网的发电机。一个突发的事故使发电机与电网断开。燃油控制系统和关闭阀的作用时间具有一定的滞后性。在这短暂的时间内,来自储存系统的高压空气流入燃烧室,但在燃烧室中仍然加入燃料使之产生与事故之前相同的热量。整个涡轮功率作用在不再连接到电网的轴上。因此,转轴开始加速并超过允许的转速极限,导致涡轮单元的部分或全部叶片失效。燃气轮机经受的这些或其他任何不利的动态工况不能通过稳态计算来预测。在本章中,首先讨论前面讨论过的几个组件如何组成一个燃气轮机系统的情况。在下一章中,将介绍几种燃气轮机的动态模拟方法。

燃气涡轮发动机是当今发电不可或缺的组成部分。它们被用作独立的发电机,作为联合循环(CC)的顶部装置和热电联产的热电(CHP)装置。作为以压缩空气进行储能的发电机组,燃气轮机在用电量需求较大时能以高效率发电。燃气轮机的设计理念和制造应与原始发动机制造商(OEM)的技术能力相符合。为了在全球市场上具有竞争力,OEM 和公共事业公司必须提高燃气轮机的热效率,以减少化石燃料消耗和二氧化碳排放。正如在前几章中所看到的,提高传统燃气轮机热效率的最重要的参数是涡轮进口温度(TIT)。然而,这需要对压气机下游的部件(如燃烧室和涡轮)进行冷却。提高 TIT 要求采用先进的热障涂层(TBC)和高效气膜冷却技术,如文献[1-3]中所描述。必须特别注意内部冷却流道的设计和气膜冷却孔的定位及其外部叶片冷却的复合角度。设计合适的冷却叶片需要充分了解内部流动的空气动力学特性及其对叶片传热的影响。许多情况下,都是由于不合理的设计,导致了热应力分布的不均匀从而产生微裂纹并且向周围传播。一旦检测到裂缝,发动机必须关闭,并且该装置必须从电网中撤出。这种事件的发生将导致公用事业公司收入的大量损失。

燃气轮机部件效率的持续提升也是燃气轮机 OEM 厂商研发(R&D)的一部分。部件效率的提高并不能显著提高发动机的热效率,与增加 TIT 产生的影响相比,它们对热效率提升的贡献是次要的。

17.1　燃气轮机初步设计程序

正如在第 1 章和第 2 章中所见,燃气轮机可以由单个或多个轴组成。传统的发电燃气轮机由多级压气机、燃烧室和多级涡轮组成。压气机通过轴与涡轮连接。每个轴可以包括由低压、中压和高压部件(LPC,IPC,HPC)组成的单个压气机单元。飞机发动机或其发电衍生产品可以由多个轴组成。在多轴构造中,每个压气机部件由相应的轴直接与相应的涡轮部件连接。以不同频率旋转的轴以气体动力的方式相互连接。每个压气机产生相应的压比分别为 π_{LP}、π_{IP}、π_{HP},总压比为 $\pi_{total} = \pi_{LPC}\pi_{IPC}\pi_{HPC}$。燃烧室在压气机单元之后。基于技术能力和设计理念,OEM 可以采用 ABB 公司的罐式燃烧器、环形燃烧器或顺序燃烧器。燃料的调节是确定燃烧室设计结构的边界条件之一。基于 TIT 的水平,对于典型的 4 级涡轮单元,可以冷却前 3 级的静子叶片和动子叶片。这需要特殊设计,其具有内部和外部冷却的静子和转子叶片。接下来,主要重点关注燃气轮机的部件,即压气机、燃烧室和涡轮。在开始之前,来看热力学过程并演示 TIT 如何决定燃气轮机其余部分的设计。

17.2　燃气轮机循环

生成热效率与压比的关系图是燃气轮机优化设计的第一步。给定 TIT,确定最佳热效率 η_{th} 对应的压气机的压比。图 17.1 所示为以 TIT 为参数的压气机压比 π_C 和最佳热效率 η_{th} 的函数关系。

如图所示,TIT = 1500℃ 对应的最佳效率仅略高于 40%。在压比接近 π_C =

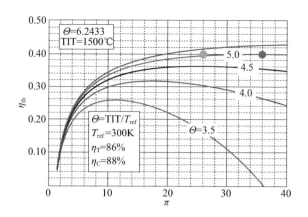

图 17.1 TIT 作为参数的热效率与压比的函数(彩色版本见彩插)

36 的情况下达到最佳效率。然而,压比接近 $\pi_C = 26$ 可达到几乎相同的效率。如第 2 章所述,如果达到的最佳压比引起的热效率无明显的增加(明显增加意味着 $\Delta\eta_{th} > 0.5\%$),则建议选择接近最佳效率的较低的压比。图 17.1 证明了这一建议。这表明(红色圆圈)压比 $\pi_{opt} = 26$ 几乎与 $\pi_{opt} = 36$ 具有相同的热效率。这两个压力比在图 17.1 中表示为最佳压比 $\pi_{opt} = 36$ 和实际压比 $\pi_{act} = 26$。为了提供 $\Delta\pi = \pi_{opr} - \pi_{act} = 10$ 的差异,压气机至少增加 2 级。因此,后面级的叶片高度变短,造成更高的二次流损失,从而降低了压气机级和部件的效率。

17.3 压气机设计、边界条件和设计过程

一旦确定了实际压比,就可以开始使用以下的给定量来进行压气机的设计过程:

(1)压气机质量流量 $\dot{m}$;

(2)压气机压比 π_{act};

(3)压气机入口温度 T_{inlet};

(4)压气机旋转频率 n;

(5)当地空气的相对湿度,这个目的是计算湿空气属性。

17.3.1 设计过程

为了进行设计过程,首先使用第 15 章详细介绍的逐排平均线设计方法。这个过程是一个迭代的过程,可能只需要几秒的计算。在下文中,将逐步解释设计过程:

步骤 1:确定压气机流路,叶片高度分布。

在开始迭代设计过程之前,需要确定以轮毂和叶顶直径分布表示的压气机

流路,从而计算出叶片高度的分布。从上一节可以知道以下几个变量:

（1）进出口压力或压气机压比 π_C;

（2）压气机质量流量;

（3）可以假设流量系数在 $\phi = 0.4 \sim 0.8$ 的范围内;

（4）假设轮毂直径不变。

使用上述变量,运用连续方程从而确定了入口和出口处的叶片高度。对于发电燃气轮机,叶片高度不应低于80mm,因为较短的叶片高度导致相当大的二次流损失。注意,这只是第一个近似值。

在确定叶片高度的分布时,轮毂直径或平均直径的选择对于压气机设计至关重要。对于具有焊接圆柱体转子,如 Alsthom 制造的那些发电燃气轮机,恒定的轮毂直径构成了一个标准的设计过程,如图 17.2 所示。

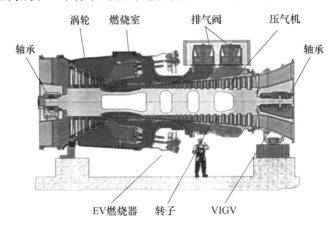

图 17.2　轮毂直径恒定的常规发电燃气轮机,阿尔斯通 GT – 13E

基于 OEM 厂商的技术,叶片可以通过多个连接螺栓连接到各自的盘上,如图 17.3 所示[4]。在这种情况下,可以考虑恒定的平均直径作为替代方案。

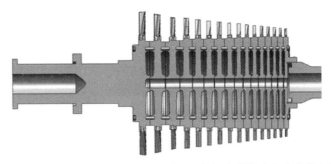

图 17.3　得克萨斯 A&M 叶轮机械设计项目的恒定轮毂直径发电燃气轮机

376

图 17.4 所示为不同压气机的轮毂直径分布。它还显示了用于冷却和防喘目的的气流放气位置。对于压比 $\pi_C \geqslant 40$ 压气机,高压部件的叶片高度大大降低导致明显的二次流动损失。如图 17.4(c)所示,可以通过分别减小中压和高压部分的轮毂直径来预防这种情况。

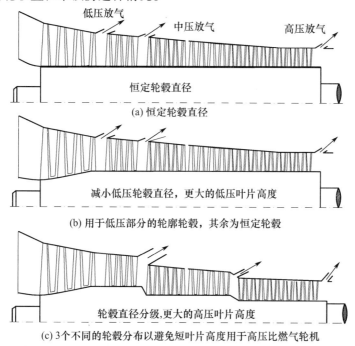

(a) 恒定轮毂直径

(b) 用于低压部分的轮廓轮毂,其余为恒定轮毂

(c) 3 个不同的轮毂分布以避免短叶片高度用于高压比燃气轮机

图 17.4　发电燃气轮机不同的轮毂直径分布

步骤 2:确定级数,压气机长度。

对于多级亚声速压气机,假设平均级压比 π_{stage}(参见第 4 章),并从 $\pi_C = \pi_{\text{stage}}^n$ 中得到级数。假设初始值 $\pi_{\text{stage}} \approx 1.175$ 用于开始设计,该值可能会在迭代过程中更改。

为了获得压气机级的轴向长度,必须获得决定级轴向长度的几个部分组成,静子的轴向弦长 $(c_{\text{ax}})_S$,转子的轴向弦长 $(c_{\text{ax}})_R$ 和静子与转子排之间的轴向距离 δ_{SR},机轴向长度 $L_{\text{stage}} = (c_{\text{ax}})_S + (c_{\text{ax}})_R + \delta_{\text{SR}}$。静子和转子的轴向弦长从第 5 章中所述的最佳稠度 $\sigma = (c/s)_{\text{opt}}$ 中获得的。选择弦长 c,通过使用最优稠度来获得最优间距并用来确定静子排叶片数 n_S 和转子排叶片数 n_R,并且其叶片数量不同 $n_S \neq n_R$。这是为了避免转子动力学不稳定性和可能导致的共振。

在选择弦长时必须注意到所有转子叶片在叶片轮毂处由离心力引起的应力应该大致相同。这导致前面的低压级具有更大的弦长和厚度,后面的高压级具

377

有较小的弦长和厚度。

静子和转子之间的轴向距离可以假设为 $\delta_{SR} \approx 0.3 \sim 0.35$。该距离决定了静子和转子叶片之间的相互作用程度以及产生于上游转子叶排并冲击到下游静子叶排的尾迹尺度。

如图 17.4 所示对低压、中压和高压的级数进行分组,并在每个级组之后布置排气部分。

利用上述信息,绘制压气机第一部分流路。如图 17.4(a) 所示,对于发电燃气轮机,恒定轮毂直径是传统上的喜好设计。然而,先进的燃气轮机设计允许一些偏差,如图 17.4(b) 所示。对于压比 $\pi_C = 40.0$ 和以上的超高效燃气轮机,转子轮毂可以设计成具有如图 17.4(c) 所示的分级半径分布。这种轮毂半径分级在飞机发动机中相当普遍。它可以防止叶片高度变得太短。

步骤 3:确定第 4 章和第 15 章中引入的级参数。

根据上述确定的级压比 π_{stage},有:

(1) 载荷系数 λ(注意压气机 λ 为负);

(2) 绝对气流角: α_2,α_3;

(3) 相对气流角: β_2,β_3(对于第一次迭代设置 $r = 50\%$)。

利用已知的流路和叶片气流角,计算出静子和转子单个叶片损失、排总损失系数、级总损失系数和级效率。损失由第 6 章或第 15 章计算。第 6 章中的损失计算适用于低亚声速马赫数,第 15 章的算法非常适合高亚声速马赫数下进行损失计算。

通过级/排损失系数计算压气机的等熵和多变效率以及第 i 次迭代的压比 π_i。这和从计算过程中获得的 π_{act} 可能相等也可能不等。在 $\pi_i \neq \pi_{\text{act}}$ 情况下调整级载荷系数 λ 达到 π_{act}。这可能只需要几次迭代。

一旦达到 π_{act},使用简单径向平衡来调整叶片安装角和从轮毂到尖端的气流角。在这种情况下,计算攻角和落后角。

对于最终设计,使用流线曲率作为具有大展弦比的前面级的径向平衡方法。对于高压部分,可以使用自由涡流动来替代。

对于最终设计,DCA,MCA 叶型可用于具有高亚声速马赫数的低压压气机前面级,对于其他压气机级可使用 NACA 叶片或其修改。

17.3.2 压气机叶片空气动力学

上述步骤完成后,需要对静子和动子叶片等压气机单元进行 CFD 仿真。这是为了确保压气机设计过程符合预期的压气机空气动力特性。

378

为此,可以使用雷诺纳维斯托克斯平均求解器(RANS)。由于压气机叶片具有低流动偏转,因此无法预判流动分离。压力分布的一个基本图示如图17.5和图17.6所示。

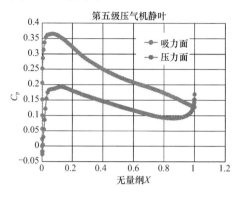 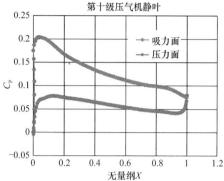

图17.5 第5级静叶片周围的压力分布   图17.6 第10级静叶片周围的压力分布

17.3.3 控制泄漏流动

随着压力从第一级到最后一级的增加,通过顶端间隙的质量流量变得越来越大。第6章讨论了间隙泄漏流动及其减少的机理。最近,出现了使用密封刷、蜂窝和机匣处理等附加特征来减少泄漏流量。应用机匣处理不仅减少了泄漏流量,而且对旋转失速和喘振产生了积极的影响。这些主体仍在研究当中,每年在ASME、IGTI会议上都会有大量相关论文。

17.3.4 压气机出口扩压器

在空气离开压气机并进入燃烧室之前,必须减小空气的速度。这通过连接到压气机出口的扩张段来实现。扩张段必须满足以下标准:①其长度必须尽可能短;②扩张段的扩张角度必须保证空气流过后无流动分离。第6章详细说明了如何设计具有大开度角的短扩张段。

17.3.5 压气机效率和性能图

压气机的设计工作完成后,必须按照第15章所述的方法生成稳态情况下的性能和效率图。由于每次放气后,质量流量减少,因此必须为压气机的每个部分(如低压压气机、中压压气机和高压压气机)生成自己的压气机性能图。如图17.7所示,压力图必须包括喘振边界、阻塞边界和无量纲转速线。作为示例,图17.7画出了$\omega/\omega_D = 0.4 \sim 1.1$的转速线范围。

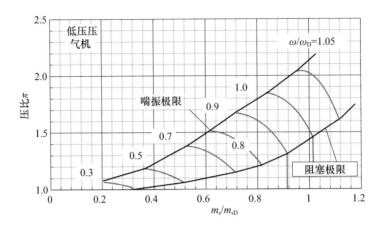

图 17.7 角速度比为参数的低压压气机的性能图

图 17.8 所示为 ω/ω_D 为参数的效率与无量纲质量流量参数的函数关系。它反映了压气机在设计和非设计工况期间的效率性能。

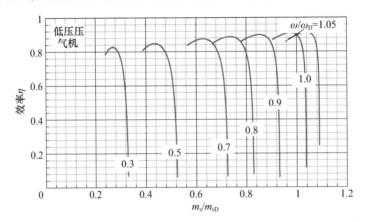

图 17.8 以角速度比为参数的压气机效率图

17.3.6 运行期间安装角调整

如图 17.9 所示,为了在更优的性能范围内运行,先进燃气轮机的压气机前几级连接一个系统允许调整各个静叶排的安装角与来流气流角。

调节系统的细节如图 17.10 所示。如图所示,调节机构经由环连接到机匣。以预定的方式改变安装角,防止压气机进入旋转失速和喘振的状态。

图 17.11 所示为空气抽取槽的位置。从压气机抽出的空气用于涡轮冷却,排气阀在发动机启动时打开。

图 17.9 具有可变静叶安装角机构的压气机,得州农工大学的叶轮机械设计项目

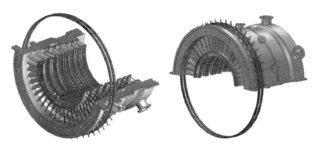

图 17.10 具有可变静叶安装角机构的压气机机匣细节,
得克萨斯 A&M 的叶轮机械设计项目

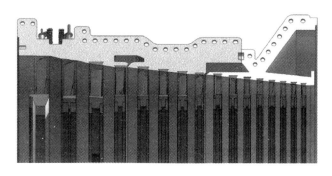

图 17.11 得州农工大学涡轮机设计项目的压气机机匣与抽气口细节图

17.4 燃 烧 室

燃烧室位于压气机之后,该组件的功能在第 3 章中有详细描述。如前所述,

将燃料喷射到燃烧室主燃烧区域中,从而将燃烧室燃气出口温度升高到涡轮入口所需的温度。虽然发生有效燃烧的空气/燃料化学计量比(基于燃料组成)大约为15:1,但是燃气轮机燃烧的实际空气/燃料比可以大于100:1。对于发电和飞机发动机应用不同的设计。

17.4.1　燃烧室设计准则

现代燃烧室设计,无论类型和应用方向如何,都必须满足以下燃烧室设计准则:
(1) 不同运行条件下的高燃烧效率;
(2) 在所有运行工况下几乎完全燃烧;
(3) 低排放:烟雾、一氧化碳 CO、氮氧化物 NO_x;
(4) 保持较低的总压损失;
(5) 均匀的出口温度;
(6) 在宽泛的工作条件下稳定的燃烧过程;
(7) 准均匀的金属温度;
(8) 结构完整性,热膨胀;
(9) 对于飞机发动机:火焰吹出,重新点燃。

17.4.2　燃烧室类型

图 17.12 和 17.13 所示为固定燃气轮机和飞机燃气轮机的燃烧室结构之间的差异。筒型燃烧室布置几乎是所有发电燃气轮机的特征。图 17.14 所示为筒型燃烧室的代表图及其基本特征。

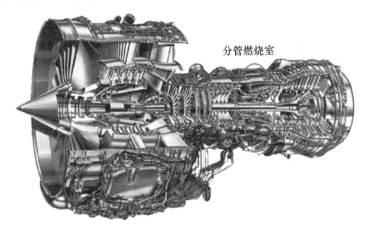

分管燃烧室

图 17.12　飞机燃气轮机,燃烧室尺寸相对其他部件相对来说较小

筒形燃烧室

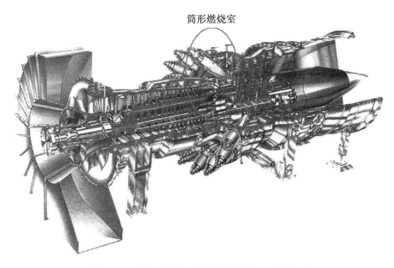

图 17.13　发电燃气轮机,较大尺寸的燃烧室

空气进入燃烧室并被分为一次部分和二次部分。一次空气通过旋流器并且在之后同喷入的燃料在旋流器出口混合,在旋流器出口发生涡破碎。图 17.14 所示大涡的产生及其后续涡的破碎是燃气轮机燃烧过程中必不可少的组成部分。涡破碎的目的是保持燃料颗粒处于旋转状态以实现燃料与空气的更好混合。二次空气区域有两个功能:①它作为一个保护隔离来自燃烧外壳的可能超过 2000℃ 的火焰;②二次空气冷却所有的火焰接触材料并且通过其中的孔将冷空气注入热的主燃烧区,从而进一步降低气体温度。如图 17.15 和图 17.16 所示为典型的燃烧室。

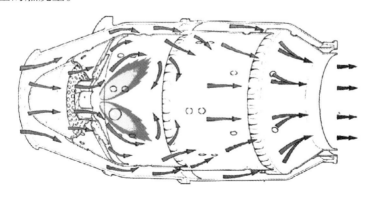

图 17.14　筒型燃烧室中的顺序燃烧过程

图 17.17 中所示的环型燃烧室具有与上述燃烧室相同的基本特征,但是它具有在燃烧室入口周向布置的喷嘴。

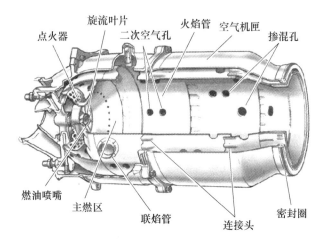

图 17.15 具有图 17.9 特征的筒形燃烧室单元

图 17.16 得州农工大学涡轮机械设计项目的筒式燃烧室

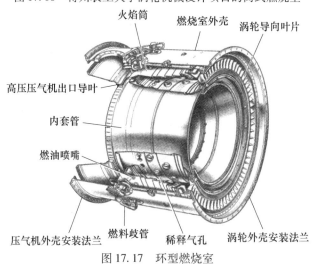

图 17.17 环型燃烧室

384

17.5 涡轮设计、边界条件和设计过程

涡轮设计过程在开始时使用以下给定变量:

(1)涡轮质量流量 $\dot{m}$;

(2)涡轮压比 π_{act};

(3)涡轮入口温度 T_{inlet};

(4)涡轮旋转频率 n。

当地空气的相对湿度,用于计算湿空气属性。

17.5.1 燃气轮机涡轮的设计过程

要进行设计过程,首先使用第16章详细列出的逐排平均线设计方法。计算过程是一个迭代的过程,在个人计算机上可能只需要几秒钟就能完成。在下文中,将逐步解释设计过程:

步骤1:确定涡轮流路和叶片高度分布。

在开始设计过程之前,需要确定以轮毂和叶顶直径分布形式表示的涡轮流路,从而计算叶片高度的分布。从17.4节知道以下变量:

涡轮质量流量: $\dot{m}_T = \dot{m}_{Comp} + \dot{m}_{Fuel}$。对于逐排设计,在质量流量平衡中必须考虑冷却质量流量。

入口和出口压力:注意涡轮入口压力是压气机出口压力减去燃烧室的压力损失。涡轮出口压力取决于与其相连的部件。如果涡轮出口为外界大气,则出口气体的整个动能被认为是主要的出口损失。为了减少这种损失,扩压器连接到动力涡轮最后一级的出口来减少出口动能,从而提高燃气轮机的效率。第6章介绍了扩压器的最佳设计。降低涡轮出口压力直至低于大气压力会增加总焓差,从而提高燃气轮机效率。但是在飞机发动机中,喷嘴连接到涡轮出口以增加动能,从而导致更高的出口动量和更大的推力。

第4章中流量系数在 $\phi = 0.4 \sim 0.8$ 范围内的假设是一个合理的初步假设。注意:在迭代的过程中,所有初始假设的值都将改变。

对于发电燃气轮机,需要假设一个恒定的轮毂直径。

根据上述变量,通过连续性方程确定叶片入口和出口处的高度。对于发电燃气轮机,轮毂或平均直径的选择对于确定叶片高度至关重要。叶片高度低到某一最低高度以下。该最小高度由二次流损失系数决定。对于高压部分,二次流损失系数假设高达整个级损失系数的45%。减小叶片高度会导致大量的二次流损失从而降低效率。

对于 Alsthom 制造的焊接筒型转子的发电燃气轮机,如图 17.2 所示,恒定的轮毂直径构成一个标准的设计过程。

步骤 2:确定级数。

根据给定的入口和出口压力以及假设的等熵涡轮效率,可以估计涡轮总焓差。假设的涡轮效率在迭代过程中不断地被新的效率所替换,这个新的效率是第 6 章中描述的损失和效率计算的结果。

在估算总焓差时可以包含多级,使得所有涡轮级功率的和等于所需的涡轮功率。级数直接与级的比负载系数 λ 相关。对于发电燃气轮机,以高效率运行是主要的设计目标,λ 的允许范围为 $\lambda = 1.0 \sim 1.5$。在迭代过程中,将对各个级进行调整以达到期望的涡轮功率。

如第 4 章所述,一般来说,每级由 9 个无量纲参数和 4 个方程确定。为了求解具有 9 个未知数的 4 个方程的系统,其余 5 个未知数必须假设其为给定的。给定的数据有助于估计 λ 和 ϕ。还可以选择以下 α_2、β_3、μ、ν 以及反动度 5 个参数中的任何三个参数来求解 4 个方程组成的方程组。

利用已知的流路和叶片气流角,计算出各个静叶和动叶的损失、排总损失系数、级总损失系数和级效率。

对于初步设计,使用自由涡流径向平衡方程,但最终设计将使用流线曲率法。

对于最终设计,生成从轮毂到叶顶叶片叶型。

可以设计叶片叶型,可以构建前加载或后加载叶型。重要的是,压力分布不具有强的负压力梯度,后面是同样强的正压力梯度。从负压力梯度向正压力梯度的平滑过渡是有利的。

图 17.18 所示为具有恒定平均直径和三维叶片的燃气轮机涡轮部分的横截面。叶片组装在有螺栓连接的单个盘上,这只是显示了其中的一个。请注意,具有较少部件的简单设计总是比有许多部分的复杂设计更好。例如图 17.2 显示了带有焊接转子的 Alstom GT – 13E。图 17.19 显示了和图 17.18 相同的三维形式的转子,显示了详细装配信息。

具有涡轮、压气机和轴承的转子单元如图 17.20 所示。它集成在如图 17.21 所示机匣中。

大功率燃气轮机的转子比飞机发动机对应部分重得多。这需要使用推力和滑动轴承代替滚珠轴承。径向轴承位于涡轮侧,如图 17.22 所示;推力轴承安装在压气机侧,如图 17.23 所示。这种布置允许转子从压气机相对冷侧自由膨胀到涡轮热侧。

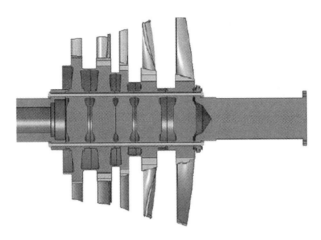

图 17.18　发电燃气轮机涡轮部分的横截面,得州农工大学的涡轮机械设计项目

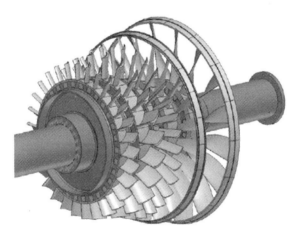

图 17.19　涡轮部分的视图,叶片组件的细节,得州农工大学的涡轮机设计项目

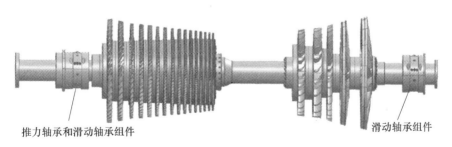

推力轴承和滑动轴承组件　　　　　　　　　　　　　滑动轴承组件

图 17.20　燃气轮机转子,得州农工大学涡轮机设计项目

387

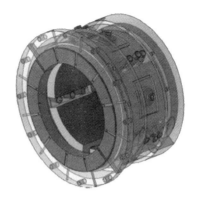

图 17. 21　涡轮侧的径向轴承　　　　图 17. 22　压气机侧的推力轴承

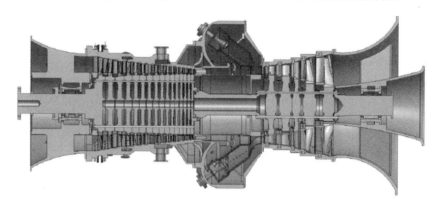

图 17. 23　得州农工大学涡轮机设计项目的燃气轮机横截面

17.5.2　机械完整性和部件振动

转子动力学稳定性、部件振动、部件机械振动与转子动力学的相互作用的详细计算都是特殊的课题,其重点是部件和整个燃气轮机系统的气热设计,而这些已经超出了本书的范围。转子动力学、部件振动和结构完整性可以使用有限元分析、转子动力学及振动分析工具计算。这些计算工具是一般涡轮机械设计和燃气轮机设计的组成部分。OEM 发动机制造商可能有自己的内部开发工具,或者可以使用商业软件。在初步设计的过程中使用这些工具时,必须特别注意燃气轮机部件和系统的机械完整性。特别是受到振动的低压压气机叶片、低压涡轮叶片和转子轴等部件。压气机第一级和涡轮最后级对振动特别敏感,这些振动可能与转子的运动相互作用,如果在设计阶段不采取预防措施,则可能会危及发动机的安全。

参 考 文 献

［1］Yoshiaki, N. , 2016 et al. , " Application of Latest Gas Turbine Technologiesand Verification Results, GT2016 – 56520.

［2］Okui, H. , et al. 2009, "Three – Dimensional Design and Optimization of a Transonic Rotor in Axial Flow Compressors", ASME J. of Turbomachinery, vol. 135, Issue 3. Paper031009.

［3］Ito, E. , et al. , 2013, "Development of key technologies for the next generationhigh temperature gas turbine", ASME Turbo Expo GT2013 – 45172.

［4］M. T. Schobeiri, 2016, "Instruction for Mechanical Design of Gas Turbines for Students of Turbomchinery Design Course MEEN – 646, Texas A&M University.

第18章　燃气轮机发动机设计、非设计工况及动态性能模拟

过去几十年,飞机和发电燃气轮机系统的效率和性能不断提高,使得发动机设计要承受极端负载条件。尽管在材料开发方面取得了巨大进步,但在设计点,发动机部件仍然运行在接近空气动力学、热力学和机械应力极限状态。在这种情况下,任何不利的动态状态都会引起过大的空气动力、热和机械应力等问题,这些都可能影响发动机的安全性和可靠性。因此,如果不采取足够的预防措施就可能会影响发动机的可操作性。考虑到上述因素,在发动机及其部件的设计和开发初期,对上述应力及其原因的准确预测至关重要。

本章的重点是在设计、非设计和不利工作条件下对燃气涡轮发动机及其部件的动态性能进行模拟。模拟发动机类别包括单轴和多轴燃气涡轮发动机、涡扇发动机和发电燃气轮机。模拟概念基于一般的模块化结构化系统结构。在上面6章中,燃气轮机组件由数学微分方程组描述的单个模块表示。基于这些和其他必要的模块,提出了一个通用概念。它为发动机空气动力学研究人员开发模拟任意发动机和装置结构的计算机代码提供必要的工具。发电燃气轮机和航空发动机燃气轮机工作在设计、非设计和任何不利的动态运行条件。第12～17章描述的计算工具及其组件可以轻松扩展应用到火箭发动机、联合循环、热电联产循环和蒸汽动力装置。多层次系统模拟可以处理从绝热模拟到非绝热模拟的不同复杂程度的问题。通过求解描述各个组件非稳态偏微分方程来计算发动机的动态性能。采用先进的控制系统并采取适当的方法可使发动机设计人员通过计算软件准确预测发动机的动态特性和关键参数。该方法还可用于验证新一代高性能发动机的设计概念。模块化结构概念使用户能够独立开发新的组件并将其集成到仿真代码中。作为代表性例子,本章对压缩空气储能燃气轮机的动态模拟提出了几种不同的案例研究,还模拟了单轴和多轴推力和发电发动机的不同瞬态情况。

18.1　动态模拟的现状和背景

NASA 的研究人员较早地研究了航空发动机的动态特性并在文献[1－4]中使用部件性能图来模拟。由部件性能图定义的发动机性能图是模拟发动机工作

范围内性能的有效工具。但是,这种模拟无法提供对发动机开发和设计至关重要的详细信息。此外,上述表示方法无法向控制系统设计者提供必要的输入参数(如描述压气机和涡轮叶栅、轴和壳体的气动热力学和结构条件的参数)。因此,无法验证实际系统对控制器干预的响应。这些和其他参数是用于触发预防措施控制器的必要输入参数,如主动喘振控制及防止涡轮叶片由于冷却失效及过热等。一个动态模拟可以提供燃气轮机在不利的操作过程中的性能细节,可使发动机制造商减少常规的测试次数。

为了解决上述问题,文献[5-12]开发了模块化结构计算机代码 COTRAN,用于模拟单轴发电燃气轮机的非线性动力学性能。为了考虑瞬态过程中材料与工质之间的热交换,COTRAN 中对于燃烧室和换热器部件采用非绝热过程计算。通过使用级特性的逐级计算来实现涡轮部件的动态膨胀过程。COTRAN 反映了实际发动机结构和部件,可应用于新燃气轮机的早期开发和设计的阶段。虽然 COTRAN 是一套先进的非线性动力学程序,但其模拟能力仅限于单轴发电燃气轮机,不能用于模拟多轴航空发动机。考虑到这种情况,文献[3,12-13]开发了一种新的计算方法,具有通用的模块化结构计算机程序 GETRAN,可用于模拟单轴和多轴高压核心机、涡轮风扇发动机和发电燃气轮机的非线性动态特性。该代码能够模拟多达 5 个轴、具有变几何的带或不带动力输出轴的航空发动机的能力。

18.2 燃气轮机的结构形式

燃气轮机设计确定的应用方向决定了它的结构形式。用于发电的燃气轮机通常为单转子。一个转子将压气机和涡轮组合在一起。图 18.1 所示为单轴发电燃气轮机,其中 14 级压气机与 3 级涡轮共用相同的轴。

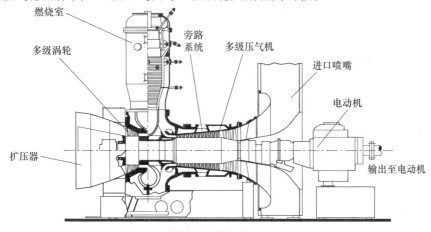

图 18.1 单轴发电燃气轮机 BBC-GT9

对于发电燃气轮机功率/重量比不是一个关键参数,推重比是设计航空发动机的关键参数。高性能航空发动机一般都是双轴或多轴布置方式。每个轴通常以不同的角速度旋转,相互之间通过空气或燃气在气体动力学上连接。图18.2所示为一个典型的高性能双转子航空发动机,其中涵道前风扇是主要推力发生器。功率小于20MW的燃气轮机可能具有由燃气发生器轴和动力涡轮轴构成的分轴结构。燃气发生器轴的涡轮提供驱动压气机所需的轴功,动力轴产生净功。除了上述设计结构之外,可以使用如图18.3所示的核心机来构造各种发动机改型。

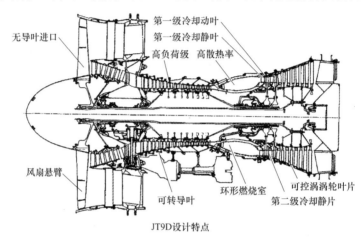

JT9D设计特点

图18.2　具有多级压气机和涡轮的双轴 Pratt&Whitney 大涵道比航空发动机

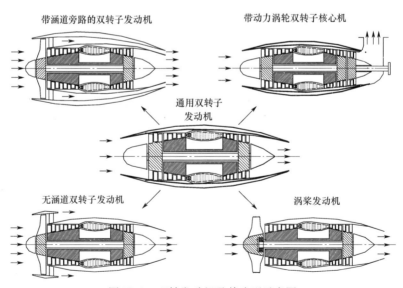

图18.3　双轴发动机及其改型示意图

18.3 燃气轮机部件及模块化概念

由发电和航空燃气轮机的概述得出如下结论:任何飞机或发电燃气轮机及其改型,无论布置方式及轴和部件的数量,都可以对发动机感兴趣的结构进行部件布置的模拟。目前的非线性动力学方法是基于这种通用的模块化结构概念模拟现有和新型发动机及其改型的瞬态特性。模块由其名称、轴号及进口和出口腔室确定。该信息对于自动生成表示各个模块的微分方程组至关重要。然后将模块组合成对应于发动机布置方式的完整系统。通过热力学定律对每个模块进行物理描述,得到非线性偏微分或代数方程组。由于发动机由多个部件组成,其模块化布置包含多组方程组的系统。上述概念可以系统地应用于任何飞机或发电燃气轮机。模块化概念的一般应用如图18.4和图18.5所示。图18.4所示的双轴发动机显示了双轴发动机及其部件布置的模块化结构。模块化布置方式的相应模块如图18.5所示。

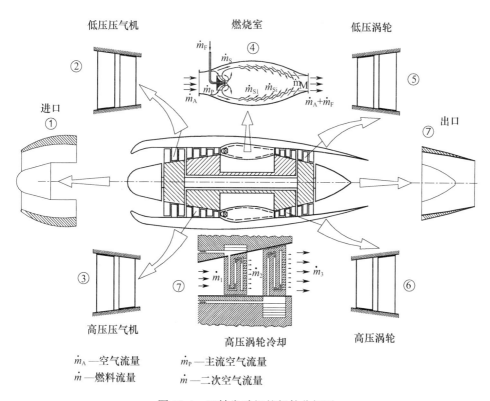

图 18.4 双轴发动机的部件分解图

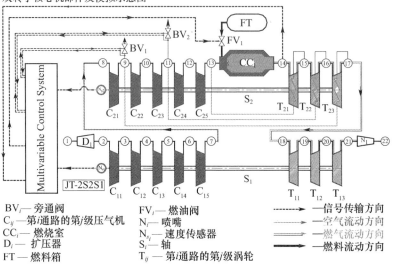

双转子核心机部件及模拟示意图

BV$_i$— 旁通阀
C$_{ij}$— 第i通路的第j级压气机
CC$_i$— 燃烧室
D$_i$— 扩压器
FT — 燃料箱

FV$_i$— 燃油阀
N$_i$— 喷嘴
N$_{si}$— 速度传感器
S$_i$— 轴
T$_{ij}$— 第i通路的第j级涡轮

- - - → —信号传输方向
⟶ —空气流动方向
⟶ —燃气流动方向
⟶ —燃料流动方向

图18.5　图18.4所示的发动机模块结构

　　它由两个轴 S$_1$ 和 S$_2$ 组成,低压和高压部件如压气机和涡轮组装在上面。两个轴通过工质空气和燃气相连。它们以不同的转速旋转,通过传感器 N$_{s1}$ 和 N$_{s2}$ 传输到控制系统。空气进入与 S$_1$ 组装的多级压气机连接的进口扩压器 D$_1$,并在几个压气机 C$_{1i}$ 中分解。第一个标号(1)表示轴号,第二个标号 i 表示压气机数。在 S$_1$ 不布置的压气机组中压缩之后,空气进入组装在由 C$_{21}$ ~ C$_{25}$ 级组成的 S$_2$ 轴上的第二个压气机(高压压气机)。在燃烧室(CC$_1$)中,通过从燃料罐 FT 中加入燃料来产生高温燃气。气体在由 T$_{21}$ ~ T$_{23}$ 级组成的高压涡轮中膨胀。从高压涡轮的末级离开后,燃气进入由 T$_{11}$ ~ T$_{13}$ 级组成的低压涡轮,并通过出口喷嘴膨胀。两个旁通阀 BV$_1$ 和 BV$_2$ 与压气机静子叶片连接起来以防止喘振。燃料阀 FV$_1$ 位于燃料箱 FT 和燃烧室 CC$_1$ 之间。管道 P$_i$ 用于将冷却空气从压气机输送到冷却涡轮。压气机级压力、涡轮进口温度和转子速度是控制系统的输入信号,其控制阀门的横截面积和燃料质量流量。

　　图18.6和图18.7所示为通过第14~17章介绍的方法描述的部件列表及其对应的模块化表示和符号。它们展现了任何航空和发电燃气轮机通常布置方式所必需的基本部件。

　　这些模块通过腔室彼此连接,该腔室是两个或更多个连续部件之间的耦合部件。如第13章述的那样,腔室的主要功能是耦合进出部件的动态信息,如质量流量、总压、总温、燃料/空气比和水/空气比。工质进入腔室后会发生混合过程,其中上述变量达到其平衡值。所有出口部件的输出值相同。

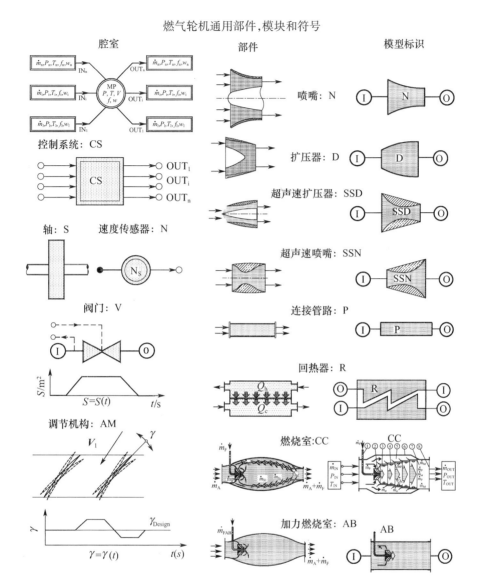

图 18.6 部件、模块及其符号:腔室、控制系统 CS、轴 S、转动惯量 *I* 和转速 *ω*、
速度传感器 N、用于关闭和打开横截面 *S* 的任意斜坡的阀、用于静子叶片调节的
调整机构 AM、亚声速喷嘴 N、亚声速扩压器 D、超声速扩压器 SSD、超声速喷嘴 SSN、
回热器 R、燃烧室 CC 和加力燃烧室 AB

燃气轮机通用部件的模型和标识

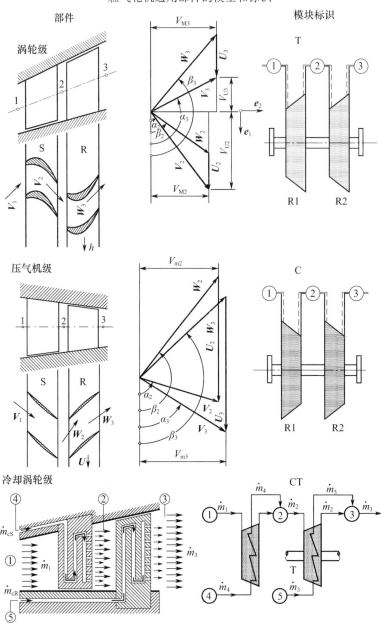

图 18.7　具有模块 T 的绝热涡轮级, 具有模块 C 的
绝热压气机, 具有模块 CT 的冷却涡轮级

图 18.8 所示为具有模块化分解的三转子超声速发动机的更复杂的示例，图 18.9所示为图 18.8 的系统的模块化结构,其由大量的微分和代数方程表示。

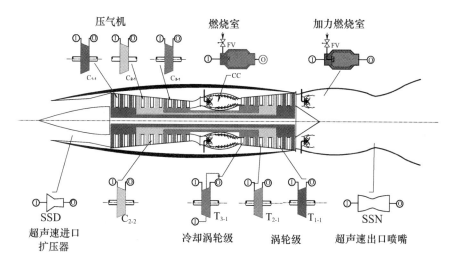

图 18.8　三转子高性能核心机的部件分解示意图

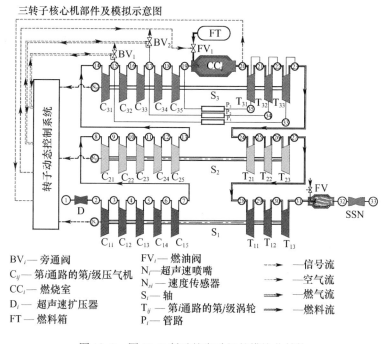

BV$_i$—旁通阀　FV$_i$—燃油阀　　N—超声速喷嘴　　$\longrightarrow$—信号流
C$_{ij}$—第i通路的第j级压气机　N$_{si}$—速度传感器　$\longrightarrow$—空气流
CC$_i$—燃烧室　　S$_i$—轴　　$\Longrightarrow$—燃气流
D$_i$—超声速扩压器　T$_{ij}$—第i通路的第j级涡轮　$\Longrightarrow$—燃料流
FT—燃料箱　　P$_i$—管路

图 18.9　图 18.8 所示的发动机的模块化结构

397

18.4　燃气轮机发动机的分层次模拟

燃气轮机动态模拟的精度由部件的建模水平决定,随着仿真复杂度的增加而增加。下面介绍4个层次的模拟:

18.4.1　零层次模拟

应用于文献[4–7]中的简单情况,利用由代数方程、简化微分方程和查表和性能图描述的具有稳态分量特性的固定系统结构。此外,部件之间没有动态耦合。由于该模拟层次不考虑发动机动力学,因此不再深入研究。

18.4.2　第一层次模拟

该层次仅对涡轮和压气机使用部件全局性能图。使用前面章节详细列出的逐排绝热计算方法生成性能图。根据第14~17章讨论的方法模拟其他部件,如回热器、冷却器、燃烧室、管道、喷嘴和扩压器。计算一次空气、二次燃气和燃烧室的金属温度。通过腔室耦合确保所有模块都能进行动态信息传输。模块由代数和微分方程描述。

18.4.3　第二层次模拟

该层次对压气机和涡轮模块采用逐排或逐级计算。对于燃烧室,计算一次空气、二次燃气和金属温度。在整个模拟过程中进行动态计算,其中模块通过腔室耦合。每个模块由微分和代数方程描述。

18.4.4　第三层次模拟

该层次对压气机和涡轮模块使用逐排非绝热计算。该层次提供了有关压气机和涡轮部件动态特性的非常详细的非绝热信息。它采用冷却的涡轮和压气机级,并同时计算叶片温度。对于燃烧室,计算一次空气、二次燃气和金属温度。在整个模拟过程中进行动态计算,而模块通过腔室耦合。每个模块由微分和代数方程描述。以下示例说明了该层次提供的细节信息和复杂程度。高性能燃气涡轮发动机4级涡轮部件的前2级必须进行冷却。对于前4个涡轮叶片排,使用非绝热膨胀过程,其需要3个微分方程来描述主流,3个微分方程描述冷却流和1个微分方程描述叶片温度,这导致对两个冷却涡轮级需要28个微分方程。

通用结构允许交叉耦合第一层次到第三层次。例如,希望模拟具有全局压气机性能图的燃气涡轮发动机,但需要获得关于涡轮叶片温度的详细信息,这是计算叶片和机匣之间的相对膨胀所必需的,可以使用非绝热计算方法。在这种情况下,交叉耦合第一层次和第三层次模拟。

18.5 非线性动态仿真案例研究

这里介绍了 3 种完全不同的与燃气轮机系统有关的 7 种案例研究,表 18.1 所列为模拟案例的信息。

表 18.1 模拟案例研究

案例	动态仿真类型	发动机型式
案例 1.1	压缩空气储能燃气轮机紧急停车	压缩空气储能燃气轮机
案例 1.2	压缩空气储能对波动电网电力需求的动态响应	压缩空气储能燃气轮机
案例 2	不利工作条件下的燃气轮机动态试验	单轴发电燃气轮机
案例 3.1	燃气轮机的旋转失速和喘振	分轴燃气轮机
案例 3.2	通过调整静叶角度防止旋转失速和喘振	分轴燃气轮机
案例 4	通过调整涡轮定子角度来提高效率	单轴发电燃气轮机
案例 5	三转子四轴航发改型的动态模拟	三转子四轴燃气轮机

这些研究证明了在第 13~18 章中讨论的通用结构化方法用于模拟高精度动态复杂系统的能力。本章介绍的案例研究与真实世界发动机模拟相关,旨在为读者提供对非线性发动机动态模拟的见解。选择的案例涵盖从零转子单轴发电到三转子四轴推力和发电燃气轮机,提供了设计和非设计动态运行过程中发动机性能的详细信息。对于每个发动机结构,模拟提供每个单独部件的气动热力学细节及其与其他系统部件的相互作用。

18.5.1 案例研究 1:压缩空气储能装置

本案例研究的主题是单轴压缩空气储能(CAES)燃气轮机紧急停车的动态模拟[14],如图 18.10 所示。CAES 用于有效地满足全天的峰值电能需求。

在夜间长达 8h 的低电能需求期间,电力公司产生了过量的电能。这些过量的能量用于驱动 CAES 的压气机组。功率为 60MW 的压气机运行约 8h,提供高压压缩空气注入大型地下空气储存设施。图 18.10 显示了 CAES 的工作原理。可以看到,该设施由包括低压压气机、中压压气机和两个高压压气机组成的压缩空气生成单元。低压压气机轴连接到通过大齿轮传动装置承载的中压压气机和两个高压压气机的轴。发电单元是具有两个大体积燃烧室和两个涡轮的燃气轮机。在电能需求峰值期间,来自地下储存室的压缩空气进入第一个燃烧室,并且

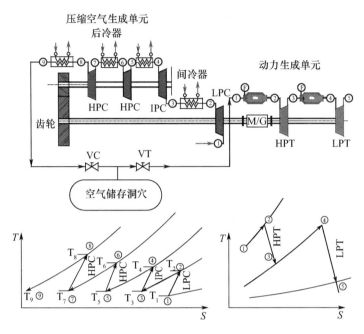

图 18.10 位于德国亨托夫的压缩空气能量储能装置

添加燃料开始燃烧过程。高压、高温燃气首先在高压涡轮中膨胀。在离开高压涡轮之后，贫燃气进入第二个燃烧室，在其中添加剩余的燃料。再加热的燃气进入低压涡轮膨胀。这两台涡轮在 2~4h 内产生约 290MW 的功率。与基本负荷燃气轮机相比，CAES 设备的运行时间限制为每天几小时，导致每天启动然后停机。如果启动和关闭程序没有正确执行，这种相对较高的启动和停机频率可能会导致结构损坏，从而缩短发动机的使用寿命。CAES 燃气轮机系统如图 18.11 所示，其模拟示意图如图 18.12 所示，主要包括用于存储压缩空气的大容积腔室⑧、高压燃烧室（HPCC）、高压涡轮机（HPT）、低压燃烧室（LPCC）、一个低压涡轮机（LPT 2）、冷空气预热器（低压侧 LPP 和高压侧 HPP）和发电机（G）。在涡轮稳态运行期间，来自空气存储设施的冷却空气，经过腔室⑧通过关闭阀（V_1）到达进气室①，在那里它被分成燃烧和冷却空气流。

在高压燃烧室中添加燃料会使燃气被加热到燃烧室的出口温度。在高压涡轮的上游，燃烧室质量流与已经在预热器高压侧中预热的冷却空气流的一部分混合。结果，涡轮质量流的气体温度低于燃烧室的出口温度。在高压涡轮膨胀后，低压燃烧室质量流在低压涡轮进气室④中与剩余的预热的冷却空气流和密封空气流混合。在低压涡轮膨胀后，气体离开燃气轮机系统之前会在预热器低压侧中释放出一些热量。图 18.12 显示了各种部件是如何相互连接的。腔室⑧

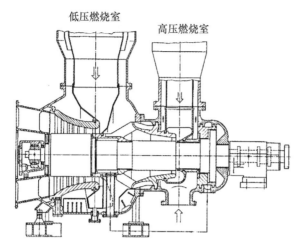

图 18.11 Huntorf 装置的发电燃气轮机单元

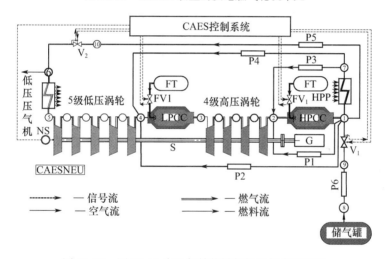

图 18.12 图 18.11 中空气储能燃气轮机仿真原理图

和空气储存设备通过两个相同的管道(P6)连接到两个关闭阀(V_1)。在稳态运行期间,排气阀(V_2)保持关闭。如果发生干扰,其将会打开并可能导致快速停车。在这种情况下,阀门会排出一些气体,从而限制转子最大转速。为了清楚起见,预热器(P)已被分离为空气侧和燃气侧,分别称为 HPP 和 LPP。

18.5.1.1 案例研究 1.1:紧急停车

从稳定的工作点开始,假设控制系统发生故障,模拟发电机跳闸快速停车。这种情况需要液压应急系统的干预,下面模拟了一些部件中的极端瞬态过程,在

401

这里简要说明。在发电机跳闸之后,由于全部涡轮动力作用在其上使转子强烈加速,如图18.13(a)所示。

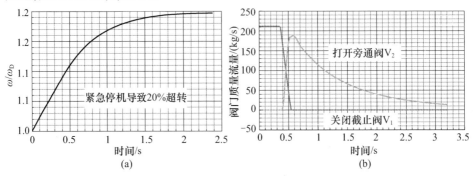

图 18.13　相对角速度(a)和质量流(b)与时间的函数关系

液压应急系统仅在达到与液压应急超速跳闸相应的速度时启动,这种干预包括关闭燃油阀 FV_1 和 FV_2 以及空气阀 V_1,之后系统不再从外部接收任何能量,如图18.13(b)所示。进口关闭阀 V_1 保持打开,直到达到 $t=0.35s$ 的跳闸速度。旁通/排气阀 V_2 的打开可以将两个大体积燃烧室和预热器高压侧中的高压空气排出。进口关闭阀的关闭过程和旁通阀的打开如图18.13(b)所示,该过程导致腔室压力和温度稳定下降。

如图18.14所示,高压部分的压降最初比低压部分更为陡峭。这意味着高压涡轮的焓差比低压涡轮的焓差下降得更快。在排气阀打开后立即在腔室⑩中发生突然的压力降,腔室⑩通过管道 P5 连接到腔室①。此后,两个腔室之间发生动态压力平衡。压力和温度的下降导致相应的轴功率和整个发动机的质量流量下降。图18.15(a)所示为涡轮进口和出口温度的下降。涡轮质量流量的持续下降导致轴功率的强烈耗散,导致涡轮出口温度过度增加。为了避免对叶片的热损伤,将一小部分冷空气注入涡轮流动路径导致温度梯度的降低。在 $t=3.4s$ 时出口温度如图18.15(b)所示。

转子转速的动态特性通常由作用在转子上的涡轮功率决定。转子对发电机跳闸的反应如何取决于全部涡轮功率可用时间长度,是一个通过控制和安全监控系统监控的过程。当控制系统正常工作时,跳闸信号无延迟地发送到关闭阀。控制系统故障导致液压应急系统进行干预。仅当达到与液压应急超速跳闸相应的速度时,干预才开始。在该过程以及随后的阀门关闭时间,转子接收涡轮的全部功率。关闭期间的特征在于从外部输入的能量稳定减少,其最终变为零。系统中仍然含有的气体总能量由两个涡轮转换为机械能,导致转子转速稳定增加(图18.13)。当瞬时涡轮功率与摩擦和风车损失平衡时,转子转速达到其最大

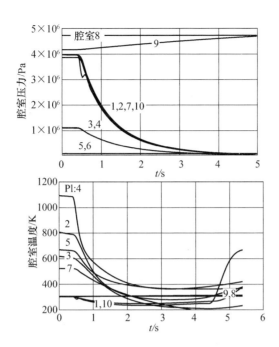

图 18.14　腔室压力和温度与时间的函数,关闭过程导致高压腔室 1,2,7,10 快速减压

值,之后开始减小。图 18.16(a)所示减少涡轮质量流量使其低于第 17 章讨论的最小值,使轴功率完全耗散为热量,导致图 18.16(b)所示的负值。从这一点开始,转速开始下降。该图描述了通过两个涡轮并代表整个发动机的质量流量和总轴功率。

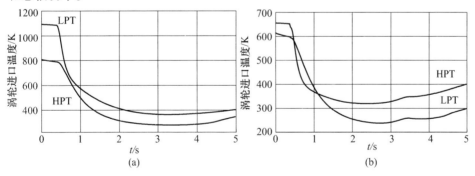

图 18.15　涡轮进口和出口温度与时间的关系,注意出口温度在 $t = 3.4\mathrm{s}$ 时发生变化

18.5.1.2　案例研究 1.2:波动电网电力需求的动态响应

在上一节描述的 CAES 燃气轮机运行期间,电网的电力需求可能会波动。燃气轮机系统必须做出相应响应。在这种情况下,控制系统通过改变燃烧室的燃料质量流量来对该情况做出反应。可以应用几种控制方法来改变一个或两个

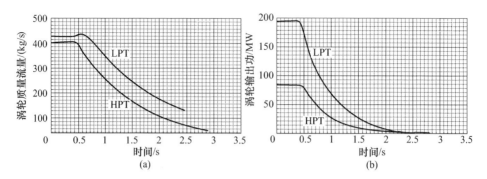

图 18.16　涡轮质量流量(a)和功率(b)与时间的函数关系

燃烧室的燃料输入。在下面的模拟中,两个燃烧室的燃料质量流量根据功率需求而改变。图 18.17 所示为两个燃烧室在燃料减少时的功率变化(a)和燃气轮机对该情况的响应(b)。这个动态行为触发了所有系统部件整个气动热力学以及材料温度的变化。代表性的例子,如涡轮功率和进口温度的变化,如图 18.8 所示。

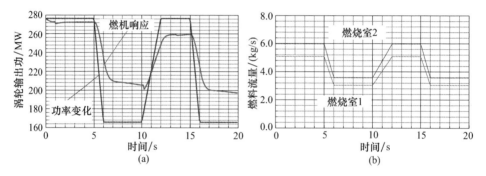

图 18.17　CAES 对电网功率波动的响应

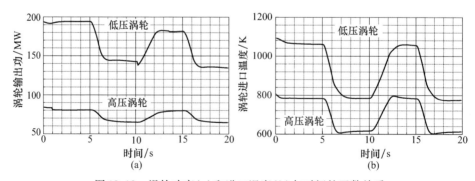

图 18.18　涡轮功率(a)和进口温度(b)与时间的函数关系

404

18.5.2 案例研究2:不利工作条件下的燃气轮机动态试验

本案例研究的主题是 BBC – GT9 燃气轮机的动态模拟,BBC – GT9 燃气轮机是单轴发电燃气轮机。它被用作独立发电或与联合循环相结合发电。图 18.19 所示的发动机主要由 3 个压气机级组、燃烧室、涡轮、控制系统和发电机组成。该发动机的模拟原理图如图 18.20 所示。转子转速和涡轮进口温度是控制器的输入参数,其输出参数为燃油质量流量(燃油阀开度)和旁通阀的质量流量(旁通阀开度)。BBC – GT9 的瞬态测试试验确定了其负载极端变化的动态性能。其瞬态数据由文献[3]准确记录。从给定的电网负载开始,预测燃气轮机的动态特性并给出结果。

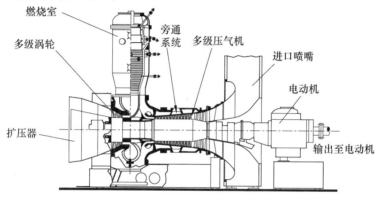

图 18.19　单轴发电燃气轮机 BBC – GT9

该发动机的模拟原理图如图 18.20 所示。对于动态模拟,第一、第二和第三级组是逐排模拟的。对涡轮部件应用类似的逐排计算程序。转子转速和涡轮进口温度是控制器的输入参数,其输出参数为燃油质量流量(燃油阀开度)和旁通阀的质量流量(旁通阀开度)。

1. 不利动态工作条件下的仿真

从稳定状态开始,根据图 18.21(a)曲线 1 所示的载荷计划,在设计点运行 1s 之后,模拟发电机失去负荷并持续 6s。

转速的增加触发了控制系统的干预,导致燃料阀快速关闭,如图 18.21 所示。此外,在转速高于设计速度的空转状态下运行导致压气机和涡轮质量流量增加。控制干预过程持续到达到恒定的空转速度。在这之后,图 18.21(a,曲线 1)中应用载荷突然增加以恢复燃气轮机功率。这种突然增加而后是负载减少的平稳上升并且达到燃气轮机额定功率的大约 25%。如图 18.21(b)所示,转子首先对这种载荷的加载作出反应,转速急剧下降,导致燃料阀快速打开。在完

BBC-GT-9发电燃气轮机部件及模拟示意图

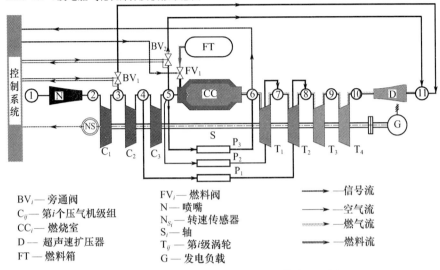

BV_i — 旁通阀
C_ij — 第i个压气机级组
CC_i — 燃烧室
D — 超声速扩压器
FT — 燃料箱

FV_i — 燃料阀
N — 喷嘴
N_{S_i} — 转速传感器
S_i — 轴
T_{ij} — 第i级涡轮
G — 发电负载

⟶ —信号流
⟶ —空气流
⟶ —燃气流
⟶ —燃料流

图 18.20　图 18.8 中 BBC – GT9 的仿真原理图

成瞬态过程后,达到稳定的非设计状态。

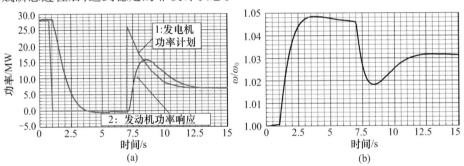

图 18.21　(a)发电机功率计划和发动机功率响应以及(b)相对轴速度与时间的函数

2. 腔室压力和温度瞬态变化

上述不利动态运行触发了各个部件内流动变量随时间的变化,图 18.22 所示为腔室压力和温度随时间的变化。涡轮功率的降低和轴转速的增加导致的高压压气机出口腔室 5 中压力降低。燃烧室出口腔室 6 和涡轮出口腔室 7 的温度遵循图 18.23(b)所示的燃料喷射过程。燃烧室上游的腔室温度不受影响。

3. 压气机和燃烧室质量流量瞬态变化

图 18.23 所示为通过低压、中压和高压压气机的质量流量瞬态变化。虽然中压和高压级组具有相同的质量流量,但低压级组具有更大的质量流量,1kg/s 的差异是由于冷却质量流量的抽出造成的。

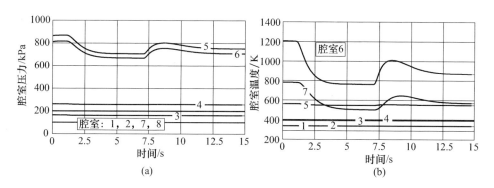

图 18.22　腔室压力和温度随时间的变化,各个腔室被标号

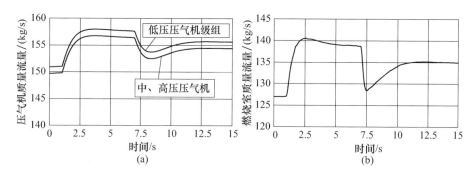

图 18.23　压气机和燃烧室质量流量随时间的变化

这里简要提及,轴转速的增加和压气机功率耗功的降低导致的压气机压力降低,引起失去载荷持续 $t = 6s$ 过程中压气机质量流量增加。突然加载会降低压气机的质量流量。燃烧室质量流量显示出类似的过程但具有显著差异,差异主要是因为有部分压气机质量流量被抽取用于燃烧室出口温度混合冷却。

4. 燃烧室气体和金属温度瞬态变化

在该模拟中使用的燃烧室部件具有 3 个区段,其将主燃烧区域与二次冷却空气区域分开,其模块如图 18.24 所示。压缩空气进入燃烧室的位置 1。添加燃料到燃烧室,分段冷却根据第 14 章中描述的程序进行。二次空气质量流部分 $\dot{m}_{\mathrm{Si}}$ 用作冷却射流并与燃烧气体混合,从而降低燃气温度,如图 18.25(a)所示。在离开之燃烧室前,燃烧气体与混合空气流 $\dot{m}_{\mathrm{M}}$ 混合,进一步降低温度。图 18.25(b)显示了各段平均温度。根据该燃气轮机的测量结果,火焰长度从 1 延伸到 3 处,这使得 2 号段成为最热的区段。

5. 涡轮和燃料质量流量瞬态变化

图 18.26(a)显示了涡轮质量流量瞬态变化,这由压气机动态运行决定。涡轮和压气机质量流量之间的差异是喷射的燃料质量流量。图 18.26(b)所示的

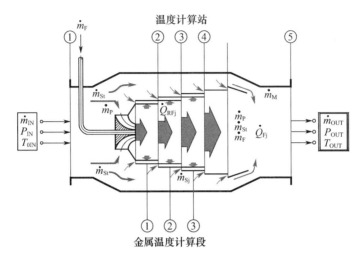

图 18.24　燃烧室模块、计算站和段

$\dot{m}_P$—主流空气；$\dot{m}_{Stot}$—二次空气总量；$\dot{m}_{Si}$—各个二次空气流流量。

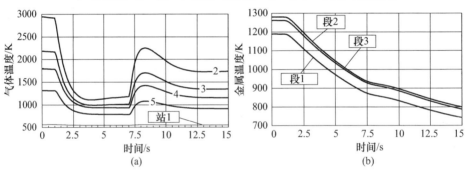

图 18.25　燃烧室不同位置的燃气和金属温度与时间的函数

燃料质量流量的变化是由于控制系统的干预。转速的增加导致控制器关闭燃料阀。随后增加发电机载荷导致转速急剧下降,这导致燃料阀打开。

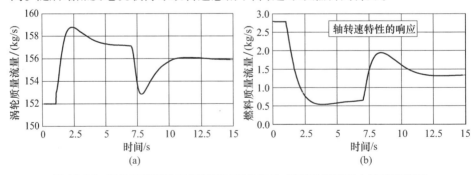

图 18.26　涡轮和燃料质量流量随时间的变化,燃料质量流量由轴转速控制

18.5.3 案例研究 3:分轴燃气轮机不利工况条件下的动态试验

为了迫使压气机进入不稳定状态,通过拆分轴并将频率控制器连接到动力轴来重新配置上一节中使用的燃气轮机。燃气轮机分解成燃气发生器和动力生成部分,如图 18.27 所示。

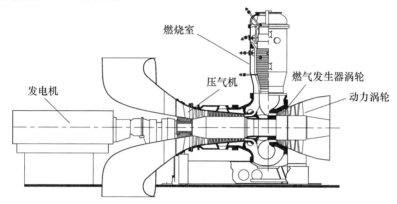

图 18.27　用于模拟旋转失速和喘振的分轴燃气涡轮发动机

如前所述,燃气发生器单元包括多级压气机,该压气机分解成低压、中压和高压压气机。压气机之后是燃烧室和驱动压气机的 3 级涡轮,以及与发电机连接的 2 级动力涡轮。低压、中压和高压压气机使用本书介绍的逐排方法建模。发动机的模拟如图 18.28 所示,其中各个部件放置在两个连续的腔室之间。

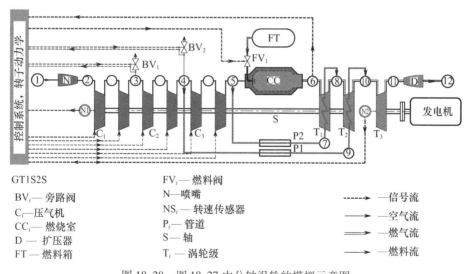

GT1S2S

BV$_i$— 旁路阀　　　FV— 燃料阀　　　　- - - - → —信号流
C$_i$—压气机　　　　N—喷嘴　　　　　———→ —空气流
CC$_i$—燃烧室　　　　NS$_i$— 转速传感器　⟹ —燃气流
D — 扩压器　　　　P$_i$— 管道　　　　　———→ —燃料流
FT — 燃料箱　　　　S— 轴
　　　　　　　　　　T$_i$ — 涡轮级

图 18.28　图 18.27 中分轴涡轮的模拟示意图

图 18.28 还显示了各个部件与控制系统的交互作用。频率控制器连接到动力轴,从而检测动力轴的转速和温度及其时间导数以控制燃料质量流量。

18.5.3.1　案例研究 3.1:压缩机喘振模拟

从稳态工作点开始,上述发动机的动态特性被模拟用于瞬态运行,该瞬态运行由作用在动力轴上的规定的发电机功率控制,如图 18.29 所示。

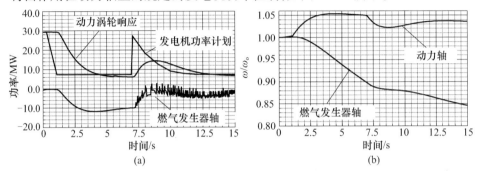

图 18.29　(a)发电机载荷计划、动力轴响应和燃气发生器轴的响应以及
(b)动力涡轮和燃气发生器轴的转速特性

此载荷计划与先前实例中描述的载荷计划完全相同。模拟包括发电机载荷突然从 100% 降至 25% ,并持续约 7s ,然后突然加载到 100% ,随后增加的载荷减少到大约 25% 。载荷突然下降导致轴转速增加。这种转速的增加导致控制器触发燃料质量流的快速节流。节流过程持续到动力轴达到的恒定空转速度。大约 7s 后,突然增加满载荷,然后缓慢减少,这样在加载完成后,燃气轮机提供其额定载荷 25% ,如图 18.29(a)所示。转子对这种突然增加的载荷作出反应,转速急剧下降。这反过来又导致燃料阀快速打开。在此过程中,燃气发生器涡轮的发电能力显著恶化,导致涡轮和压气机部件之间的功率不平衡。这种不平衡导致压气机转子转速连续降低,如图 18.29(b)所示,导致压气机部分时间运行在旋转失速和喘振状态。

将转子转速降低到 90% 以下会迫使低压压气机进入旋转失速状态,并在质量流量方向反流并产生短时间的喘振过程,如图 18.30 所示。由于反向质量流量的大小相对较小且持续时间非常短,因此不会发生总发动机质量流量反流。图 18.29 显示了动力轴和燃气发生器轴的旋转特性,燃气发生器轴的转速没有恢复,导致压气机在不稳定的工作模式下运行。

低压压气机级组表现出类似的不稳定特性,其中压气机质量流量反转发生在略低的频率和几乎相同的幅度。高压压气机级组显示出截然不同的特性。当质量流量以相似的频率波动时,幅度始终保持为正向。这些波动显然不是由高

410

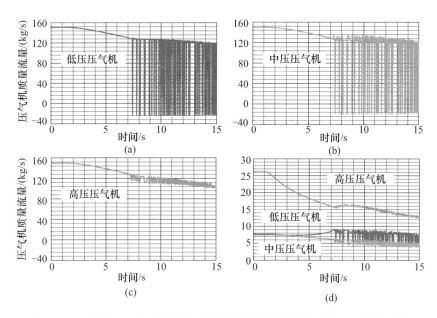

图 18.30 低压、中压和高压压气机的质量流量特性及其功率与时间的函数

压压气机级组本身引起的,而是分别从低压和中压压气机部分的下游传播过来的。由于低压和中压压气机中的高频率和短持续时间的质量流量反流,这种行为与导致整体正质量流量的连续性要求完全一致。低压、中压和高压压气机的质量流量特性如图 18.30（a）、（b）、（c）所示。每台压气机的功率波动如图 18.30(d) 所示。可以看出,低压压气机的质量流量波动引起了主要的功率波动。

18.5.3.2 案例研究 3.2：通过调整静子安装角防喘

为了防止压气机进入案例 3.1 中描述的旋转失速和喘振,低压和中压压气机级组的安装角是可以动态调整的。与案例 3.1 类似,发动机被迫进入不利的非设计运行状态,其载荷计划与图 18.29 所示相同。从稳态点开始,根据图 18.29 中显示的载荷计划,首先模拟发电机失去载荷。发电机轴通过转速的快速增加响应该情况,触发燃料阀的关闭。因此,在没有主动控制的情况下,燃气发生器涡轮的功率将不足以达到压气机的功率消耗。如在案例 3.1 中所观察到的,这种功率不平衡导致燃气发生器轴的旋转速度降低,这迫使前两个压气机级组进入不稳定模式。为了避免如案例 3.1 中的燃气发生器轴的功率不平衡,根据规定的动态计划连续调节与低压和中压压气机级组的静子叶片有关的安装角。具有可调节静子叶片排的多级压气机的结构如图 18.31 所示。

每个单独静子排的安装角 γ_{Si} 可以根据由多变量控制系统控制的 γ - 方程

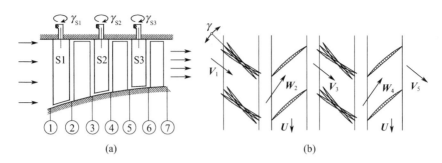

图 18.31　(a)带可调静子叶片的多级压气机以及(b)安装角调整

改变,其中排出口压力作为其输入变量之一。调整对级速度三角形的影响如图 18.32 所示。图 18.32(a)显示了在不利运行条件下与静子排在其设计安装角位置有关的速度三角形,该不利运行条件与压气机压比的增加有关。然而,该压比由偏转角 θ 确定。这可能导致静子和转子叶片上的边界层分离,从而导致旋转失速和喘振状态的开始。为了防止这种情况,安装角调整导致偏转角 θ 减少,如图 18.32(b)所示。

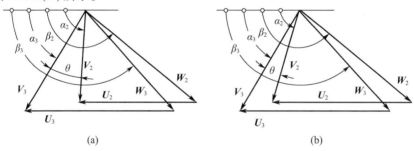

图 18.32　(a)由于不利动态运行导致流动偏转角 θ 增加的速度三角形以及
(b)调整静子叶片导致流动偏转角 θ 减小,从而防止旋转失速和喘振

　　这种静子叶片调整过程在失去载荷发生时立即开始,并持续到达到 $t = 4\mathrm{s}$ 时的规定的 γ 值。这些值在模拟的其余部分保持不变。如图所示,减小低压压气机和中压压气机的安装角就足够了,而高压压气机的安装角保持不变。这种干预导致喘振极限的显著变化,从而阻止 3 个压气机级组全部进入不稳定状态。如图 18.33 所示,压气机功率不会出现任何波动。压气机的稳定运行也反映在图 18.33 中,其中显示了载荷计划以及发电机和燃气发生器涡轮的响应。

　　与图 18.29 中未调整的案例 3.1 相比,无功率波动。图 18.33 中所示的燃气发生器轴的转速特性与案例 3.1 中所示的转速特性大不相同。图 18.31 中绘制的燃气发生器线轴的正功率差是由静子角度调整引起的压气机载荷减小的结果,它防止燃气发生器转子的旋转速度降低并使压气机进入更稳定的运行状态。

412

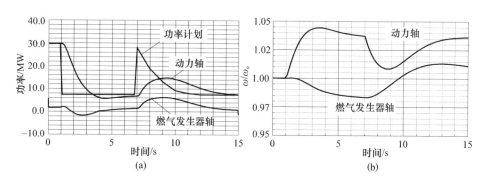

图 18.33 （a）发电机载荷计划、动力轴响应和燃气发生器轴响应以及
（b）静子安装角调整后动力涡轮和燃气发生器轴的转速特性

低压、中压和高压压气机部分的压气机质量流量、功率、进口和出口温度特性如图 18.34 所示。如图所示，作为接近喘振极限运行的压气机部件的特征，上述变量的波动完全消失。

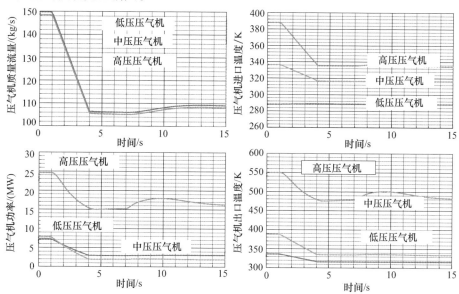

图 18.34 低压、中压和高压压气机的质量流量特性及其功率与时间的函数，
与图 18.30 不同，压气机以稳定模式运行

18.5.4 案例研究 4：调节涡轮导叶安装角使燃气轮机非设计工况效率最大化

诸如客机和直升机之类的航空发动机要求经常变化的运行条件。这些变化

413

会影响涡轮和压气机的效率和性能。在上一节中讨论了压气机性能受到不利的非设计条件的影响,包括旋转失速和喘振。本节介绍一种在频繁改变运行条件下最大化涡轮机效率的新方法。运行条件的改变可以是周期性的,一个周期或随机的。通常,燃气轮机的任何非设计工况运行与改变质量流量和改变涡轮部件的叶片攻角有关。攻角变化导致叶片损失增加,导致级效率降低。将叶片安装角调整为攻角变化导致叶型损失减小和部件损失减少,从而提高燃气轮机的热效率。

在下一节中,将讨论调整静子叶片安装角的方法,以在给定的非设计条件下实现更高的热效率。理想情况下,调整静子和转子叶片安装角将更有效。然而,改变转子的安装角需要复杂的调节机构,这是不可实现的,因此,只考虑调节静子安装角。有无可调静子角度的涡轮级速度三角形如图 18.35 所示,其中 $\gamma(a, b)$ 安装角可正负变化。如图 18.35 中所示负的 $\Delta\gamma$,给定 $V_{u2} + V_{u3}$ 导致级比功率的增加,如图 18.35(c)所示,与非设计工况(d)相比,类似地,正的 $\Delta\gamma$ 导致级的比功率降低。

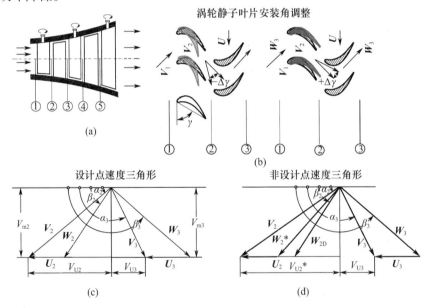

图 18.35　涡轮叶片安装角调整以减少非设计运行条件下的效率恶化

为了证明静子角度变化对燃气轮机效率的影响,如图 18.36 所示,首先假设一个恒定的功率并周期性改变角度 $\Delta\gamma$ 从 $-3°$ 至 $+3°$。

如图 18.36(a)所示,热效率随着第一排静子叶片安装角的变化而正弦变化。图 18.36(b)显示了热效率与安装角的函数关系。负安装角变化导致热效

414

率增加,而正安装角变化导致热效率降低。这与攻角的变化一致。正攻角($+i$)导致级的比功率增加。

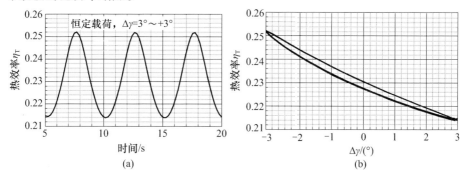

(a)   (b)

图 18.36   静子安装角的变化 $\Delta\gamma$ 作为参数 BBC – GT – 9
燃气轮机的热效率与时间的函数

现在考虑一个随时间变化的功率计划。可以应用到涡轮功率的任意动态调整。例如,在图 18.37 中给出了高斯分布作为时间的函数。该图显示功率比 PR,其是非设计功率 P_{OD} 与设计功率 P_D 的比率。对于 PR $= 1$,燃气轮机的额定输出功率为 100% ,其中对于 PR $= 0.4$ 只能提供设计功率的 40% 。

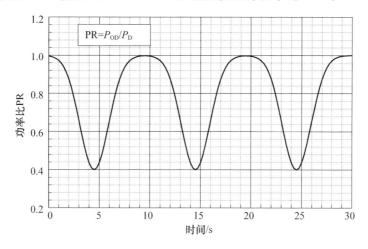

图 18.37   功率比 PR 与时间的函数

使用图 18.37 中的预定功率比 PR,对先前使用的 BBC – GT – 9 燃气轮机进行动态模拟,效率图如图 18.38 所示。对于每次模拟,功率比保持不变。图 18.38显示了5种不同安装角 $\Delta\gamma$ 的热效率随时间的变化,包括 $\Delta\gamma = 0$ 对应的设计点。有 3 种瞬态现象:①总效率随着负 $\Delta\gamma$ 的增加而增加;②$\Delta\gamma = -2°$ 使效

415

率调整了近1.5%;③两个峰值效率之间的非设计工况效率区域显著增加。因此,将安装角调整到预定功率建立一种实用的解决方案,以防止在非设计的不利运行期间的效率恶化。这种方法可以应用于飞机发动机以及工作于载荷频繁变化的发电燃气轮机。

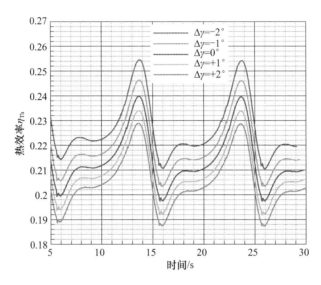

图 18.38 不同 $\Delta\gamma$ 为参数的热效率随时间变化的函数

18.5.5 案例研究5:多转子燃气轮机的仿真

此主题是复杂程度高于以前的情况的燃气涡轮发动机的非线性动态仿真。为此,设计了一种三轴推力发电燃气涡轮发动机,其结合了先进的部件。三转子四轴高性能燃气涡轮发动机包括一个低压转子,该低压转子包括通过轴 S_1 连接的低压压气机和涡轮。中压转子包括通过轴 S_2 连接的低压压气机和涡轮。高压转子在轴 S_3 上承载高压压气机和高压涡轮。为了增加发动机复杂程度,将具有发电涡轮 T_4 的第四个轴 S_4 连接到三轴燃气发生器单元的出口,如图18.39所示。瞬态工况由给定的燃料预定值控制。此结构的部件命名与以前的结构相同。图18.39所示的仿真示意图表示燃气轮机的模块化结构。

1. 燃料预设,转子响应

针对不利的加速/减速过程模拟上述发动机的动态特性。瞬态工况由开环燃料计划控制,如图18.40(a)所示。三转子和第四个轴以不同的转速独立运行,如图18.40(b)所示。

燃料预定值完全模拟任意加速-减速过程,重点是减速。从稳态运行开始,

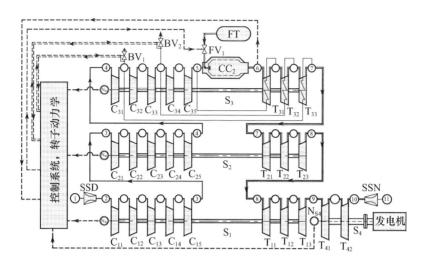

图 18.39　三转子四轴高性能燃气涡轮发动机的仿真示意图：转子 1 包括通
过轴 S_1 连接的低压压气机和低压涡轮；转子 2 包括通过轴 S_2 连接的中压
压气机和中压涡轮；转子 3 包括通过轴 S_3 连接的高压压气机和高压涡轮

将燃料质量流量减少到 $\dot{m}_F = 2.8 \text{kg/s}$ 需要约 2s。在这么短的时间内，发动机以动态状态运行，然后是循环加速 – 减速过程，变化如图 18.40 所示。动态运行会触发各个部件中的一系列瞬态过程，这将在以下进行讨论。

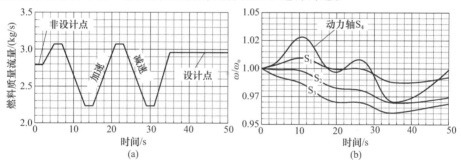

图 18.40　燃料计划(a)以非设计质量流量开始，然后是循环
加速 – 减速过程以及(b)三转子和动力轴的转速

2. 转子转速特性

三转子以及动力轴的瞬态特性由作用在相应转子上的净功率决定。对于每个单独的转子，循环加速 – 减速过程已导致所需的压气机功率消耗与涡轮之间的动态不匹配，如图 18.41 所示。当低压和中压转子 2 和 3 在负净功率的影响下减速，高压转子 3 对加速的反应更快。由于燃油计划在减速时会产生特殊的影响，因此所有三个转子的转速都有一个减速趋势，如图 18.41 所示。

腔室内的压力和温度瞬态变化:燃料质量流量的变化触发了腔室内的一系列瞬态过程,如图18.41所示。

对应于高压压气机和燃烧室的出口压力的腔室压力5和6受到循环燃料变化的强烈影响,而对于其余部件进口和出口腔室经历适度的变化。图18.42(b)所示的燃烧室下游的温度分布反映了燃料计划的进程。

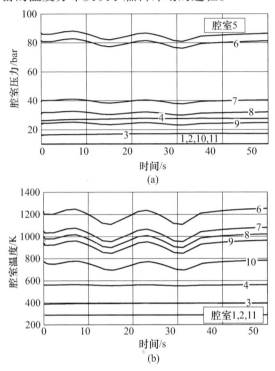

图18.41 腔室压力(a)和温度(b)与时间的函数

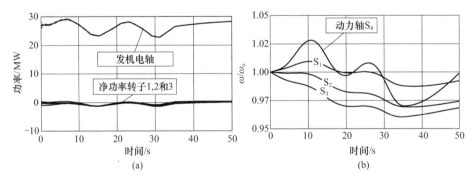

图18.42 作用在三转子上的净功率导致动态不匹配;第四个轴产生的功率(a)。三转子和第四个轴的相对转子转速

3. 燃烧室燃气和金属温度瞬态变化

图18.43所示为燃烧室的燃气和金属温度随时间的变化。在该模拟中使用的燃烧室是将主燃烧区域与二次冷却空气区域分开的3个区段。其模块如图18.24所示。压缩空气进入燃烧室位置1,如图18.43(a)。添加燃料,并根据第14章中描述的过程进行冷却。二次质量流部分$\dot{m}_{Si}$用作冷却射流并与燃烧气体混合,从而降低气体温度。在离开燃烧室之前,燃烧气体与混合空气流$\dot{m}_M$混合,进一步降低温度。图18.43(b)显示了各段平均温度。火焰长度从位置1延伸到位置3,这使得2号段成为最热的部分。如图所示,位置2的气体温度随燃料预设的变化急剧变化。通过与下游的对流,这些急剧变化得以平滑。图18.43(b)所示的壁温表现出类似的趋势。

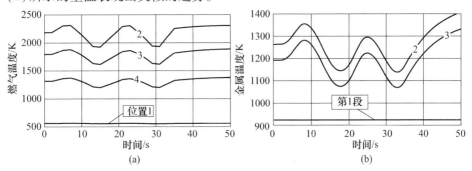

图18.43 燃烧室燃气温度和金属温度随时间的变化

4. 压气机和涡轮质量流量瞬态变化

图18.44(a)显示压气机质量流量瞬态变化,这由压气机动态运行决定。压气机质量流量的差异是由于抽取用于冷却目的的质量流量。涡轮质量流量如图18.44(b)所示。除了较小的时间延迟,它们显示相同的分布。涡轮和压气机质量流量的差异是由于添加了燃料。

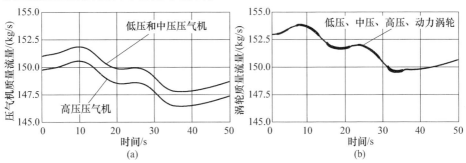

图18.44 压气机和涡轮质量流量与时间的函数

参 考 文 献

［1］ Koenig R. W. ,Fishbach L. H. , 1972, "GENENG – A Program for Calculating Design and Off
– Design Performance for Turbojet and Turbofan Engines," NASA TN d6552.

［2］ Seldner K. , Mihailowe J. R. , Blaha R. J. , 1972, "Generalized Simulation Technique for Tur-
bojet Engine System Analysis," NASA TN D – 6610.

［3］ Szuch J. R. , 1974, "HYDES – A Generalized Hybrid Computer Program for Studying Turbojet
or Turbofan Engine Dynamics," NASA TM X – 3014.

［4］ Seller J. , Daniele C. J. , 1975, "DYGEN – A Program for Calculating Steady – State and
Transient Performance of Turbojet and Turbofan Engines," NASA TND – 7901.

［5］ Schobeiri M. T. , 1985 "Aero – Thermodynamics of Unsteady Flows in Gas Turbine Systems. "
Brown Boveri Company, Gas Turbine Division Baden Switzerland, BBC – TCG – 51.

［6］ Schobeiri T. , 1985 "COTRAN, the Computer Code for Simulation of Unsteady Behavior of Gas
Turbines. " Brown Boveri Company, Gas Turbine Division Baden Switzerland, BBC –
TCG – 53

［7］ Schobeiri, T. , 1985 " Digital Computer Simulation of the Dynamic Response of Gas Tur-
bines", *VDI – Annual Journal of Turbomachinery*, pp. 381 – 400, 1985.

［8］ Schobeiri T. , 1986: "A General Computational Method for Simulation and Prediction of Tran-
sient Behavior of Gas Turbines. " ASME – 86 – GT – 180.

［9］ Schobeiri T. , 1987, "Digital Computer Simulation of the Dynamic Operating Behavior of Gas
Turbines. " *Journal Brown Boveri Review* 3 – 87.

10] Schobeiri T. , 1987, "Digital Computer Simulation of the Dynamic Operating Behavior of Gas
Turbines. " *Journal Brown Boveri Review* 3 – 87.

11] Schobeiri, H. Haselbacher, H, 1985c, "Transient Analysis of Gas Turbine Power Plants U-
sing the Huntorf Compressed Air Storage Plant as an Example. " ASME – 85 – GT – 197.

［12］ Schobeiri, M. T. , Attia, M, Lippke, C. , 1994, "Nonlinear Dynamic Simulation of Single
and Multi – spool Core Engines, Part I: Theoretical Method," *AIAA, Journal of Propulsion and
Power*, Volume 10, Number 6, pp. 855 – 862, 1994.

［13］ Schobeiri, M. T. , Attia, M, Lippke, C. , 1994, "Nonlinear Dynamic Simulation of Single
and Multi – spool Core Engines, Part II: Modeling and Simulation Cases," *AIAA Journal of
Propulsion and Power*, Volume 10, Number 6, pp. 863 – 867, 1994.

［14］ Schobeiri, M. T. , 1982, "Dynamisches Verhalten der Luftspeicher gasturbine Huntorf bei
einem Lastabwurf mit Schnellabschaltung," Brown Boveri, Technical Report, TA – 58.

符 号 表

英 文 字 母

A	加速度,力矢量
A_c	冷侧叶片表面积
A_h	热侧叶片表面积
b	尾缘厚度
c	叶片弦长
c	复杂特征函数,$c = c_r + ic_i$
c	声速
c_{ax}	叶片轴向弦长
C_D	叶栅的阻力系数
C_f	摩擦因数
C_i	常数项
C_L	叶片升力系数
C_L^*	中弧线升力系数
c_p, c_V	比热容
d	尾缘厚度投影,$d = b/\sin\alpha_2$
D	扩散因子
D	无量纲尾缘厚度
D_c	等效扩散系数
D_h	水力直径
D_m	改进的扩散系数
e	比总能
e_i	正交单位矢量
E_λ	普朗克光谱发射功率
f	槽厚/尾缘厚度比,$f = s/b$
f_C	多级压气机再热系数

f_T	多级涡轮的回热系数
f_∞	无限级涡轮的回热系数
F	辅助函数
$\boldsymbol{F}$	力矢量
g	叶片几何函数
G	叶片几何参数
G	环量函数
G_i	辅助函数
h	高度
h	比静焓
H	比总焓
H	沉浸比
H_{12}	形状因子,$H_{12}=\delta_1/\delta_2$
H_{32}	形状因子,$H_{32}=\delta_3/\delta_2$
i	攻角
$\boldsymbol{I}$	惯性矩
k	热导率
K	比动能
l,m	径向平衡引入的坐标
l_m	比轴功
L	级功率
m	质量
$\dot{m}$	质量流量
$\dot{m}_c$	冷却质量流量
Ma	马赫数
$\boldsymbol{M}_a$	动量矩矢量
n	站数
n	多变指数
$\boldsymbol{n}$	法向单位矢量
Nu	努塞尔特数
p	静压
P	总压,$P=p+\rho V^2/2$
Pr	普朗特数
Pr_e	有效普朗特数

Pr_t	湍流普朗特数
q	比热能(单位质量的热量)
q_c	级排出的冷侧比热量
q_h	传递到级的热侧比热量
q'	传递到静叶比热量
q''	传递到动叶比热量
$\dot{\boldsymbol{q}}$	热通量矢量
Q	热能(热量)
$\dot{Q}$	热能流(热流)
$\dot{Q}_c$	热能流(热流),叶片冷侧
$\dot{Q}_h$	热能流(热流),叶片热侧
$\dot{Q}'$	传递到静叶或从静叶排出的热能流(热流)
$\dot{Q}''$	传递到动叶或从动叶排出的热能流(热流)
r	反应度
r_i	级流面半径
$\boldsymbol{r}$	半径矢量
R	保角变换半径
R	密度比,$R = \rho_3 / \rho_2$
R	辐射
R	平均流道半径
Re	雷诺数
R_w	热阻
s	比熵
s	槽厚度
s	叶片间距
S_i	i 处的横截面
St	斯坦顿数
Str	斯德鲁哈尔数
t	时间
t	厚度
$\boldsymbol{t}$	单位切矢量
T	静温
T	切向力分量

$\boldsymbol{T}$	应力张量,$\boldsymbol{T}=\boldsymbol{e}_i\boldsymbol{e}_j\tau_{ij}$
T_0	滞止温度或总温
T_c	叶片冷侧静温
T_h	叶片热侧静温
T_W	叶片材料温度
u	比内能
u	速度
$\boldsymbol{U},\boldsymbol{V},\boldsymbol{W}$	旋转矢量,绝对速度矢量,相对速度矢量
v	比体积
V	体积
$\overline{\boldsymbol{V}}$	平均速度矢量
V_{max}	吸力面最大速度
W	机械能
$\dot{W}$	机械能流(功率)
$\dot{W}_{sh}$	轴功率
$\boldsymbol{X}$	状态矢量
x_i	坐标
Z_i	单级损失系数

希腊文字母

α	传热系数
α,β	绝对和相对气流角
α_{st}	保角变换中的滞止角
γ	叶片安装角
γ	比环量函数
γ	激波角
$\boldsymbol{\Gamma}$	环量矢量
δ	落后角
$\delta_1,\delta_2,\delta_3$	边界层位移厚度,动量厚度,能量厚度
Δ_1,Δ_2	无量纲位移厚度,无量纲动量厚度
ε	损失系数比
ε	收敛容差
ε'	静叶传热的无量纲参数

ε''	动叶传热的无量纲参数
ζ	总压损失系数
η	效率
η	速度比
θ	转折角
Θ	叶片流动偏转角
Θ	激波膨胀角
Θ	温比
κ	等熵指数
κ	比热比
λ	级负荷系数
λ	波长
Λ	载荷函数
μ	质量流量比
μ	绝对黏度
μ, ν, ϕ	速度比
ν	运动黏度
v_m	直叶栅安装角
ξ	距离比,$\xi = x/b$
π	压比
$\boldsymbol{\Pi}$	应力张量,$\boldsymbol{\Pi} = e_\mathrm{i} e_\mathrm{j} \boldsymbol{\pi}$
ρ	密度
σ	叶栅稠度,$\sigma = c/s$
τ	温比
$\boldsymbol{\tau}_\mathrm{o}, \boldsymbol{\tau}_\mathrm{W}$	壁面剪切应力
ϕ	级流量系数
Φ	耗散函数
Φ, ψ	势流函数
X	复变函数
ψ	等熵级负荷系数
Ψ	流函数
ω	角速度
$\boldsymbol{\Omega}$	转动张量

下标,上标

a,t	轴向,切向
c	可压缩的
c	冷侧
C	压气机
C,S,R	叶栅,静子,转子
ex	出口
F	火焰
F	燃料
Fi	气膜
G	燃气
h	热侧
in	进口
max	最大值
P,S	压力面,吸力面
s	等熵
s	激波
t	湍流
w	壁面
—	时间平均
′	随机波动
~	确定性的波动
*	无量纲
+	壁面函数
/,//	静子,转子

缩　　写

NACA	美国国家航空咨询委员会
NASA	美国航空航天局
TPFL	得州农工大学叶轮机械性能与流动研究实验室

426

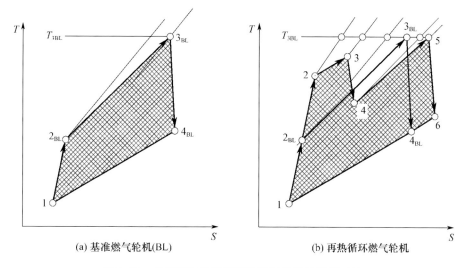

(a) 基准燃气轮机(BL)　　　　　　　　(b) 再热循环燃气轮机

图 1.11　常规燃气轮机和再热燃气轮机的性能对比

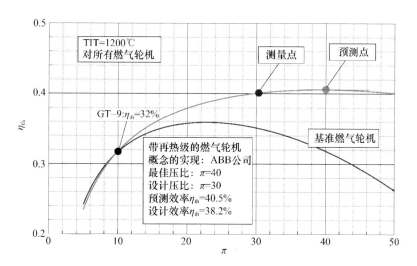

图 1.12　常规燃气轮机(蓝色曲线)和再热循环燃气轮机(绿色曲线)之间的效率对比

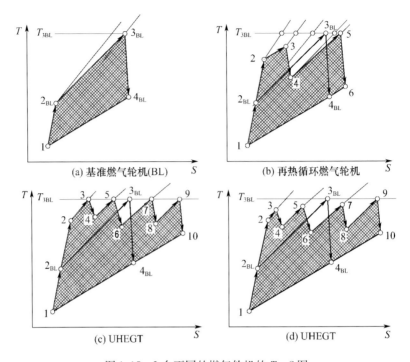

图 1.15　3 台不同的燃气轮机的 $T\text{-}S$ 图

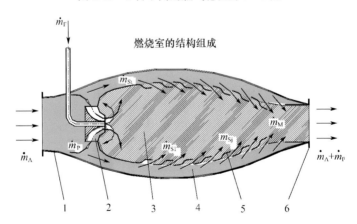

喷气发动机燃烧室的示意图
图 1.34　环形燃烧室的示意图
1—入口扩压器；2—旋流器；3—主燃区(红色)；
4—二次燃烧区域(蓝色)；5—火焰筒；6—出口。

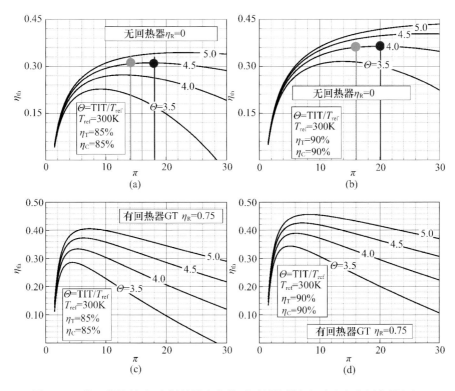

图 2.4 两组不同压气机和涡轮效率条件下无回热器(a)、(b)和有回热器(c)、
(d)情况下燃气轮机热效率与压气机压比和涡轮入口温比的关系

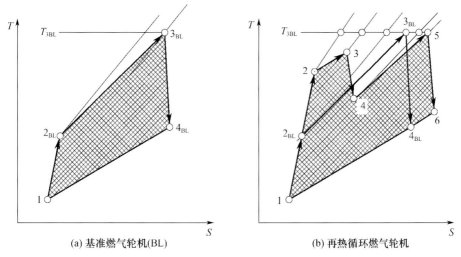

(a) 基准燃气轮机(BL)　　　　　　　　(b) 再热循环燃气轮机

图 2.7　常规基准燃气轮机与采用再热技术燃气轮机的 $T-S$ 图对比

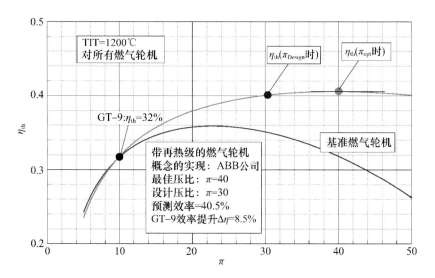

图 2.8 采用再热技术大幅度提高效率

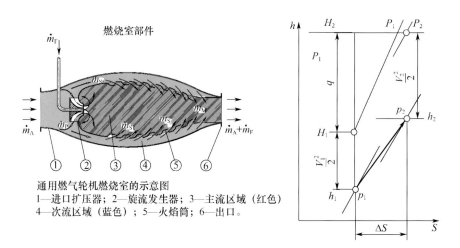

图 3.9 燃气轮机燃烧室示意图及其 h – S 图

$\dot{m}_{\text{fuel}}, \dot{m}_{\text{air}}$ 分别为燃料和空气质量流量；$\dot{m}_{\text{p}}, \dot{m}_{\text{s}}$ 分别为一次和二次空气质量流量；

$q = \dot{Q}/\dot{m}$ 为燃料添加的比热能(kJ/kg)；P 为总压；p 为静压。

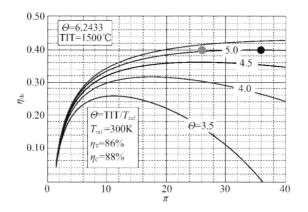

图 17.1　TIT 作为参数的热效率与压比的函数